NATIONAL GEOGRAPHIC

重新发现太阳系

［英］帕特里夏·丹尼尔斯（Patricia Daniels）
霍华德·施奈德（Howard Schneider）著
蒋云　符磊　陈维　王科超　译

江苏凤凰科学技术出版社·南京

江苏省版权局著作权合同登记 图字：10-2021-11

图书在版编目（CIP）数据

重新发现太阳系 /（英）帕特里夏·丹尼尔斯，（英）霍华德·施奈德著；蒋云等译. — 南京：江苏凤凰科学技术出版社，2022.12
ISBN 978-7-5713-3085-9

Ⅰ. ①重… Ⅱ. ①帕… ②霍… ③蒋… Ⅲ. ①太阳系－普及读物 Ⅳ. ① P18-49

中国版本图书馆 CIP 数据核字 (2022) 第 138541 号

重新发现太阳系

著　　者	［英］帕特里夏·丹尼尔斯（Patricia Daniels） ［英］霍华德·施奈德（Howard Schneider）
译　　者	蒋云　符磊　陈维　王科超
责任编辑	沙玲玲
助理编辑	钱小龙
责任校对	仲　敏
责任监制	刘文洋
出版发行	江苏凤凰科学技术出版社
出版社地址	南京市湖南路 1 号 A 楼，邮编：210009
出版社网址	http://www.pspress.cn
印　　刷	上海当纳利印刷有限公司
开　　本	950 mm × 1 194 mm　1/16
印　　张	19.25
字　　数	400 000
插　　页	4
版　　次	2022 年 12 月第 1 版
印　　次	2022 年 12 月第 1 次印刷
标准书号	ISBN 978-7-5713-3085-9
定　　价	198.00 元（精）

图书如有印装质量问题，可随时向我社印务部调换。

THE NEW SOLAR SYSTEM

ICE WORLDS, MOONS, AND PLANETS REDEFINED

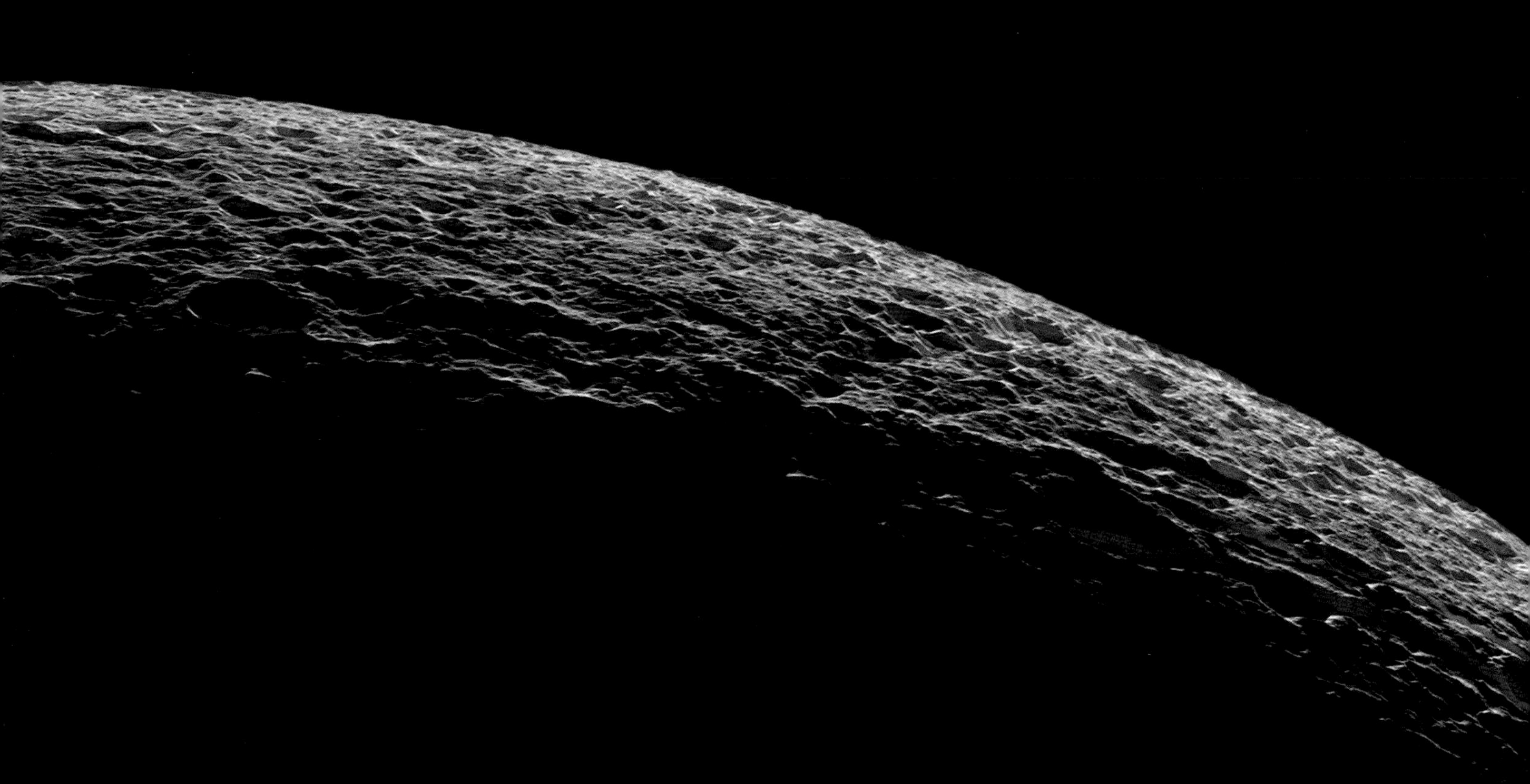

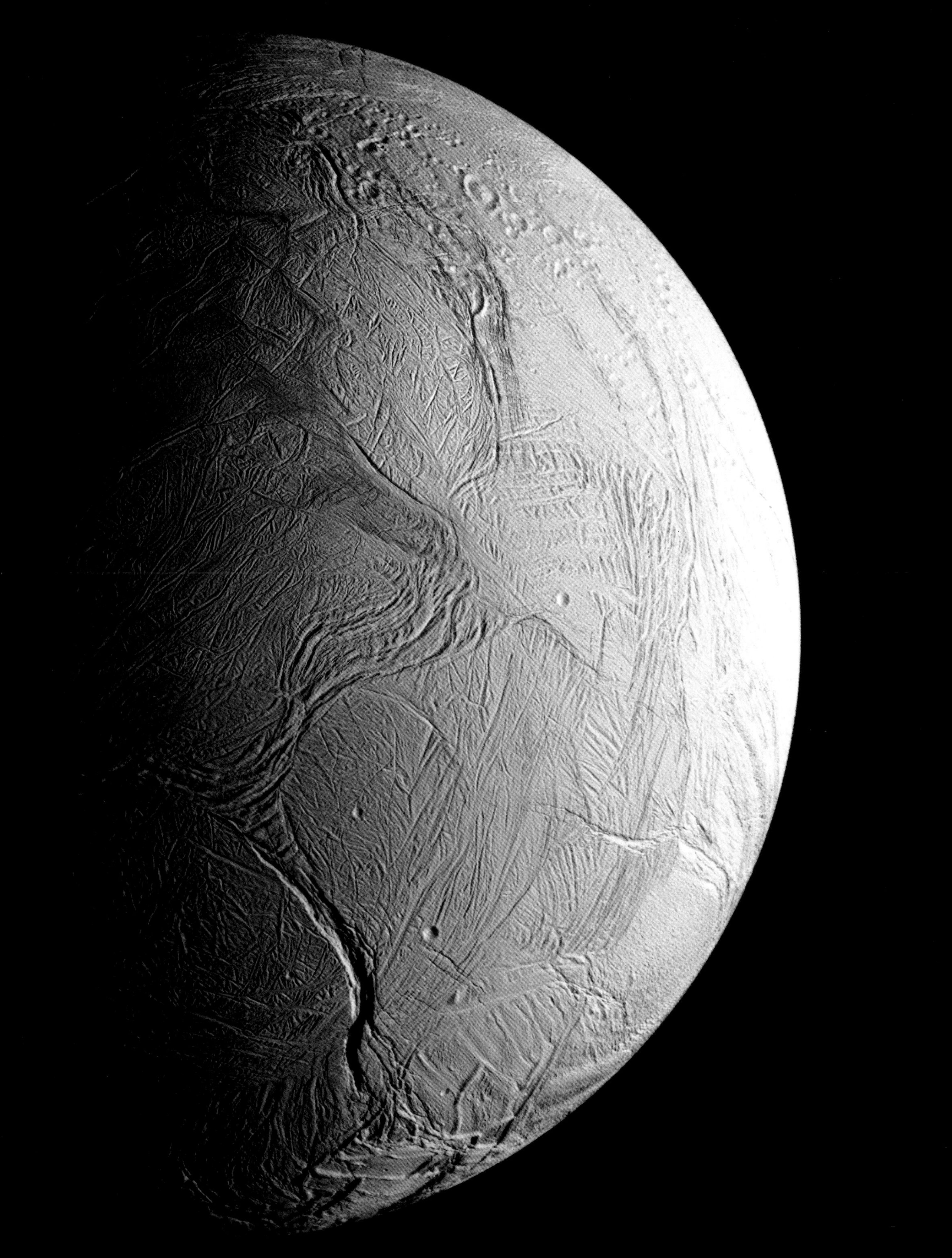

目录

为代表的科学家为现代自然科学奠定了数学基础，在这个过程中，基于望远镜的天文观测和研究可谓功不可没。

在科学发现的两个有力工具——观测和数学的相互促进下，科学家陆续发现了太阳系的新成员。1727 年牛顿去世后，天王星（Uranus）于 1781 年被发现，它也是人类用望远镜发现的第一颗行星；自 1801 年开始，位于火星和木星轨道之间的众多小型岩质天体——小行星也相继被发现。由于观测到的天王星运行轨道与理论计算的轨道之间存在偏差，有天文学家根据牛顿万有引力定律计算推测，在天王星轨道外

苏联发射了一颗重约 83.5 千克的近地轨道卫星，由此拉开了美苏两国之间太空竞赛的序幕，这场竞赛建立在美苏两国在“二战”之前及“二战”时期对火箭技术的发展与研究积累的基础上。太空竞赛开始后，两国以月球、金星和火星为目标，先后发射了空间探测器进行近距离的探测研究。

有了火箭技术的助力，望远镜得以摆脱地面的条件限制而进入太空，并为人类展现了一幅几乎全新的太阳系图景。有关月球环形山起源的问题一直存在争议，但空间探测器仅用一两次太空飞行发回的数据就平息了这场持续了数百年并

大有愈演愈烈之势的争论。

在对空间探测器的观测数据进行分析后，科学家得到的结论同样颠覆了人们原有的很多观念。例如：所谓的“火星运河”只是火星上的峡谷和沟壑，其地质复杂程度与地球上相同的地貌类似；金星上的“沼泽”和“丛林”也只是遍布在金星表面的纵横交错的熔岩流，那里的温度高到足以使铅像水一样流动。

此外，空间探测器还探访了距离我们更远的气态巨行星——木星，并且在飞越木星的卫星和木星环时拍到了木星表面的巨型风暴气旋，这个风暴气旋大到足以放进 2~3 个地球。

太阳系外围的柯伊伯带（Kuiper belt）中遍布着大量的冰质天体。在过去 30 年中，随着行星科学家开始系统地编目这些遥远的天体，呈现在我们面前的太阳系图景与太空时代初期相比已经有了很大的变化。原本很简单的问题——“什么是行星？”，其答案也变得不那么简单了。在这个时期，研究恒星形成和演化的恒星天文学家开始与行星科学家合作，共同研究太阳系的起源问题。至此，太阳系的相关研究与天文学“前沿阵地”之间的鸿沟才算是真正弥合了。

随着研究的深入，未来呈现在我们面前的太阳系会是什么样的呢？答案正在揭晓。2015 年 1 月 15 日，美国国家航天局（NASA，以下简称美国航天局）的新视野号（New Horizons）探测器开始对冥王星进行成像观测，同年 7 月 14 日，新视野号抵达最接近冥王星的位置。我们过去对太阳系的认识只是一个序幕，重新认识太阳系的新时代——一个全新的太阳系即将展现在我们面前。

我们的太阳系探索之旅即将开启，敬请期待！

约 39 亿年前，太阳系巨行星的轨道发生了迁移。这一迁移打破了整个太阳系的稳定，地球和邻近的行星因此遭到了小行星狂风骤雨般的冲击

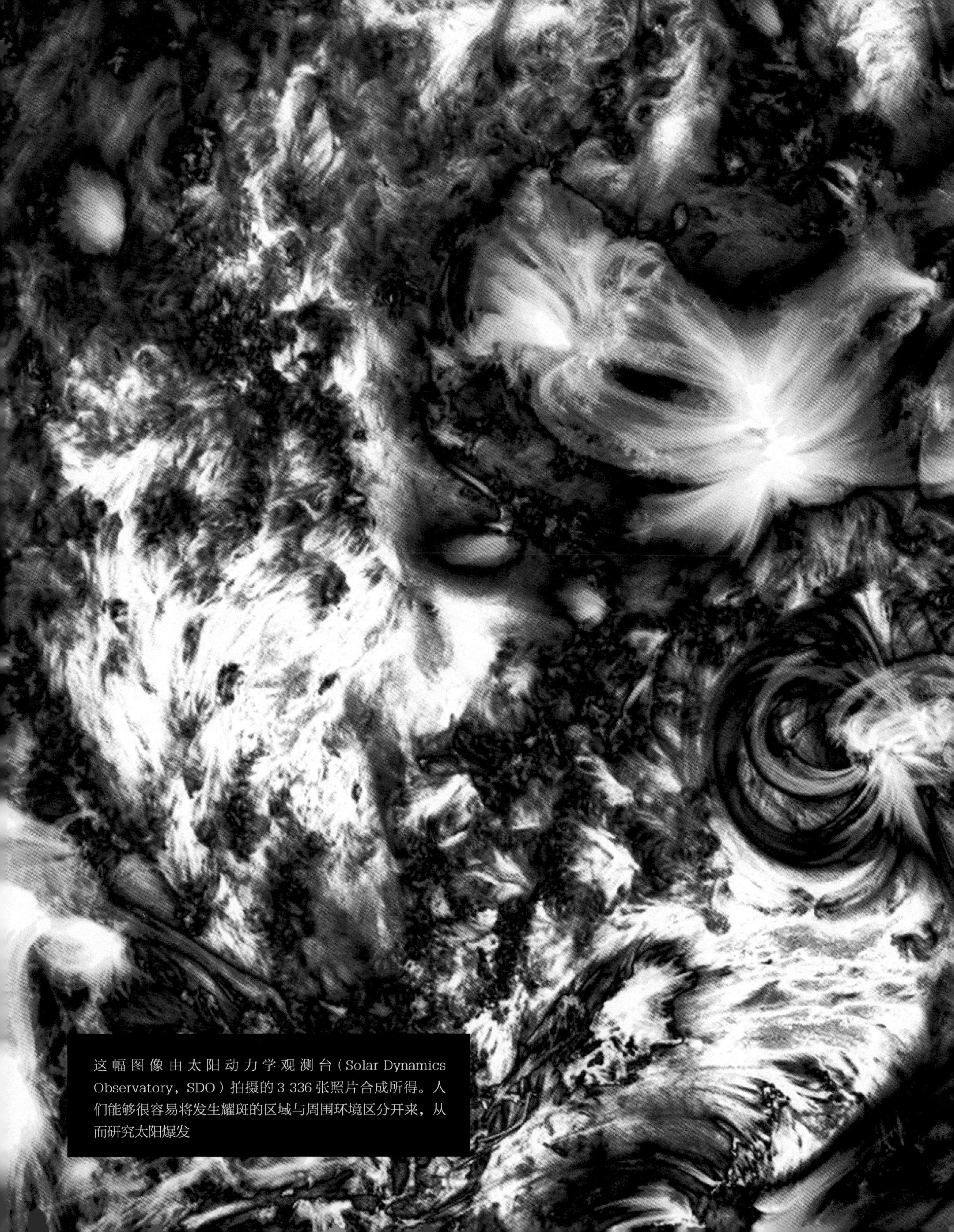

这幅图像由太阳动力学观测台（Solar Dynamics Observatory，SDO）拍摄的3 336张照片合成所得。人们能够很容易将发生耀斑的区域与周围环境区分开来，从而研究太阳爆发

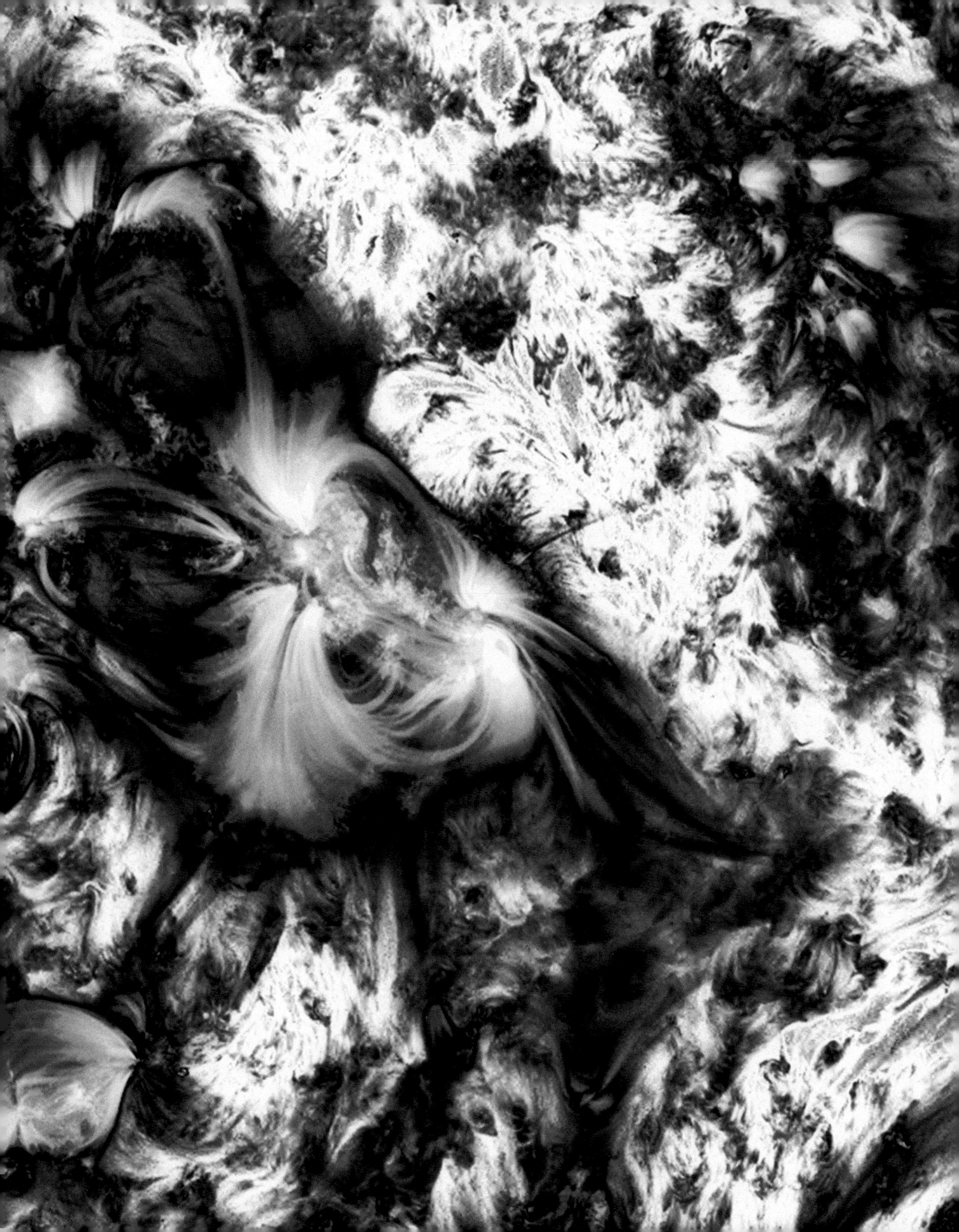

这幅艺术想象图以一颗太阳系外的、被双星系统照亮的行星为主题，
采取了从它的卫星望向它的视角

第1章

探寻太阳系的疆界

探寻太阳系的疆界

2006 年，国际天文学联合会（IAU）成员投票将冥王星从行星降级为矮行星后，普罗大众才如梦初醒：我们的太阳系已经不同以往了。其实，这在天文学圈内早已是人尽皆知的事实。在过去 30 年中，行星科学家已经发现了许多新的世界，如卫星、太阳近邻的广大区域和围绕其他恒星运行的行星。新的行星形成理论也取代了旧的静态行星形成理论。新理论认为早期的太阳系类似于一个巨型弹珠游戏场，行星形成于其中很多猛烈碰撞和引力驱动的坍缩事件。人类发射的空间探测器不仅发现火星上存在水，所有的气态巨行星都戴着光环，木卫一（Io）上存在火山爆发等，还首次绘制了太阳磁场能量分布图并采集到彗星大气的样本。在此阶段的地基观测则开展了小行星跟踪观测，并就其中可能毁灭地球文明的小行星发出碰撞预警。同时，从火星表面到系外行星的大气，科学家对地外生命也展开了大规模的搜索工作。

天文学的重大发现当然不会凭空而来。天文学家花了很多时间和精力去研究那些遥远的天体，而他们的发现常常取决于所运用的观测工具。天文学的历史可以划分为 3 个时间上互有重叠的阶段：肉眼观测时代、望远镜时代和太空时代。我们假设肉眼观测时代由非洲大草原上的首个仰望星空的智人开始。进入到两河文明时期，凭借肉眼对星空的观测，美索不达米亚（Mesopotamia）平原上的居民得以顺利开展日常的狩猎、农业和畜牧业活动，他们对头顶上的星空可谓了如指掌。

整个天空包含着约 3 000 颗肉眼可见的恒星、薄纱似的银河和 7 颗在天空中漫步的“星星”——太阳、月亮和 5 颗肉眼可见的行星。农民根据季节更替和月相变化周期来安排农业生产。此外，那时的人们还相信行星、恒星的运行可以解释和预测一些重大的历史事件，所以在当时的很多文明中都出现了绘制星空图的观星术士和占星家。古巴比伦（Ancient Babylon）、玛雅（Maya）和其他文明在数百年间绘制了详细的行星运行图和月相图，并对日食、月食进行了记录。

古希腊人则在天文观测中运用了几何学知识。古希腊天

约公元前 3000 年
古巴比伦人开始观测并记录星空

约公元前 2000 年
美索不达米亚地区出现了最早的月食记录

约公元前 350 年
亚里士多德（Aristotle）利用几何学原理证明了地球是一个球体

150 年
托勒密（Ptolemy）提出地心说，认为地球是宇宙的中心

650 年
玛雅天文学家建立了较为准确的日历系统

1066 年
后被命名为哈雷（Halley）的彗星出现，当时的英格兰人将其视为不祥的预兆

上图 在这张长时间曝光的照片中，背景天空中的亮线（星轨）是恒星视运动轨迹。前景中的望远镜位于夏威夷的莫纳克亚天文台（Mauna Kea Observatory）。这类大型高海拔望远镜的诞生，要归功于 20 世纪的科技进步

文学家不再满足于单纯地观测星空，而且还开始探究地球、行星和恒星运动背后的规律。尼古拉·哥白尼（Nicolaus Copernicus）是波兰的一位牧师，在他之前的时代，因为从地球上观测，只会看到太阳、月亮和行星都是围绕着地球在运动，所以天文学家为了解释观测结果，提出了由很多同心球和本轮组成的模型（即地心说），而随着观测的深入，模型也变得日趋复杂。哥白尼在 16 世纪初提出了以太阳为中心的模型（即日心说）。相对地心说，日心说大大简化了天体运行的计算量。但直到一个多世纪以后，学界主流才承认日心说更符合观测事实，日心说由此为大多数天文学家所接受。值得一提的是，这种思想上的转变并非偶然，多少与 17 世纪初望远镜的发明有关。

伽利略·伽利雷（Galileo Galilei）等伟大的天文学家利用望远镜发现了月球环形山、木星的卫星和土星环。很显然，

1259 年
蒙古汗国最高统帅旭烈兀（Hulegu）开始在马拉盖（Maragheh）建造天文台

1449 年
保罗·托斯卡内利（Paolo Toscanelli）测量了一颗彗星的轨道

约 1465 年
雷吉奥蒙塔努斯（Regiomontanus）使用新发明的工艺印刷天文学专著

1543 年
尼古拉·哥白尼发表了《天体运行论》（*De Revolutionibus Orbium Coelestium*）

1577—1599 年
第谷·布拉赫（Tycho Brahe）对恒星和行星（尤其是火星的位置）进行了系统观测，并达到了当时最高的观测精度

乔尔丹诺 · 布鲁诺
思想家与异教徒

乔尔丹诺 · 布鲁诺（Giordano Bruno，1548—1600），原名菲利波 · 布鲁诺（Filippo Bruno），意大利思想家，因发表激进言论而惨遭迫害。布鲁诺在 15 岁时加入多米尼克教派（Dominican Order），但不久之后便与教会决裂，在欧洲各地流亡并宣扬其关于灵魂和无限宇宙的哲学思想。尽管不是科学家，但他支持哥白尼的日心说，并写道："宇宙中有无数个类似太阳的恒星，无数个像地球一样的行星围绕着这些'太阳'运行……这些行星上存在着生命。"此类"异端邪说"引发了宗教裁判所的恐惧和仇恨。1600 年，布鲁诺在罗马被烧死在火刑柱上。

太阳系是一个庞大而复杂的系统，但并没有任何所谓的同心球面和本轮。包括约翰内斯 • 开普勒（Johannes Kepler）和艾萨克 • 牛顿在内的伟大科学家开始从数学的角度来解读望远镜的观测结果，他们尝试考虑驱动行星运动的力，并在天文学中引入引力、质量、加速度等概念。同时，望远镜的尺寸也越来越大，精度也越来越高，天文学家得以观测到越来越多的遥远天体。德裔英籍天文学家威廉 • 赫歇尔（William Herschel）用一架中等大小的高精度望远镜发现了天王星，它是人类历史上用望远镜发现的第一颗大行星。1930 年，在偏远的洛厄尔天文台（Lowell Observatory），克莱德 • 汤博凭借极大的耐心和细致的工作用拍摄图像的方式（即照相术）发现了冥王星。

对于我们最熟悉的天体——太阳，之前由于其强烈的光线而无法直接用肉眼或望远镜观测，天文学家此时也找到了不受强光影响的观测方法。观测发现其实太阳表面并不像我们看到的那般风平浪静，而是在不断地进行着很多剧烈活动。观测还发现早为我们所熟知的太阳黑子（sunspot）与强磁场有关。20 世纪原子物理学的重大突破也使科学家意识到，太阳实际上是一个巨大的核聚变反应堆，其内部的核聚变反应很可能是它所释放的巨大能量的唯一来源。

冥王星与太阳的距离是地球与太阳距离的 39 倍。这个距离远得超乎想象，人们一度以为它位于太阳系的边缘。但是，还有一个关于彗星的疑问。周期性出现在天空中的短周期彗星，其运行轨道与行星的公转轨道差不多在同一个平面上。但是那些长周期彗星，却会在天空中的任意位置出现。它们是从哪儿来的呢?

1950 年，荷兰天文学家简 • 奥尔特（Jan Oort）基于一个假设给出了关于长周期彗星问题的答案。他假设整个太阳系被一个巨大的主要由冰质天体组成的球壳状云团（奥尔特云）所包围，这些冰质天体都是在太阳系形成后留下的残骸。由于这个壳层分布在离地球非常遥远的地方，半径非常大，所以在地球上看不到这个壳层。但引力摄动可能偶尔会使其中的冰质天体脱离原有的轨道，当其穿过太阳系时就成了我们观测到的长周期彗星。

一年后，荷兰裔美籍天文学家杰拉德 • 柯伊伯（Gerard Kuiper）提出了相似的理论来解释短周期彗星。这个理论认为，短周期彗星来自海王星外的一个扁平的带状彗星聚集区（柯伊伯带）。尽管当时关于柯伊伯带和奥尔特云的理论都无法通过观测得到证实，但它们对彗星行为的解释却非常成功，因此大多数天文学家都接受了这两个理论模型。进入太空时代后，随着技术的进步，这些遥远的太阳系边缘地带才逐渐进入我们的观测视野。

康斯坦丁 · 齐奥尔科夫斯基
火箭技术先驱

康斯坦丁 · 齐奥尔科夫斯基（Konstantin Tsiolkovsky，1857—1935）是一位苏联科学家，被誉为“火箭之父”。幼年失聪后，齐奥尔科夫斯基迷上了读书，其中包括儒勒 · 凡尔纳（Jules Verne）的小说和很多数学书籍。年轻时，他学习飞行器设计并自行建造了风洞，他建造的风洞在世界范围内也称得上是最早的一批。1896 年，他开始撰写航天学经典论文《利用喷气工具研究宇宙空间》，其中概述了火箭推进的基本原理。他的理论为现代星际航行奠定了基础。在齐奥尔科夫斯基 100 周年诞辰之际，苏联发射了世界上第一颗人造卫星——斯普特尼克 1 号。

斯普特尼克 1 号（Sputnik 1）人造卫星发回的信息使我们意识到，太阳系中还存在很多遥远的未知区域，它们正等待着那些勇敢的太空探险家去探索发现。随后，人类陆续向太阳、太阳系中的所有行星、小行星、彗星和月球发射了探测器。其中，月球是人类唯一踏足过的星球。20 世纪 60 年代以后发射的各种设计精巧的空间探测器，极大地丰富了我们对太阳系的认识，如旅行者号（Voyager）任务中发射的探测器和火星探险漫游者（Mars Exploration Rover）计划中发射的火星车等。其中，执行旅行者号任务的探测器对木星和木星轨道外的行星进行了考察。这些空间探测器的主要发现包括：在火星上发现了水冰[①]，以及火星上曾经有液态水存在的确凿证据；惠更斯空间探测器（Huygens probe）则在登陆土星的卫星土卫六（Titan）后让我们大开眼界——土卫六的地貌与地球既相似又不同，比如同样都是湖泊与河流，土卫六上流淌着的并不是水，而是温度极低的液态甲烷。空间探测器还发现，在土卫二（Enceladus）和木卫二（Europa）的冰质表面下可能存在液态水，这使得这两颗卫星上存在生命的可能性大大增加。

现代天文学家几乎已经不需要亲自站在望远镜面前，透过望远镜上的目镜去观测星空了。如今，所有大型天文台中观测设备的使用都需要提前申请，科学家会提前数月制订观测计划并提交到相应的天文台，他们大部分的时间也都花在了制订观测计划，记录和分析观测得到的数据上。在现代天文观测中，肉眼已经被更灵敏的光敏芯片或其他元器件所替代，这些新型元器件能够记录各波段的电磁波信号，而且能捕捉非常微弱的信号变化。在 20 世纪末到 21 世纪初，望远镜技术和数据分析技术都取得了飞跃式的发展，天文学家通过分析望远镜观测到的那些微小、遥远天体的运动发现了很多“新世界”。例如：在比冥王星轨道更遥远的地方，存在着个头很大的矮行星；位于数光年外的恒星会发生周期性的摆动，则是因为恒星受到了绕其运转的行星的引力作用。这些发现为我们寻找地外生命带来了希望，也可以解答有关太阳系形成的诸多问题。

尽管现在天文学家所研究的都是经过高性能计算机处理后的数据，但是他们提出的问题仍然与我们每个人都息息相关：地球、太阳系乃至整个宇宙是如何形成的？如何实现人类与地球的和谐共存？人类在宇宙中是独一无二的吗？

①水冰就是我们通常所说的冰，但在外星环境中还有其他物质形成的冰，如干冰、甲烷冰等，所以为了区分，常用水冰一词。——译者注

肉眼观测时代

每到夜晚，生活在现代都市的大多数人都会沉浸在霓虹灯光的海洋中，严重的光污染使得我们很难在天空中辨识出一颗行星，更别说夜以继日地观测和记录其运行轨迹了。但早期文明中的人们对天上的星星都非常熟悉，星空对他们的生活有着极为重要的意义。

在望远镜发明之前，天文观测者凭借肉眼、详尽的观测记录和基本数学原理来理解星空。看似正确的逻辑推理使他们很自然地得出结论：地球是一个固定不动的平台，位于恒星天球的中心。7 颗“星星”——太阳、月亮和 5 颗肉眼可见的行星（水星、金星、火星、木星和土星）在各自轨道所处的球面上运行。其中有的运动速度很快，每过 1 小时就能看到位置的变化；有的运动速度较慢，每过 1 天才能看到位置的变化。18 世纪以前，大多数天文学家的研究对象，都没有超出太阳系的范围。当时的人们对其他的恒星几乎一无所知。

尽管早期天文学是一门实用学科，但它也有神秘的一面。世界各地的文明都有天体崇拜的文化：有的崇拜光芒万丈的太阳，有的崇拜阴柔善变的月亮，有的崇拜亮若灯塔的金星。连伟大的古希腊天文学家托勒密也被星空的壮美所深深震撼，他写道：“平凡若我者，本应如蜉蝣一般朝生暮死。但是，每当我看到满天的繁星，在不朽的天空，按照自己的轨道井然有序地运行时，我就情不自禁地有身在天上人间的感动，好像是天帝宙斯亲自飨我以神馔。”

左图 玛雅人有一套极为复杂而精准的历法系统

亚里士多德的宇宙观

亚里士多德认为，宇宙是由一系列的同心球组成的，日、月和行星都附在各自的球层上运行。这些同心球从内到外，分别包含了地球、月球、水星、金星、太阳、火星、木星、土星、固定的恒星和原初推动者。

观天提示

※ 用肉眼就能将行星与恒星区分开来，因为行星不会闪烁，而且只出现在黄道（从地球上看，太阳所走的视路径）附近。

天文冷知识 在中国古代，人们认为日食的发生是因为龙在吞食太阳，他们会敲打锅碗瓢盆以吓跑正在吃太阳的龙。

英国巨石阵（Stonehenge）的用途之一可能是确定夏至日

约公元前 3100 年
英国巨石阵始建

约公元前 240 年
埃拉托斯特尼（Eratosthenes）测出了地球的周长

公元前 46 年
尤利乌斯・恺撒(Julius Caesar）将古埃及太阳历引入罗马

1120 年
埃及的开罗（Cairo）天文台始建

1420 年
蒙古天文学家乌鲁伯格（Ulugh Beg）开始在中亚古城撒马尔罕建造天文台

1608 年
荷兰眼镜商汉斯・利伯希（Hans Lippershey） 发明了望远镜

最早的星空守望者

除了太阳和月亮，另外 5 颗肉眼可见的行星自史前时代就为人所熟知了。与恒星不同的是，这些行星在天空中出现的时间和位置不断发生着变化，有时其运动轨迹大约以数周时间为一个周期，形成一环套一环的奇怪图案。早期的天文学家将这些行星相对背景恒星的运动轨迹，以及月相和太阳轨迹随季节的变化绘制成图表，希望借此了解天空中那些流浪星星的运动对人类生活的影响。

由于古代文明留存下来的天文史料或文物通常都很稀少，因此我们很难确知早期文明中天文学发展的真实情况。从古巴比伦石碑和玛雅石刻中，可以得知他们有观测星空的传统，这些石碑和石刻向我们展示了与他们当时的天文观测活动有关的丰富信息。虽然没有可靠的史料佐证，但从统计上的可能性和合理推测的角度来说，那些修建巨石阵和在美洲大陆上留下石堆的也可能是一些经验老到的天文学家。

古巴比伦

富饶肥沃的美索不达米亚位于底格里斯河（Tigris River）和幼发拉底河（Euphrates River）之间，那里孕育了西方的天文学。早在公元前 1800 年，古巴比伦天文学家就开始在泥板上系统地记录太阳、月亮和其他天体的运动。他们不厌其烦地记录了700年,其持之以恒的态度真是令人敬佩。同时，长年累月的记录和海量观测数据的积累，也使他们能够分析和预测一些天象，如日食、月食。这也得益于他们完善的数学系统，这个系统采用以 60 为基数的进位制（60 进制），并对方位赋予了数学意义。时至今日，这个系统依然还在沿用，比如我们将 1 分钟均分为 60 秒，将圆周均分成 360 度等。

如同其他大多数古代文明一样，古巴比伦人也没有明确区分天文学和占星术，直到 17 世纪，天文学和占星术才逐渐开始“分道扬镳”。过去的占星家有一套专门的理论体系来解读天象，并将众神的启示告知统治者以供参考，他们还编写了一套名为《征兆结集》（*Enuma Anu Enlil*）的大型占星文献，由 70 块刻字泥板组成，上面的第一句话是“当众神安努（Anu）和恩利尔（Enlil）……”。这些泥板上记录着过去的 7 000 个天兆，可以为之后的决策制定提供借鉴和指导。后来，古巴比伦的占星家除记录总结过去的天兆外，还开始根据出生图[①]来预言人的命运，在这一过程中他们创立了现代占星学中所使用的黄道十二宫系统。

古巴比伦人还利用他们的观测结果，根据太阴月[②]计算制定了一套精确的历法。在这套历法中，他们用日落表示新一天的开始，而用日落后出现的第一个新月表示新一个月的开始。由于太阳年的长度介于 12~13 个太阴月之间，为了弥补这个差异，古巴比伦人会在原有 12 个太阴月的基础上定期增加 1 个月，并称其为闰月（intercalary month）。他们的具体做法是在 19 个太阴年（阴历年）中加入 7 个闰月，这样就和 19 个太阳年的长度几乎相等。这种 19 年 7 闰的周期也被称为太阴周期或默冬章（Metonic cycle）。

中国

中国的天文学历史也非常悠久，至少不逊于古巴比伦。现代学者在一块公元前 1300 年左右的甲骨上发现了有关新星（恒星的爆发现象）的描述。与中国古代其他领域的研究一样，天文学的研究同样也是由专职官员负责，他们的研究主要集中在历法和历史上被视为不祥之兆的天文现象上，如流星、彗星、太阳黑子和日月食。这些专职官员各司其职、

①占星学术语，表示个人出生时从其出生地所看到的天体运行状况。——译者注

②又称朔望月，即月相盈亏的平均周期。——译者注

上图 位于奇琴伊察的埃尔卡拉科尔（El Caracol，在西班牙语中意为“蜗牛”，因其内部的螺旋楼梯而得名）天文台可能是玛雅天文学家建造的，它被用来观测太阳和金星的运动

共同协作，这也反映在他们制作的星空图上。中国古代的星空图将天空分为 28 个区域，并将这些区域称为“宿”，太阳、月亮和行星则在其中运行。专职官员会记录每天的天象，以此暗示皇帝的所作所为会对天象产生影响。

此外，这些官员还特别关注异常天象，相信这类天象可能预示着灾难和危险；同样地，他们认为如果皇帝的某些决策给国家带来了巨大的灾难，那么这也可能会反映在天象之中。

中国古代的历法和古巴比伦一样采用太阴月的方式——每个月由新月开始，并适时增加闰月以确保其准确性。中国古代的天文学家用了数百年的时间，制作了可以预测行星运动和月食的历法。中国古代的天象记录非常精确、完整和翔实。时至今日，历史学家还会利用这些记录来确定过去重大天文事件发生的精确时间，如公元前 240 年出现的哈雷彗星，1054 年的超新星爆发等。

与其他早期文明一样，中国古代的天文学家对研究星空的结构或动力学也不太感兴趣。他们认为中国处在地球的中心，而地球则位于一个旋转的天球的中心。恒星和行星都固定在天球上，共同围绕着地球旋转。

美洲

早期生活在中美洲的奥尔梅克（Olmec）、印加（Inca）、阿兹特克（Aztec）、玛雅和其他民族都相信太阳、月亮、行

黄道十二宫

行星的轨迹

早在公元前 2000 年，古巴比伦的天文学家就发现太阳、月亮和行星沿着一条狭窄的路径在天空中穿行，现在我们称之为黄道。占星家认为这条路径穿过某些特殊的星座是有重要意义的。大约在公元前 1000 年，古巴比伦人已经确定了 12 个黄道星座，在传入古希腊后被称为黄道十二宫，即白羊宫、金牛宫、双子宫、巨蟹宫、狮子宫、室女宫、天秤宫、天蝎宫、人马宫、摩羯宫、宝瓶宫、双鱼宫。

星和恒星拥有能影响地球事件的神圣力量，于是对这些星体的运动进行了细致入微的观察，这些古老的民族也因此成为优秀的天象观测家。在这些有天象观测传统的文明中，成就最高的可能就是玛雅文明了。玛雅文明留下的诸多文化遗产在 16 世纪遭到西班牙侵略者的恣意毁坏，但他们对天象的精确观测，从幸存下来的寺庙和石柱上的雕刻及少量树皮古抄本中就可见一斑。

玛雅人发明了多套复杂的历法系统，其中最重要的是 260 天神圣历法。这套历法系统通过 20 个名字和 13 个数字的组合（20×13=260，共 260 种组合）来命名每一天，即每天都可以用 1 个名字和数字的组合来表示，其中名字包括 Muluk（水）和 Ix（美洲虎）等。玛雅人似乎对金星特别“偏爱”，他们经常会用它来占卜并选定举办重大活动的良辰吉日。玛雅人通过观测发现金星的变化周期是 584 天，并根据其在黎明或傍晚的出现和消失将变化周期细分为不同的阶段。他们认为当金星在黎明重新出现的时候是非常危险的，在这期间要避免战争。他们某些活动的开展也由木星决定，如宗教祭祀活动就安排在木星逆行（后退）结束之时。

北美大陆早期的天文学家通常鲜为人知，但前哥伦布时期不同文明留下的雕刻和石质结构表明，他们对太阳和恒星的周年运动都进行了细致的观测。大平原地区散布着数十个由岩石堆成的轮状结构，其中最有趣的可能是美国怀俄明州的毕葛红医药轮（Big Horn Medicine Wheel）天文台，也被称为美国怀俄明州古天文台。这个轮状的古天文台由许多鞋盒大小的石块排列而成，直径大约为 26.5 米。从中央石堆处开始，有 28 根延伸至轮周的辐条状结构。其中有 5 根以上的辐条比较特殊，它们各自都有一个石堆标记。在这些带有石堆标记的辐条中，最长的一根辐条恰好指向夏至日太阳升起的方向；其他辐条则指向一些亮星，如北落师门（Fomalhaut）、天狼星（Sirius）、参宿七（Rigel）和毕宿五（Aldebaran）的上升点方向。这表明（虽然没有确切的证据）大平原地区的印第安人很可能也在观测天象。

850—1250 年，生活在美国新墨西哥州西北部查科峡谷（Chaco Canyon）中的普韦布洛人（Puebloan）也建造了很多雄伟的、令人印象深刻的建筑和纪念碑，其中最有意思的要数“太阳匕首”（Sun Dagger）。每逢夏至，阳光会刚好穿过支撑在峡谷岩壁上的岩石的缝隙，如同一把长长的光之匕首投射在一幅螺旋形岩画（岩石雕刻）的中心。

北欧

与其他文明相比，欧洲人在早期对天文学发展的贡献可以说是微乎其微。由于欧洲四季的日照相对低纬度的热带地区而言变化更大，所以他们最擅长的，可能就是按季节来跟踪观测太阳的轨迹，特别是预测太阳的二至点（一年中正午太阳高度最高和最低的点，即夏至点和冬至点）和二分点（一年中昼夜等长的点，即春分点和秋分点）。

欧洲各地有许多朝向太阳的陵墓、纪念碑和环状石阵，其中最著名的无疑是英国的巨石阵了。巨石阵的建造大约始于公元前 3100 年的新石器时代，建造过程分为 3 个阶段，历时可能超过 2 000 年。巨石阵外围的立石呈圆形排列，围绕着内部的马蹄形石架。巨石阵周围环绕着一条土沟，巨石阵的东北侧有一条通向巨石阵中央的“古道”，在道路入口附近竖立着一块被称为脚跟石（Heel Stone）的石头。

包括地质学家在内的很多学者，其中也不乏著名的天文学家，都对巨石阵进行了研究，尽管人们对其功能众说纷纭，但大家一致认为巨石阵至少有一项功能是指示夏至：夏至那天的太阳会从石阵的主轴和脚跟石上升起。在位于法国、爱尔兰和英国的其他石阵中，有些也有相似的排列方式。有观点认为巨石阵和其他圆形石阵其实是早期的天文台，用于预测日食等天象，但大家对这一观点莫衷一是。因为如果想在众多随机排列的石阵中刻意去寻找某种特定的排列方式的话，总能轻易找到，而这很难说是建造的人有意为之。

即使建造巨石阵的人对星空有非常深入的了解，他们也很可能与早期的天文学家一样，主要关注的是如何观察和预测天象。借助积累的大量观测资料来研究太阳和行星运动背后的规律，这个艰巨的任务则留给了古希腊天文学家。

古希腊人的天球

首先将天文学作为科学来研究的是古希腊人。虽然这在很大程度上归因于他们继承了古巴比伦人的天文学遗产——一个拥有 700 年观测数据的科学宝库，从而在将天文学发展为科学的过程中获得了得天独厚的优势。但古希腊人确实最先跳出了“传统天文学”的窠臼，他们不满足于单纯地研究历法和行星运动，开始深入探讨天体运行背后的客观规律。

早在公元前 6 世纪，生活在当时的古希腊城邦米利都（Miletus，现属土耳其）的阿那克西曼德（Anaximander），就提出宇宙是由一系列环绕着圆柱形地球旋转的同心轮组成

左图 古希腊哲学家毕达哥拉斯（Pythagoras），约公元前 580 年出生于萨莫斯（Samos）岛，他认为自然界中的万物都包含数，这些数之间的关系非常重要，他的学生继承并发扬了这一学说

的，而地球则悬浮在空中。这些同心轮是不透明的，但上面有很多的小窗口，每个同心轮内部则充满了火焰。我们看到的太阳、月亮、行星和恒星，实际上都是透过这些窗口看到的火焰。五大行星和那些固定的恒星所在的同心轮离地球最近；往外是月亮，最外面的则是太阳。尽管这个模型现在看起来是如此的荒诞幼稚，但它却是自然哲学的里程碑。而且作为人类历史上首个描述宇宙的理论模型，它也为哥白尼时代之前的西方天文学奠定了基础。

毕达哥拉斯

阿那克西曼德的同心轮宇宙模型提出后不久，伟大的古希腊哲学家和数学家毕达哥拉斯就提出地球应该是球形的，并且进一步改进了同心轮模型。我们猜测，这很可能是因为他发现当月食发生时无论在哪里观看，地球投射在月球上的阴影总是圆形。毕达哥拉斯和他的拥护者坚信太阳系是完美对称的，这解释了为什么他们以及后来的许多天文学家在发现行星产生类似逆行这样的反常运动时会非常惊讶。太阳、月亮和行星在天球上的运动与其他恒星有很大区别，其他恒星在天球上的轨迹是稳定的圆形，几乎不随时间变化，而太阳、月亮和行星的轨迹则在日复一日地发生着改变。从观测的角度看，行星的运动忽快忽慢，有些行星甚至还会掉头逆行。

时代先驱赫拉克利德斯和阿利斯塔克斯

哲学家赫拉克利德斯·庞提克斯（Heracleides Ponticus），约公元前 390 年出生于赫拉克利亚（Heraclea，今土耳其境内），他是有史以来提出恒星视运动是由地球自转导致的第一人。他还提出了带内行星都是围绕着太阳公转的理论。遗憾的是他的理论在此后 1 000 多年的时间里都没有引起大家的重视。直到文艺复兴时期，第谷·布拉赫才提出了类似的模型，古巴比伦人精确的观测数据终于从理论上得到了解释。约公元前 310 年出生于萨莫斯的天文学家阿利斯塔克斯（Aristarchus）则将此理论向前推进了一大步，形成了最早的“日心说”思想，比哥白尼还早了约 1 800 年。

根据古希腊哲学家和科学家阿基米德（Archimedes）的说法，阿利斯塔克斯的著作中包含了一系列的假设，由这些假设的前提条件可以得出宇宙其实比我们目前所认为的要大得多的结论。阿利斯塔克斯的假设如下：恒星和太阳静止不动，地球沿着圆形轨道围绕太阳旋转；太阳位于轨道的中心，而且太阳也是恒星所处的天球之中心，这个天球非常巨大，与之相比地球绕太阳公转的轨道就只有一个点那么小。

换句话说，阿利斯塔克斯提出的地球和行星围绕太阳公转的理论，反驳了当时流行的地心说。他还利用合理的几何方法推导出了月球的大小和地球到太阳的距离。尽管他的测量结果并不是很准确，与实际数据相比，他测量出来的月球太大、日地距离又太小，但他使用的方法是正确的。然而，与很多非主流科学家的遭遇一样，他的研究成果被选择性忽略了，因为当时的学界主流都支持托勒密体系。不过，他留下的科学遗产在今天的月球上依然可见，月球正面最明亮的环形山之一就是以他的名字命名的。

同心球

生活在公元前 5 世纪至前 4 世纪的柏拉图（Plato）和他的学生亚里士多德都是非常有影响力的自然哲学家。亚里士多德的著作直到中世纪还广为流传，对科学思想的影响持续了 1 000 多年。亚里士多德和柏拉图都把宇宙看作是一个具有对称性、各部分相互关联的系统，这个系统秩序井然且在逻辑上是自洽的。他们认为物质世界由土、水、气和火 4 种元素以及热、冷、湿和干 4 种特性组合而成。地球最初是由土元素构成的，被海洋（水）、大气（气）和延伸到月球的一层火所包围。恒星和其他天体则由第五元素“精质”（quintessence，又称“以太”）构成。

在这个模型中，恒星固定在所谓的“恒星球”中，很显然它们都围绕着地球旋转。但是这个模型很难解释行星的不规则运动。柏拉图的另一个学生欧多克索斯（Eudoxus），试图用一个精巧的旋转同心球模型来解决这个问题。在这个模型中，月亮、太阳和行星都附着在各自的同心球上运动，但有些同心球的旋转方向与其他同心球相反。亚里士多德详细阐述了这个模型，并试图解释同心球运动的推动力。他认为最外层的同心球是所有其他同心球运动的原动力。亚里士多德的宇宙模型共有 55 个同心球，这些同心球都是完美的球形，整个宇宙看起来很像一个以地球为中心的巨型旋涡。

但按照这个模型，天文学家依然无法解释行星亮度变化和地球上的四季更替，因为只有假定地球与太阳等其他天体的距离并非恒定不变才能解释这些现象。公元前 2 世纪，生活在尼西亚（Nicaea）帝国的喜帕恰斯（Hipparchus）利用古巴比伦人丰富的观测数据以及 60 进制的计数系统，建立了新的太阳系模型。在这个模型中，太阳沿一个偏心圆轨道绕地球运行，而月球除绕着名为本轮的小圆轨道运动外，其本轮轨道的圆心还沿着一个更大的圆轨道——均轮（deferent）——绕地球运动。此后，古希腊最伟大的天文学家托勒密继承并发展了这个精巧复杂的偏心圆模型。

托勒密

托勒密的生平鲜为人知。他的全名叫克罗狄斯·托勒密（Claudius Ptolemaeus），约公元 85 年出生于埃及的亚历山大——一座以学术闻名的城市。托勒密是地理学家、数学家和天文学家，因著有不朽名著《天文学大成》（*Almagest*）而闻名于世。《天文学大成》又称《数学汇编》或《至大论》，

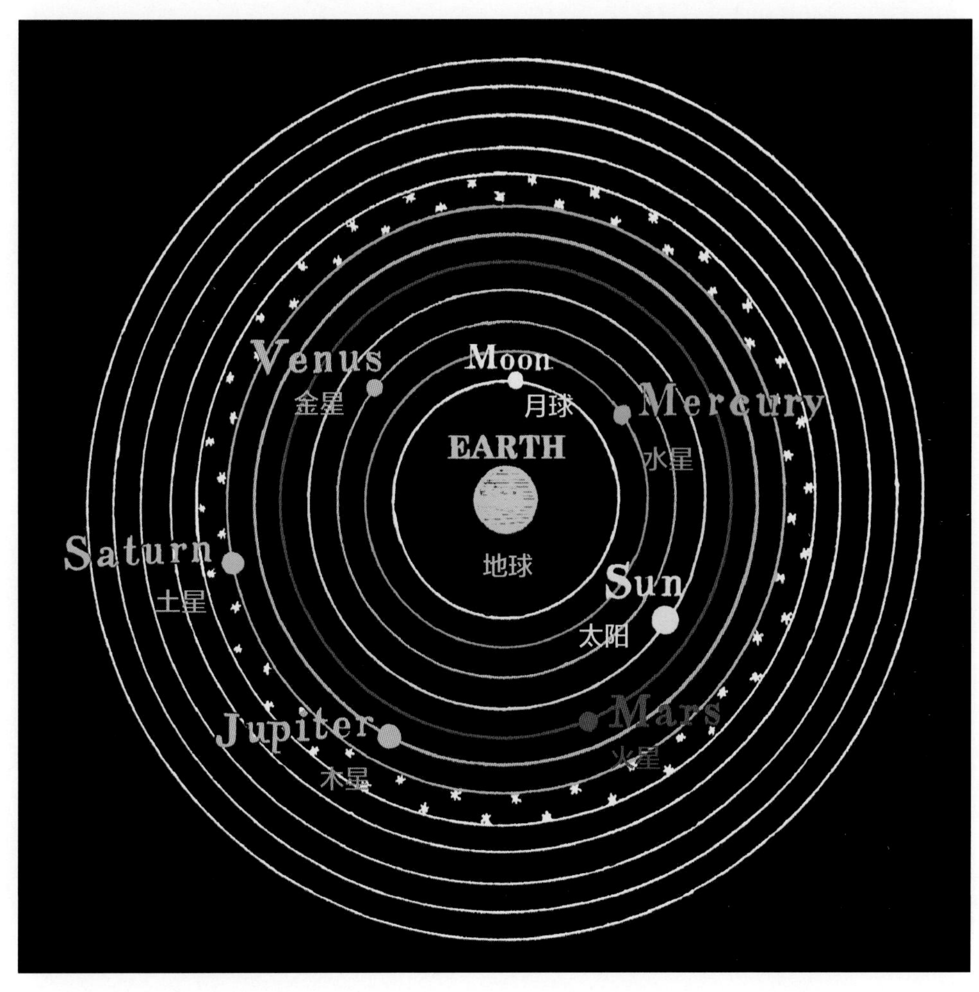

右图 在托勒密的宇宙观中，宇宙由一系列包含不同天体的同心球组成，地球位于宇宙的中心，太阳位于水星和金星轨道之外。恒星则在土星所处同心球的外围绕地球转动

成书于约公元 150 年。书中描绘的宇宙就像一台上了发条的精密仪器，在这个模型中，太阳、月亮和行星在各自的同心球面上绕地球运行的同时也在本轮中运动。《天文学大成》除包含 1 000 多颗恒星的星表外，还有能精确预测行星运动和其他天象的星历。自此，托勒密体系取得了巨大的成功，在此后 1 000 多年的时间里，世界各地的天文学家都将其奉为天文学研究的金科玉律。但不可否认的是，托勒密体系也给天文学研究戴上了一副无形的枷锁，而且一戴就是 1 000 多年。

丈量地球

尽管古希腊人利用几何学把宇宙描绘成一个令人眼花缭乱的机械玩具，但也回答了一个困扰我们很久的问题：地球究竟有多大? 埃拉托斯特尼——古希腊著名的数学家、天文学家和诗人，约公元前 276 年出生于利比亚（Libya）的昔兰尼（Cyrene）。在当时埃及的亚历山大城以南 805 千米的塞伊尼（Syene，现在被称为阿斯旺）城，他发现在夏至那天正午阳光会垂直射入城内的井中。也就是说，太阳刚好位于头顶正上方，如果此时在地上竖起一根木棒的话是不会有投影的。埃拉托斯特尼同时也发现亚历山大城中的情况却不是这样：直立的物体在夏至日的正午依然会产生投影。于是，在次年夏至日的正午，他在亚历山大城测量了直立标志物投下的阴影，发现阴影顶部与标志物顶部的连线和垂直方向的夹角约为圆周的 1/50，也就是 7.2° 。而亚历山大城和塞伊尼城之间的距离是 5 000 斯塔德[①]，由此他得出地球的总周长是这个距离的 50 倍，即 25 万斯塔德。此处答案的准确性取决于 1 斯塔德的确切长度，这个长度应该是多少目前还有争议。抛开这些争议，测量结果大约为 46 671 千米，而我们现在所知的地球周长为 40 075 千米。但是以当时的条件来看，埃拉托斯特尼的测量结果已经相当精确了。

行星的命名

古希腊人在行星的英文命名方面也做出了重要贡献。苏美尔人（Sumerian）将行星与神明的某些特征联系起来为行星命名，罗马人则直接使用相应希腊文的拉丁化拼写方式来命名，我们现在使用的英文名称就由此而来。如希腊文中地球 Gaea 的拉丁化拼写为 Terra，月球 Selene 为 Luna，水星 Hermes 为 Mercurius，金星 Aphrodite 为 Venus，太阳 Helios 为 Sol，火星 Ares 为 Mars，木星 Zeus 为 Iuppiter，土星 Kronos 为 Saturnus。

从伊斯兰学者到哥白尼

从托勒密提出地心说到哥白尼提出日心说之间的 1 400 年，是欧洲天文学的黑暗时代。随着罗马帝国的解体，西方的科学发展完全停滞，这是因为几乎没有学者能读懂希腊文，所以希腊的学术成果未能得到传承和进一步的发展。但在遥远的东方，情况就完全不同了。随着伊斯兰教的兴起，求知若渴的统治者开始在拜占庭的图书馆中查阅手稿。9 世纪，哈里发（即伊斯兰教领袖）马蒙（Al-Ma'mun）在巴格达建立了名为智慧宫的学术中心，这里也是翻译希腊学术成果的机构。伊斯兰学者将大量有关科学和数学的希腊文著作翻译成阿拉伯语，在迅速扩张的伊斯兰世界中广泛传播，最终还传到了印度和中国。此外，伊斯兰学者还翻译了一些波斯语

①斯塔德（stade），古希腊长度单位。斯塔德原先为古希腊的赛跑场，其长度即为 1 斯塔德，1 斯塔德介于 185~225 米之间。——译者注

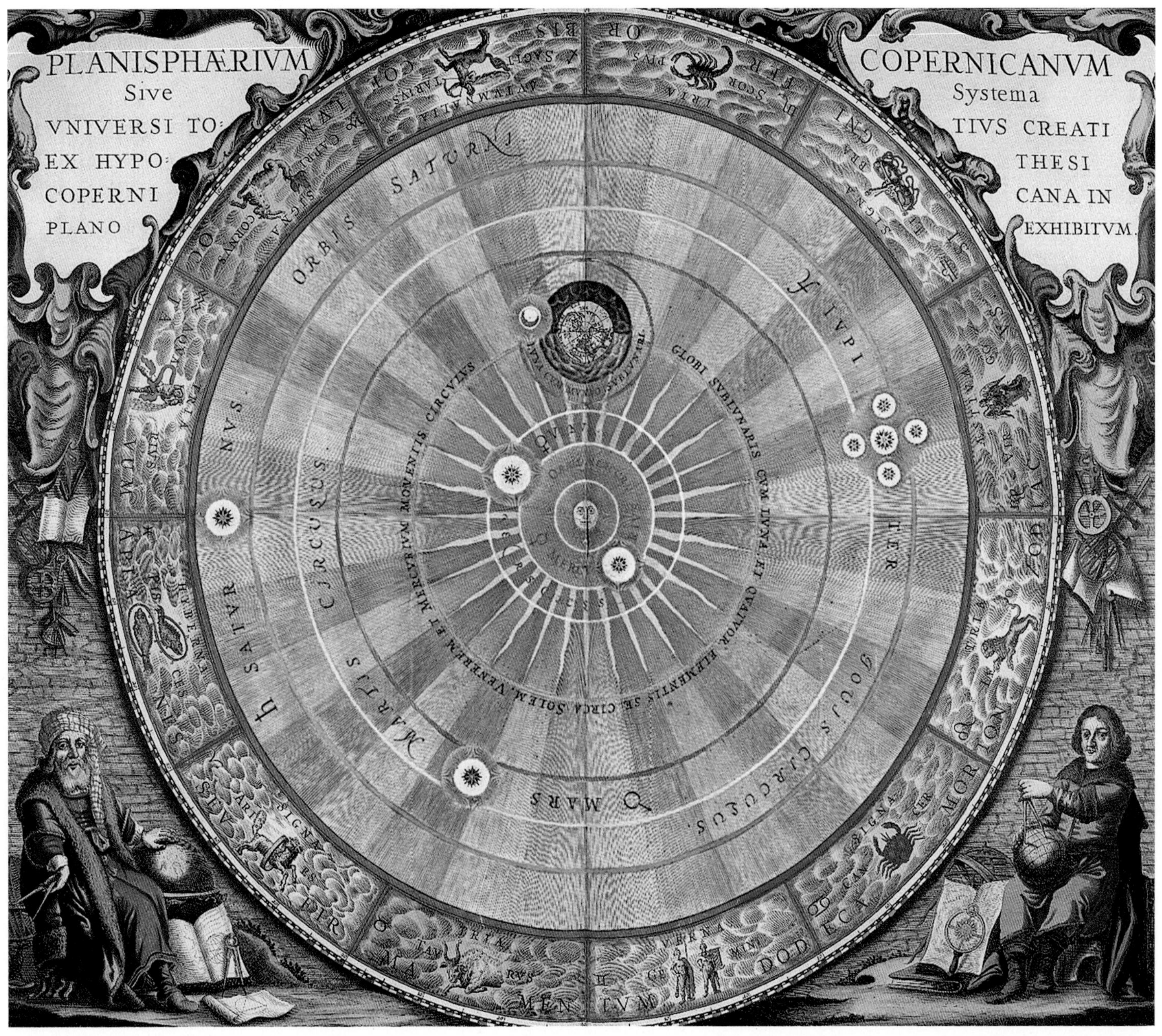

上图 哥白尼体系彻底改变了我们的宇宙观，该体系认为太阳才是宇宙的中心，行星则由内到外依次排列，围绕太阳运行。插图出自安德烈亚斯·塞拉里乌斯（Andreas Cellarius）的《和谐大宇宙》（*Harmonia Macrocosmica*），此书出版于 17 世纪，图中包含了木星的 4 颗大卫星

和梵语的科学与数学著作。

托勒密的《天文学大成》被译为阿拉伯文后，阿拉伯天文学界对其推崇备至，他们还尝试用自主设计的新式天文观测仪器来提高书中观测数据的精度。部分最古老的天文台就是由伊斯兰统治者建造的，不过由于天文台的运行需要大量的经费，所以其运行状态也随着所有者经费支持的多寡而有起有落。阿拉伯天文学家穆罕默德·巴塔尼（Muhammad al-Battani）对太阳轨道的观测比托勒密更精确，甚至之后的哥白尼也使用了他的观测成果。在10世纪，阿布德·拉赫曼·苏菲（Abd al-Rahman al-Sufi）编制了一份比托勒密更精确的星表。如今，许多我们所熟知的恒星的英文名都源自阿拉伯语，如大陵五的英文名“Algol”、参宿四的英文名“Betelgeuse”、织女星的英文名“Vega”等。尽管阿拉伯天文学家做出了很多贡献，但他们并没有对西方天文学界主流的托勒密体系（即地心说）提出质疑。这项艰巨的挑战任务最终落到了波兰神职人员尼古拉·哥白尼的肩上。

哥白尼

哥白尼1473年出生于一个富商家庭，由叔叔抚养长大，他的叔叔是一位主教，所以他从小接受的是教会教育。然而，他也研究天文学和占星术（在当时两者基本没有区别）。哥白尼发现备受推崇的托勒密模型是建立在一个包含很多偏心匀速圆（equant）和均轮的复杂系统上的，而且当时的天文学家也不能就行星的正确顺序达成一致。对此，他打过一个比方：以前的天文学家都是从个别的、孤立的观测来建立自己的模型，这些模型确实能很好地描述观测现象，但因缺乏内在的整体性，彼此之间无法和谐统一，就好像有人东找西寻地捡来四肢和头颅，把它们描绘下来，结果并不像人，却像个怪物。

我们不知道这位波兰科学家具体是什么时候或如何找到解决这些问题的根本办法（日心说模型）的，但在1514年，

蒙古天文学

蒙古人当中确实不乏对天文学有浓厚兴趣的学者。更让人大跌眼镜的是，中世纪的大型天文台中有两座都是蒙古统治者建造的。第一座天文台在马拉盖，始建于1259年，是当时统治波斯的蒙古统治者旭烈兀为波斯天文学家奈绥尔丁·图西（Nasir al-Din al-Tusi）建造的。在图西的领导下，天文台招募并培养了大批天文学人才，还编制了一部高精度的天文历表。今天仍然可以看到马拉盖天文台的遗址。另一座重要的天文台——乌鲁伯格天文台，是蒙古统治者乌鲁伯格于15世纪20年代在中亚的撒马尔罕建造的（左图为乌鲁伯格天文台巨型六分仪的一部分）。乌鲁伯格是征服者帖木儿（Tamerlane）的后代，也是一名学者和诗人。这个天文台共有3层，招募的天文学家就在这里编制了一部重要的星表。在古代，帝王是一份高危职业，很多都死于谋杀，乌鲁伯格本人也没能逃过这个宿命，在被自己的儿子暗杀后，乌鲁伯格天文台也随之荒废了。

他向少数几个朋友提供了一份只在私下传阅的手稿，名为《短论》(*Little Commentary*)，他在手稿中写道："在意识到托勒密理论的缺陷后，我常思考是否可以找到一种更合理的轨道排列方式，使得天体的运行规律完美统一，即具备内在统一性的同时又能合理地解释行星运动的所有不规则性。"他最终找到了他所说的这个"更合理的轨道排列方式"：一个建立在把太阳作为宇宙中心基础上的模型，环绕地球运动的唯一天体是月球，而地球除绕宇宙中心——太阳公转外，还会绕着自转轴自转。

哥白尼还确定了行星的正确排列顺序：水星、金星、地球、火星、木星和土星。他的日心说模型弥补了古希腊天文学的一大缺陷，即无法解释行星的逆行。新模型清楚地阐释了为何以不同速度绕太阳运行的行星有时会跑在地球前面而有时又会落在地球后面。哥白尼的论文得到了大多数天文学家的好评，紧接着他又完成了一部长篇的开创性著作——六卷本的《天体运行论》。在书中，哥白尼重申了日心说，他写道："从行星运动的规律和宇宙和谐性的角度出发，如果我们假设太阳才是宇宙的中心，那么行星的留（即一段时间内在天球上停止运动）、逆行和顺行都只是地球上的观测者的视觉效应，由地球自身的运动产生，并非行星的真实运动。地心说面临的困难在日心说模型下不复存在了。正所谓真知灼见往往来自多思善疑，一旦突破既有的思维框架就会豁然开朗，从而发现真相。"

虽然哥白尼最初提出这些观点的时候并未招致外界的强烈反对，但他对是否出版《天体运行论》仍有些犹豫。因为当时的天主教会认为地球才是上帝所创宇宙的中心，很显然教会官员一定会发现他书中的"异端邪说"。在拖延了 30 多年之后，哥白尼通过同事把手稿送到了纽伦堡的一家印刷厂。随后，手稿落入了路德派神学家安德烈亚斯·奥西安德（Andreas Osiander）手中。奥西安德擅自以哥白尼的名义作序，序中表达了对书中理论的自贬之意，说书中的发现仅仅是假说，天文学永远无法真正找到宇宙的真相。后来德国天文学家约翰内斯·开普勒在读了这篇伪造的自序后勃然大怒，他忿忿地写道："他（哥白尼）不仅确信这些假说是真的，他还证明了这些假说就是事实。"这本书的印刷本直到 1543 年哥白尼临终时才送到他的手中，我们不知道他当时是否读到了书中伪造的序言。

据说《天体运行论》在教会中引起了轩然大波。具体情况我们不得而知，已知的事实是教会直至 1616 年才开始批判《天体运行论》并将其列为禁书。即便如此，许多当代天文学家对哥白尼的著作仍是赞赏不已，并且还会采用其中的一些原理来简化自己设计的宇宙学模型。然而，日心说在很长一段时间内并未成为学界主流，直到约翰内斯·开普勒出现后情况才出现了转机。与哥白尼一样，开普勒也特别善于独立思考，他进一步发展并巩固了日心说模型，并最终确立了其主流地位。

望远镜时代

伽利略的小望远镜开辟了天文学的新视界。望远镜成了研究天文学最有价值的工具，它首次将月球环形山、木星的卫星、土星环等天体细节展现在人们的眼前。

望远镜的发明开创了天文学的新时代，也开辟了一条认识宇宙的新途径。科学界的伟人，如伽利略和牛顿，在他们的研究中都率先使用了望远镜，这绝非巧合。

1610 年之后，使用望远镜进行观测很快就在天文学界蔚然成风，望远镜甚至也成为大多数业余天文学家的标配。进入 18 和 19 世纪后，随着科技的进步，望远镜的口径越来越大，聚光本领也越来越强，观测能力也随之得到了极大的提升。科学家利用望远镜发现了太阳系中的新行星和卫星，同时也观测到了行星表面和大气的更多细节，这些成果为未来的太空飞行铺平了道路。

到了 20 世纪，望远镜不再局限于光学波段。不同波段的电磁信号如射电、红外线等都有了相应的望远镜来观测。随着计算机技术的应用，现代望远镜的观测能力不断增强，不仅能观测冥王星外的矮行星，甚至还能观测到其他恒星周围的行星。而空间望远镜则兼具强大的观测能力和宽阔的视野这两个优点：相比于地基望远镜，空间望远镜既能免受地球大气层的影响使得观测精度大大提高，又能扫描观测更大面积的天区。

左图　火星是望远镜的早期观测目标

世界上的大型光学望远镜（按口径从大到小排序）

- **加那利大型望远镜**（加那利群岛）
- **凯克望远镜 I 和 II**（夏威夷莫纳克亚天文台）
- **南非大型望远镜**（南非天文台）
- **霍比－埃伯利望远镜**（美国得克萨斯州）
- **LBT 大型双筒望远镜**（美国亚利桑那州）
- **昴星团望远镜**（夏威夷莫纳克亚天文台）
- **甚大望远镜干涉仪**（智利帕瑞纳天文台）
- **双子座北望远镜**（夏威夷莫纳克亚天文台）

观天提示

※ 初级天文爱好者小贴士：只需要一部 7×50（7 表示放大倍数，50 表示物镜口径为 50 毫米）的双筒望远镜就能观测到月球的环形山和木星的四大卫星了。

天文冷知识　印度天文台地处喜马拉雅山脉，海拔 4 517 米，是世界上海拔最高的天文台之一。

位于美国威斯康星州的叶凯士天文台（Yerkes Observatory）建于1897年，是早期真正意义上的现代天文台之一

1609—1610年
伽利略利用折射望远镜观测和研究了月球、金星、木星和土星

1655年
克里斯蒂安·惠更斯（Christiaan Huygens）发现了土卫六并辨识出了土星环

1668年
艾萨克·牛顿成功制作了一架反射望远镜

1781年
威廉·赫歇尔发现了天王星

1846年
约翰·戈特弗里德·伽勒（Johann Gottfried Galle）发现了海王星，之前已有天文学家从数学上计算出了海王星的轨道

1930年
克莱德·汤博发现了冥王星

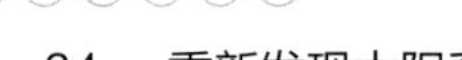

文艺复兴时期的革命

虽然哥白尼的日心说理论非常优美简洁，也能很好地解释观测结果，但在日心说提出之后很长一段时间内地心说还是牢牢占据着主流地位。1546—1642 年的欧洲，3 位历史上最伟大的天文学家都曾为哥白尼体系正名。第谷・布拉赫便是其中之一，虽然他起初并无此意。

第谷・布拉赫

第谷・布拉赫生于 1546 年，据传他是一个性情古怪的人。第谷出身于丹麦贵族家庭，但有趣的是，在第谷两岁的时候，没有子女的叔叔未经第谷父母的同意，便将他“绑架”至家中作为继承人抚养长大。第谷曾在圣诞舞会上与同学决斗（据说是争论谁的数学水平更高），结果被打掉鼻梁，此后余生，他就一直戴着金银制成的假鼻梁。

在日常生活中，第谷的脾气非常暴躁，但这丝毫没有影响他成为一个伟大的天文学家。他长期一丝不苟地观察、记录天体的运行规律。他发现当时的历表有不小的误差便下定决心加以修正。1572 年，细心的第谷注意到了非比寻常的一幕——仙后座（Cassiopeia）中出现了一颗以前从未有过的亮星（现在被称为超新星）。按当时天文学界的认知，星空应该是完美和永恒不变的，但第谷看到天空中出现新的天体是确凿的事实，并且这个天体比月亮还遥远。随后 1577 年出现的彗星进一步证实了天空并非是恒定不变的，从而打破了人们之前的固有认知。

亚里士多德认为彗星是地球大气的一部分，但第谷在长达 200 页的论文中，证明了彗星来自地球之外，其运行轨迹完全不符合亚里士多德的同心球模型，就像这些“球”根本不存在一样。第谷还获得皇室的经费资助，在赫文岛（Island of Hven）上建造了一座名为乌兰尼堡（Uraniborg，意为“天之城堡”）的大型天文台，并为其配备了当时最顶尖的人才以及性能最好的观测仪器和设备。他的团队通过年复一年的观测，获得了非常精确的恒星和行星观测数据，包括对火星位置的详细记录。不过直到去世，第谷依然深信地球就是太阳系的中心，他认为其他行星都围绕着太阳运行，而太阳则围绕着地球运行。第谷虽然不承认哥白尼的日心说，但他却慧眼识人，将自己多年积攒下来的宝贵观测数据留给了约翰内斯・开普勒这位超级助手。

约翰内斯・开普勒

与第谷高贵的出身截然不同，开普勒出身卑微，但贫穷没有限制他的想象力，他在数学和天文学理论上的成就超越了他的老师第谷。但他却自谦地说，自己只是一个“卑鄙、粗野、好争执的士兵”的儿子。天才的开普勒所受的是新教教育。他从一位教授那里得知了哥白尼学说，并立即成为哥白尼的拥护者，他的第一部作品就概述了哥白尼体系的几何学。开普勒的第一份工作是在奥地利施蒂里亚州（Styria）的格拉茨市（Graz）教授天文学，按当时的惯例天文学也囊括了占星术。对于占星术，尽管开普勒批评其“前提是完全错误的”，但讽刺的是，他的占星预言却十分灵验，还因此成为声名远播的预言家。另一方面，在作为严肃科学的天文学上，

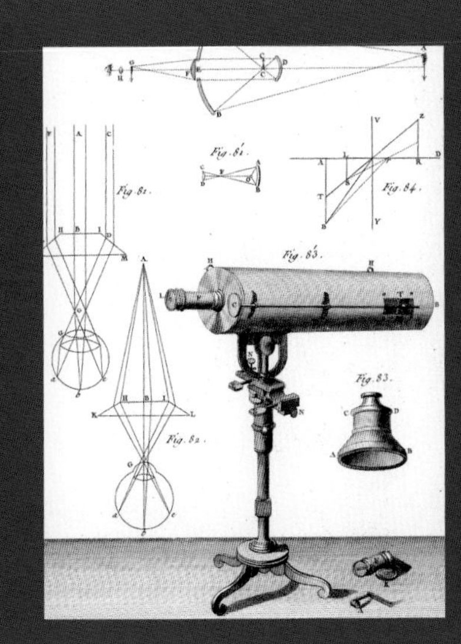

早期的望远镜

早期的望远镜都是折射望远镜：通过玻璃制成的透镜组来汇聚光线并放大观测对象。伽利略制作的小望远镜就是这种结构：呈细长的管状，物镜（顾名思义，就是靠近观测物的透镜）是凸透镜，目镜（靠近人眼的透镜）是凹透镜，物镜将光线汇聚到目镜上，目镜和物镜间的距离为 76 ~ 102 厘米。伽利略制作望远镜使用的是用来制造眼镜的镜片，镜片呈绿色并且有很多小气泡，此外将镜片磨成完美的形状也非常困难。因此，不难想象其成像质量与现代望远镜相比，可谓相去甚远，而且视场也较小，一次只能看到大约 1/4 的月球大小。即便如此，望远镜还是很快就成为天文学家的必备工具，其设计也在不断与时俱进。

年轻的开普勒有幸得到当时的天文学大咖——住在布拉格（Prague）的第谷的赏识，并加入了第谷的研究团队。1601 年第谷去世后，开普勒继承了其皇室御用数学家的职位。

利用第谷的行星运动记录，开普勒绞尽脑汁，最终成功解决了行星轨道的难题，并得出开创性结论：行星的轨道不是圆形而是椭圆形的，太阳就位于其中一个焦点上。太阳系远非一组相互关联的球壳，各行星因太阳产生的作用力（开普勒认为可能是磁力）才聚集起来，形成了太阳系。1604—1621 年，他出版了几部划时代的著作，包括《新天文学》（*New Astronomy*）和《世界的和谐》（*The Harmony of the World*），其中包含了现在被称为开普勒行星运动三大定律的内容：

1. 所有的行星都以椭圆轨道绕着太阳运行，太阳在其中一个焦点上。

2. 在相等的时间内，行星和太阳的连线从椭圆轨道上扫过的面积相等（行星离太阳越近运动越快）。

3. 行星公转周期的平方与行星到太阳的平均距离的立方成正比。

开普勒的晚年生活十分凄凉，他的 11 个孩子中有 6 个都夭折了，而以卖草药为生的母亲又在 1615 年被指控施行巫术。在随后的 6 年中，他将绝大部分精力都花在帮母亲洗脱罪名上。同时，开普勒所持的开明神学立场也与天主教和路德宗产生了不可调和的矛盾。开普勒一辈子都很贫困，虽说身为皇室科学家，但薪水却常常遭到拖欠。1630 年，贫病交加的开普勒死在了讨薪的路上，实在令人唏嘘。在开普勒自创的墓志铭中，开头的第一句话这样写道："我曾丈量天空的高度，而今要去丈量大地的影深。"

伽利略 · 伽利雷

16 世纪 90 年代，开普勒曾与一位初露锋芒的意大利数学家伽利略 · 伽利雷通信。这位来自比萨（Pisa）的年轻科学家出身贵族，在出任帕多瓦大学（University of Padua）数学教授前，曾研究过单摆的运动和重力对其的影响。1609 年，也就是开普勒发表《新天文学》的那一年，伽利略听说在荷兰省（当时荷兰的一个省份）出现了一种神奇的新式装置：带有两个玻璃透镜的管子，可以放大离我们很远的物体，使其看起来更清楚。关于世界上第一架望远镜到底是谁发明的问题，至今仍有争议，不过一般都认为这项成就应该归于荷兰眼镜商汉斯 · 利伯希。但毋庸置疑的是，伽利略是将望远镜应用于天文观测，并发现其在天文研究领域的巨大价值的第一人。伽利略很快就造出了自己的望远镜，先是一架放

左图　伽利略向神职人员展示他的新望远镜和他的新发现——坑洼不平的月球表面和木星的卫星

大率为 3 倍的望远镜，通过不断地改进又制作了一架加强版，放大率达到了 20 倍。他使用这架加强版望远镜看到了前所未见的奇观：月球上竟然有山脉，金星也有阴晴圆缺，太阳表面居然有黑子以及木星还有 4 颗大卫星。他兴致勃勃地向其他科学家和教会官员展示这架望远镜的威力，结果却好坏参半，有些人压根不相信他们从镜头里看到的东西。

其中一人评价道："伽利略·伽利雷大老远带着他的望远镜来到博洛尼亚（Bologna），他用这架望远镜看到了 4 颗假行星……我用各种方法进行了实验，用它分别观测了地面和星空。用来观测地面的物体时，效果非常好；但是用来观测星空的时候根本就靠不住……伽利略被我怼得无言以对，到 26 日就闷闷不乐地走了。"这种顽固的怀疑论态度只是表象，背后有更深层次的原因。因为透过望远镜看到的太阳系行星表面粗糙、斑驳，太阳系本身也非恒常不变，同时行星的运行轨迹也印证了太阳系的中心是太阳而非地球，以上的每一个发现都是对当时大家普遍接受的古希腊完美宇宙观和哥白尼之前的天主教神学的挑战。1610 年，伽利略发表了短篇著作《星空信使》（*Starry Messenger*），书名也译作《星际信使》（*Sidereal Messenger*），书中描述了他观测木星时的新发现。随后伽利略通过书信与人讨论哥白尼体系，被天主教的宗教裁判所发现，宗教裁判所于是勒令伽利略不得"支持、传播哥白尼的理论或为其辩护"。

在他关于科学方法的著作《试金者》（*The Assayer*）中有一句名言："宇宙是一部伟大的著作，真理就蕴藏在其中，它的大门随时向我们敞开，等待着我们去发掘。但一个人如不精通这部著作所使用的语言和符号系统的意义，他是没办法理解它的。而宇宙这部伟大的著作就是用数学语言写成的，其文字符号就是几何图形，包括三角形、圆形和其他图形。没有它们，人类就不可能真正理解宇宙。"这本书让伽利略多了一个意料之外的粉丝——新教皇乌尔班八世（Pope Urban VIII），他同意伽利略可以用假说的形式再写一本讨论传统宇宙观和哥白尼体系的书，此书即《关于托勒密和哥白尼两大世界体系的对话》（*Dialogue Concerning the Two Chief World Systems*）。尽管他在书中塑造了一个虚构人物来为哥白尼体系辩护，但可惜的是他还是得罪了新教皇，原因是新教皇的某些观点是从书中一位愚蠢的反派人物辛普利西奥（Simplicio，代表托勒密体系）口中说出的。新教皇认为这本新书的形式"不够假说"。1633 年，伽利略在天主教宗教裁判所受审。尽管他公开认罪，但还是被判为异教徒，并在软禁中度过了余生。

太阳系拼图完成

17 世纪出现的望远镜让天文学家如获至宝。自 1609 年伽利略首次展示望远镜在天文研究领域的巨大价值开始，一直到 17 世纪末，欧洲的天文学家已经迫不及待地用望远镜观测了太阳系中已知的所有天体。

水星到月球

与那些备受关注的行星相比，我们对某些行星的了解实在不多，水星就是其中之一。水星离太阳很近，个头又小，可以说是行星中的“小不点”了，在太阳耀眼的光芒下很难看到[①]，即便使用现代的高精度望远镜也很难分辨出来。1639 年，意大利天文学家、耶稣会牧师乔瓦尼·祖布斯（Giovanni Zupus）用一架性能比伽利略那架略好的望远镜观测水星，发现水星也和月球、金星一样有阴晴圆缺。这表示水星的轨道位于地球和太阳之间，进一步证实了日心说模型。水星的其他细节，则要等到 18 世纪末才能观测到。

此后，水星旁的金星吸引了天文学家更多的目光。英国业余天文学家杰里迈亚·霍罗克斯（Jeremiah Horrocks）和威廉·克拉布特里（William Crabtree）在 1639 年看到金星横穿太阳表面（即金星凌日）时异常激动，因为这种天象极为罕见，霍罗克斯可以借此估算金星的大小和距离。除此以外，对金星的其他观测都只是天文学家闲暇时的兴趣而已，并没有得到什么有价值的信息。1645—1646 年，意大利天文学家弗朗切斯科·丰塔纳（Francesco Fontana）声称有一颗卫星在围绕着金星运行，并且在金星的明暗界线（金星亮区和暗区之间的分界线）上看到了山脉，当然这在后来都被证实是错误的。伟大的意大利裔法籍天文学家乔瓦尼·卡西尼（Giovanni Cassini）利用望远镜追踪了金星表面的明暗斑块，认为金星的自转周期为 23 小时 21 分。虽然受限于观测能力，当时的望远镜几乎无法观测水星和金星表面的细节，但用来观测月球则绰绰有余。1647 年，出身于酿酒世家的波兰天文学家约翰内斯·赫维留（Johannes Hevelius）出版了世界上第一本月球图集《月面图》（*Selenographia*）。这部图集清晰展现了月面的地貌特征——均是赫维留自己雕刻和绘制的。赫维留凭借精湛的美术功底，让《月面图》成了历史上最著名的月面图集。

测微计

到了 17 世纪 50 年代，天文学家不仅使用望远镜观察各种天体，还用其进行天体的测量。使望远镜具备测量功能的装置，是英国天文学家威廉·加斯科因（William Gascoigne）在 17 世纪 30 年代末发明的。有一次，当加斯科因使用开普勒望远镜进行观察时，在调焦的过程中无意使望远镜对焦到一只吊在蛛丝上旋转的蜘蛛上，他灵机一动，想到如果在望远镜的视场中也有像蛛丝一样的细线的话，就可以让望远镜更准确地对准目标了。于是加斯科因发明了一种带有十字形金属线的望远镜瞄准镜，随后又发明了测微计（micrometer，又称千分尺），天文学家可以用其对观测目标进行测量。尽管加斯科因后来不幸在英国内战中丧生，但欧洲各地的天文学家都开始使用他发明的测微计进行测量工作，包括月球上两点间的距离、行星的大小等。

行星环和卫星

当望远镜对准火星、木星和土星后，更多令人惊喜的发

①水星和金星的轨道半径都比地球小，属于带内行星，在地球背阳面无法观测，最佳观测时机一般都在黄昏、黎明，或者运气够好的话在日食时也能看到。——译者注

克里斯蒂安 · 惠更斯

天文学家和发明家

荷兰科学家克里斯蒂安 · 惠更斯（1629—1695）多才多艺，有很强的动手能力。他不仅是物理学家、天文学家，还是 17 世纪涌现出的众多发明家之一。他的父亲康斯坦丁 · 惠更斯（Constantijn Huygens）是著名诗人兼外交官，与哲学家勒内 · 笛卡尔（René Descartes）、画家彼得 · 保罗 · 鲁本斯（Peter Paul Rubens）和伦勃朗 · 范 · 赖恩（Rembrandt van Rijn）等在内的学界名流私交甚笃。惠更斯从小耳濡目染，积累了很高的科学和艺术素养，再加上优越的家境，相比很多其他天文学家来说堪称赢在了起跑线上。他也使用自制的望远镜进行观测，以绘制火星地图和辨识出了土星环而闻名。他发明了第一台高精度摆钟，并指出摆的运动轨迹为摆线。惠更斯还发展了光的波动理论，相关理论体现在 1690 年出版的专著《惠更斯光论》（*Treatise on Light*）一书中。惠更斯与那个时代的大多数重要科学家都有来往，其中也包括他十分仰慕的艾萨克 · 牛顿。但他却认为牛顿的万有引力理论十分“荒谬”。他也是一个富有想象力的思想家，认为在其他“和地球一样宜居”的行星上可能会有智慧生命存在。他相信与这些行星上的智慧生命交流可以帮助我们更好地认识地球。

现也随之接踵而至。这段时期出现了两位伟大的天文学家——乔瓦尼 · 卡西尼和克里斯蒂安 · 惠更斯，他们包揽了上述 3 颗行星的所有重大发现。惠更斯和他的哥哥康斯坦丁合作，自行研磨镜片建造了一架精密的望远镜。从 17 世纪 50 年代至 70 年代，惠更斯还协助绘制了第一张火星地图，当时他已探测到了火星上的暗区——大瑟提斯高原（Syrtis Major Planum），以及南极极冠区域。1655 年，他还发现了土星的第一颗（也是最大的）卫星土卫六（又称泰坦星）。但真正让惠更斯声名大噪的是辨识出了土星环。伽利略也曾观测到土星环，但他实在想不出这些看起来像是长在行星两边的耳朵或把手的东西到底是什么。在 1659 年出版的《土星系统》（*Systema Saturnium*）一书中，惠更斯解释说，这个奇怪的结构其实是围绕土星的扁平状固态环造成的视觉效应，土星环分布在土星两侧的部分形成了我们看到的奇怪模样。

卡西尼先在博洛尼亚工作了一段时间，然后又去了巴黎。他通过计算得出火星的自转周期是 24 小时 40 分，这个结果与我们今天测得的火星自转周期相比只差了 3 分钟。通过对木星及其卫星的观测，他还估测出木星的自转周期为 9 小时 56 分，这个结果几乎完全正确。1671—1684 年，他又陆续发现了 4 颗土星卫星，分别是土卫八（Iapetus）、土卫五（Rhea）、土卫三（Tethys）和土卫四（Dione）。1675 年，在仔细观察土星环的时候，卡西尼发现土星环上有一条明显的缝隙将其分为内外两部分，这就是现在所说的卡西尼环缝（Cassini division）。他还意识到土星环并不是一个整体，而是很多小卫星聚集在一起形成的环状结构。

光的本质

17 世纪望远镜技术的快速发展，为精确测量光速提供了必备的条件。在此之前，科学界对光速是否有限一直存在争议。伽利略曾经设计过一个测量光速的实验方案，后来在佛罗伦萨美术学院同事的帮助下得以实施，伽利略的实验方案如下：他拿着一个带挡板的灯站在山顶上，他的助手则拿着同样的灯站在远处另一座山的山顶。伽利略会首先打开挡板，当助手看到灯光后也立刻打开灯的挡板，利用伽利略第一次打开挡板到看到助手这边灯光的时间和两座山的距离就能计算出光的速度。然而，光的速度实在是太快了，他的实验失败了。当时其他的科学家，包括开普勒在内，都认为光是瞬间出现的，光的传播根本不需要时间。

直到 17 世纪 70 年代，这种想法才被在巴黎天文台工作的丹麦天文学家奥勒·雷默（Ole Roemer）推翻。他在观测木卫一时，发现了一个奇怪的现象：木卫一的公转周期约为 42 小时，但当木星朝向地球运动时，周期会略微变短；当它背向地球运动时，周期又会略微变长。雷默得出结论，这种现象不可能是木卫一的轨道变化造成的，而是由于木星发出的光到达地球需要一定的时间，即光速是有限的。通过观测，他计算出光速约为 21 万千米 / 秒。英国皇家学会秘书罗伯特·胡克（Robert Hooke）知道后抱怨道：“这也太快了，简直不敢想象。如果是这样的话，光为何不索性是瞬间传播的？”（现在测得的光速是 299 792 千米 / 秒。）

基于观测和实验的伟大科学热情在 17 世纪被极大地激发了，同时人类对宇宙的认知也实现了重大的飞跃。随后，科学史上的伟人艾萨克·牛顿又在此基础上前进了一大步，取得了辉煌的科学成就，他的名字也几乎成了科学的代名词。

下图　卡西尼号土星探测器拍摄的土星。克里斯蒂安·惠更斯是第一个提出土星旁的奇怪附属物是环状结构的人。20 年后，天文学家乔瓦尼·卡西尼指出，土星环的内环和外环之间存在一个暗缝

牛顿眼中的宇宙

到了 17 世纪晚期，大量的观测发现如行星、行星卫星、行星距离及彗星等，已经让欧洲天文学家有点目不暇接了，太阳系的拼图也逐渐趋于完整。尽管天文学家对太阳系有了更加全面的认识，但仍然不能解答太阳系“为什么”和“如何”演化成如今我们所看到的样子。其中的大问题是：支配天体复杂运动的，到底是什么规律？又是什么力量使太阳系成为一个统一的整体？

开普勒曾认为有某种力量将月球和地球束缚在一起使得月球绕地球运行，但行星围绕太阳运行是由一种“旋涡”导致的。法国数学家和哲学家勒内·笛卡尔也认为，行星在太阳系大旋涡中绕着太阳运行，这种旋涡存在于行星间的介质——以太（ether）中。在英国，格雷舍姆学院（Gresham College）的科学家也支持地球和月球等天体之间有某种磁引

下图　英国天才科学家艾萨克·牛顿对科学的贡献是多方面的，以下只是其伟大贡献中最突出和为人熟知的部分，包括：解释了光的本质，发明了一种更实用的反射望远镜，归纳总结出运动学三大定律和万有引力定律，发展了微积分

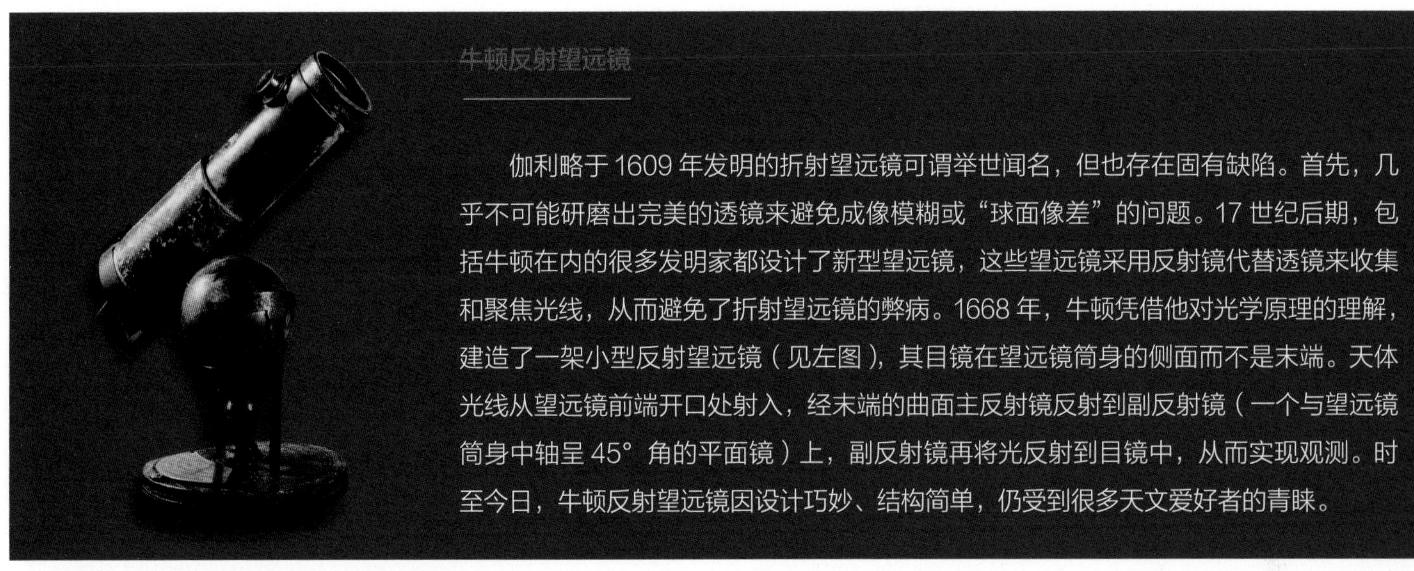

牛顿反射望远镜

伽利略于 1609 年发明的折射望远镜可谓举世闻名，但也存在固有缺陷。首先，几乎不可能研磨出完美的透镜来避免成像模糊或“球面像差”的问题。17 世纪后期，包括牛顿在内的很多发明家都设计了新型望远镜，这些望远镜采用反射镜代替透镜来收集和聚焦光线，从而避免了折射望远镜的弊病。1668 年，牛顿凭借他对光学原理的理解，建造了一架小型反射望远镜（见左图），其目镜在望远镜筒身的侧面而不是末端。天体光线从望远镜前端开口处射入，经末端的曲面主反射镜反射到副反射镜（一个与望远镜筒身中轴呈 45° 角的平面镜）上，副反射镜再将光反射到目镜中，从而实现观测。时至今日，牛顿反射望远镜因设计巧妙、结构简单，仍受到很多天文爱好者的青睐。

力的相互作用，才使得月球绕着地球运行。

艾萨克 · 牛顿

正当现有的各种理论、假说都无法完美解释观测现象时，传奇人物艾萨克 · 牛顿出现了。他归纳并整理了纷繁复杂的观测现象，理清头绪，最终完美解决了科学史上一系列关键问题。1642 年，牛顿出生于一个贫穷的农民家庭，是个早产儿。他的童年非常缺少父母的关爱，父亲在他出生前就已撒手人寰，母亲后来就带着他改嫁了。他和继父的关系非常糟糕，就像仇人一样，后来牛顿便由祖母抚养长大。和同龄人相比，年轻时的他有着和年龄不相符的严肃而且十分缺乏安全感。在剑桥大学学习期间，牛顿主修数学，那时的他还默默无闻，无人知晓。1665 年，因一场突如其来的瘟疫，剑桥大学被迫关闭，牛顿也只能离开学校回到农村的家中。这段时间，他研究并解决了行星运动和光学的相关力学及数学问题，并在短短两年内发展了微积分的基本概念。但是在随后的数十年中，他一直对自己的研究成果守口如瓶。

1667 年，牛顿入职剑桥大学三一学院（Trinity College），最后获得了剑桥大学卢卡斯教授（Lucasian Professor）职位。牛顿对同龄人不是特别友好；事实上，他在与其他科学家的相处中也表现得十分敏感并且时刻保持着提防的态度。但毋庸置疑的是，他同别人的合作却硕果累累。在与英国皇家学会秘书罗伯特 · 胡克的通信中，他解决了许多有关运动定律的细节问题。1684 年，英国天文学家埃德蒙·哈雷（Edmund Halley）登门拜访，与他讨论假设太阳和行星间的引力与它们之间距离的平方成反比时行星轨道形状的相关问题。牛顿对此的回复是：当然是椭圆轨道啦，我早就计算出来了。

《原理》

《自然哲学的数学原理》（*Mathematical Principles of Natural Philosophy*，以下简称《原理》），其中的主要理论架构都来自牛顿的那篇开创性论文《论运动》。在哈雷的支持下，《原理》于 1687 年出版，该书系统阐述了牛顿运动定律和万有引力理论。

简而言之，牛顿运动定律是：

1. 在没有外力的作用下，静止的物体将保持静止，而运动的物体将做匀速直线运动。（惯性定律）

2. 物体的加速度与施加在其上的外力的合力成正比。（加速度定律）

3. 受力物体与施力物体的作用是相互的，它们之间的相互作用力大小相等，方向相反。（作用力与反作用力定律）

万有引力定律同样也很简单：宇宙中任意两个物体之间

都存在引力；引力的大小与两个物体的质量的乘积成正比，与两个物体之间距离的平方成反比。《原理》使牛顿举世闻名，在爱因斯坦时代之前几乎是所有物理学分支的基础。在天文学中，万有引力定律可以从数学上解释为何行星沿椭圆轨道运动，还能据此计算天体的质量，并为以后的太空飞行奠定了基础。牛顿认为万有引力是普遍存在的，这颠覆了之前所认为的支配天体运动和地上物体运动的力有本质区别的观点。

1704 年，牛顿出版了系统阐述其光学研究成果的著作《光学》（*Opticks*），作为他学术生涯的收山之作。对熟知的色散现象，以前的思想家如笛卡尔认为光本质上是白色的，白光通过棱镜后显示为彩色的原因是光的性质在光经过棱镜之后改变了。牛顿则反其道而行之，认为白光原本就是由许多种单色光组成的，这些单色光融合在一起就变成了白光。每种颜色的单色光或粒子折射角不同，因而在经过棱镜折射后就会呈现为彩色。

牛顿的成就在世界范围内受到高度评价。但这位伟人也有鲜为人知的不光彩之处。胡克在看过《原理》手稿后，就曾经要求牛顿在其中说明，一些关键的理论细节，如万有引力的平方反比定律最先是胡克在二人的通信交流中提出的（这的确也是事实）。但是，作为回应，牛顿却将《原理》中所有出现胡克名字的地方全部删除。此外，牛顿还和戈特弗里德·莱布尼茨（Gottfried Leibniz）就谁先发明了微积分这一问题争论不休——这场论战持续了很长的时间（这个问题最有可能的答案是：两者都独立发明了微积分）。

尽管牛顿的脾气很坏，但公众还是很崇敬他。1705 年，他成为第一位获得爵士头衔的科学家。诗人亚历山大·蒲柏（Alexander Pope）曾作过一首赞誉牛顿的诗，其中写道："自然和自然的法则隐藏在黑夜里。上帝说，让牛顿去吧！于是一切成为光明。"牛顿于 1727 年去世，尽管他的某些做法和观点仍存在争议，但总体来说人们还是对他赞誉有加，他为科学（当然也包括天文学）提供了迄今为止研究宇宙最有效的工具。

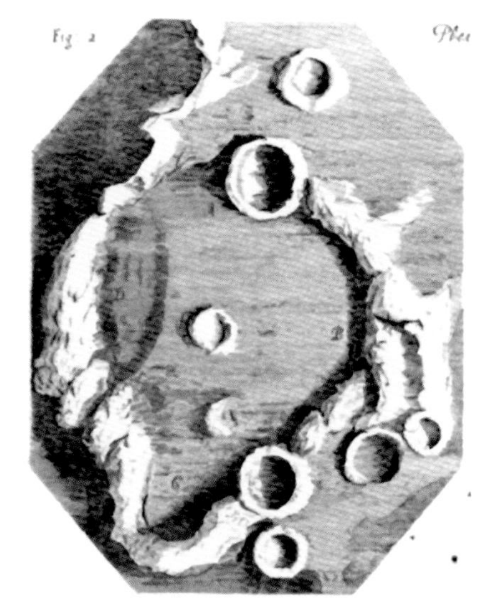

罗伯特·胡克

物理学家、建筑师、发明家

多才多艺的罗伯特·胡克（1635—1703）在多个领域都很有建树，但在某种意义上也可以说他被自己出众的才华给拖累了。胡克是一位建筑师，1666 年伦敦发生大火后他帮助克里斯托弗·雷恩（Christopher Wren）完成了重建伦敦的工程。他也是一位发明家，设计制作了手表的摆轮游丝、最早期的反射望远镜、复式显微镜和舵式气压计。一提到胡克，现在的学生可能会立刻想到他是第一个发现细胞的生物学家；物理学家则会称赞他是一个直觉敏锐的科学家，不仅阐述了光的波动本质，甚至早在牛顿发表《原理》之前 13 年，就提出了类似万有引力和运动学定律的理论（左图是胡克绘制的月球环形山）。然而，胡克在英国皇家学会（The Royal Society）的工作要求他每周都要为会员设计三四个实验，这很可能导致了他无法将更多的精力放在自己热爱的科学研究工作上，以至于很多的工作成果都没能及时发表。所以，在胡克的研究成果中只有发现植物细胞最为人所熟知，而在发现万有引力和运动学定律的功绩上只留下了牛顿的名字。

太阳系边界

有了牛顿发明的强大数学工具，天文学家除使用望远镜来搜寻太阳系中的新天体外，还能借助数学工具来发现新天体。在 18 世纪，两位科学家发现了行星与太阳之间的距离竟然符合一个很简单的算术规律。规律的发现人之一是维滕堡大学（Wittenberg University）的物理学教授约翰·丹尼尔·提丢斯（Johann Daniel Titius）。1766 年，他研究发现行星与太阳之间的距离很有规律，如果设定地日距离的大小为 10，那么当时已知行星与太阳距离的大小分别是：4（水星），7（4+3，金星），10（4+6，地球），16（4+12，火星），52（4+48，木星）和 100（4+96，土星）。当时，他的研究结果在发表后几乎没有引起人们的关注，但 6 年后，德国天文学家约翰·埃勒特·波得（Johann Elert Bode）将这一规律归纳为经验公式，现在被称为提丢斯 - 波得定则（Titius-Bode law）。两位科学家都注意到了这个数列中缺了一个数，那就是在火星和木星之间，即 16 到 52 之间应该还有一个数：28（4+24）。“你觉得造物主会让这个位置空着吗？当然不会！”波得写道。

于是天文学家开始将望远镜转向火星和木星之间的广阔区域，希望能找到这颗失踪的行星。当大家都忙着搜寻这颗行星时，一位英国音乐家的偶然发现进一步证实了提丢斯 - 波得定则的正确性。

上图　自学成才的天文学家威廉·赫歇尔一生建造了 400 多架不同尺寸的望远镜，其中包括图中所示的一架口径为 15.7 厘米、焦距为 2.1 米的可移动反射望远镜

天王星

威廉·赫歇尔的父亲是普鲁士的乐队指挥，在七年战争（Seven Years' War，1756—1763 年欧洲大陆爆发的多国混战）期间移居英国。1766 年，赫歇尔被聘为巴斯大教堂的管风琴师，但他真正的兴趣是天文学。他的妹妹卡罗琳（Caroline）也是一位很优秀的天文学家，兄妹俩经常一起开展研究工作。赫歇尔还自己建造望远镜，其中包括一台精密的 15.7 厘米口径的反射望远镜。1781 年 3 月 13 日，当他仔细研究双子座的恒星时，发现了“一颗奇怪的恒星，也可能是星云或者彗星”。4 天之后，赫歇尔发现那颗奇怪的“星星”移动了，在排除了恒星的可能性后，他认为那是一颗彗星，因为他和同时代的大多数人一样相信太阳系的所有行星都已经被发现了。

其他天文学家得知赫歇尔的这一发现后，使用当时观测能力最强的望远镜仔细观察了这个天体，通过其运行轨道和望远镜中呈现出的圆盘形状证实了它实际上是一颗行星。这也是有史以来用望远镜发现的第一颗行星。赫歇尔因此获得了许多荣誉，还被聘为皇室天文学家。他本来想以英国国王乔治三世的名字将这颗新行星命名为乔治星，但最终还是按照行星命名的传统以希腊神话中天空之神的名字将其命名为天王星。注意，按照前面将地日距离的大小设定为 10 的原则，经估测天王星与太阳的距离为 196（4+192），刚好是之前行星轨道数列的下一项，再次完美验证了提丢斯 – 波得定则的正确性。

小行星

当提丢斯 – 波得定则轨道数列的正确性得到又一次的验证后，很多天文学家再次将注意力集中到火星和木星之间消失的行星上，他们坚信在那里一定能发现新行星。

1800 年，一个名为“天体警察”（Celestial Police）的组织达成了一项协议，在合作寻找新天体的工作中施行分区责任制，即将天空划分为不同区域，分别由不同的天文学家负责搜索，这个组织由 24 名欧洲天文学家组成。他们本来还打算让朱塞佩·皮亚齐（Giuseppe Piazzi）加入他们的队伍，但未料到这位意大利天文学家、神学家兼神父此前就已经在火星和木星之间的间隙中取得了重大发现。

1801 年 1 月，皮亚齐在巴勒莫（Palermo）工作时，发现了一颗很暗的新“星星”，这颗“星星”每天的位置都在发生变化，很显然这不是恒星，而是太阳系内的某个天体。他写信给波得和其他人宣布他的发现。天文学家最初认为新天体是一颗新行星，并以意大利西西里岛（Sicily）的守护女神的名字将其命名为谷神星（Ceres）。但赫歇尔和其他人很快发现谷神星太小了，作为一颗行星实在不够格。后来海因里希·奥尔贝斯（Heinrich Olbers）在谷神星轨道附近又发现了另一个小天体（现在被称为智神星，Pallas），于是皮亚齐希望成为新行星发现者的梦想破灭了，只能成为一种新天体——小行星的发现者。到 19 世纪末，在火星和木星轨道之间共发现了 300 多颗小行星，它们所处的区域也被称为小行星带，这些小行星共同组成了提丢斯 – 波得定则中那个消失的天体。

海王星

下一颗行星的发现应归功于数学，而不是望远镜。自从发现天王星以来，天文学家对该行星的轨道一直有些疑惑。因为它的轨道并不完全符合牛顿万有引力定律。难道会有另一个大质量天体的引力正对其轨道产生影响吗?

英吉利海峡两岸的两位数学家各自独立解决了这个问题。1844 年，年轻的英国天文学家和数学家约翰·库奇·亚当斯（John Couch Adams），计算出了影响天王星的那颗新行星的近似轨道，并将计算结果提交给格林威治天文台的乔治·艾里（George Airy），艾里是当时英国最著名的天文学家。但亚当斯的研究成果并未得到艾里的足够重视和及时处理。两年以后，心灰意冷的亚当斯在艾里休假旅行的时候，决定放弃这一研究方向，转而研究其他课题。与此同时，法国天文学家于尔班·让·约瑟夫·勒威耶（Urbain Jean

左图 当威廉·赫歇尔发现天王星时，望远镜中的天王星看起来像一颗“云状恒星”。这张旅行者号拍摄的特写照片在通过假彩色处理后，清晰显示了天王星的极区环流

Joseph Le Verrier）也独立计算出了这颗尚未现身的行星的轨道。

幸运的是，勒威耶遇到了伯乐。1846 年，他写信给当时在柏林天文台工作的德国年轻天文学家约翰·戈特弗里德·伽勒，请他帮忙在预测的位置上搜寻这个天体。1846 年 9 月 23 日晚，伽勒和他的学生只用了不到 1 小时的时间就发现了这颗新行星。它就是太阳系的第八颗行星——海王星，其轨道距离太阳 30 au[①]，大约是天王星轨道与太阳距离的 1.5 倍，由此太阳系的版图又进一步扩大了。

不过，这项激动人心的新发现产生了意想不到的副作用——海王星的轨道不符合提丢斯－波得定则。按照提丢斯－波得定则进行推算，下一颗行星应该出现在距离太阳约 39 au 的位置。时至今日，天文学家仍然没搞清楚提丢斯－波得定则到底是有真正的物理基础，还是仅仅只是一个神奇的巧合。

19 世纪后半叶，随着望远镜的口径越来越大、性能越来越好，天文学家得以在日益扩大的太阳系版图中发现更多的细节，这幅太阳系的素描肖像画也随之日益丰满起来。此时，火星表面的细长暗线开始成为研究的焦点，意大利天文学家乔瓦尼·斯基亚帕雷利（Giovanni Schiaparelli）于 1877 年绘制了第一幅详细的火星地形图。同时越来越多的卫星也陆续被发现，到 1900 年，除地球的卫星月球以外，太阳系行星的已知卫星数量达到了 21 颗。其中包括火星的两颗小卫星：火卫一（Phobos）和火卫二（Deimos），它们是由美国天文学家阿萨夫·霍尔（Asaph Hall）在 1877 年发现的（见第 149 页）。

冥王星

在 20 世纪重大的天文事件——冥王星的发现上，所有的大型天文台都缺席了。发现冥王星的殊荣落在了业余天文学家克莱德·汤博身上。这名勤奋努力的年轻人来自美国堪萨斯州（Kansas）的农场，1929 年初被聘为美国亚利桑那州洛厄尔天文台的观测员。他的主要任务（除了接待游客和给天文台的火炉生火外）是寻找半神话般的 X 行星。当时的天文学家发现，即使找到了海王星也无法完全解释天王星轨道的摄动，而海王星自身轨道的摄动也预示着应该有另一个天体在影响两者的轨道，于是将这个天体称为 X 行星。已故的美国天文学家兼作家珀西瓦尔·洛厄尔（Percival Lowell）对寻找 X 行星非常着迷，认为它一定存在于太阳系的外围区域。汤博夜以继日地工作，沿着黄道进行巡天拍摄。1930 年的隆冬时节，当时汤博已经拍到双子座附近，他的坚持终于迎来了回报。在两张相隔 6 天的照相底片上，一个微小的光点发生了移动。1930 年 3 月 13 日（这一天也是发现天王星的周年纪念日），洛厄尔天文台宣布发现了太阳系的第九颗行星，后来又通过征名活动将其命名为冥王星。

帕森城的利维坦

就望远镜而言，口径当然越大越好。19 世纪，爱尔兰的罗斯（Rosse）伯爵建造了一台巨型反射望远镜，是有史以来屈指可数的几台大型私人望远镜之一。这台望远镜名为“帕森城的利维坦”（Leviathan of Parsonstown，利维坦原为《旧约圣经》中记载的一种海怪，形象原型可能来自鲸或鳄鱼，此处用于形容望远镜之巨大），建于 1845 年，其反射镜直径达 183 厘米，筒身长度达 17 米。虽然受制于爱尔兰常年多云的气候条件，该望远镜大多数时间都处于闲置状态，但天文学家依然用其有限的观测时间细致研究了包括木星、月球、星云在内的诸多天体。

---

①au 或 AU 是天文单位的英文缩写，天文单位是天文学中常用的距离单位，1 天文单位即地球与太阳的平均距离，为 149 597 870 千米。天文单位主要用于描述太阳系内天体间的距离，对太阳系外天体大都以光年为单位来计量其距离，1 光年约为 63 241 au。——译者注

太空时代

即使是20世纪最先进的地基望远镜，其对行星的观测能力也会受到地球大气湍流的限制。当航天器搭载空间望远镜飞向太空，摆脱了地球大气的掣肘之后，行星天文学很快就进入了一个新的黄金时代。

20世纪爆发的世界大战和军事竞争虽然给人类带来了深重的灾难，但却促成了火箭技术的快速发展。不过，当苏联在1957年发射了一颗沙滩球大小、哔哔作响的人造卫星斯普特尼克1号后，美国国内还是掀起了轩然大波，美方非常担心在与苏联的军备竞赛中处于下风。为了安抚大众的焦虑情绪，美国著名的火箭专家沃纳·冯·布劳恩（Wernher von Braun）呼吁道："我们早就料到（苏联要发射卫星的事）了，看在上帝的份上，请放手让我们干吧！60天内我们就可以造出一颗卫星！"但事实上，美国用了16个月才造出人造卫星（布劳恩虽作为"头脑财富"来到美国，但美方始终对这位纳粹分子心存芥蒂，所以一开始他未能得到重用，耽误了研发进度。在经历了前期的挫败后，美国当局才对布劳恩委以重任，他只用了不到3个月的时间就造出了卫星）。随着1958年美国的探险者1号（Explorer 1）卫星发射升空，美苏的太空竞赛也正式拉开了序幕。

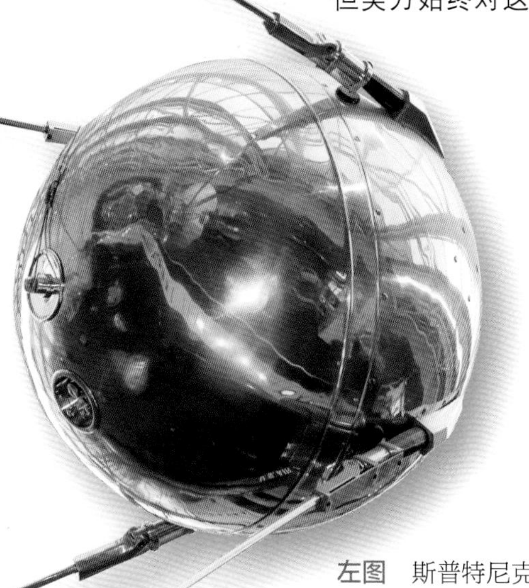

左图　斯普特尼克1号的直径只有58厘米

在美苏冷战时期的太空竞赛中，早期的太空飞行大都以失败告终，能载入史册的成功创举不多。美国的探险者1号卫星上搭载的宇宙射线探测器首次发现了围绕地球的高能粒子辐射带，做出了太空时代第一个重要的科学发现。这个辐射带也被称为"范艾伦带"（Van Allen belt），是以设计该探测器的科学家的名字命名的。20世纪50年代至70年代，苏联的月球号（Luna）系列探测器和美国的徘徊者号（Ranger）系列探测器都经历了多次发射失败和坠毁事故，但月球3号首次拍摄了月球背面的照片。在1961年肯尼迪（Kennedy）总统宣布美国将在10年内把一名宇航员送上月球之后，阿波罗计划（Apollo project）在1969年提前实现了这一创举，成功将两名宇航员送上了月球，成为人类航天史上的里程碑之一。在1972年底阿波罗计划结束之前，另外10名宇航员也相继登上了月球。此后，对距离地球更远的行星的探测都以发射无人探测器（按工作方式分为飞掠器、轨道飞行器和着陆器）的方式进行，探测范围也延伸到了太阳系的外缘。

探测器从地球轨道出发（经霍曼转移轨道）抵达不同目标行星所需要的飞行时间

- 水星：146天
- 金星：105天
- 火星：259天
- 木星：600天
- 土星：2 214天
- 天王星：5 834天
- 海王星：11 200天

观天提示

※ 至少有超过1亿个空间碎片在环绕地球的轨道上运行，其中大部分碎片都来自爆炸、解体的俄罗斯（苏联）和美国卫星。这些碎片在相互碰撞后还会产生新的碎片。

天文冷知识　太阳神号探测器（Helios probe）在最接近太阳的位置，速度可达25万千米/时。

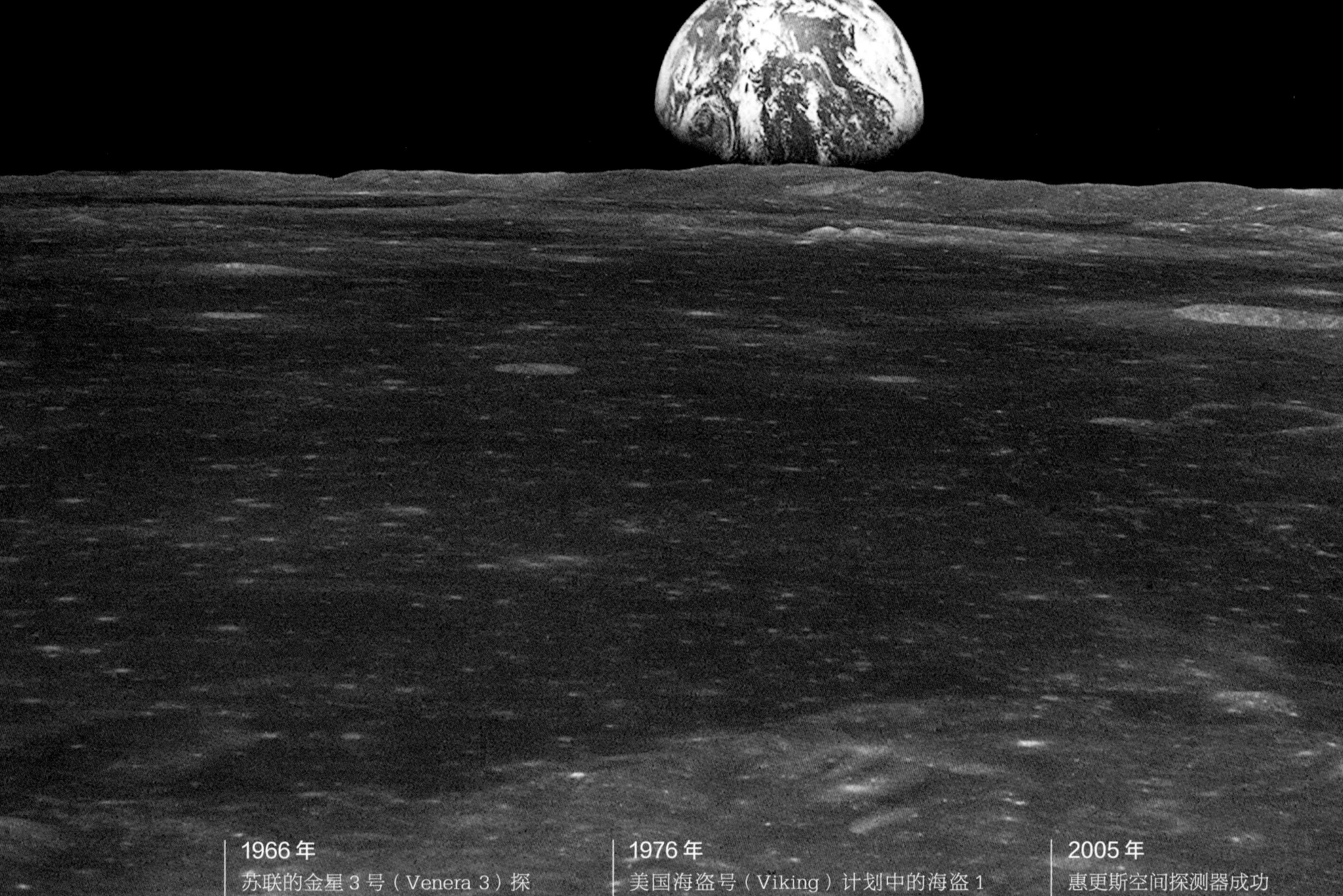

1957 年
苏联发射了人类历史上第一颗人造卫星——斯普特尼克 1 号

1966 年
苏联的金星 3 号（Venera 3）探测器成功抵达金星，成为第一个在其他行星表面硬着陆的探测器

1969 年
美国宇航员尼尔·阿姆斯特朗（Neil Armstrong）和巴兹·奥尔德林（Buzz Aldrin）率先登上了月球

1976 年
美国海盗号（Viking）计划中的海盗 1 号和海盗 2 号探测器的着陆器成功登陆火星，它们均正常工作了数年并传回了数据

1990 年
哈勃空间望远镜（Hubble Space Telescope）发射升空并进入预定轨道

2005 年
惠更斯空间探测器成功在土卫六表面着陆

从水星到海王星

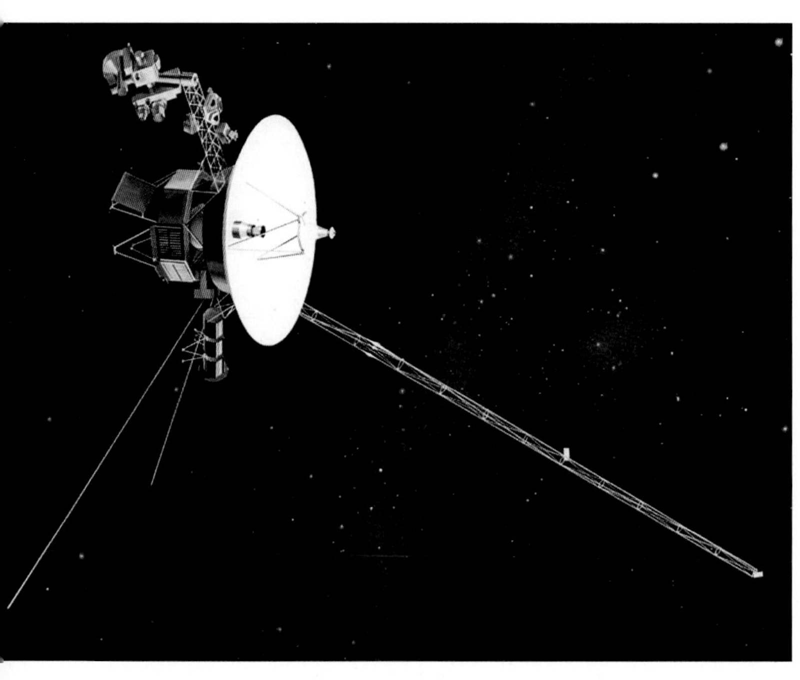

上图　美国航天局的旅行者 1 号（Voyager 1）和旅行者 2 号（Voyager 2）其实是一模一样的孪生空间探测器，用于探测外太阳系和更遥远的星际空间。旅行者 1 号和旅行者 2 号于 1977 年发射，并分别于 2012 年 8 月和 2018 年 11 月飞出日球层顶（heliopause），进入到星际空间

除月球外，早期的空间探测任务大多以邻近地球的金星和火星为探测目标。美国的水手 2 号（Mariner 2）探测器于 1962 年飞掠金星，并传回了有关金星大气层和极端高温的信息。苏联发射的金星号系列探测器虽然在早期屡遭失败，但后来成功地将金星 3 号探测器送入了金星富含硫酸的大气。1970 年，金星 7 号成为第一个在其他行星表面软着陆的探测器，后续发射的金星号系列探测器经受住了金星上的恶劣环境——如超高的大气压、极端高温和腐蚀性大气的考验，并传回了金星干燥、龟裂表面的第一张照片。1974 年，在前往水星的途中，水手 10 号顺路在紫外线波段拍下了金星的大气层，确认了金星的大气环流情况。

空间项目的风险很大。在美国发展空间项目的头 10 年里，164 次发射共失败了 101 次。多年来，最为惊心动魄的要数火星探测任务，成功与失败一直在交替上演。截至 2020 年 7 月，全球共计发射了 48 个火星探测器，其中只有 20 个取得完全成功。在提到火星任务的超低成功率时，美国航天局的科学家有时会开玩笑地称其是因为探测器受到了“火星诅咒”或遭到了“银河系食尸鬼”的攻击。

尽管有“食尸鬼”的阻挠，早期的火星探测任务还是有部分获得了成功，如 20 世纪 60 年代至 70 年代的水手号系列探测器。特别值得一提的是水手 9 号探测器。水手 9 号是轨道飞行器，在抵达火星后成了一颗环绕火星运行的卫星。1971 年当它刚抵达火星时，适逢一场席卷火星全球的沙尘暴。虽然出师不利，但水手 9 号耐心地等待时机，当持续数月的沙尘暴停息之后，水手 9 号开始着手绘制首张火星表面地形图，发现了火星上密布的火山和绵延广阔的峡谷，水手 9 号最终实现了全部任务目标。有了水手 9 号提供的丰富信息，美国航天局开始计划让探测器登陆火星，以开展进一步的研究。随后海盗 1 号和海盗 2 号于 1975 年发射，其上搭载的着陆器分别降落在火星北半球的两侧。着陆器进行了多次试验以确认火星土壤中是否存在生命迹象。最初的结果看起来非常鼓舞人心，令科学家们兴奋不已，但大家随后就被泼了一盆冷水——后续的分析表明，所谓的“生命迹象”很可能来自无机化学反应（见第 153~154 页）。

一往无前

到了 20 世纪 70 年代，科学家们也将目光投向了外太阳系（太阳系中小行星带以外的区域）。先驱者 10 号（Pioneer 10）于 1972 年发射升空，是第一个穿越小行星带飞向带外行星的航天器。1973 年，先驱者 10 号抵达木星后，拍摄了很多木星及其卫星的近景图像，并对木星的磁层和大气进行了探测。先驱者 11 号于 1973 年发射升空，1974 年抵达木星，在探测完木星后，探测器借木星强大的引力改变轨道飞向土星；1979 年飞掠土星时，先驱者 11 号近距离拍摄了土星的第一张照片，并发现了一个新土星环。

两个先驱者号探测器都在天线支架上安装了一块镀金铝板。铝板上刻着一男一女两幅画像和一幅太阳系示意图，其中以二进制代码表示了各行星与太阳的距离，铝板上面还包含了其他也许能被地外智慧生命解读的科学概念和信息的符号。探测器现在正带着这些镀金铝板飞离太阳系。1995 年，由于能源不足，先驱者 11 号中断了与地球的联系；2003 年，由于能源耗尽发射功率不足，先驱者 10 号的信号也消失于茫茫太空，当时它与地球的距离约为 122 亿千米，正朝着毕宿五方向飞去。

20 世纪 70 年代末至 90 年代，更先进的探测器和望远镜开始对太阳系内的其他行星进行更细致的观测。但水星却不在此列，而隐蔽于浓密云层中的金星，则引起了天文学家更多的关注。

金星和火星地图

美国航天局的先驱者金星计划（Pioneer Venus Project）的两个探测器于 1978 年抵达金星。其中一个是轨道飞行器，另一个是复合探测器。轨道飞行器测量了金星高层大气中的强风，并通过可以穿透云层的雷达绘制了金星表面大部分区域的地形图；复合探测器发射了由 4 个小型探测器组成的微型舰队，它们在降落的过程中测量了金星不同高度的大气层并传回了探测数据。1983 年，苏联的金星 15 号和金星 16 号探测器也使用雷达在环绕金星的极轨道（polar orbit）上对金星地表进行了测绘。为了不落下风，美国于 1989 年发射了麦哲伦号金星探测器（Magellan spacecraft）重返金星。

在麦哲伦号在轨工作的 4 年多时间里，它对金星 98% 的表面进行了测绘，图像分辨率介于 120~300 米之间（见第 119 页），这颗人造卫星绘制了迄今为止最详细的金星地图。

自 20 世纪 70 年代的海盗号系列探测器造访之后，孤独的火星直到 90 年代末才迎来下一批访客。1997 年，美国航天局的火星环球勘测者号（Mars Global Surveyor）和火星探路者号（Mars Pathfinder）成功抵达火星。火星环球勘测者号是一个轨道飞行器，可以对火星表面地形进行高分辨率扫描。它不仅绘制了高分辨率的火星地图，还发现了类似沟壑和三角洲的地形，这表明火星表面曾经存在河流。火星探路者号是一个着陆器，在一个大型安全气囊的保护下，通过降落伞成功着陆在火星北半球。但最吸引公众眼球的是搭载在探路者号上的一台只有微波炉大小的旅居者号火星车（Sojourner），用于在登陆器周围采集并分析土壤和岩石样本，科学家甚至还以卡通人物的名字为旅居者号检测过的岩石取了绰号，如瑜伽熊（Yogi Bear）、史酷比（Scooby-Doo）等。

旅行者号

美国航天局的旅行者计划可能是太空时代最宏伟的空间计划，该计划包括旅行者 1 号和旅行者 2 号两个探测器，它们也绝对是持续工作时间最长的航天器。先驱者号探测器对土星、木星等带外行星的成功探测使其成为行星探测任务的标杆，同时也使科学家对空间探测器能成功穿越火星和木星间遍布“星海暗礁”的危险区域——小行星带更加胸有成竹。随后，旅行者号的设计师利用 1976—1978 年间木星、土星、天王星和海王星之间罕见的相对位置关系，巧妙地为它们设计了各自的轨道，使这两个探测器可以飞掠多个行星。旅行者 1 号探访了木星和土星。旅行者 2 号则更进一步，在拜访过木星和土星后，还顺便探望了从来没有被探测器造访过的天王星和海王星，堪称一次“伟大的旅行”。迄今为止，旅行者 2 号依然是天王星和海王星的唯一访客。

两位旅行者在木星周围发现了 1 个薄薄的木星环，还发现了 3 颗新卫星——木卫十四（Thebe）、木卫十五（Adrastea）和木卫十六（Metis），并拍到了斑驳的木卫一在

旅行者号上的金唱片

一个以天文学家卡尔·萨根（Carl Sagan）为首的委员会，为旅行者1号和旅行者2号在星际旅行中可能遇到的地外智慧生命准备了一份大礼：一张直径约30厘米的镀金唱片，还附有唱机唱头和唱针。唱片里面有115幅图像和来自地球的各种录音。封面上用图示说明了这张唱片的播放方式，并绘有太阳系相对于14颗脉冲星的位置、氢原子能量最低的两个量子态以及其他图像。录音包括不同民族、风格、时期的音乐，以及多种大自然的声音（如海浪、动物的叫声等），还包含了阿卡德语（Akkadian）、吴语（中国江浙话）等方言在内共55种语言的问候语。此外，唱片封面上还电镀了微量的放射性铀，这样地外文明就可以通过测量铀的放射性衰变得知探测器发射后航行的时间了。

火山爆发时将物质喷射到太空中的壮观景象，这一发现让科学家兴奋不已。旅行者1号在飞掠土星时，看到了5颗新卫星和1个新的土星环，还发现土卫六有浓密的大气层，其主要成分是氮气。旅行者2号在1986年到达天王星，发现了它的10颗新卫星，观测了薄薄的天王星环的诸多细节，还探测了天王星的磁场。这位勇往直前的旅行者随后奔向距地球超过40亿千米的海王星，并于1989年抵达了这颗它最后造访的行星。旅行者2号掠过海王星的北极，途经其最大的卫星——海卫一（Triton），还拍摄了海王星环的照片，并揭示了海王星表面有很强的风暴等细节，包括大暗斑（Great Dark Spot）和称为“滑行车”（Scooter）的快速移动的白色云团。此外，旅行者2号还发现了海王星的5颗新卫星。随后，两位旅行者分别沿着各自的轨道踏上了飞离太阳系的旅途。如今距离旅行者号的发射已经过去了40多年，它们仍在向着人类不曾踏足的宇宙深处奋勇前行。

CCD在望远镜中的应用

20世纪中叶，天文学家开始在非可见光波段观测遥远的恒星和星系，使得天文学研究不再局限于空间飞行器和传统光学望远镜。1955年，美国天文学家伯纳德·伯克（Bernard Burke）和肯尼思·富兰克林（Kenneth Franklin）将一个大型无线电天线转向蟹状星云（Crab Nebula），随后他们就收到了来自未知信号源的无线电信号。他们将这个信号绘制在图上，追根溯源后惊奇地发现信号源竟然是木星，它可以像恒星一样发出无线电信号。随后，地基望远镜以及空间探测器上搭载的观测设备都开始在不同的波段对行星进行细致的观测，试图揭示行星在可见光波段看不到的特征。

20世纪后期，随着计算机技术的发展和各类新技术的涌现，望远镜技术也取得了很大的进步——大多数望远镜的照相底片都被电荷耦合器件（CCD）取而代之。如今，CCD也早已取代传统底片，广泛应用在家用照相机和摄像机中。这些CCD硅晶片是在20世纪70年代开发出来的，CCD被分割为很多小区域，每个区域就是一个像素，一个CCD中的像素高达数百万个，在被电磁波照射时会产生电信号并传输给后续的信号处理设备，最终转换为数字信号存储下来。相比传统相机，CCD的观测效率要高得多，能捕捉到更多的细节，并且对遥远暗弱天体的成像也会快很多。

1990 年发射升空的哈勃空间望远镜，其搭载的广域和行星照相机（Wide Field and Planetary Camera）就内置了 CCD。尽管最初因为镜片问题，各大媒体上充斥着“哈勃麻烦”的头条新闻，但在哈勃空间望远镜完成修复后，它极大地弥补了现有地基望远镜的观测短板，也成了公众茶余饭后的热门话题。哈勃的大部分观测都是针对遥远的恒星和星系，但近些年也开始观测行星及类冥矮行星，如金星、阋神星（Eris）等，并捕捉到木星上的风暴、彗星中心的彗核和冥王星的 4 颗小卫星。

哈勃空间望远镜还首次拍摄到了太阳系内两个天体碰撞的画面。1993 年，一个研究小组无意中发现了围绕木星运行的彗星碎片，这个小组的成员包括戴维・列维（David Levy）、尤金・舒梅克（Eugene Shoemaker）和卡罗琳・舒梅克（Carolyn Shoemaker）夫妇。很快，这颗彗星就被命名为舒梅克 - 列维 9 号彗星（Comet Shoemaker-Levy 9）。很明显，它在早先接近木星时就被这颗气态巨行星的引力撕成了碎片，现在它的残骸正准备向木星“复仇”。从 1994 年 7 月 16 日开始的 6 天里，这些冰质碎片就像一颗颗炸弹一样冲向木星，对其进行了不间断的轰炸。其中至少有一次撞击的能量达到了 6 万亿吨 TNT 当量（相当于 3 亿颗广岛原子弹同时爆炸产生的威力），由此产生的火球高度超过 3 000 千米。撞击后，大量巨型浓密云团遍布在木星大气中，其中一些云团甚至比地球还大。

进入新世纪

近年来，科学家正在不断地拓展太阳系内天体的研究范围，除火星、土星等天文学家熟知的行星外，还扩展到包括太阳、彗星和小行星等之前并未详细研究的目标，科学家对它们都进行了大量细致的观测。同时国际合作也越来越多：欧洲空间局（European Space Agency，ESA）、中国、日本和印度等国家和国际组织的科研机构都展开了广泛的合作，共同开展各类太空探索项目。现在的空间探测项目组一般都由来自世界各地的科研机构和相关领域的专家组成，彼此之间借助互联网就能高效沟通、协调工作，因此现在的探测器基本都是多国合作的成果。从这个角度来看，空间探测器名

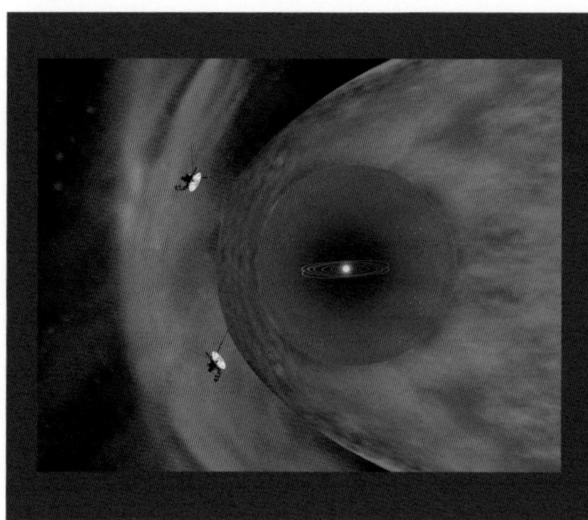

永不止步的旅行者号

旅行者计划中的两个探测器，在经历了漫长的旅行后最终飞出日球层顶，进入到星际空间。2004 年 12 月，旅行者 1 号到达日球层鞘（heliosheath）——太阳风减速并开始和星际介质相互作用的区域。旅行者 2 号的航向与旅行者 1 号不同，在 2007 年 8 月才到达这一区域。2012 年 8 月，旅行者 1 号穿越日球层顶，成为人类历史上第一个到达星际空间的航天器。2018 年 11 月，旅行者 2 号追随旅行者 1 号的步伐，挺进星际空间，成为第二个实现这一壮举的航天器。

正言顺地成了真正意义上的地球信使。当然，其上搭载的软硬件设施相较之前也更加先进。

太阳与其他小天体

早期的空间探测器，如先驱者系列，就对太阳有过研究，但在那时太阳并不是其主要研究对象。直到 20 世纪 90 年代，以太阳为主要研究目标的空间探测器才发射升空。其中包括欧洲空间局和美国航天局联合研制的尤利西斯号太阳探测器（Ulysses，于 2009 年 6 月 30 日结束探测使命）、太阳和日球层探测器（Solar and Heliospheric Observatory，SOHO），以及日本发射的阳光号卫星（Yohkoh，于 2001 年 12 月 14 日结束探测使命）。其中尤利西斯号借助木星的引力弹弓效应，最终成功地被甩入环绕太阳的极地轨道；阳光号上同时搭载了软 X 射线和硬 X 射线观测设备；太阳和日球层探测器则对从太阳内部到太阳风的所有太阳活动进行了全面的观测和记录。此外，太阳系中那些不起眼的小天体，同样也引发了科学家的关注。1986 年哈雷彗星回归时，包括欧洲空间局发射的乔托号（Giotto）在内的众多空间探测器都对其进行了跟踪观测。2001 年，美国航天局的 NEAR- 舒梅克号探测器（NEAR Shoemaker probe，NEAR 的全称是 Near Earth Asteroid Rendezvous，意为“近地小行星会合”）在小行星 433 即爱神星（Eros）上成功着陆。2002 年后，科学家还开展了多项探测彗星和小行星的空间任务，他们希望通过对彗星和小行星的探测来寻找太阳系早期形成与演化的线索，同时为将来如何避免地球与其他天体发生灾难性碰撞提供有价值的信息。

水星与金星

在所有太阳系岩质行星中，人类对水星的探索次数是最少的。自 1974 年水手 10 号造访以后，备受冷落的水星在

下图　从这幅古谢夫陨击坑（Gusev crater）内的 360° 全景图中，可以看出火星表面极其干燥、砾石遍布，就像一片荒凉的沙漠。这幅全景图由勇气号火星探测车（Spirit Mars Exploration Rover）在 2005 年拍摄的数百张照片拼接而成，画面前景是勇气号的太阳能电池板

2008 年才迎来了第二位访客。2008 年 1 月，美国航天局的信使号（MESSENGER）探测器开始执行第一次飞掠水星的任务，并向地球传回了水手 10 号从未见过的、水星表面的局部高清图像。按计划，信使号一共要飞掠水星 3 次。飞掠获取的数据，证实了火山喷发在水星地质演化中的重要性，而火山喷发出的气体被水星的引力俘获后也融入了水星极端稀薄的大气层中[①]。

2005 年，欧洲空间局向距离地球最近的行星——金星——发射了小型探测器金星快车（Venus Express）。任务目标是进一步探测金星浓密的大气层和温室效应。金星快车探测器在金星南极区域拍到了两个巨大的气流旋涡，还获得了金星大气环流和气候的数据。

①水星的大气层很稀薄，几乎可以说没有大气层。由于水星距离太阳非常近，而且自身质量也很小，引力较弱，所以大气层很容易被太阳风吹散。——译者注

热门景区：火星

2003 年发生的火星大冲是近 6 万年来火星距离地球最近的一次，这一万载难逢的机遇让不少国家纷纷向火星发射探测器。其中一些任务失败了，再次印证了“火星诅咒”可能还未失效。1999 年，美国航天局的火星极地着陆器（Mars Polar Lander，MPL）在登陆火星的过程中通信中断，据推测可能发生了坠毁；同年，美国航天局于 1998 年发射的名为环火星气候探测器（Mars Climate Orbiter，MCO）的轨道飞行器，同样也坠毁了。不过，这次不是因为“火星诅咒”或“食尸鬼”。经过调查后发现，事故原因竟然是合作单位提供的导航指令的单位未统一，这个低级失误让项目团队十分尴尬。具体说来就是：协助制造探测器的洛克希德·马丁（Lockheed Martin）公司团队提供的导航指令使用的是英制单位，而美国航天局的项目组使用的是国际制单位。

欧洲空间局的第一次火星任务——一个低预算的小型火星探测器火星快车（Mars Express），于 2003 年成功抵达这

颗红色星球，并一直在向地球传回有关火星大气层和火星表面的宝贵信息。然而，上面搭载的原本用于探测火星生命的猎兔犬 2 火星着陆器（Beagle 2 Mars lander），在降落火星之后却离奇失联。2015 年 1 月，从美国航天局的火星勘测轨道飞行器（Mars Reconnaissance Orbiter，MRO）拍摄的卫星图像上，终于发现了这一失联超过 10 年的着陆器，原因是其在着陆火星后，太阳能电池板未能够完全展开，以致遮挡了下面的通信天线，使得信号传输受阻。

美国航天局的两台火星车于 2004 年 1 月着陆火星，成功逃脱了“火星诅咒”。其着陆过程非常顺利，只花了 6 分钟就从 19 000 千米 / 时的速度减至 19 千米 / 时，最终安全降落在充满砾石的火星表面。

这两台火星车就是勇气号和机遇号（Opportunity），有小型沙滩车那么大，上面安装有立体相机以及用于挖掘和分析火星土壤的设备。和大多数火星任务一样，它们的主要目标是寻找火星上曾经存在过液态水的证据，以研究火星上曾存在生命的可能性。除主要目标外，勇气号在火星的土壤中发现了高纯度的二氧化硅，这种化合物可以在地球上的温泉环境中找到。这一发现，再加上 2009 年莫纳克亚天文台宣布观测到火星大气中甲烷含量突然增多，让科学家们产生了遐想，认为火星在地质上可能很活跃且极有可能存在生命（地球上的甲烷主要来自生物和地质活动）。

美国航天局的凤凰号着陆器（Phoenix Lander）于 2008 年 5 月在火星北极附近安全着陆，继续火星极地着陆器未竟的事业。凤凰号的主要任务是寻找火星北极土壤中是否存在生命的迹象，并对浅层地下的水冰以及火星极地的气候进行研究。由于火星两极区域的日照逐渐减少导致太阳能系统电力不足，凤凰号于 2008 年 11 月停止工作。

重返土星

17 个国家和包括美国航天局、欧洲空间局在内的多个机构，共同参与了探测土星及其卫星的卡西尼 - 惠更斯（Cassini-Huygens）子母探测器任务。探测器于 1997 年发射并于 2004 年抵达土星。抵达后，卡西尼号探测器向土卫六释放了惠更斯号子探测器；2005 年初，惠更斯号通过降落伞减速，成功降落在土卫六表面，降落过程中还收集了土卫六大气的相关信息（见第 213 页）。惠更斯号首次发现，土卫六上很可能存在液烃类湖泊和河流。与此同时，卡西尼号继续绕土星系统运行，在不同波段观测土星并发现了一颗小型卫星。卡西尼号在后续的观测中还有更令人惊讶的发现，土卫二的南极好像还会往外喷出水柱。尽管卡西尼号早在 2008 年就完成了主要任务，但它那时的工作状态仍然很好，于是延期服役并继续发回了很多有价值的观测数据。直到 2017 年 9 月，卡西尼号最终因耗尽燃料而坠入土星。

寻找新世界

空间探测器能够以更近的距离对太阳和行星等目标进行细致的观测，同时其探测活动也更具针对性，可以说是人类探索外太空的绝对主力。但地基望远镜的优势仍不能小觑，科学家依然在不断地利用地基望远镜做出惊人的发现，刷新着我们对行星原有的认知。

矮行星

20 世纪 80 年代末，夏威夷大学（University of Hawaii）的天文学家戴维 · 杰维特（David Jewitt）和麻省理工学院的博士研究生刘丽杏（Jane Luu）开始寻找理论上存在但从未观测到的柯伊伯带天体（Kuiper belt object，KBO）。

望远镜的未来

传统的地基望远镜，甚至连哈勃空间望远镜在内，对于观测遥远的柯伊伯带天体和系外行星都有些力不从心。无论是地基望远镜还是空间望远镜，设计师都在不断地寻求增加望远镜收集光束的面积（即有效口径）和提高精度的方法。美国航天局于 2021 年 12 月 25 日发射的韦布空间望远镜（James Webb Space Telescope，JWST）是一个主要在红外线波段工作的空间天文台，其主镜口径达 6.5 米。有科学家还提出了空间望远镜阵列计划，由美国航天局提出的类地行星搜索者（Terrestrial Planet Finder，TPF）计划就是其中之一。望远镜阵列（见上图）假如安装在月球上也可以获得很好的效果。还有科学家提出了液态镜面望远镜的概念。由于其透镜是由旋转的稠密液体形成的，这种望远镜可能更适合在月球上工作，因为月球表面更稳定，没有大气层，同时也没有无线电干扰，这样望远镜就可以发挥最佳观测能力。

1992 年，他们利用夏威夷莫纳克亚山上的装有 CCD 的望远镜发现了第一个柯伊伯带天体。这个天体被命名为 1992 QB1，据估计它与太阳的距离为 41~47 au，位于冥王星的轨道之外，而冥王星是之前已知最遥远的太阳系天体。

很快，天文学家发现了更多这类又暗又远的柯伊伯带天体。柯伊伯带天体加起来的总质量估计不会超过地球质量的 1/10，但却有数百万个，有的是岩质天体，有的是冰质天体。柯伊伯带天体的质量差距很大：有些天体质量很小，受引力扰动的影响有可能会逃出柯伊伯带，在飞向地球的过程中将成为彗星；而有些柯伊伯带天体的质量很大，大到甚至拥有自己的卫星。

到 2006 年，天文学家已对大约 1 000 个柯伊伯带天体进行了编目。其中最重要的发现是 2003 UB313，现在被命名为阋神星，由加州理工学院（California Institute of Technology）的天文学家迈克 • 布朗（Mike Brown）于 2005 年发现。它的体积略小于冥王星但质量却超过了冥王星。阋神星离我们也非常遥远，它沿着一个偏心轨道绕太阳运行，公转周期为 557 年，距离太阳最远可达 97 au。

阋神星的重要性在于，它的发现让天文学家开始重新审视之前对“行星”的定义，其实天文学家内部对行星定义的分歧由来已久，阋神星只是“推翻”旧传统的导火索。天文学家也开始重新考虑冥王星在太阳系中的地位。很明显，冥王星和其他一些海王星轨道外的岩质天体与冰质天体没有本质上的不同。在冥王星粉丝们的抗议和悲鸣声中，2006 年，国际天文学联合会重新定义了行星的概念，新定义将冥王星排除在行星行列之外，因为它没有清除其轨道附近区域的天体（见第 238 页）。国际天文学联合会还给行星增加了一个亚型，即矮行星。按照这个定义，冥王星、谷神星（曾被认为是太阳系已知最大的小行星）和阋神星等都是矮行星。

2008 年 6 月，国际天文学联合会又宣布了矮行星的子分类，将海王星之外的矮行星归属于类冥矮行星（plutoid，又称类冥天体）。类冥矮行星可以被视为是矮行星和海王星外天体（TNO，以下简称海外天体）的交集。冥王星、阋神星、鸟神星（Makemake）和妊神星（Haumea）这 4 颗矮行星是目前已经被国际天文学联合会承认的类冥矮行星。

系外行星

尽管柯伊伯带距离太阳已经如此遥远，但更遥远的新世界也逐渐浮现在人们的眼前。几个世纪以来，天文学家坚信有行星环绕其他恒星运行（即太阳系外行星系统，又称系外行星系统）。但即使是 20 世纪性能最好的望远镜，也不具备直接观测系外行星的能力。一方面，太阳以外的恒星离我们都非常遥远，距离我们最近的恒星都在数光年之外；另一方面，相较于恒星而言，行星半径更小、亮度更低。不仅如此，想要观测这些系外行星，还会不可避免地受恒星强光的干扰，因此直接观测的难度非常大。

20 世纪 90 年代，科学家已开始通过引力摆动的方法来间接探测系外行星。当行星围绕中心恒星运行时，它们也会对恒星施加引力拖曳，导致其位置发生微小的变化。通过分析这种位置的变化，科学家就能够估计出有多少行星围绕着中心恒星旋转，它们的质量有多大，以及它们的轨道大概是什么样的。令人惊讶的是，科学家发现的第一颗系外行星是在一颗脉冲星周围找到的。本来大家预计会首先在类日恒星系统中发现系外行星，但没想到的是发现的第一颗系外行星的中心恒星是一颗脉冲星。脉冲星就是高速自转的中子星，这是一种密度很大的天体，一粒芝麻大小的中子星物质就有上百万吨重。脉冲星发出的辐射非常强，因此围绕其运行的行星存在生命的可能性微乎其微。截至 2022 年 3 月 21 日，已经被确认的系外行星总共有 5 005 颗（在未来的一段时间内，相信这个数量会有爆发性的增长），其中一些是通过测量行星在恒星正前方交叉或经过时遮挡恒星光线造成的微小亮度变化发现的。已知的系外行星很多都是和木星类似的气态巨行星，这是因为它们质量大，对中心恒星的引力作用更强，因此更容易被发现。但其中也有些是多行星系统，有些行星的母星是大质量星（巨星）或小质量的褐矮星，甚至还发现了一颗可能没有母星的“孤儿”行星。一些大质量行星的运行轨道与母星非常接近，而另一些行星的运行轨道相对适中一些，与火星或木星轨道相当。有证据表明，至少有一个系外行星系统的母星附近有小行星带存在。

这些新发现对科学家解答那些与太阳系有关的古老问题非常有帮助，比如，太阳系是如何形成的？巨行星和太阳系碎片之间是如何相互作用的？一般来说，柯伊伯带天体和系外行星的观测证据都支持太阳系形成的主流理论，即凝聚模型。通过对系外行星的观测还发现，像木星这样的气态巨行星可能会从其恒星星云形成初期的原始轨道向内迁移，从而将整个系统打乱——在位置迁移的过程中，巨行星会将迁移路线中较小的天体踢出原轨道（见第 188~189 页）。

天文数字

凭借先进的望远镜技术，现在的天文学家比以往任何时候都看得更远了。“天文数字”这个词常用来形容非常大的数字。下面列出的是宇宙中部分邻近天体与地球的距离，以帮助大家对天文数字这个词建立更加具体的概念。要注意的是，从宇宙尺度来看，它们离我们其实都非常近。如：

- 冥王星的卫星，39 au，58 亿千米
- 柯伊伯带，30~55 au，45 亿 ~82 亿千米
- 矮行星阋神星，67 au，100 亿千米
- 红矮星格利泽 876（Gliese 876），945 000 au，141 万亿千米

寻找地外生命

科学家一直在不懈地寻找天文学的“圣杯”——地外生命，而系外行星的发现为寻找地外生命注入了一剂强心剂。在我们的太阳系中，火星上曾经存在过液态水，木星、土星的卫星表面下可能也存在液态水。这些发现使我们有理由相信在多种环境中都有可能发现生命的迹象。一些正在计划或实施中的空间任务，就是专门针对其他恒星周围的类地行星进行生命搜索，特别是那些轨道位于宜居带可能存在液态水

上图　新一代空间天文台——韦布空间望远镜，于 2021 年 12 月 25 日发射升空，并于 2022 年 1 月 24 日成功抵达目的地——距离地球约 150 万千米的日地系统第二拉格朗日点。其主反射镜口径达 6.5 米，主要在红外波段工作

的类地行星。

如果有一颗与地球大小相当的行星在相对靠近恒星的轨道上运行，它将“淹没”在恒星发出的强光中，因此想要直接探测这类行星是非常困难的。然而科学家们对此却越来越乐观，认为很快就能发现这类行星了。迄今发现的类地行星的最佳候选者位于恒星格利泽 581（Gliese 581）的行星系统中，格利泽 581 是一颗暗弱的恒星，距离我们约 20 光年。这个系统中有一颗质量约为地球 4 倍的行星（格利泽 581g），其轨道刚好位于中心恒星的宜居带内。

欧洲空间局的达尔文（Darwin）计划的科学目标也是探测地外生命。该计划由 4 到 5 台望远镜组成，运行在距月球很远的稳定轨道上。达尔文计划将在中红外波段寻找系外行星，因为行星对母星中红外波段辐射的反射比光学波段强，因此更容易在此波段被探测到。与此同时，美国航天局也在开展类似计划（很可能最终会与欧洲空间局合作），如类地行星搜索者计划。该计划可能由 2 种不同类型的空间天文台组成：1 台工作于可见光波段的日冕仪和 1 个红外望远镜阵列。遗憾的是，欧洲空间局和美国航天局的这两项计划因预算问题最终都被取消了。

其实早在很久以前，古代天文学家就在研究在其他星球上发现生命的可能性。而在 21 世纪，发现地外生命似乎已经近在咫尺了，让我们拭目以待吧！

第2章

太阳

太 阳

无论以何种标准来衡量，都可以毫不夸张地说，太阳是太阳系的主宰。它在太阳星云气体和尘埃中形成，这个巨大的球体吸收了几十亿千米内几乎所有的物质，最终聚集了 99.8% 的太阳系质量。残留在轨道上的行星和岩石碎片，只不过是引力在完成清理工作后遗漏下的尘埃。整个太阳系的质心位于太阳自身的大气层中，这个所谓的质心，也就是太阳和所有行星都围绕其旋转的重心。当八大行星和小天体围绕太阳公转时，它们形成的引力网不断变化，来来回回牵引着太阳，使质心在太阳系的中心点周围摆动。

我们的太阳是一颗相当普通的恒星，中等大小，这使得它既能够稳定燃烧 100 亿年，又不至于在燃烧殆尽后爆炸成为超新星。从距离 1.49 亿千米远的地方，太阳温暖和照亮了地球，提供生命所需的能量。太阳辐射是地球的“免费午餐”，它的力量驱动着地球的风和水，它的光辉为我们划分出白昼与黑夜，并影响着我们的生理节奏。

世界上几乎所有的文明都有崇拜太阳的文化，并将它作为神话的核心部分，这一点并不令人惊讶。古埃及人把太阳尊为众神之主，称之为太阳神拉（Re）或阿蒙拉（Amun-Re），认为该神白天在天空中从东到西穿行，到了晚上则在冥界进行另一场危险之旅，直至黎明时分返回到东方以再次重生。对印加人来说，太阳是他们的祖先印蒂（Inti）。这是一位善良的神灵，他的配偶是月亮，也是他的妹妹。早期的农民和牧师会追踪太阳在天空中的季节性变化。坟墓和庙宇通常会与二至点对齐，古代史料还记载了每一次被视为不祥之兆的日食。

在天文学的发展进程中，太阳是理解太阳系运行方式的关键所在。当哥白尼提出日心说理论时，行星运动第一次得到了合理的解释。专业天文学家和业余天文学家多年来坚持不懈的观测正在揭开太阳神秘的面纱。太阳黑子在这些发现中发挥了惊人的作用。当 1608 年望远镜刚一问世，人们就开始对黑子的性质提出了不同的看法。一些天文学家，比如德国的克里斯托夫・沙伊纳（Christoph Scheiner），认为它们是行星飞越太阳时留下的黑色剪影，或者是太阳大气中的云朵。但是其他人，包括那个时代杰出的天文学家伽利略，

公元前 1375 年
古巴比伦人第一次记录了日食

968 年
太阳日冕（solar corona）首次在日全食期间被观测到

1543 年
哥白尼发表了地球绕太阳公转的学说

1715 年
埃德蒙・哈雷描述了日冕的形状和红色的日珥（solar prominence）

1845 年
法国物理学家路易斯・斐索（Louis Fizeau）和莱昂・福柯（Leon Foucault）成功拍摄了太阳的首张照片

1870 年
乔纳森・莱恩（Jonathan Lane）发表著作《太阳的理论温度》（*On the Theoretical Temperature of the Sun*）

上图 古埃及第十八王朝法老埃赫那顿（Akhenaten）正在祭祀太阳神

则认为它们是太阳本身的一部分。1613 年，伽利略在其著作《关于太阳黑子的书信》（*Letters on Sunspots*）中驳斥了沙伊纳的论点。伽利略指出，这些黑子一直在移动，直到它们变得越来越弱，然后消失在太阳的边缘。这恰恰证明了太阳本身在旋转，而且这些黑子是太阳的一部分。19 世纪的观测显示，太阳黑子的活动遵循周期性规律，地球的气候可能与此有关。那时的科学家还发现，太阳黑子在太阳表面不同的纬度以不同的速度旋转，这表明太阳是由气体构成的。太阳黑子还与太阳耀斑（flare）、地磁风暴有关，这也为了解太阳的磁场特性提供了一手线索。

到了 20 世纪，深奥的原子物理学向人们揭示了一个真实的核聚变反应——太阳巨大的能量输出可以通过核聚变来驱动。尽管对太阳已经如此熟悉，但是新的发现仍然不断地让科学家们感到惊讶和困惑。通过利用各种仪器研究太阳耀眼的表面，科学家们揭示出太阳是一颗错综复杂而且在急剧变化的恒星。行星大小的太阳耀斑如同炸弹一般在太阳表面爆炸。炽热的太阳风遵循着某种我们还不甚了解的规律，撕扯着太阳的大气层。太阳稀薄的外层大气，远离太阳的中心热源，温度却高达数百万摄氏度。扎根在太阳内部的磁场扭曲地穿越太阳巨大的身躯，并随着太阳风渗透到星际空间。

事实上，地球及其所有的太阳系兄弟姐妹都被一个巨大的圈层——一个远远超出冥王星轨道的日球层（heliosphere）包围着。太阳的最外层大气，也就是日冕，通过太阳风将所有行星吞没其中。在太阳风的边界之内，地球就沐浴在各种

1891 年
海耳（Hale）发明了太阳单色光照相仪，这是一种拍摄太阳单色像的仪器

1930 年
贝尔纳·李奥（Bernard Lyot）发明了日冕仪，可以用来观测太阳的日冕

1938 年
物理学家贝特（Bethe）、克里奇菲尔德（Critchfield）认为太阳发光发热是因其内部持续在进行着核聚变反应

1958 年
尤金·帕克（Eugene Parker）通过数学计算证明了太阳风的存在

1962 年
水手 2 号探测到了太阳风

1983 年
空间实验室（Spacelab）拍摄了太阳光球层的高分辨率图像

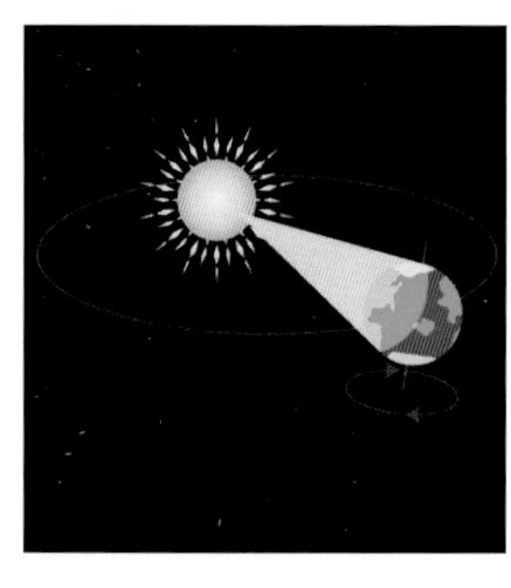

天文单位

太阳系的距离标准

天文学家通常用天文单位（英文缩写为 au 或 AU）来表示太阳系内天体间的距离，1 天文单位等于地球到太阳的平均距离，并被正式定义为 149 597 870 千米。用天文单位来衡量的话，各行星与太阳的平均距离分别为：水星 0.39 au，金星 0.72 au，地球 1 au，火星 1.52 au，木星 5.2 au，土星 9.54 au，天王星 19.19 au，海王星 30.07 au。1 光年约等于 63 241 au。

各样的辐射、带电粒子和磁暴之中。此外，还有数不清的、看不见摸不着的、极小的不带电粒子——中微子，它们每时每刻都从太阳的核心倾泻而出，悄无声息地穿过我们的身体和地球。

太阳与地球之间的这种紧密联系，促使科学家不仅将地基望远镜，还将空间望远镜对准这颗巨大的恒星。美国国家太阳天文台为研究太阳专门投入了数台高海拔望远镜，其中一台在美国亚利桑那州的基特峰（Kitt Peak），另一台在新墨西哥州的萨克拉门托峰（Sacramento Peak）。从印度到夏威夷，再到智利，全球太阳振荡监测网（Global Oscillation Network Group，GONG）建立了一系列观测站用来追踪太阳的钟形震动，以便寻找太阳内部结构的线索。不过，最近对太阳的大部分研究都是在太空进行的，已经取得了突破性进展，并拍摄了一系列壮观的、多波段的太阳图像。

如今最为成功的空间望远镜之一，是太阳和日球层探测器。在欧洲空间局和美国航天局的合作下，该航天器于 1995 年发射并进入距地球约 150 万千米的太阳轨道。它与地球同步围绕太阳运行，能够对太阳进行不间断的观测。全世界数以百计的科学家使用它的 12 种科学载荷，试图找出一些有关太阳关键问题的答案。比如，太阳的内部结构是什么？为什么太阳日冕的温度如此之高？太阳风又是由什么驱动的？

太阳和日球层探测器的突破性发现包括太阳对流区（convection zone）的结构，以及诸如太阳龙卷风等剧烈的现象。对流区是在太阳光球层之下处于对流状态的一个区域；太阳龙卷风是一种高速旋转的气体，风速可达 50 万千米 / 时。1998 年，地面工作人员的错误操作导致该航天器失控，美国航天局差点因此失去了这台太阳观测望远镜。错误操作发生后，当时的信号传输全部中止，航天器与地面彻底失去联系。后来通过地基望远镜发现它在太空中翻滚，控制人员便向它发出指令，让太阳能电池板转向太阳，最终通过重新编程，让它在没有陀螺仪的情况下继续运行。这一戏剧性的修复使得望远镜最终回归正常工作状态，并一直运行到现在。

类似的例子还有日本的阳光号卫星，不幸的是，阳光号并没有得到修复，从而提前结束了太阳观测任务。该卫星于 1991 年发射升空，旨在研究如太阳耀斑、日冕物质抛射（coronal mass ejection，CME）等最具爆发性的太阳活动事件。该航天器还向地球发回了大量震撼的 X 射线波段的太阳图像。与太阳和日球层探测器不同，阳光号卫星是围绕地球飞行的，它在 2001 年因日全食导致仪器断电而停止了运行。

同样在地球轨道上，幸存至今的是美国航天局的小型航天器——太阳过渡区与日冕探测器（TRACE），其主要任务是研究太阳的环形磁场及其神秘的日冕超热行为。而恰如其名的日地关系观测台 (STEREO，该英文缩写名恰好是一个英文单词，意为“立体”)，实际上是位于地球公转轨道前后的两颗相同的太阳探测卫星，可以拍摄并生成太阳的三维立体观测图像。日本、英国和美国联合研制的日出号（Hinode）卫星也在研究太阳磁场和太阳爆发。

最近的空间观测任务主要聚焦在太阳磁场和风暴上，不

爱因斯坦的引力透镜

弯曲时空

阿尔伯特 · 爱因斯坦（Albert Einstein）的广义相对论的一个基本假说是，一个有质量的物体会在其周围形成一个弯曲的时空场，即引力场。这种效应在小质量天体周围很难测量出来，但是巨大的太阳为我们提供了一个相对接近的天然实验室。根据爱因斯坦的理论，经过太阳附近的光线会因为太阳的引力场发生弯曲。然而，白天太阳的光辉掩盖了天空中的星光，所以这种效果通常是看不见的。

1919 年，才华横溢的英国物理学家阿瑟 · 斯坦利 · 爱丁顿（Arthur Stanley Eddington）前往非洲西海岸外的普林西比岛（Principe Island）拍摄日全食。日全食发生时，太阳周围恰巧是明亮的毕星团。后来，他在夜间又拍摄了同样的星系团。果然，这两张照片中的恒星发生了微小的位移，这表明它们的光经过太阳附近时发生了弯曲，从而证明了爱因斯坦的理论。爱丁顿在 1923 年出版的《相对论的数学原理》（*The Mathematical Theory of Relativity*），是他众多的著作之一。这是第一本用英文撰写的关于相对论的书，还得到了爱因斯坦的称赞。

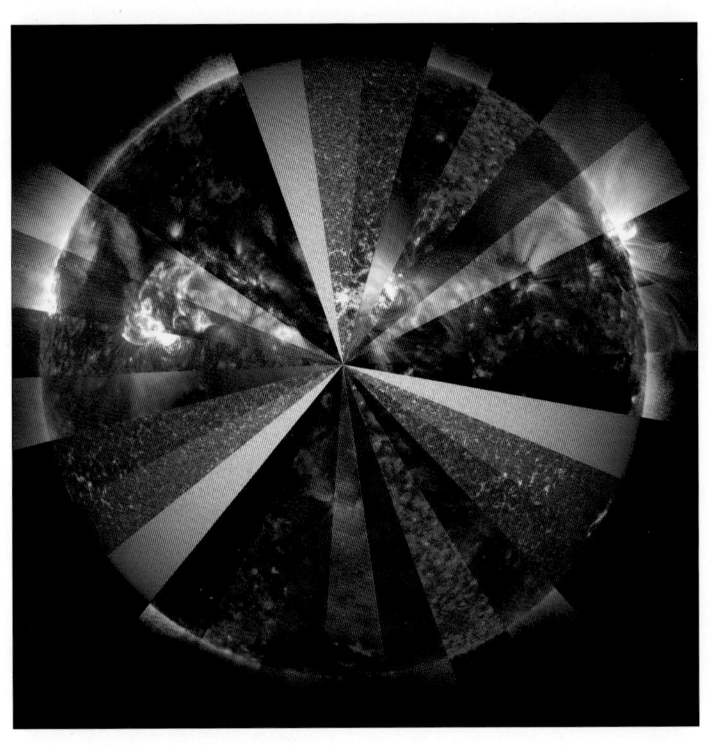

上图 在各种波长下观察到的太阳

仅因为它们为研究太阳结构提供了有价值的线索，而且它们对全球电网也会产生重大影响。人造卫星、哈勃空间望远镜等空间天文台，甚至国际空间站都容易受到太阳电磁辐射和高能粒子的破坏。美国国家海洋与大气管理局（NOAA）经常会利用太阳和日球层探测器及其他仪器跟踪空间天气，就像地球上的气象预报员跟踪地球上的风暴一样。

撇开太阳风暴不谈，即使是太阳日常的光照量，也并非如我们想象的那样恒定。随着时间的流逝，太阳会变得越来越明亮。同时，太阳也会变得越来越热，不断增加的热量最终会把地球的海洋蒸发殆尽。在此之前，地球暂时还是我们眼中的美丽家园。然后，太阳将不断膨胀，大到足以吞没地球，此时的地球将遭受高温炙烤并变成一团烧焦的煤渣，最终裹入太阳的大气层中。幸运的是，如今的太阳正处于稳定的青壮年期，人类更应努力地探索和了解这颗给予我们光和热的恒星。

太阳的起源

在没有光污染的晴朗夜晚，我们可以看到银河系。银心（隐藏在巨大的尘埃和气体云背后）位于人马座中。望远镜能够分辨其中的单颗恒星，而人类的肉眼更合适观察整片天区。

太阳统治着我们的太阳系，但从更遥远的角度来看，它只是众多恒星中的普通一员。第一批恒星在大约 135 亿年前由宇宙早期的原始气体形成，然后它们在整个空间中聚集形成星系和星系团（至于它们是如何做到这一点的，目前科学界还存在争论）。天文学家估计，现在宇宙中大约有 10^{24} 颗恒星，聚集形成了至少 2 万亿个星系。我们所处的星系，即银河系，是一个棒旋星系——一个由圆柱形内核以及绕着这个内核运动的旋臂组成的螺旋状星系。银河系拥有数千亿颗恒星和行星，还有大量的星际尘埃和气体，以及被称为暗物质的神秘物质。太阳系位于英仙臂和人马臂之间的猎户臂上，距离致密的银心约 26 000 光年。太阳一直带着地球以及太阳系中其他的天体以 79.2 万千米 / 时的速度绕着银心旋转，大约每 2.3 亿年完成一次完整的周期运动。尽管我们感觉不到这种运动，但我们可以在黑暗而晴朗的夜晚看到银河系。

左图
NGC 1300 是一个像银河系一样的棒旋星系

银河系
星系类型：棒旋星系
直径：约 100 000 光年
银盘中心厚度：13 000 光年
银盘边缘厚度：约 1 000 光年
恒星数量：2 000 亿 ~4 000 亿颗
最古老的恒星年龄：134 亿年
恒星密度：每 125 立方光年有 1 颗恒星
本星系群的星系数目：约 50 个
离太阳最近的恒星：比邻星（ 4.22 光年）

观天提示
※ 在没有光污染的晴朗夜晚，我们可以看到银河系的不规则亮带，它的中心位于人马座。用肉眼就能看到整片天区。

天文冷知识 如果太阳系离银心太近，强烈的恒星辐射将使地球生命无法存活。

星团 NGC 602 是小麦哲伦云中的一个恒星形成区域

大爆炸后 10^{-6} 秒
宇宙的基本作用力出现，质子和中子开始形成

大爆炸后 3 秒
质子和中子聚集在一起形成简单元素的原子核

大爆炸后 1 万年
宇宙进入辐射时代，这期间宇宙中的大部分能量以辐射形式存在

大爆炸后 30 万年
宇宙的物质时代开启，中性原子形成

约 132 亿年前
银河系开始形成

46 亿年前
太阳诞生

一颗恒星的诞生

我们的太阳并不是银河系的第一代恒星。最早的恒星大约在 135 亿年前由氢气和氦气凝聚而成。它们中有一些已经坍缩为白矮星，而另一些更大的恒星，则爆发成了超新星。这些恒星在生命晚期或在死亡的过程中生成了一些更重的元素，如碳、氮、氧和其他元素。这些元素随着恒星爆炸被抛入太空，就像一场壮观的宇宙星光秀。最终，星际介质中含有这些重元素的气体和尘埃成为新一代恒星的种子。尽管它们只占宇宙可见物质的一小部分（约 1%），但对于我们这些生活在岩质行星上的生命物种来说，这是至关重要的 1%。

超新星爆发可能开启了太阳系的形成之旅。太阳邻域最初是一片绵延数光年的太阳星云——由气体、尘埃和冰组成的寒冷星云。大约 50 亿年前，某些因素触发了这片星云的坍缩。科学家们推测，这次坍缩可能是由物质分布不均匀引起的，或者是与经过的气体星云发生了碰撞，也很有可能是由附近超新星爆发的冲击波所引发。在旋转的太阳星云中，物质开始向中心坠落，形成了一个致密的球形气体核。这个气体核不断吸积更多的气体，形成一个高温高压的原始恒星。大约 10 万年后，太阳成了天文学家所称的金牛 T 型星（T Tauri star）。它比现在的太阳更庞大、更明亮，在其周围还环绕着一个原行星盘，盘上分布着不断凝聚的原始行星。

压力在金牛 T 型星的核心不断累积，直到温度达到 1 000 万开尔文，这足以让核心中的氢元素发生核聚变反应，形成氦。太阳变成了一颗真正的恒星，向围绕着它运行的行星和小行星发出辐射和带电粒子。而现在，在它诞生 46 亿年之后，由于在聚变过程中消耗了大量的氢，太阳已经走过了自己大约一半的生命周期。

恒星家族

与其他恒星相比，我们的太阳又有哪些特点呢？ 我们可以说它是一颗典型的但又不普通的恒星。它是一个常见的光谱分类为 G2 V 的主序星，但它比银河系中的大多数恒星都要更大更亮。

这是什么意思呢？总的来说，恒星分类的依据是其基本特征，例如颜色、温度、大小以及亮度。20 世纪初，丹麦天文学家赫茨普龙（Hertzsprung）及美国天文学家罗素（Russell）独立提出，可以以恒星光度或绝对星等为纵轴、以恒星的光谱型（也对应颜色）或表面温度为横轴，将恒星标识在一张图上。这便是如今天文学家研究恒星演化的必备工具——赫罗图（Hertzsprung-Russell diagram，又称赫茨普龙 - 罗素图）。根据赫罗图，恒星光谱分为 O、B、A、F、G、K 和 M 共 7 个类型（有一个简单的英文口诀可以帮助记忆这 7 个类型：Oh, Be A Fine Girl/Guy, Kiss Me。译成中文就是“哦，做个好女孩 / 小伙，亲亲我”）。O 型恒星是最亮、最热、最蓝的，而 M 型恒星则是最冷、最红的。光谱型为 G 的太阳是黄白色的，属于中间类型。每个光谱型又分为 10 个次型，用数字 0 ~ 9 表示，其中 0 是最热的，9 是最冷的。数字 2 表明太阳算是比较热的。字母 V 则表示它的光度，这与恒星的大小直接相关——对太阳而言，它处于整个光度范围的中间位置，是一颗通过核聚变产生能量的主序星。由于历史原因，所有的非巨星都被称为矮星，太阳也因此被称为主序矮星。

主序带是赫罗图中从左上角到右下角分布的一条线。像

太阳的组成元素（质量百分比）

氢 71%	硅 0.099%	硫 0.040%
氦 27.1%	氮 0.096%	铁 0.014%
氧 0.97%	镁 0.076%	其他 0.147%
碳 0.40%	氖 0.058%	

这幅艺术想象图描绘了太阳系形成的4个阶段，从上到下依次为：气体尘埃云开始坍缩，其内部逐渐变得炽热；恒星诞生，同时物质在其周围形成一个圆盘；圆盘中的物质开始聚集在一起；在不断的碰撞下，物质团块变得越来越大并被引力塑造成球体，成为行星

太阳这样的主序星正处于生命的巅峰时期，目前它的能量由氢核聚变提供。主序带的恒星不包括原恒星和褐矮星，这些原恒星体积太小，温度太低，还不足以发生核聚变反应。它也不包括生命末期的恒星，如红巨星和白矮星。

太阳在恒星家族中的位置及其最终命运，与其质量直接相关。对于一颗恒星而言，质量就是命运。一个约 75 倍木星质量的原恒星，它的核心永远不会达到核聚变所需的温度，依然只能成为褐矮星——一颗失败的恒星。质量更大的恒星将触发核心中的核聚变反应，在主序带上停留一段时间，但恒星的质量越大，它们燃烧氢的速度就越快，然后进入它们生命的末期（红巨星阶段），从而离开主序带。那些超过 8 倍太阳质量的恒星最终会把它们的核心物质聚变成重元素，比如铁。当它的核心达到临界密度时，这样一颗巨大的恒星将会坍缩，然后爆炸成为超新星。

中子星和黑洞代表了超大质量恒星的终极阶段。当这样一颗巨大的恒星内部停止核聚变反应时，向外的辐射就会消失，恒星的上覆物质将向内坍缩。电子和质子挤压在一起形成极其致密的中子核。如果形成的核心的质量大于 1.4 倍而小于 3 倍太阳质量，那么它就会以中子星的形式存在，而恒星的其他部分则会以超新星爆发的形式进入太空。一茶匙的

下图　太阳目前正处于赫罗图上主序带的中部位置

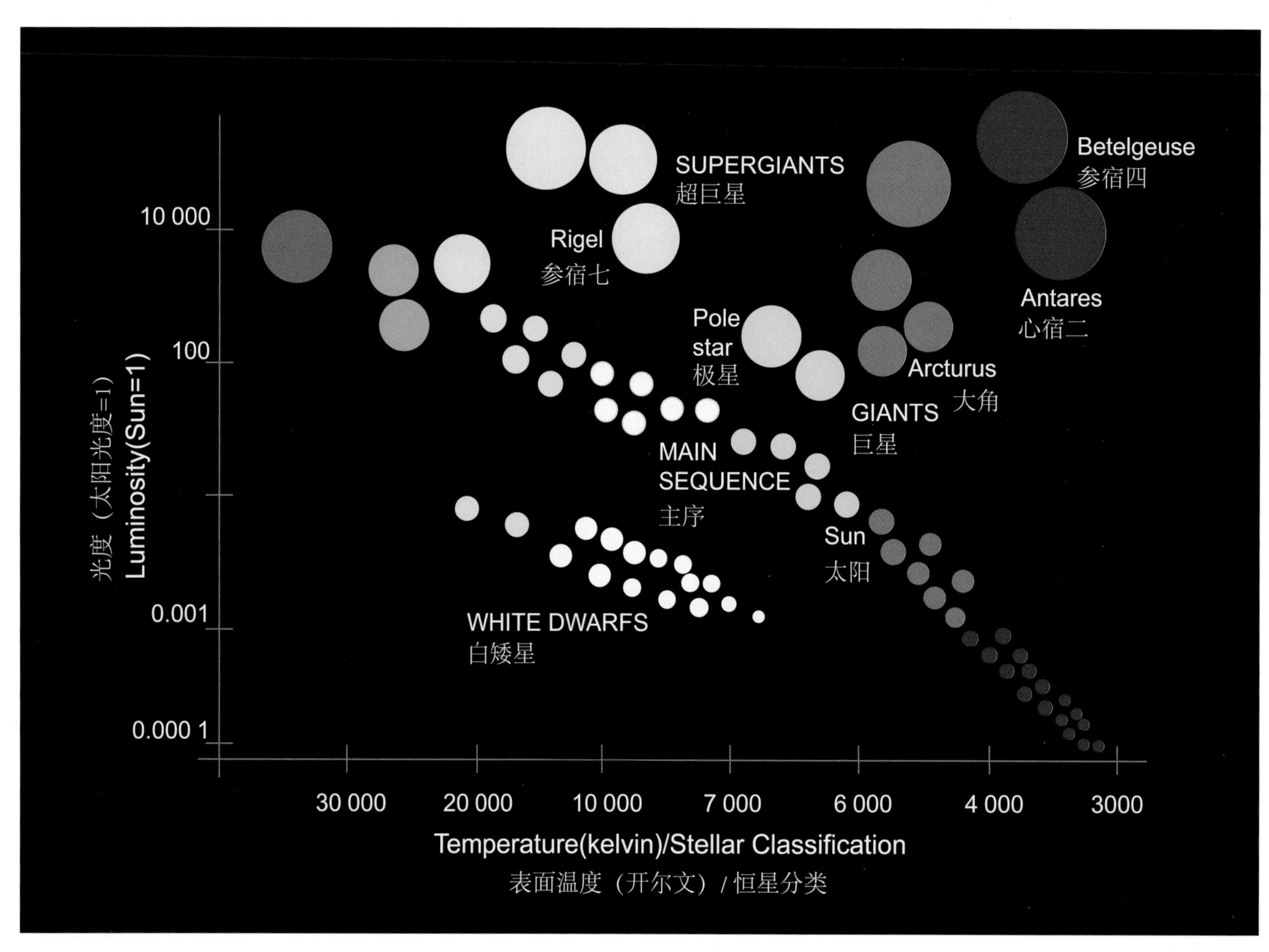

恒星诞生的摇篮

天空中有着大量的恒星摇篮，在那里浓密的气体星云围绕着明亮炽热的新生恒星。许多新生恒星可以在猎户座星云（猎户座"宝剑"附近的一片恒星诞生区域）中找到，也可以在鹰状星云 M16 中找到。

中子星物质就重达 10 亿吨。如果形成的核心的质量大于 3 倍太阳质量，那它即便成为中子星后也不会停止坍缩，最后将演化成一个黑洞——一个密度无穷大的奇点。在黑洞的某个被称为事件视界（Event Horizon）的半径范围内，任何物质或能量都无法逃逸。天文学家已经在银河系中发现了一些黑洞。最壮观的是在银河系的中心，那里的黑洞被称为人马座 A*，其质量大约是太阳的 400 万倍。

然而，我们的太阳不会有这样的命运。太阳尚处于恒星的青壮年时期，还将燃烧 50 亿年左右。在生命的最后阶段，太阳将膨胀成一颗红巨星，最后抛掉外层气壳，而其核心则会坍缩成一颗白矮星（见第 95 页）。

单星和双星

太阳是一颗诞生于太阳星云的恒星，是这片星云里诞生的唯一的孩子，在这一点上它是不同寻常的。大约 2/3 的可见恒星都不是孤孤单单存在的，而是位于双星系统或多星系统中。多颗恒星从同一片星际云中诞生，然后围绕一个共同的质心运行。两颗恒星，即双星，组成双星系统。这种恒星是最常见的，约占所有恒星数量的一半。它们不一定是孪生兄弟：许多双星系统由一颗大质量主星和一颗较小的伴星组成，比如明亮的天狼星 A 和它的白矮星伴星天狼星 B。恒星系统也可以是三合星，甚至四合星，其中四合星一般由两个相互绕行的双星系统组合而成。

从孕育行星的角度来说，单颗恒星显然是更好的温床。因为相对多星系统，它能容纳更大范围的稳定轨道。当然，一些双星或多星系统在某些距离上也存在宜居带，甚至有类似地球的行星在那里运行。离太阳最近的邻居恒星——比邻星（Proxima Centauri), 是半人马座 α 三合星的第三颗恒星。2016 年，欧洲南方天文台发现了比邻星的第一颗行星——比邻星 b，这颗星球的大小和质量都和我们的地球很相似，是一颗类地行星，并且也在母星的宜居带内稳定运行。科学家们推测这颗行星上可能有大气层和液态水，大概率有生命存在，并且不排除它们已经进化到文明阶段的可能性。

我们的太阳系只有一颗恒星，它正值盛年，是孕育生命的理想摇篮。这究竟是一个罕见的巧合还是一个稀松平常的事件，一直是地外生命搜索者的热门话题（见第 260~286 页）。

太阳发电站

早期的观测者把太阳视为一团火焰，或是正在燃烧的大煤球，抑或是一颗发光的行星。现在我们知道，太阳其实是一个沸腾着的由电离气体组成的多层球体，球体核心辐射的能量支撑着其自身巨大的质量。

太阳是一个巨大的等离子体球体，即由大量带电粒子构成的高温大气团，主要成分是氢和氦。它的直径为 139.1 万千米，这足以令它的行星家族成员相形见绌。它的内部可以容纳大约 130 万个地球。它的质量如此之大，足以产生强大的引力。一个体重为 45 千克的人如果能够站在太阳的表面，其体重将达到令人无法承受的 1 270 千克。

核心的核聚变反应为太阳提供能量。太阳中心产生的巨大热量和压力，使氢聚变为氦，并释放出电磁能。这些能量从太阳核心（温度高达 1 570 万开尔文）传到太阳的可见表面（温度为 5 800 开尔文），可能需要几十万年的时间。当太阳内部的运动扭曲其自身的磁场时，会将等离子气体抛入太空。这些气体偶尔会向地球喷射巨大的等离子体风暴。

太阳主宰着太阳系，不仅是因为它强大的引力，引力的势力范围可以一直延伸到 10 万 au 以外的奥尔特云，还因为它喷射出的带电粒子——太阳风，分布范围超过 100 au，远远超过了冥王星的轨道。

左图

在这张太阳和日球层探测器拍摄的紫外图像中，太阳表面较热和较冷的区域分别采用了亮色和暗色的显示方式

天文符号：☉

发现者：古人

与地球的平均距离：1.496×10^{8} 千米

自转周期：25.05 个地球日（赤道）

直径：139.1 万千米

周长：437.9 万千米

质量：1.989×10^{30} 千克

表面温度：5 800 开尔文

核心温度：1.57×10^{7} 开尔文

成分：氢、氦、其他微量元素

观天提示

※ 太阳天文学的第一条规则：永远不要直视太阳，因为强烈的阳光会伤害我们的视网膜。观测太阳时务必使用专用滤镜 / 滤光片（如巴德膜）或太阳望远镜。

天文冷知识 在太空中，你会发现太阳实际上是明亮的白色，而不是黄色。

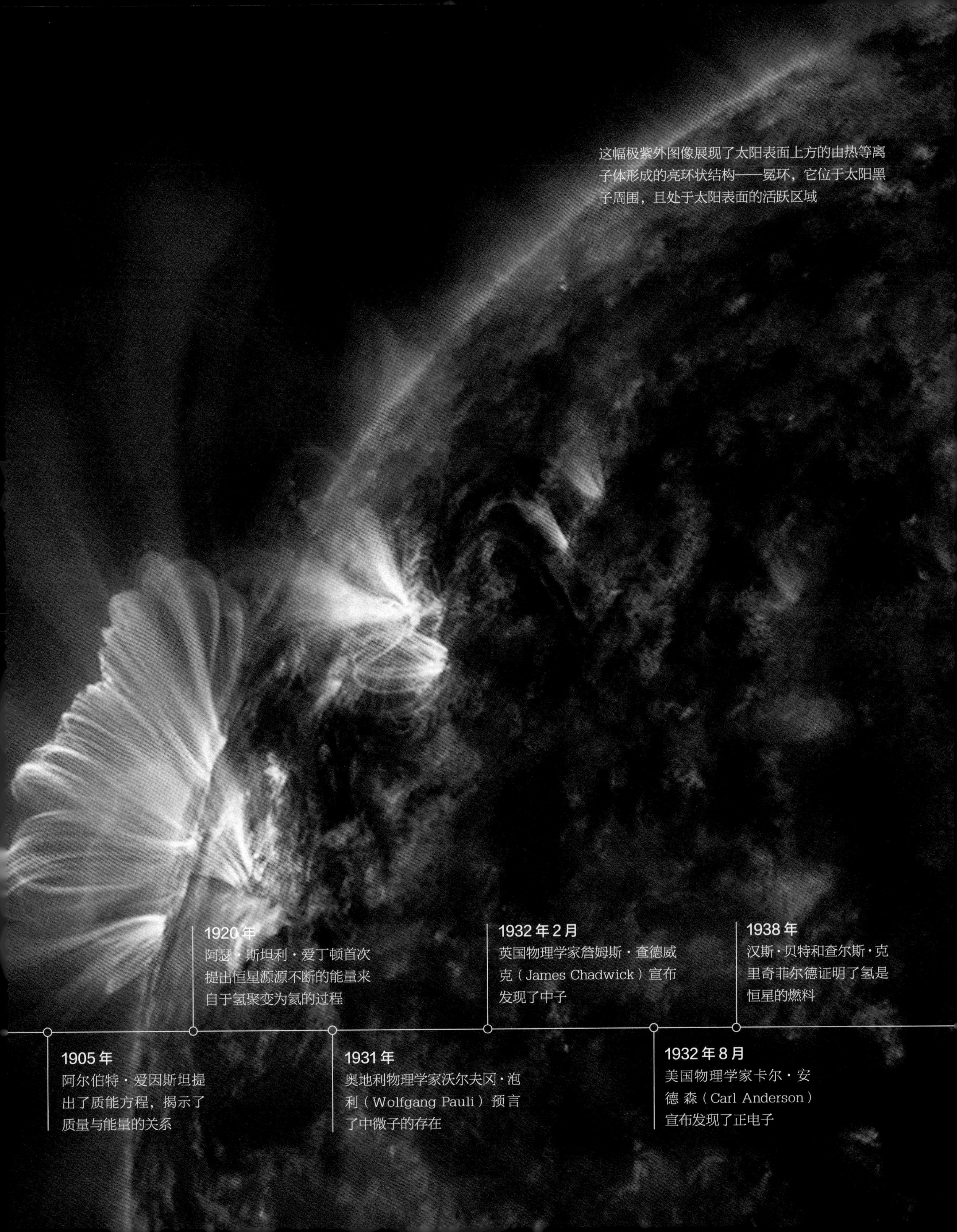

这幅极紫外图像展现了太阳表面上方的由热等离子体形成的亮环状结构——冕环，它位于太阳黑子周围，且处于太阳表面的活跃区域

1905 年
阿尔伯特·爱因斯坦提出了质能方程，揭示了质量与能量的关系

1920 年
阿瑟·斯坦利·爱丁顿首次提出恒星源源不断的能量来自于氢聚变为氦的过程

1931 年
奥地利物理学家沃尔夫冈·泡利（Wolfgang Pauli）预言了中微子的存在

1932 年 2 月
英国物理学家詹姆斯·查德威克（James Chadwick）宣布发现了中子

1932 年 8 月
美国物理学家卡尔·安德森（Carl Anderson）宣布发现了正电子

1938 年
汉斯·贝特和查尔斯·克里奇菲尔德证明了氢是恒星的燃料

日地关系

上图 太阳辐射的热量是驱动地球气候的潜在能量。雷暴(见上图),主要是水蒸气凝结时释放的热量引起的。一场典型的风暴所携带的能量相当于2万吨当量的核弹爆炸所产生的能量

太阳使旋转的地球沐浴在阳光和带电粒子中。它的能量推动着地球的大气和洋流,并孕育着地球上的动植物。没有它,生命将不复存在,地球表面也将是一片寒冷、凄凉的荒芜之地。

太阳光以电磁辐射的形式离开太阳,几乎不受阻碍地穿越近乎真空的太空,抵达地球大气层。根据平方反比定律,太阳辐射的强度与距离的平方成反比。地球距离太阳约1.496亿千米,仅仅只能接收到太阳二十亿分之一的能量输出。即便如此,每年到达地球的辐射所包含的能量,已经是地球全部煤炭、石油和天然气储量所能产生能量的20多倍。我们不希望从太阳那里得到更多的能量。如果将所有的太阳辐射能量以某种方式输送到地球上,那么6秒钟之内,所有的海洋都将蒸发殆尽;3分钟之内,地球表面的地壳也将完全熔化。

从地球生物进化的角度来看,地球犹如"金凤花姑娘"(Goldilocks,美国人常用金凤花姑娘来形容"刚刚好"),拥有恰如其分的太阳能量输入。如果我们在大气层顶部放置一个1平方米的平面接收器,那么到达其表面的太阳能将达到1 400瓦,这大约相当于一个电加热器的功率。这个数字被称为太阳常数,但它并非是一成不变的。太阳黑子和太阳风暴都会导致太阳常数出现微小的变化,这影响了地球上的通信,同时也影响着地球上的气候。太阳光温暖着地球,使得地球表面的水能以3种形式存在,即冰、液态水和水蒸气。

当太阳能量抵达地球时,一些能量被反射到不同高度的空间中,一些能量被大气吸收,还有一些能量被地表吸收,再以热的形式辐射出去。从长远来看,输入的能量终将与输

宇宙射线

除了太阳，地球还会接收到来自其他天体的少量辐射，如普通的可见星光、来自木星的射电波，偶尔还有来自遥远的活跃恒星的高能射线。磁陀星（magnetar）是一种中子星，它偶尔会向地球喷发强烈的伽马射线和 X 射线辐射。幸运的是，地球大气层在这些致命射线到达地面之前，就已经将它们“拒之门外”。

出的能量平衡，否则地球将会不断升温。这种复杂的能量交换，被称为地球能量收支（Earth's energy budget）。物体反射的辐射与接收的入射总辐射的比率被称为反照率（见第 117 页）。大气层会反射大约 6% 的入射辐射，而云层的反照率超过 20%。地球上的冰雪也具有很高的反照率。云层、大气层，特别是海洋和森林也会吸收太阳辐射，然后在更长的波长范围以热量的形式辐射出去。在温室效应中，大气中的水蒸气和二氧化碳会吸收一些太阳辐射，但总体而言，反射到太空的辐射量与入射到大气层的辐射量大致相当。

太阳和气候

地球表面的不均匀受热是地球气候模式形成和表现的主要因素。地球作为一个球体，表面吸收的辐射量是不均匀的，高纬度地区吸收的辐射量就相对较少。地球的自转轴倾角为 23.45°，向太阳倾斜的半球每天会收集到更多的直射光（夏季），而远离太阳的半球只能收集到较少的直射光（冬季），这让地球有了四季的变化。在地球上，不同的地形以不同的速率反射或释放热量。热量通过空气和水的对流运动进行传递，使空气密度在变暖时降低，从而形成气压差，促使空气产生水平运动，就形成了风。阳光也会蒸发水分，将其抬升到空气中，水汽在温度较低的高空中冷凝后落回到地面，如此反复循环。雷暴、飓风等极端天气正是由空气强烈的对流运动产生的。每天引发飓风的太阳能相当于全世界所有发电能力总和的 200 倍。在太阳强劲而不可阻挡的能量推动下，地球的高空急流和洋流以稳定可靠的模式在全球范围内传递热量，使得地球始终保持在一个舒适的温度范围内。

不可见波段

太阳的表面温度约为 5 800 开尔文，它主要发出 3 种不同波长的辐射：可见光、红外线和紫外线。很明显，可见光是电磁波谱中人眼可以感知的部分。红外线的特征是波长更长，主要表现为热辐射。到达地球的紫外线大多数被大气层中的臭氧所吸收，这对人类来说是幸运的，因为紫外辐射具有更短的波长，可以穿透生物细胞，导致基因突变和癌症。（不幸的是，人类释放到大气中的氯氟烃已经破坏了地球尤其是两极区域的臭氧层。）一方面，紫外线中波长最长的那部分能够晒黑人们的皮肤，长期暴露在紫外线下对身体是有害的；另一方面，完全避开阳光也并不可取，因为包括人类在内的许多动物的身体都需要利用中波紫外线（UV-B）来合成维生素 D。遵循适度原则，适量的阳光照射对身心非常有益，不仅能令人心情愉悦，而且对身体健康也是必需的。

太阳也会发出无线电波，这一事实直到第二次世界大战才为人所知。在 20 世纪 30 年代末至 40 年代，偶尔出现的干扰风暴令军事专家们束手无策，这些风暴对他们的无线电通信造成了干扰。英国科学家海伊（J. S. Hey）和美国物理学家乔治•索思沃思（George Southworth）提出了一种理论，认为干扰信号来自太阳，但是这一发现在战争结束之前一直被列为军事机密。不过，这样的封锁并不适用于格罗特 • 雷伯（Grote Reber）——一位名不见经传的美国伊利诺伊州的业余无线电玩家。这位年仅 25 岁的电气工程师决定在自己的后院里建造一台 9.5 米口径的碟形射电望远镜。尽管这个两层楼高、两吨重的精巧装置让雷伯的邻居们感到有些不安，但它的确不同凡响。雷伯用它追踪了来自银河系各处恒星发出的无线电信号，特别是来自太阳的信号。1941 年，他根据观测结果绘制了世界上第一张射电天图，率先证明了太阳本

日食

日食，作为一种较为罕见的天文奇观，为人们欣赏、认识美丽壮观的大自然提供了绝佳的机遇。当月球运行到地球与太阳之间并将其阴影投射到地球表面时，就会发生日食。如果月球距离地球较远，只遮住了太阳的大部分中心部位，就形成了日环食，这时太阳未被遮住的部分则形成了一个明亮的光环。当地面观测点位于月球的半影区时，就会看到日偏食，太阳就像被月亮“咬”了一口。不过，真正令人印象深刻的还是日全食。当月球处于刚好能够完全遮住太阳的适当距离时，位于月球本影中的人将会看到太阳完全消失在月球的后面。这时天空和地面陷入黑暗，气温骤降，鸟儿归巢。在日全食发生的几分钟内，可以看到羽毛状的日冕围绕在月球边缘发光，并一直延伸到遥远的太空。

身就是无线电波的强大来源。

阳光不仅对人类身体健康有益，而且对于几乎所有的植物，包括延伸到食物链中的大多数生物来说都是必不可少的。叶绿素是一种存在于所有进行光合作用的生物体中的色素，它会吸收光谱中除绿色部分以外的所有可见光，这就是为什么植物通常看起来是绿色的。光的能量提供了将水和二氧化碳转化为碳水化合物和氧气的化学反应动力。当地球早期海洋中生长的第一批蓝绿藻开始进行这种光化学反应时，这在当时引发了一场全球性的灾难。氧气对于当时的厌氧生物而言是有毒的。但在这场无法阻挡的进化过程中，绿色植物在大多数生态系统中占据了上风，并且出现了以氧气和碳水化合物为食的新生命形态，它们又通过释放二氧化碳来维持这个循环。

能量之源

不管是过去还是现在，太阳能都为这个世界提供了几乎所有的能源。例如：在石炭纪时期形成的煤、石油、天然气等动植物化石燃料；驱动风力涡轮机发电的风能，也是由太阳能转换来的；通过利用光伏效应，太阳能还可以被太阳能电池板直接转换成电能。太阳能电池板已经成为大多数航天器的标准部件。例如太阳和日球层探测器，在研究太阳的同时，也需要从翼状的太阳能电池板中获取能源。

太阳之谜

波兰天文学家尼古拉·哥白尼提出的太阳位于太阳系中心的观点，成了天文学历史上的一个转折点。凭借着这种洞察力，他改变了人们对地球在太空中的定位和认知。但是大致了解太阳的位置并不能让天文学家知晓它是由什么构成的，或者它是如何工作的。直到 20 世纪，人们才对这些问题有了更进一步的认识。

太阳是什么?

早期的一些天文学家试图推断出太阳的本质是一个自然天体，而不是神祇。例如，古希腊数学家毕达哥拉斯认为，地球绕着一个中心火堆旋转，同时也有一个“反地球”的物体位于火堆的另一侧，因被火堆遮挡，我们在地球上无法看到它。但他也坚持认为，太阳本身是一个不同的、遥远的天体，它绕着地球旋转。公元前 5 世纪的古希腊哲学家阿那克萨哥拉（Anaxagoras）认为，太阳是一团“炽热的金属”。而公元前 4 世纪的亚里士多德认为，太阳是一团纯粹的火焰。这些看法或多或少都延续了几个世纪。

即使在望远镜发明之后，太阳的本质仍然是个谜。在刺眼的阳光下观察太阳是件困难的事，而且不管何时，在小型望远镜中几乎看不到太阳的任何特征。但是，望远镜揭示了太阳黑子的秘密。借助望远镜，伽利略追踪了它们的运动，并正确地推断出太阳像行星一样在自转。望远镜提供的关于恒星的新视角，使包括勒内・笛卡尔在内的科学家们都开始相信，太阳和宇宙中的其他恒星没什么两样。但望远镜并没有告诉天文学家，太阳是由什么构成的。甚至到 1795 年，伟大的观测者威廉・赫歇尔仍然认为，太阳有一个凉爽的固态表面，周围环绕着发光的云层，太阳上面居住着一些“具有特殊器官，并适应了那里的环境”的生物。

太阳元素

19 世纪 50 年代，天文学家开始记录太阳耀斑和日冕等有趣的现象。但破译太阳本质的钥匙不是通过望远镜，而是在实验室里发现的。光谱学技术为天文学的发展提供了强大的助力，并带来了第一个重大突破。1814 年，德国验光师约瑟夫・冯・夫琅禾费（Joseph von Fraunhofer）注意到，当阳光或星光被分解成光谱时，光谱上的色带中会出现数百条暗线。19 世纪 50 年代，德国化学家罗伯特・本生（Robert Bunsen，他因发明燃烧器而闻名）和物理学家古斯塔夫・基尔霍夫（Gustav Kirchhoff）找到了原因。每种元素被加热到一定程度时，会发出特征性的明亮发射线。这些元素也会吸收来自热源的辐射，从而在光谱中留下可识别的吸收暗线。

基尔霍夫发现，在 3 种情况下会产生 3 类光谱，并将其总结为基尔霍夫光谱学三定律（Kirchhoff's Three Laws of Spectroscopy）：

1. 炽热的固体、液体和高压气体会发出连续光谱。

2. 低压下的热气体会发出亮线或发射线光谱。

3. 当连续光谱通过低压冷气体时，会产生吸收线，即在连续光谱上出现的暗线。

利用光谱学技术，本生、基尔霍夫以及他们的同事得以识别出太阳大气中包括氢在内的一些元素。更重要的是，基尔霍夫和本生指出太阳内部是炽热和发光的，而外部大气层的温度则相对较低。

光谱学是现代天文学研究的核心，它也可以用来研究行星大气。遥远的行星虽然很寒冷，但是也会发出辐射。天文

开尔文勋爵

现代物理学先驱

苏格兰物理学家威廉・汤姆森（William Thomson，1824—1907），即后来苏格兰拉格斯的开尔文勋爵（Lord Kelvin），是一位多才多艺的科学家，他相信自然界的物理规律最终可以用一个大统一理论解释。他是第一个提出热力学温标（绝对温标）的人，被称为热力学之父。绝对温标是一种绝对温度的测量方法，把物质分子能量最低的温度设为零度或绝对零度：相当于 −273.15 ℃。绝对温标每一度的大小与摄氏温标完全相同。天文学温度，如恒星的温度，通常用开尔文来表示。

学家必须排除一些非行星大气产生的谱线（如行星反射的太阳光，以及太阳与地球大气层干涉引起的发射线），剩下的那些谱线才可以说明这颗行星的大气中到底有哪些成分。

1868 年，在光谱学发展后不久，法国天文学家皮埃尔·詹森（Pierre Janssen）和英国天文学家约瑟夫·诺曼·洛克耶（Joseph Norman Lockyer）各自发明了一套观测日珥并分析其组成的先进技术。利用这项技术，他们都独立地发现了太阳上有一种以前不为人知的元素。洛克耶和他的一位化学家同事爱德华·弗兰克兰（Edward Frankland）用古希腊神话中的太阳神赫利俄斯（Helios）的名字将它命名为氦（helium）。直到 1895 年，这种元素才在地球上被发现。

太阳“发电机”

尽管人们发现了太阳的一些组成成分，但它永恒的火焰之谜仍然存在。什么样的“能量发生装置”可以长时间产生如此巨大的热量？ 19 世纪，德国物理学家尤利乌斯·迈耶（Julius Mayer）计算出，如果太阳是由煤构成的，并且有无限的氧气供其燃烧，那么它也只能燃烧几千年。他认为，也许有物质不断落入太阳，为它提供了持续的燃料。后来被封为开尔文勋爵的苏格兰物理学家威廉·汤姆森驳斥了这一观点。他指出，如果真是如此的话，这样的燃烧将增加更多额外的质量，那么随着时间的推移，在地球上应该可以探测到太阳不断增长的引力。

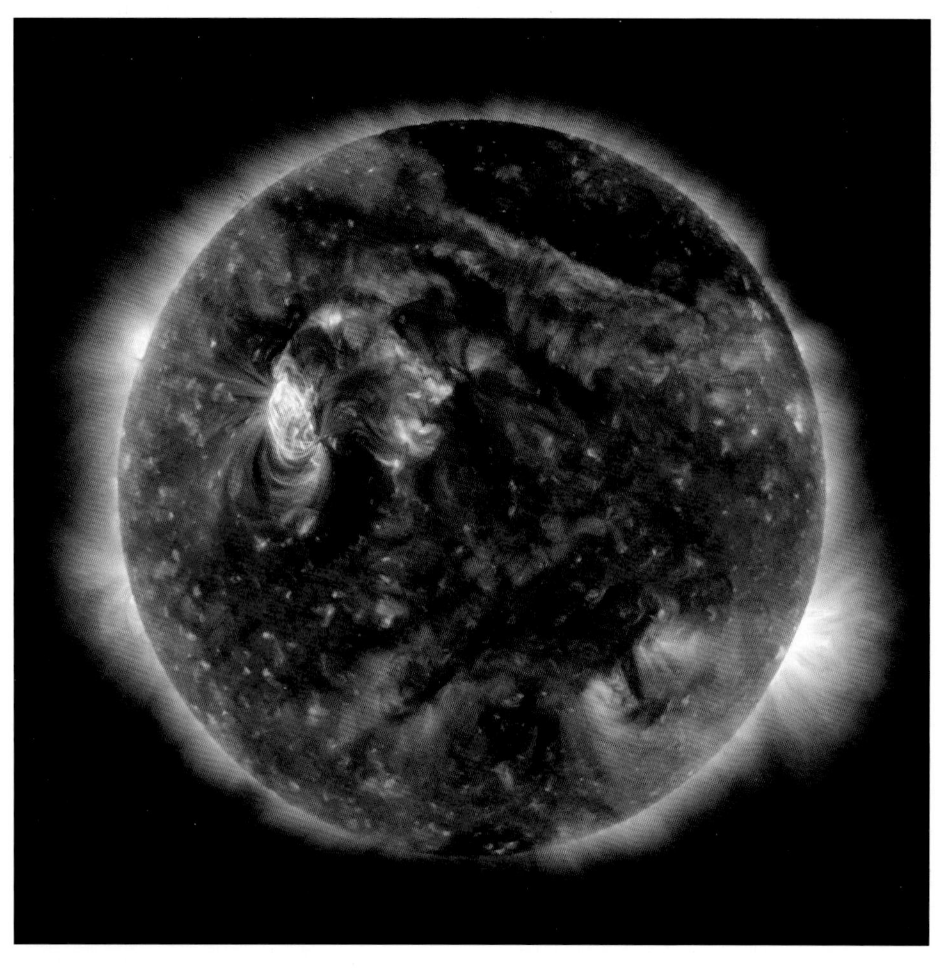

下图 这幅太阳图像是由太阳动力学观测台用不同波长极紫外光拍摄的多张照片组合而成的，我们可以从中看到太阳表面复杂的能量释放

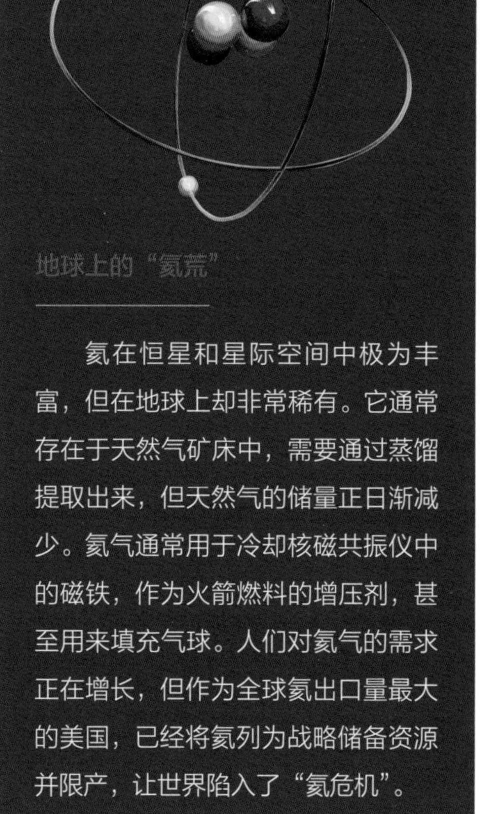

地球上的“氦荒”

氦在恒星和星际空间中极为丰富，但在地球上却非常稀有。它通常存在于天然气矿床中，需要通过蒸馏提取出来，但天然气的储量正日渐减少。氦气通常用于冷却核磁共振仪中的磁铁，作为火箭燃料的增压剂，甚至用来填充气球。人们对氦气的需求正在增长，但作为全球氦出口量最大的美国，已经将氦列为战略储备资源并限产，让世界陷入了“氦危机”。

19 世纪 60 年代，开尔文和德国物理学家赫尔曼·冯·亥姆霍兹（Hermann von Helmholtz）对太阳热量提出了一个全新的解释。引力收缩本身就能压缩太阳的气体，随着压力上升，它们就会被加热。物理学家乔纳森·莱恩和罗伯特·埃姆登（Robert Emden）很快将这一理论带入了下一个阶段，他们指出，质量巨大的太阳在不断收缩的过程中会将其核心加热到令人难以置信的 1 200 万开尔文。1907 年发表的莱恩 – 埃姆登（Lane-Emden）理论认为，太阳的年龄可能为 2 200 万年，离它死亡还有 1 700 万年。

遗憾的是，地质学和进化论的新发现指出，地球的年龄达数十亿年，而不是数百万年。与此同时，当时还是瑞士专利局职员的阿尔伯特 · 爱因斯坦用他的相对论和质能方程推翻了物理学的“苹果车”（形容扰乱了某人的计划）。随后，核物理学的繁荣发展解决了太阳能量的难题。英国天文学家阿瑟·斯坦利·爱丁顿在 1926 年出版的《恒星内部结构》（*The Internal Constitution of the Stars*）一书中提出，爱因斯坦的经典质能方程 $E=mc^2$ 能给出答案。在太阳内部，氢原子转化为氦，同时伴随着巨大的能量释放。由于原子核的内部结构尚未清楚，他也无法解释确切的转变过程。但是爱丁顿确信自己的答案。在 1927 年出版的《恒星与原子》（*Stars and Atoms*）一书中，他写道：“在我看来，不管氦是通过什么过程形成的，只要氦存在就足够了……我知道，许多持反对意见的人认为恒星中的条件还不够极端，不足以导致聚变反应，即认为恒星还不够热。那我们请他们去找一个比恒星更热的地方吧，这可是他们咎由自取的。”

20 世纪 30 年代末，核物理学的发展使得恒星能量的产生机制变得越发清晰。1939 年，美国物理学家查尔斯 · 克里奇菲尔德和德国出生的物理学家汉斯 · 贝特解释了在极端高温下，原子核之间的链式反应是如何将氢聚变成氦并释放能量的。这种质子 – 质子链反应确实是太阳的主要能量来源。在这一发现之后不久，它也成为制造氢弹的理论基础。

核聚变

太阳的中心有着非常极端的物理条件。这颗恒星质量巨大，位于核心的氢的密度是铅的 15 倍。此外，由于核心温度非常高，所以太阳的核心并非固态。在 1 570 万开尔文的温度下，核心的热量推动着气体向外膨胀，使太阳不致坍缩。

只有在这种极端的条件下，太阳才能发生核聚变。核聚变是将轻原子核融合形成重原子核，同时释放出能量和微小粒子中微子的一种核反应机制。在太阳的核心，核聚变反应每秒钟可以消耗 6 亿吨氢，这个质量相当于地球上一座普通的山，但对太阳来说只不过是九牛一毛。在核聚变过程中，几乎所有的氢都被转变成氦，只有不到 1% 会转化为能量。但是根据爱因斯坦的质能方程，我们知道物质转化成的能量等于物质的质量乘以光速的平方。因此，太阳每秒释放的能量相当于在一秒钟内同时爆炸 910 亿枚百万吨当量的氢弹。太阳是如此的巨大，它将继续以这种方式稳定地燃烧 50 亿年。

链式反应

一般认为太阳的能量主要是在一系列被称为质子 – 质子链反应的氢核聚变中产生的。该反应的基本过程如下：

第一步：让 2 个氢原子核结合，这比听起来要困难得多。1 个氢原子核就是 1 个质子，即 1 个带正电荷的基本粒子。在正常情况下，2 个带正电的质子会相互排斥。但是在太阳核心的高温条件下，少数质子会高速撞击在一起。一旦彼此

上图　萨德伯里中微子观测站位于加拿大安大略省萨德伯里附近的克雷顿矿地下 2 070 米深处。12 米宽的丙烯酸容器中装满了探测中微子的重水。该观测站在 1999 年发现了中微子

相距 10^{-15} 米，它们就会被“强力”（strong force，宇宙的基本力之一）拉到一起。2 个质子结合在一起形成 1 个叫作氘核的原子核，氘核由 1 个质子和 1 个中子组成。这个反应会释放出 1 个叫作正电子（或反电子）的反物质粒子和 1 个极小的中微子。

第二步：正电子很快就会遇到电子，由于正电子是电子的反粒子，它们会相互湮灭，并以高能光子或伽马射线的形式释放能量（光子是传递电磁相互作用的基本粒子）。同时，氘会与另一个自由态的质子结合形成氦的一种同位素，称为氦 -3，氦 -3 原子核包含 2 个质子和 1 个中子。这个组合过程会再次释放伽马射线。

第三步：在上述反应发生 2 次之后，2 个氦 -3 原子核相互碰撞并结合形成 1 个氦 -4 原子核（由 2 个质子和 2 个中子组成），同时释放出 2 个质子。

因此，每 4 个氢原子核（即 4 个质子）发生聚变，就会产生 1 个氦 -4 原子核、2 个中微子和高能伽马射线。这个质子 - 质子链反应产生了 98% 以上的太阳能量。另一种氢核聚变——碳氮氧循环反应，在更大质量的恒星内部更为常见，贡献了太阳的其余能量。碳氮氧循环反应会利用碳作为催化剂，启动一个由不稳定的碳、氧和氮的原子核组成的转

换循环，原子核在这个过程中相互转化并释放能量。

解开中微子之谜

20 世纪 30 年代，物理学家们对太阳核聚变过程的研究已经取得了非常令人满意的成果，但整个过程仍然缺少一块拼图，这就是中微子。物理学家沃尔夫冈·泡利和恩里科·费米（Enrico Fermi）首先提出存在幽灵般的亚原子粒子，以解释能量在放射性衰变中是如何损失的。理论上，科学家们相信中微子应该存在，而且数量巨大。但从未有人探测到过中微子。它们会不会是因为没有质量而无法与实体世界进行相互作用? 或者它们的质量是如此的微小，而且总是神出鬼没，以至于只有用最精细的网才能捕获到它们吗?

为了回答这个问题，在 20 世纪 60 年代，科学家们在美国南达科他州利德镇附近的霍姆斯塔克（Homestake）金矿中建造了一个中微子探测器：一个位于地表以下 1.5 千米处，装有 615 吨四氯乙烯液体的巨桶。由于放置在如此深的地方，巨桶可以免受宇宙射线和其他因素的干扰。理论上，中微子很容易就能穿过地球，但偶尔也会撞击到氯原子，将其转变成可以探测到的放射性氩原子。实验勉强成功了。在 1994 年实验中止之前，探测器平均每周能探测到两个中微子。中微子的存在得到了证实，但其计数率仅为预测值的 1/3。另外两个探测器也获得了同样的结果。那么其余 2/3 的太阳中微子去哪了? 难道这会是太阳物理学的一个根本性难题?

正如物理学家约翰·巴克尔（John Bahcall）后来所描述的那样，当人们意识到中微子具有“多重人格障碍”时，答案就来了。科学家们发现中微子有 3 种类型（或“性质”）：分别是能量较高的电子中微子（由太阳产生），以及能量较低的 μ 中微子和 τ 中微子（可在超新星或实验室加速器中产生）。留给原子物理学家最好的解释是，太阳的电子中微子在前往地球的旅途中会通过中微子振荡转变成 μ 中微子和 τ 中微子。2001 年，萨德伯里中微子观测站（SNO）利用新的中微子探测器——一个装有 1 000 吨重水的塑料球形容器，最终探测到了这些低能中微子，并与预测数量相吻合。

正如物理学家现在所理解的那样，中微子确实是有质量的，尽管它们非常轻（小于电子质量的百万分之一）。它们的飞行速度接近光速而且不带电荷。在 100 亿个中微子中，只有 1 个会与地球上的物质粒子发生相互作用。在地球表面每

光

能量以电磁辐射的形式在太阳中流动，即能量在电场和磁场中以波的形式在空间或物质中传播。一个单位或者说一个量子的电磁能量叫作光子。电磁波谱按波长从短到长（或者能量从高到低）的顺序依次是伽马射线、X 射线、紫外线、从紫色到红色的可见光、红外线和无线电波。

下图 不同波长下的太阳图像

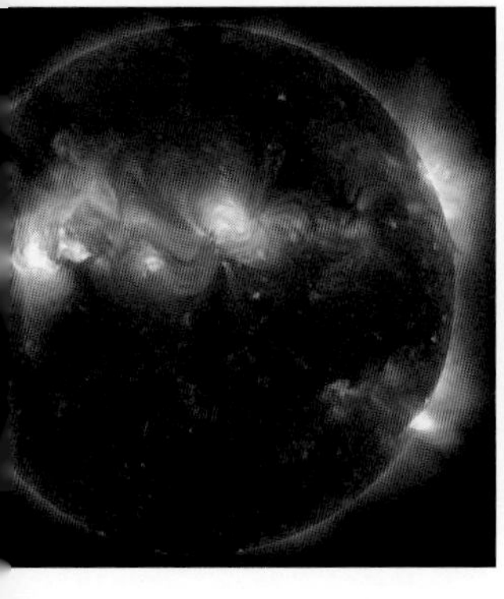

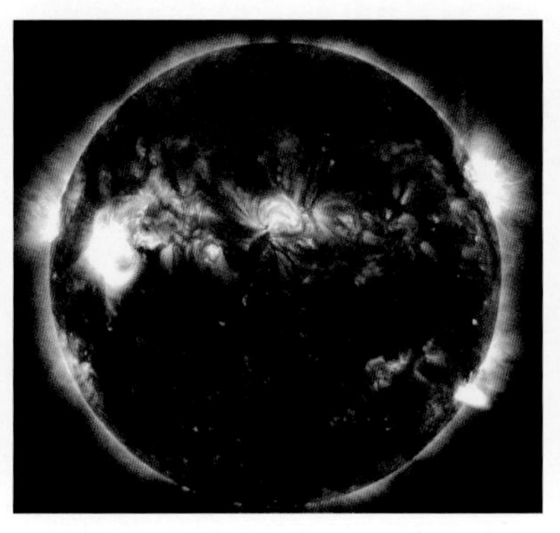

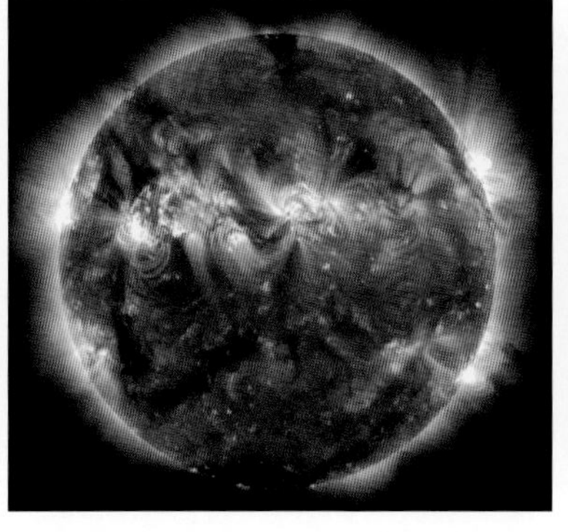

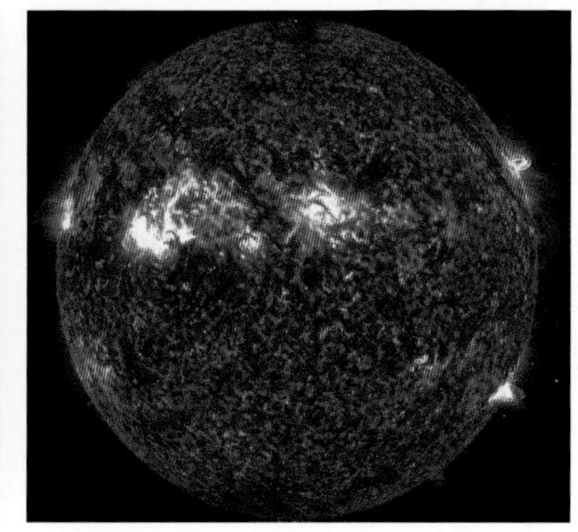

平方厘米的面积上，每秒约有 650 亿个中微子呼啸而过。与此同时，几乎同等数量的中微子会在不接触任何物质粒子的情况下从地球的另一侧悄然而去，然后以接近光速的速度继续在太空中遨游。天文学家对中微子有着浓厚的兴趣，由于它们直接从太阳核心出发，几乎不受任何物质的阻碍，因此携带了有关太阳以及恒星和星系基本性质的信息。

太阳内部

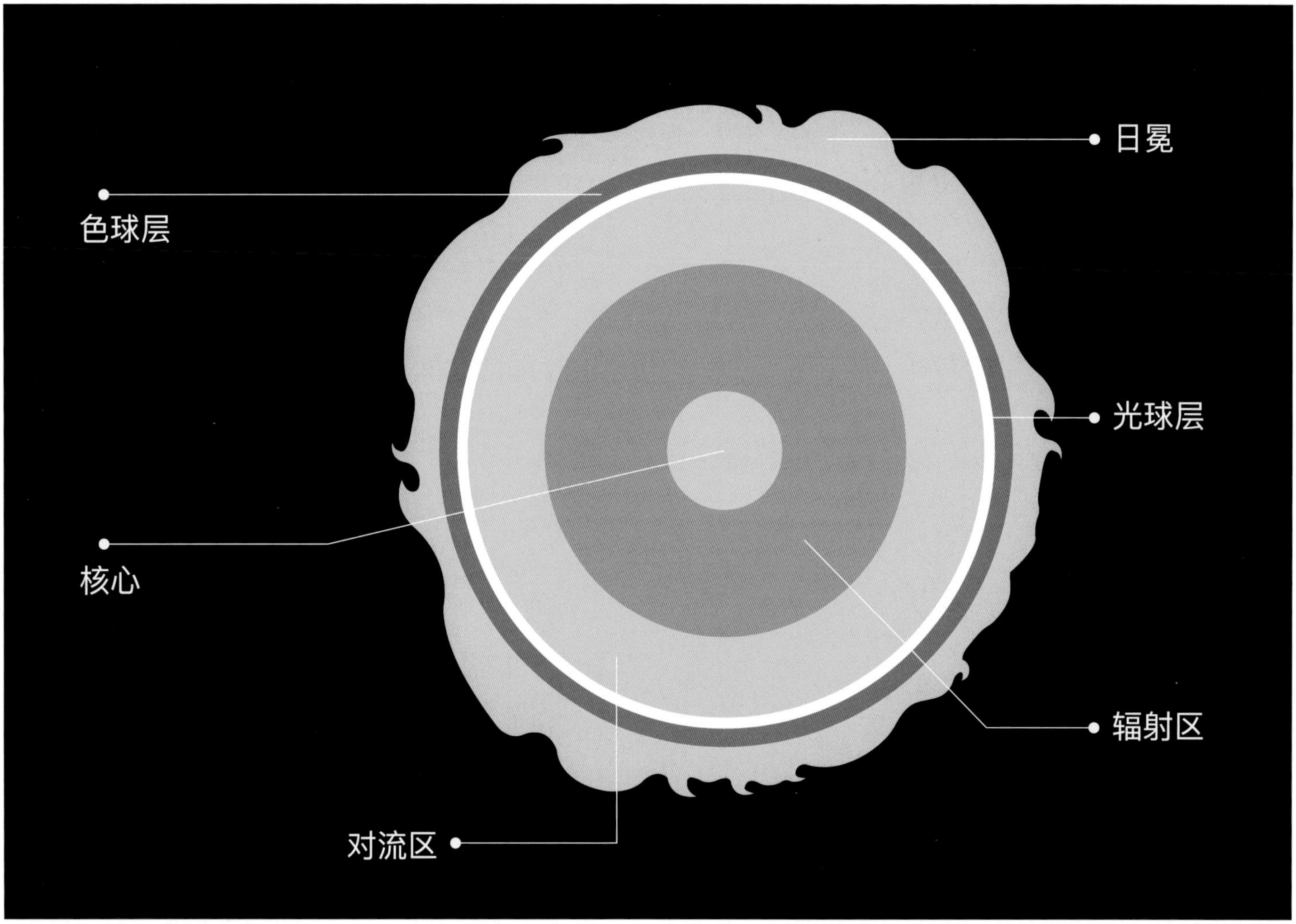

上图　太阳的结构示意图。能量从密度极高的核心流过辐射区和对流区。色球层之外是向太空延伸了数百万千米的日冕

目前，还没有探测器能够深入到离我们最近的恒星的内部进行探测，那么我们如何确定太阳里面有什么？我们确实还无法得知。然而，我们可以利用我们所知道的气体和热力学物理定律，通过研究太阳在波通过时的振动方式，来构建

一个太阳模型。即便如此，太阳复杂的旋转运动留给我们的疑问和我们找到的答案一样多。

热、压力和波

太阳的温度极高，但组成它的气态物质却不会因此散逸。太阳的质量非常大，但它并没有被挤压成一个致密的团块。

聆听太阳

20 世纪 60 年代，科学家们发现太阳表面会出现振荡或颤动，就像地球上的地震一样，从此日震学这门学科便诞生了。这个名字容易让人产生误解，因为太阳是气态的，不能发生固体地球上的那种地震活动。然而，太阳振荡的来源被证实是来自太阳内部，就像在地球内部产生的地震波一样。这些声波振动其实是巨大的声波在太阳内部不同的分层间来回跳动。太阳就像一座精密复杂的钟会定时发出阵阵钟鸣。

太阳耀斑引发的日震（见右图），在太阳表面如涟漪般向外扩散。这次日震的强度相当于地球上的 11.3 级地震。日震波的最大速度可达 40 万千米 / 时，并在传播了 10 倍地球直径的距离后才逐渐消散。

太阳和日球层探测器上的麦克尔逊多普勒成像仪（MDI）记录了日震波在太阳表面的振荡运动，这些巨大的声波从太阳的一侧传递到另一侧大约需要 2 小时，由于这些声波的频率太低，人耳无法察觉。不过，科学家们已经将太阳声音的频率提高了 4.2 万倍，使其达到人耳可以分辨的范围。

事实上，太阳在很长的时间里都保持着非常稳定的大小。这让科学家意识到，太阳处于流体静力平衡状态：向外的热压力刚好与向内的引力处于平衡状态。研究人员将一些已知的因素——如太阳质量、光度、表面温度、观测半径、化学组成等——代入到流体静力平衡模型中，然后他们运用已知的能量守恒、质量守恒、动量守恒、理想气体和热传导等物理定律，把一系列的数据代入到这些方程式中，从而得出太阳从核心到大气的信息。

20 世纪 60 年代，科学家们观察到太阳外层大气在规律地振动，于是开始利用数学模型来研究太阳表面的这种活动。从此一个新的研究领域——日震学诞生了，尽管这种“日震”与我们看到的地震完全不同：太阳没有固体层，也没有板块构造。20 世纪 70 年代，研究人员发现，太阳的振动来自驻声波，这种声波振动就像铃声一样在太阳内部回荡。和地球上的地震一样，不同频率的日震波可以告诉我们它们通过的物质的密度和温度。

太阳核心

从核心到外层大气，太阳的结构可分为 6 个区域。很显然，核心是太阳的中心，是通过核聚变产生能量的发电站。由于核心压力巨大，核心区域的物质被压缩得异常紧密：它的半径约占太阳半径的 1/4，体积只占太阳的 2%，质量却有太阳的一半。它的压强是地球表面大气压的 2 600 亿倍，温度超过 1 500 万开尔文，这样的条件使得一些氢原子核可以聚变为氦原子核（见第 77~78 页）。核聚变释放能量的形式是发射伽马射线，这是一种非常高频的电磁波。当这些射线向外辐射，它们就开启了前往太阳表面的漫长旅程。当它们抵达太阳表面时，能量会大大降低，伽马光子会转化成更多的低频光子，包括可见光和热辐射。

在真空中，辐射是以光速传播的，但太阳不同的分层结构会阻碍光子从核心向外扩散。能量从太阳中心到达太阳表面所需要的时间从数千年到数百万年不等，这取决于光子的随机路径。（中微子也会从太阳核心逃逸，但它们几乎可以畅通无阻地穿过太阳，在几秒钟内进入太空。）

辐射区

在太阳的核心深处，高能光子从一个质子散射到另一个质子，然后到达下一层结构，也就是辐射区（radiation zone）。辐射区的范围是从 0.25 个太阳半径延伸到 0.7 个太阳半径处，涵盖了大部分的太阳主体。这片巨大的区域占据了大约 48% 的太阳质量，底部区域的密度是铅的 2 倍，顶部区域的密度是铅的 1/10。这里之所以被称为辐射区，是因为光子会通过辐射从一个原子传播到另一个原子。光子在粒子之间摇摆运动，并被粒子吸收，然后粒子再将光子向不同的方向辐射出去，科学家们形象地将这种运动描述为“醉酒的水手”或“随机漫步”。这些光子向外传播的速度极其缓慢，至少也要数千年的时间才能到达太阳表面。随着光子在辐射区域向外移动，辐射区的温度也从 700 万开尔文降至约 200 万开尔文。

对流区

在穿过一个相对较薄的界面层（即差旋层）后，游荡的光子就进入了太阳内部结构的最外层——对流区。对流区从大约 0.7 个太阳半径处一直延伸到太阳的可见表面。对流区底部的温度约为 200 万开尔文，而它顶部的温度则会降至约 5 800 开尔文。对流区和辐射区一样，对光子来说也是不透明的。尽管该区域体积巨大，但由于对流区的物质密度很低，它的质量只占太阳总质量的 2%。

在对流区，能量的传输非常剧烈。这里的能量不是通过辐射进行传递的，而是在对流运动中交换。由于下方的辐射加热，巨大的热气体元胞上升到表面，而较冷的气体下沉到底部。在弥散的等离子体中，这种运动显得越发混乱剧烈。随着太阳自转，上升元胞中的气体以旋转的方式上下翻腾。在对流区内，不同的区域之间并没有发生实质性的物质交换，只是将热量进行了有效的传递，整个对流区进行彻底的热量交换需要大约 1 周的时间。这些元胞层层堆叠，大小不一。那些位于对流区最低层的元胞，其直径可达到 3 万千米，而越往上，直径会逐渐变小，最小大约为 1 000 千米。那些密布于太阳表面的明亮的颗粒状结构（米粒组织），其实就是这些紧密堆积的较小元胞的顶部。

在对流区的顶层，这里的气体由于太过稀薄，无法通过对流有效传递热量，也无法阻止大量的能量涌动。来自太阳核心的光子最终到达了我们肉眼可见的太阳表面。

太阳外层

太阳是一个由气体组成的炽热球体，并没有真正的表面，我们看到的太阳表面其实叫作光球（photosphere，又称光球层）。这是一层不透明的气体薄层，也是太阳大气的开端。它确定了太阳非常清晰的边界，几乎所有的可见光都是从这一层发射出来的。光球层的厚度约为 500 千米，平均温度约为 5 800 开尔文。

较差自转

根据精密望远镜的显示，光球层其实是一个斑驳陆离、参差不齐、动荡不定的地方。除了周期性出现和消失的巨型太阳黑子（见第 88~90 页），光球上还有一些被称为光斑的异常明亮的区域。元胞在对流区的顶部鼓起形成米粒和超米粒组织。太阳黑子已经被人类观察了几个世纪，当太阳绕轴

右图　在这幅太阳的氢阿尔法图像中，太阳表面的针状体（spicule）正围绕着太阳黑子和日珥旋转

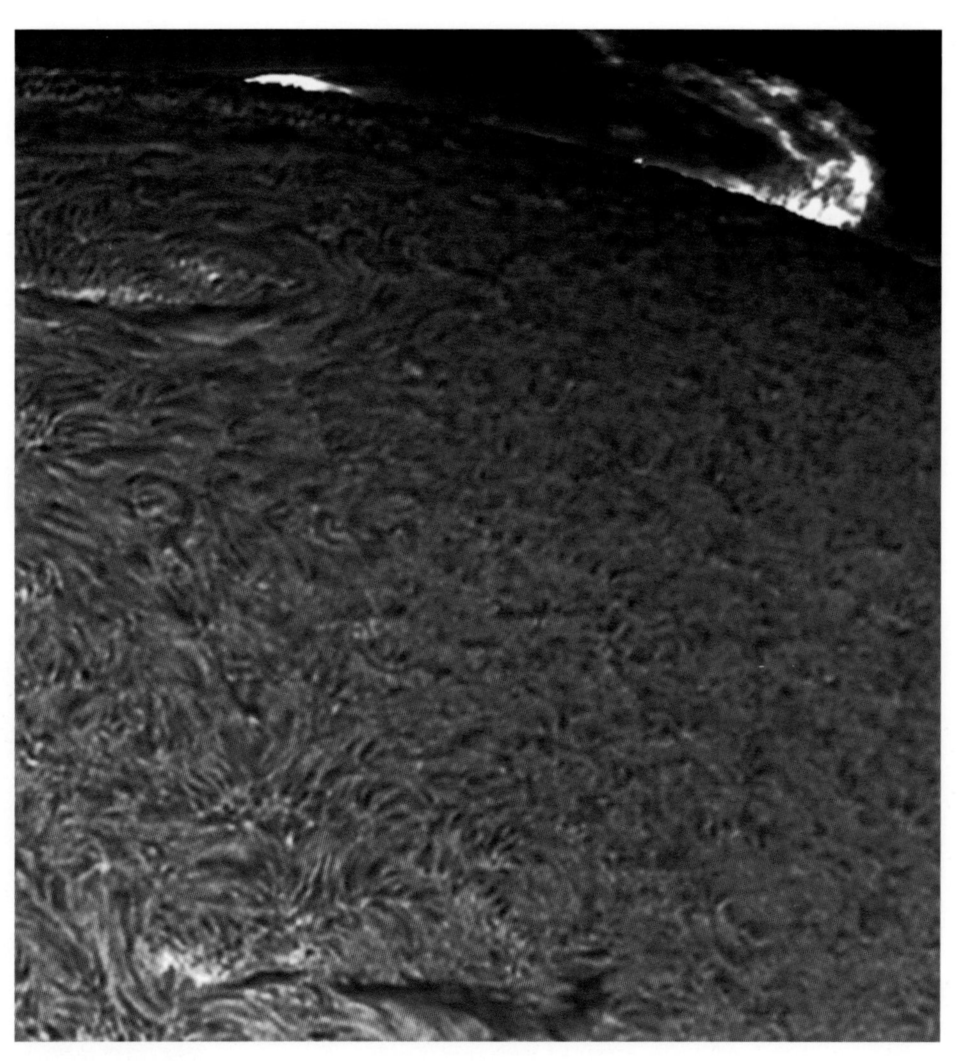

自转时，它们也随之在太阳表面移动，我们可以借助这种现象测量太阳的自转。通过观测我们发现，太阳不是一个固体，不是作为一个整体在旋转。相反，这种旋转表现出一定的差异性，太阳上不同的位置在以不同的速度旋转。赤道大约每 25 个地球日自转一周，而两极大约每 35 个地球日自转一周。

太阳没有一个相对于它自己的“太阳”来自转，所以太阳没有“一天”的说法，但是自 1853 年 11 月 9 日以来，它的每次自转都有编号。那一天是英国业余天文学家理查德 · 卡林顿（Richard Carrington）开始观测太阳黑子的日子。作为家族啤酒厂的继承人，卡林顿在剑桥大学求学期间爱上了天文学，于是就在自家别墅上建了一座私人天文台。8 年来，他每天都记录太阳黑子的位置。他的数据显示：大多数太阳黑子都出现在太阳赤道两侧的两条纬度带内；黑子开始出现的纬度较高，之后黑子出现的纬度逐渐减低。不同纬度的不同自转速度揭示了太阳的较差自转。天文学界为纪念卡林顿对太阳物理的卓越贡献，将平均值为 27.28 天的太阳自转会合周期命名为“卡林顿周期”，并以 1853 年 11 月 9 日作为单一的卡林顿自转序号起算的时间点。截至 2022 年 4 月 3 日，卡林顿自转序号已经累计到 2 255。

色球层和过渡区

和地球一样，太阳也有大气层，即太阳表面上方一层稀薄的气体。但与地球大气不同的是，太阳大气层的厚度有数百万千米，那里温度极高且伴有不规则的爆炸活动。

太阳大气层的最低层是光球层。光球层之上就是色球（chromosphere，又称色球层）。色球层相对暗淡但色彩斑斓，厚度大约为 2 500 千米。很早之前天文学家就发现了热气体中的氢元素会发出一种略带红色的光芒。在日食期间，当月球挡住太阳时，我们就可以看到活跃的玫红色的色球层在月球边缘舞动。现在科学家们利用光谱仪和滤光片，还能辨认出色球层更多的特征，例如：光球层之下的网状超米粒组织，扰动着上方的色球层；悬浮在色球层上的纤细的暗条；明亮的谱斑（来自法语单词“海滩”）在深色气体的映衬下看起来

就像明亮的白色沙子；针状体像炽热的尖刺一样从色球层喷射而出，跃起数千千米之高。

过渡区（transition region）是色球层和日冕层之间的一道缓冲带。这是一个温度陡增的动态区域，厚度小于 1 000 千米。它的底部温度较低，约为 2 万开尔文，但与日冕交界处的温度却高达 50 万开尔文。过渡区的电离氢只在紫外波段内发光。在任何特定时刻，色球层上都布满了多达 1 000 万个持续时间通常不到 10 分钟的针状体，它们以 100 千米 / 秒的速度从太阳表面喷出，直冲到距离太阳表面 10 000 千米的高度，然后坍塌并被新的针状体所取代。

日冕

在日全食期间，观测者会看到一种壮丽的景象：日冕。在太阳活动较活跃的时候，太阳外层大气中稀薄的乳白色气体会向外膨胀，一直延伸到遥远的太空；而在太阳活动的宁静时期，这些气体则紧贴着太阳的主体。在太阳最远的边缘，日冕就成了太阳风。

一个多世纪以来，日冕的性质一直困扰着天文学家。1869 年，美国天文学家查尔斯·杨（Charles Young）在日食期间将光谱仪对准日冕，惊奇地看到了一次短暂的绿色闪光（他描述说，这是他所见过的最美丽、最令人印象深刻的景象）。进行光谱分析后，他发现这条绿色谱线与当时任何已知的元素光谱都不相同。后来的天文学家也看到了这条神秘的谱线，并断定它一定是一种来自地球以外的新元素，他们将其命名为“冕素”（coronium）。1930 年，法国科学家贝尔纳·李奥发明了日冕仪，这是一种日冕观测装置，它可以遮挡太阳本体，这使得研究人员无需等待日食发生，就能随时观察和分析日冕了。

1941 年，瑞典天体物理学家本格特·埃德伦（Bengt Edlen）用另一个谜团解开了冕素之谜。他指出，冕素谱线是高度电离的铁离子发出的谱线，在这种状态下，铁原子中有一半的电子被剥离。日冕中的其他元素也处于电离状态，但

太阳探测任务

一系列太阳探测器任务大大地丰富了我们对太阳的认知。

这些任务包括：

- 尤利西斯号（欧洲，美国，1990—2009），首次实现了太阳极轨探测，在太阳极区上方研究太阳风和太阳磁场。
- 阳光号（美国，日本，英国，1991—2001），观测太阳耀斑发出的高能辐射以及耀斑爆发前的状况。
- 太阳过渡区与日冕探测器（美国，1998—2010），观测日冕和过渡区，以便更好地了解太阳磁场与日冕加热之间的联系。
- 起源号（Genesis，美国，2001—2004），收集太阳风粒子，以研究太阳系起源和演化的问题。
- 太阳和日球层探测器（欧洲，美国，1995 年至今），研究太阳的内部结构和太阳表面发生的事件，并发现了数千颗彗星。
- 日地关系观测台（美国，2006 年至今），由两颗相同的探测卫星组成，它们从不同的方向观测太阳，全方位提供太阳爆发和太阳风的信息。
- 日出号（美国，日本，英国，2006 年至今），观测太阳磁场的精细结构，研究太阳耀斑等剧烈的爆发活动。
- 太阳动力学观测台（美国，2010 年至今），研究太阳的内部结构、大气层、磁场以及能量输出，以了解太阳对地球和近地球太空区域的影响。
- 帕克太阳探测器（美国，2018 年至今），反复探测和观察太阳的外日冕，追踪太阳能量和热量如何通过日冕移动，探索太阳风和太阳高能粒子的加速机制。

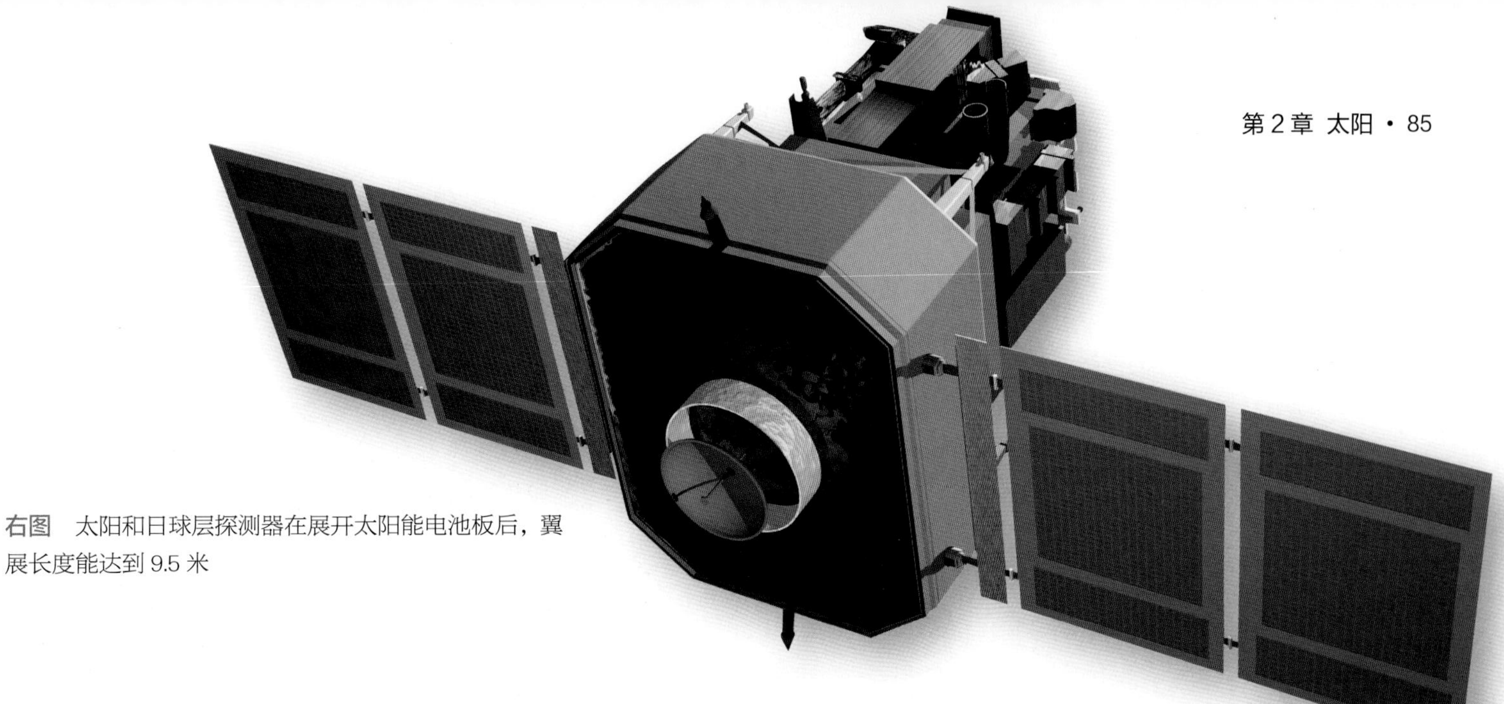

右图 太阳和日球层探测器在展开太阳能电池板后，翼展长度能达到 9.5 米

这种状态只有在温度超过 100 万开尔文时才会发生。实际上，日冕的温度估计在 100 万 ~300 万开尔文之间。它稀薄的气体中所蕴含的巨大能量，足以辐射出 X 射线，并将太阳风推向数十亿千米之外的太空。

日冕的能量究竟从何而来？光球在相对适中的 5 800 开尔文的温度下释放热量，而太空中的温度仅仅略高于绝对零度，那么是什么点燃了日冕中的火焰呢？我们依旧无从得知。日冕加热之谜是太阳物理学研究的一个重要领域。目前提出的大多数试探性解释都与复杂的太阳磁场有关。例如：沿太阳磁力线传播的声波和磁流体动力波可能会加速并加热日冕粒子；或者由于纠缠在一起的磁场像扭曲的橡皮筋一样突然得到释放，产生"微耀斑"，这时也可能向太阳大气中释放能量。然而，这些机制似乎并不能提供足够的能量使日冕达到如此高温，因此日冕加热仍然是一个悬而未决的问题。

日冕风暴

日冕中其实存在着一些有趣的结构，如冕环、冕洞、盔状冕流、极羽等。壮观的日珥虽然起源于色球层，但是会在日冕中伸展开来。它们大多数源自太阳表面的上层大气，那里的磁力线通过高温气体纠缠在一起。冕环是一种密度更大的气体环，它们从太阳黑子附近的表面离开并重新返回。盔状冕流在太阳黑子上方形成一顶"尖头帽"，而极羽则如同是从太阳的两极伸出的气体"手指"。气势磅礴的日珥以巨大的环状拱门结构将燃烧的气体拽离太阳。有些日珥可以包含高达 1 000 亿吨的太阳等离子体，体积可达地球的数十万倍。它们非常引人注目，不过因为其温度比日冕要低得多，所以在明亮的太阳表面的映衬下呈现为较暗的拱形物。看上去更暗的是冕洞，它们在太阳的 X 射线图像上呈现为巨大的阴影区域。冕洞具有开放的磁场，是高速太阳风的源区，从冕洞出来的带电粒子可沿着这些开放性磁场向太空高速逃逸。

然而，最壮观的太阳爆发活动现象要属日冕物质抛射。如果没有专业的设备，一般很难看到这种景象。早在 1860 年，一幅在日全食期间手绘的图像，显示了日冕物质抛射时所特有的巨型环状气体结构。当日冕物质抛射发生时，日冕会突然猛烈地释放出磁化等离子体。一个巨大的日冕物质抛射可以将数十亿吨的物质以 3 000 千米 / 秒的速度抛向太空。日冕物质抛射可以持续数小时并延伸到行星区域。这些太阳风暴驱动的太阳风能扰乱地球的磁场并干扰地球上的电子设备。

活跃的太阳

尽管很难解开太阳上的各类活动和爆发之谜，但是科学家们已经了解了太阳周期性的爆发规律，以及磁场的扭曲和缠绕是如何将等离子体拉入太阳磁环和风暴之中的。

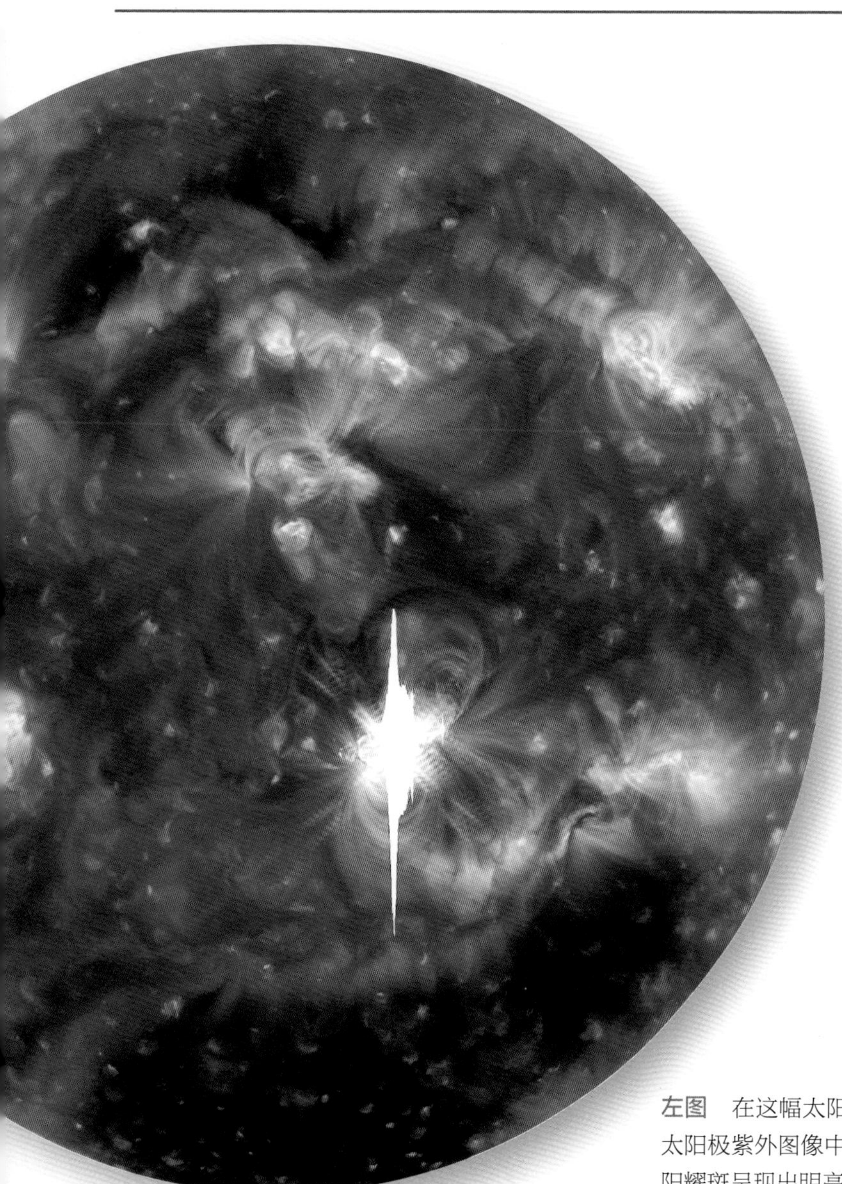

把太阳看作磁性天体，这是一个相对较新的概念，但关于太阳磁场真实性质的线索就蕴含在黑暗多变的太阳黑子中。自望远镜发明以来，太阳黑子一直是备受太阳天文学家们青睐的研究对象。伽利略观察到并记录了太阳黑子。约翰内斯·开普勒也是如此，不过他最初却将黑子误认为是一颗行星。第一位伟大的长期观测太阳黑子的人是 19 世纪的德国药剂师和业余天文学家塞缪尔·海因里希·施瓦贝（Samuel Heinrich Schwabe）。实际上，施瓦贝当时在寻找一颗他认为可能存在于水星和太阳之间的行星。在长达 17 年的时间里，他在每个晴天坚持观测太阳，并记录下每个贯穿太阳表面的黑子，他发现黑子的出现和消失并不是随机的。他在 1843 年的一篇文章中写道："太阳黑子的出现似乎具有一定的周期性，从今年的观测结果来看，我更坚定了自己的看法。"施瓦贝发现了太阳活动周期，开启了一个全新且富有前景的太阳研究领域。2019 年 12 月是第 24 太阳活动周的结束，目前我们正处于第 25 太阳活动周的上升期。

左图　在这幅太阳动力学观测台拍摄的太阳极紫外图像中，一个巨大的 X 级太阳耀斑呈现出明亮的白色

观天提示

※ 通过采取适当的防护措施，我们可以用双筒望远镜观察太阳黑子。譬如在双筒望远镜的物镜上放置 14 号电焊滤光片。

最近的太阳黑子周期

第 15 周：1913 年 8 月—1923 年 8 月
第 16 周：1923 年 8 月—1933 年 9 月
第 17 周：1933 年 9 月—1944 年 2 月
第 18 周：1944 年 2 月—1954 年 4 月
第 19 周：1954 年 4 月—1964 年 10 月
第 20 周：1964 年 10 月—1976 年 6 月
第 21 周：1976 年 6 月—1986 年 9 月
第 22 周：1986 年 9 月—1996 年 5 月
第 23 周：1996 年 5 月—2008 年 12 月
第 24 周：2008 年 12 月—2019 年 12 月
第 25 周：2019 年 12 月开始

天文冷知识　典型的太阳耀斑，其大小与地球相当。

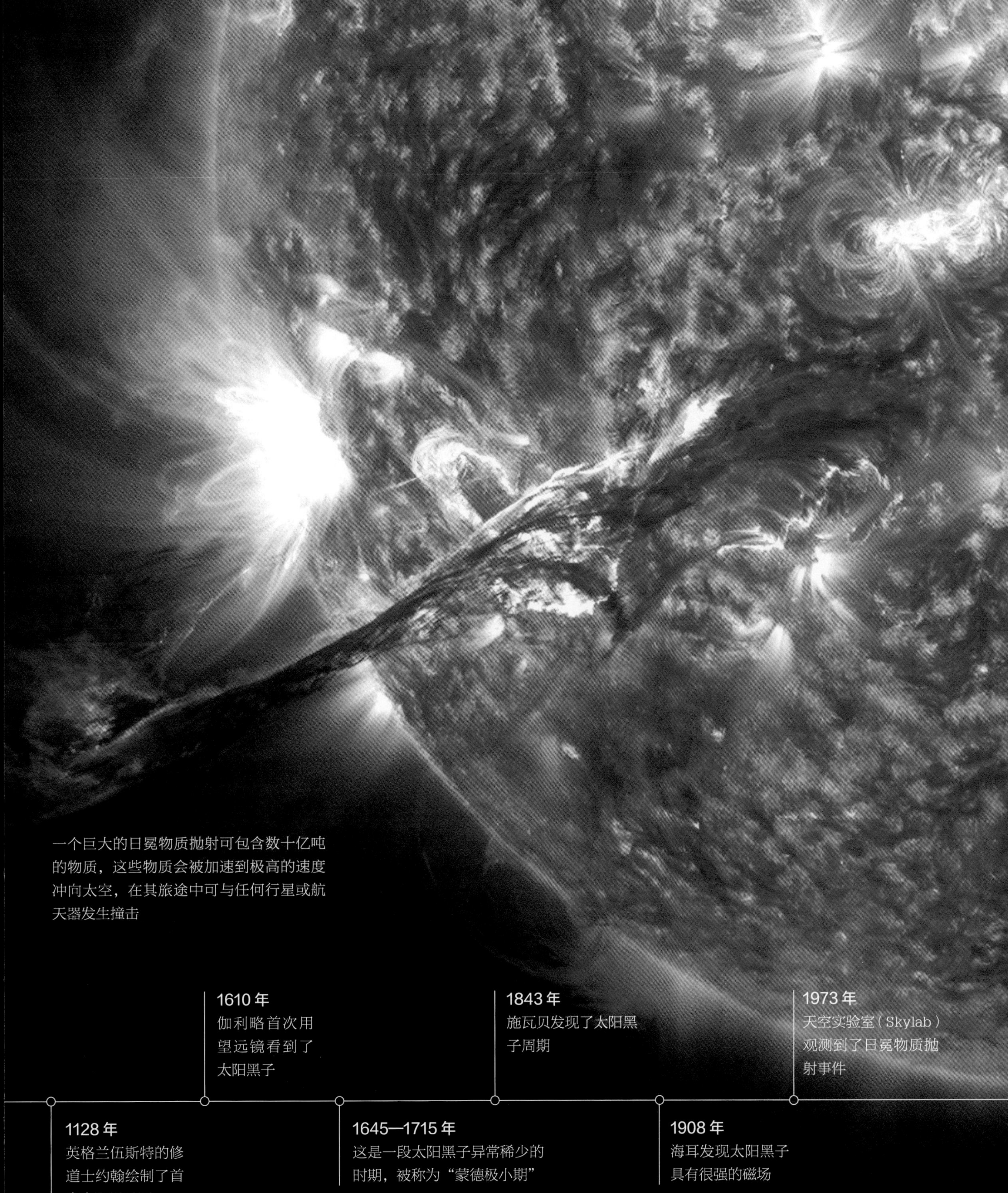

一个巨大的日冕物质抛射可包含数十亿吨的物质，这些物质会被加速到极高的速度冲向太空，在其旅途中可与任何行星或航天器发生撞击

1128 年
英格兰伍斯特的修道士约翰绘制了首张太阳黑子图

1610 年
伽利略首次用望远镜看到了太阳黑子

1645—1715 年
这是一段太阳黑子异常稀少的时期，被称为“蒙德极小期”

1843 年
施瓦贝发现了太阳黑子周期

1908 年
海耳发现太阳黑子具有很强的磁场

1973 年
天空实验室（Skylab）观测到了日冕物质抛射事件

太阳黑子和太阳风暴

塞缪尔·海因里希·施瓦贝和随后其他天文学家的观测表明，太阳黑子的数量会以平均 11 年的周期发生有规律的变化。但是，天文学家们想知道，这些黑子究竟是什么？它们在太阳上的变化会影响地球吗？从那时起，太阳黑子的研究者们一直试图把它们与地球气候、人类行为、经济周期乃至一切联系起来。然而，令人惊讶的是，太阳黑子和地球之间唯一明显的联系竟然是磁场。到了 1852 年，研究人员发现太阳黑子似乎会影响地球磁场。1859 年，业余天文学家理查德·卡林顿和理查德·霍奇森（Richard Hodgson）在一个巨大的太阳黑子附近发现了明亮的太阳耀斑，18 小时后地球上就出现了大规模的磁暴。

望远镜先驱乔治·埃勒里·海耳，以一项巧妙的创新实验证明了这种关联性。为了更好地分析太阳光，他制作了一

下图 这幅合成图显示了太阳日冕在第 23、24 两个太阳活动周内的演化，从而揭示了日冕的活动水平如何随时间而变化。其中 2003 年和 2014 年分别是这两个太阳活动周的高峰年

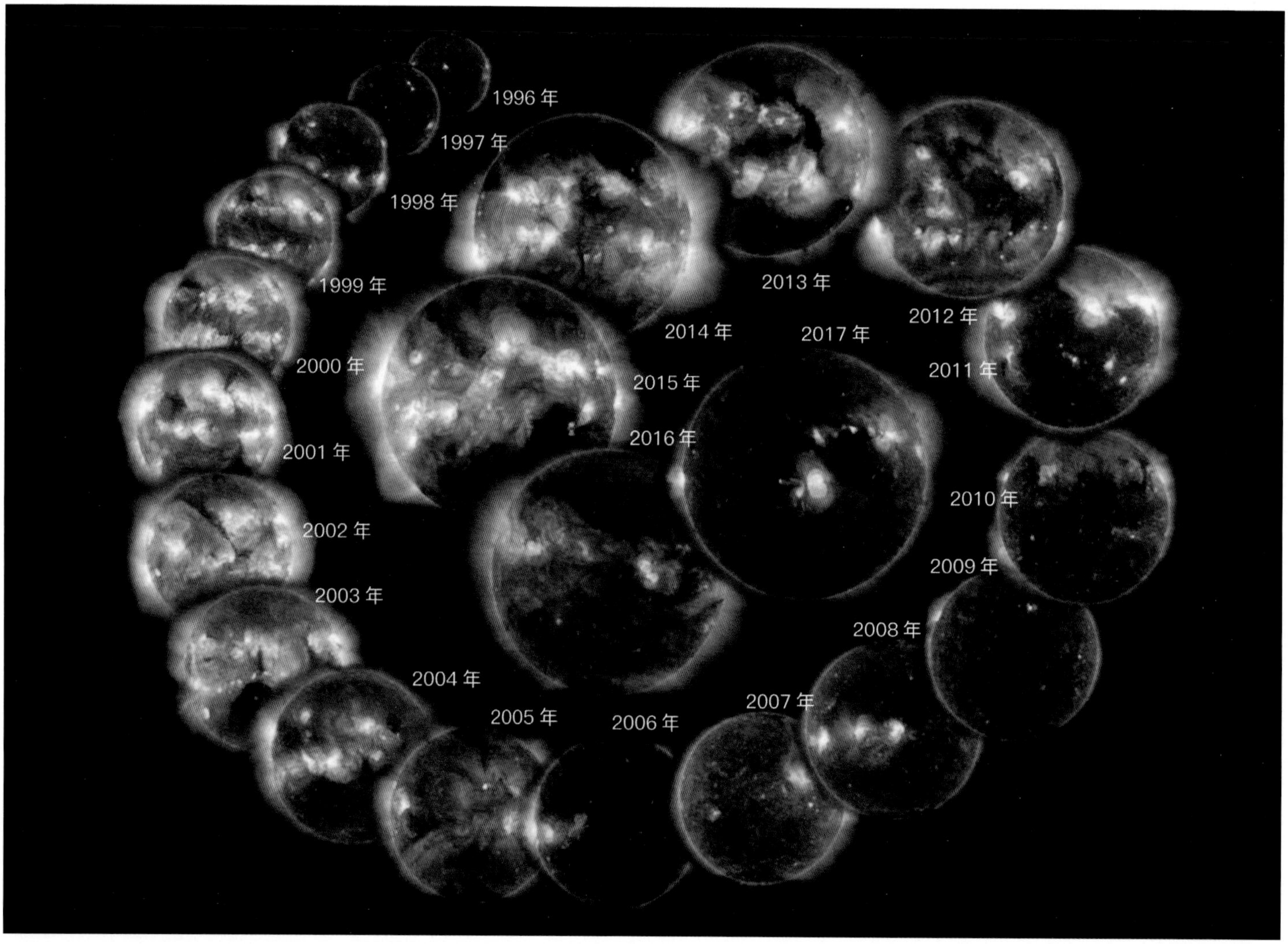

蒙德极小期

近年来，太阳黑子周期可能会影响地球气候这一具有争议性的观念引起了人们的重视。这种影响的一个主要案例是小冰期。16 世纪到 19 世纪中期，北欧和北美的气温比正常水平低了 1~1.5 ℃；异常寒冷的冬天成了家常便饭，欧洲的冰川不断地前进扩张，格陵兰岛和冰岛被海冰包围，农作物歉收，饥荒蔓延。1890 年，天文学家爱德华 · 蒙德（Edward Maunder）和古斯塔夫 · 施波雷尔（Gustav Sporer）首次指出，这段异常寒冷的时期恰好与太阳黑子显著减少的时期重合。蒙德发现，在 1645—1715 年的 70 年间，太阳黑子非常稀少，这段太阳活动异常衰微的时期也被称为蒙德极小期。其中在太阳活动最微弱的 28 年间（1672—1699 年），记录的黑子数只有不到 50 个，而正常情况下应该能观测到 4 万 ~5 万个。在这段时期也很少见到极光。正如我们现在所知道的，在太阳黑子活跃时期，由于黑子周围的能量汇聚，太阳光度在此期间会略有增加。另一方面，当太阳活动减弱时，紫外线辐射的减少似乎会影响地球的臭氧层，而臭氧层反过来又可能影响大气层和暖气团。即便太阳黑子和气候之间确实存在这种联系，它仍然不能解开所有的谜团。历史记录显示，在近代的人类历史中，还有一些与地质冰期无关的极寒时期。太阳活动周期能解释那些寒冷的时期吗？如果能，我们能预测下一个冰期何时到来吗？

种改进型太阳摄谱仪（太阳单色光照相仪），通过选择滤光片，就能研究仅由太阳黑子发出的光谱。他发现，太阳黑子的吸收线的中心位置呈分裂状态，形成一种被称为塞曼效应（Zeeman effect）的模式。这种效应以 19 世纪 90 年代发现它的荷兰物理学家的名字命名，当把发光的物体放到强磁场中，就会产生这种效应。磁场越强，吸收线的分裂也就越明显。通过测量这些吸收线分离的程度，海耳发现太阳黑子中的磁场比太阳表面的平均磁场要高出数百倍。

海耳进一步发现，每一对太阳黑子都通过磁场连接在一起。观察人员还注意到太阳黑子总是成群结队地出现。海耳指出，黑子群中的后随黑子与前导黑子的磁场极性往往相反。此外，黑子的这种极性分布在南北半球是相反的。如果太阳北半球的前导黑子是“南”向的，那么南半球的前导黑子就是“北”向的。但在 11 年的周期里，这些方向也会周期性地从北到南发生翻转。因此，一个真正的太阳周期实际上平均为 22 年，因为在这个周期内太阳南北半球的黑子平均每 11 年会变换一次极性。

太阳磁场

近年来，太阳磁场研究已经成为太阳研究的一个重要领域，主要是因为太阳磁暴会强烈地影响地球。尽管仍有许多未解之谜，但研究人员已经大致勾勒出了太阳磁场的图像。太阳磁场似乎是在差旋层（tachocline）产生的，差旋层是辐射区和对流区之间的一个薄层。在辐射区及其下方，太阳的转动几乎是均匀一致的。而在辐射区之上，太阳则表现为在表面上看到的较差自转，即有些部分比其他部分旋转得更快。在差旋层中，不同速度的剪切作用产生了磁场。巨大的磁力线从差旋层中升起，起初它们会沿南北方向均匀有序地运动。然而，随着太阳表面的旋转，磁场就会缠绕在太阳周围，扭曲并缠结在一起，在太阳表面形成巨大的环状结构。每个环的两端底部都有一个太阳黑子，一端是“北”极，另一端是“南”极。

太阳黑子的规模差异很大，直径从数百千米到地球直径的 20 倍不等。在太阳黑子的图像中可以看到，每个黑子通常都包含了一个被称为“本影”的黑色中央区域。这里的磁力线将较热的气体束缚在里面。黑子本影被一片带着条纹的浅色区域（即半影）所包围，这些条纹像花蕊一样从半影区中辐射出来。太阳黑子本影区的温度要低于太阳表面，平均温度仅为 3 700 开尔文，科学家们甚至在这里的气体中发现了水蒸气。即便如此，如果把太阳黑子从太阳耀眼的表面挪到黑暗的背景下来观察的话，它们就会显得非常明亮。

太阳黑子下方的能量会通过流动转移到太阳表面，因此黑子周围的亮度要略高于太阳表面的平均亮度。这也意味着，在太阳黑子极大期，也就是在太阳周期中黑子数量最多的时候，太阳表面实际辐射出的光比其他时候要更多一些。

太阳风暴和耀斑

大多数壮观的太阳爆发现象都与太阳磁力线有关。例如：借助磁力悬浮在太阳表面上方的致密气体云就成了日珥（见第 85 页）；当稳定的磁场受到扰动或从太阳分离时，日冕会在很短的时间内向行星际空间抛射大量磁化等离子体，这就是日冕物质抛射。如果它们恰好朝地球方向飞来，对我们来说这可不是个好消息，因为磁化的等离子体会在地球大气层中引发磁暴。1989 年 3 月 13 日，一个日冕物质抛射事件导致加拿大魁北克省发生了大规模的停电事故，使 500 多万人的工作、生活受到影响。

在这些爆发现象中，最具破坏性的可能要数太阳耀斑。太阳表面会先通过两个太阳黑子形成一条拱形的磁力线。随着太阳黑子的移动，这些磁力线开始扭曲和缠绕，在这过程中，电流变得更强，等离子体变得更热，同时释放出 X 射线和伽马射线。在磁环的顶部，温度可高达数千万开尔文。有时磁力线的应力达到最大，会回弹到简单的形状或发生“磁重联”。此过程就会引发被称为耀斑的突发闪光现象，并释放出巨大的能量。在一个太阳周期中，太阳耀斑通常会发生千次以上，但最大的耀斑总是令人印象深刻。2003 年 11 月 4 日爆发的一次耀斑，释放出的能量相当于 4 500 亿颗氢弹同时爆炸。2005 年 1 月，一个特别活跃的太阳黑子释放了 5 个超强的耀斑。在第 5 次释放过程中还伴随发生了太阳质子事件，大量高能质子以接近 1/3 光速的速度冲向地球，并在不到 30 分钟的时间就对地球展开了轰击。

太阳耀斑很壮观，但它们的辐射却是致命的。航天人员在规划载人飞行任务时，必须考虑相应的防护措施以保护人体免受耀斑辐射的伤害。例如，如果阿波罗号的宇航员是在 1972 年 8 月 4 日，也就是在阿波罗 16 号到阿波罗 17 号任务之间的时间登陆月球，那么他们很可能会受到太阳耀斑辐射的伤害，甚至因遭受过量的辐射而死亡。

太阳风

早在 20 世纪，一些科学家就猜测太阳发出的不仅仅只有辐射。英国无线电先驱奥利弗·洛奇（Oliver Lodge）爵士（他也是一名通灵术研究者）在 1900 年提出，太阳会释放出“一团带电原子或离子的激流或飞云”。1932 年，德国地球物理学家尤利乌斯·巴特尔斯（Julius Bartels）发现地球磁暴发生的时间间隔约为 27 天，恰好与太阳自转的会合周期相对应。巴特尔斯曾假设这些风暴来自太阳表面的磁场区域。但是，关于太阳风的第一个确凿证据却来自彗星，或者更确切地说，来自彗尾。天文学家已经知道彗尾总是指向背离太阳的方向：当彗星朝太阳移动时，彗尾会在它后面流动；而当彗星绕到太阳的另一侧并远离太阳而去时，彗尾又转向它前进的方向。但实际上，彗星有两条尾巴，一条是尘土飞

右图 地球的磁场可以有效地阻挡和偏转大多数太阳风带电粒子。在太阳风的作用下，地球磁层朝向太阳的一面被压缩，背向太阳的一面则被拉伸

扬的尾巴，即尘埃彗尾。另一条更长、更直的尾巴则是由电离气体组成的，被称为离子彗尾。离子彗尾总是指向背离太阳的方向，而尘埃彗尾则呈弯曲的弧形，并被拖曳在彗星轨道的后方。1951 年，德国哥廷根大学的路德维希·比尔曼（Ludwig Biermann）指出，离子彗尾总是背向太阳，而且离太阳越近尾巴越长，这种现象应该是由速度高达数百千米每秒的带电粒子流驱动所致。

这些粒子流究竟是什么，它们又是受什么驱动的? 1957 年，英国地球物理学家悉尼·查普曼（Sydney Chapman）指出，温度极高的太阳日冕一定延伸到了地球之外。1958 年，芝加哥大学的物理学家尤金·帕克通过数学计算证明了日冕不可能是一团宏观上静止的弥散气体，它炙热并充满了高能粒子。这些粒子能够逃脱太阳的引力，冲向太空，实际上它们在离开太阳表面后会被加速至超声速。对于这种从太阳向外释放的带电粒子流，帕克也创造性地将其称为“太阳风”。

太空时代带来了太阳风存在的确凿证据。苏联和美国早期发射的航天器，如月球 2 号、月球 3 号以及探险者 10 号似乎都探测到了某种带电粒子流。1962 年，美国水手 2 号探测器在研究金星大气层时给出了更为明确的结论。在 4 个月的观测中，这个探测器探测到一股来自太阳的持续而强劲的带电粒子流，这股带电粒子流由 2 种截然不同的太阳风流组成：一种是大约 346 千米 / 秒的低速流，另一种是 2 倍于此速度的高速流。其中高速流大约每隔 27 天会重复出现，恰好与太阳自转的会合周期相对应。

巨型风火轮

今天，尽管仍有许多悬而未决的谜团，但科学家们已经拼凑出太阳风及其影响的大致图景。本质上，这种风是太阳的外层大气（日冕）逃逸到太空中形成的。充满了带电粒子（质子、电子和电离原子）的等离子体，以 300~800 千米 / 秒的超声速飞离太阳。尽管这是一种极其稀薄的等离子体流，平均每立方厘米所含的质子数通常不超过 10 个，但太阳却以这种方式每秒钟释放出 200 万吨的物质。即便如此，自从数十亿年前太阳形成以来，这颗巨大的恒星通过太阳风损失的质量还不到 0.1%。

太阳等离子体是一种出色的导电体，它携带着太阳磁场，如同梳子梳理头发一样向外拖拽。但由于太阳自转的缘故，当等离子体沿着围绕太阳的磁绳向外传播时，太阳看起来就像一个风火轮。高速太阳风主要来源于冕洞区域（见第 85 页），而低速太阳风则主要来源于冕流。当高速太阳风追上它前面的低速太阳风时，在高速流的前面会形成一个等离子体压缩区，同时将其后的低速流甩得更远。猛烈的太阳爆发偶尔还会携带着磁云，即磁场嵌在喷发的等离子体中。

空间天气

太阳风及其伴随而来的磁场，通常会在离开太阳后的几天内到达地球。由于地球受到自身磁场的保护，大多数粒子会沿着磁力线偏转，因而无法触及地球表面。地球磁层是由地球磁场与太阳风相互作用形成的圈层。在面向太阳的一侧，磁层顶距地心约为 10 倍地球半径；而背向太阳的一侧则延伸到至少数百倍地球半径，就像彗星的尾巴一样。有时候太阳风会减弱，例如，1999 年 5 月 10 日至 12 日，太阳风的减弱使得地球磁层的体积扩大了 100 倍以上。另一方面，强烈的太阳风暴，如耀斑或日冕物质抛射，所产生的大量高能带电粒子会在激波的驱动下冲击地球，可导致地球上的电力系统瘫痪或无线电通信、全球定位系统中断。磁暴期间产生的电流可以熔化变压器中的铜。太阳耀斑的爆发甚至可以将地球大气层的一部分吹入太空。然而，沿着地球磁力线舞动的太阳粒子，也幻化出了高纬度地区美丽的极光（见第 125 页和第 129~130 页）。

尽管极光是那么的迷人，但空间天气①（近地空间环境状态的变化）对航天器、飞机及其运载的人员来说可能非常危险。太阳风暴会加热并膨胀地球的高层大气，增加航天器在低轨道上的飞行阻力。在这样的风暴期间，强烈的辐射可能会击穿在地球两极附近航行的飞行器，并导致里面的乘员患上辐射病。同样的辐射也会对在月球或火星上执行任务的宇航员造成致命伤害。就像地面的天气预报员一样，政府机构会跟踪空间天气并发布即将到来的太阳风暴预警。

①查看今天的空间天气，请访问 http://www.swpc.noaa.gov

日球层

太阳风几乎不会止步于地球。事实上，相互交织的等离子体和磁场能以超过 160 万千米 / 时的速度飞到距离太阳大约 100 au 的地方。一路上，太阳风与每一颗行星、小行星和彗星相互作用，遇到有磁场的天体会发生偏转，同时也会轰击那些没有磁场保护的天体表面。然而星际空间也充满了低温的星际介质。当太阳风与星际介质相遇时，会将其向外推开，自身也会逐渐减速直至停止，其结果就是太阳风向外吹出一个巨大的“气泡”，这个“气泡”就是太阳风发生作用的最大范围，也就是日球层。

尽管名字叫日球层，但传统来说，科学家认为它的形状类似彗星，它的前端在穿过星际介质时会被压缩，并在后面形成一条长长的尾巴。太阳风减速的不同阶段形成了清晰的日球层边界结构。太阳风在接近日球层边界时便开始减速，它从超声速降到亚声速的过渡层被称为终端激波（termination shock）；在越过终端激波后，太阳风继续前进并形成一个亚声速流区域——日球层鞘，在这里，太阳风的

太阳帆船

危险而动荡的太阳风还不能用来驱动太阳帆船，但太阳光却可以。太阳光子对其遇到的任何物体都会施以微弱的压力。在地球上，摩擦力之类的作用力很容易抵消阳光的压力。但是在太空中，无数光子的撞击确实能够移动飘浮的物体。美国航天局和其他机构已经研发出一艘飞船原型，它将使用小型足球场大小的薄金属阵列作为太阳帆板，利用照射在上面的光作为“推进剂”。在太阳帆板的驱动下，这艘没有燃料的飞船起初会缓慢移动，然后稳步加速，直到以 100 万千米 / 时的速度飞行。

速度进一步减缓；接着，太阳风继续减速直至停止，和星际介质成“两军对垒”之势，形成日球层顶，即太阳风和星际介质的交界面（两者的压力在这里处于平衡状态），它也是日球层的最外层边界。旅行者 1 号和旅行者 2 号分别在 2012 年和 2018 年就突破了日球层顶，进入到星际空间。不过，日球层顶只是太阳风的边界，两个探测器可能至少还需要 3 万年的时间才能飞出太阳系的边界（奥尔特云）。

宇宙线

任何来自宇宙空间的高能粒子流都可以被称为宇宙线（cosmic ray）。之所以叫宇宙线，是因为 1912 年发现它们的维克托 • 赫斯（Victor Hess）认为，他在地球高层大气中探测到的辐射来自外太空。除了来自太阳本身的粒子，地球偶尔也会接收到来自银河系或星际气体的与日球层发生过相互作用的粒子。和行星的磁层一样，太阳系巨大的日球层也保护着它免受星际空间中带电粒子的干扰。然而中性粒子却不受磁场影响，它们以 25 千米 / 秒的速度穿越日球层顶，一部分在终端激波作用下来回运动，然后电离形成带电粒子并被加速。空间探测器有时会探测到这类被称为反常宇宙线的外来粒子，科学家们对这些外来粒子所蕴含的星际信息都抱有极大的兴趣。

来自银河系之外的粒子可能具有极高的能量。它们最初可能是在遥远黑洞的边缘被加速后进入太空的。这些宇宙射线能以接近光速的速度轰击地球的大气层，与空气中的分子碰撞，产生“次级宇宙线”，并向地面倾泻而下。

太阳风之谜

太空时代的探测器已经帮助我们揭开了包裹太阳系的巨大等离子体或磁泡的奥秘，但仍有许多未解之谜。我们依然不了解日冕高温、粒子加速的原因以及太阳风的起源，对太阳风暴和周期性宁静期的原因也充满疑惑。在无线电传输正常的情况下，旅行者 1 号和旅行者 2 号传回的数据也许能勾勒出日球层顶的轮廓，但是我们仍旧不清楚它的确切形状和距离。事实证明，太阳天气预报和地球天气预报一样复杂。

太阳的宿命

我们的太阳目前正处于它一生中的鼎盛时期。它在恒星生命的主序阶段已经经历了大约 45 亿年，在此期间，太阳不断地将其核心的氢聚变成氦。但是再过 50 亿年，核心中的氢燃料将基本耗尽，情况就会发生变化。这种改变会对整个太阳系产生巨大的影响。在太阳离开主序阶段之前很长的一段时间内，它将变得越来越明亮，这可能意味着地球生命也将逐渐走向终结。

地球的命运

太阳自进入主序阶段以来，它的亮度一直在增加，每 1 亿年增加 1%。自诞生以来，太阳的亮度大约增加了 40%。大约 38 亿年前，当生命开始在地球上出现时，当时的太阳是如此的黯淡无光，以至于地球上的海洋还处于冻结的状态。科学家们推测，早期地球大气应该富含二氧化碳，由此产生的温室效应有效抵消了“早期黯淡太阳”的影响，并使地球升温，否则几乎不可能产生生命。

多细胞生物在地球历史上出现的时间相对较晚，并且已经进化到可以生活在平均温度大约为 13 ℃的“宜人”环境中。但随着太阳变得越来越亮，它们不得不快速进化，以适应全球气温的上升。即使不考虑其他的全球性事件，比如二氧化

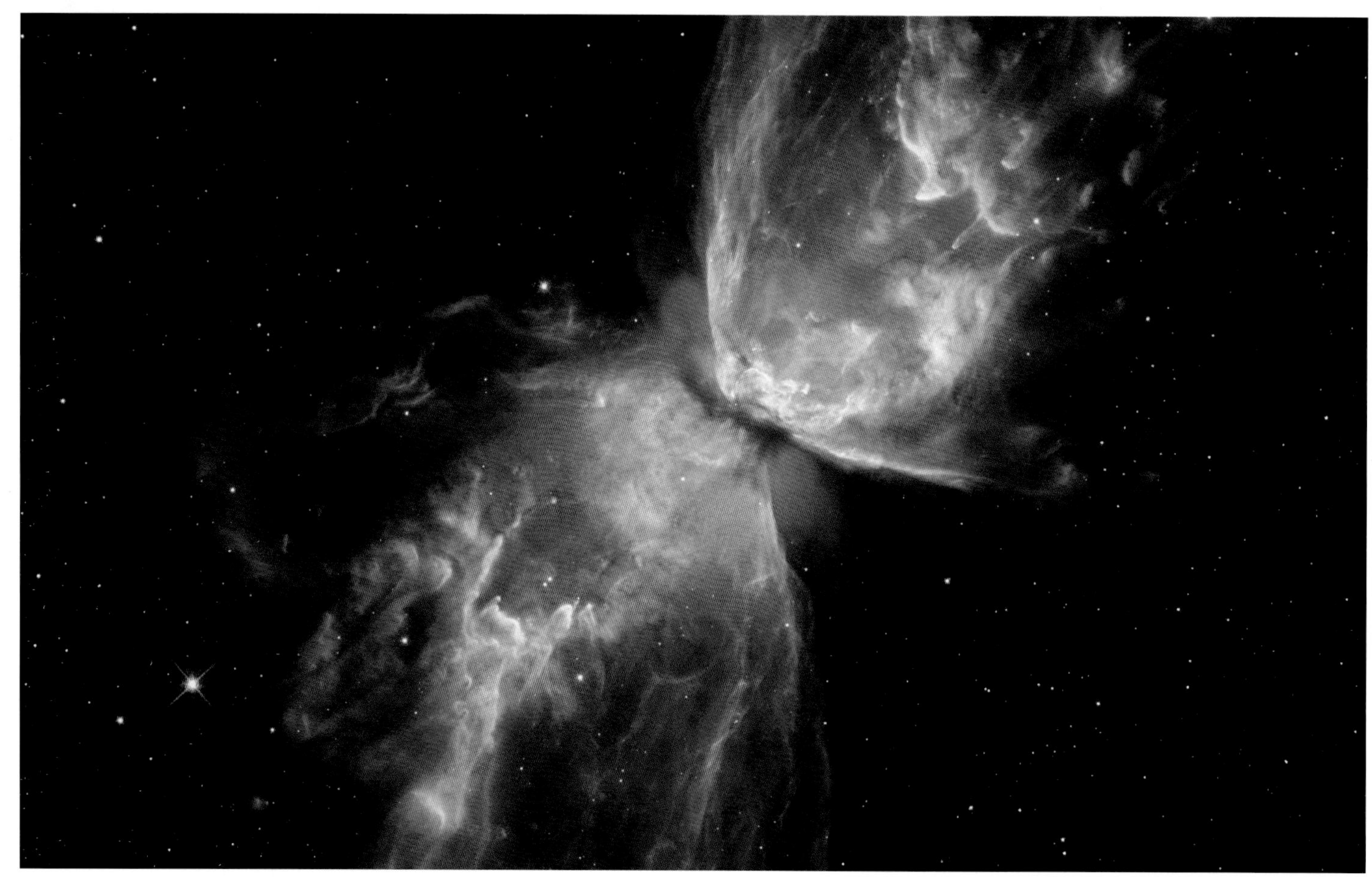

上图　一颗濒死恒星喷出的气体和尘埃，形成了行星状星云 NGC 6302，它看起来犹如一只展翅欲飞的蝴蝶，因此也被称为蝴蝶星云。该星云距离地球约 4 000 光年

碳浓度的剧烈变化，大规模的洪水或冰期，在未来大约 5 亿年的时间里，地球的平均气温将超过 43 ℃。在那样的沙漠世界里，地球大气中的二氧化碳的含量将持续下降，光合作用也将停止。10 亿年后，太阳的亮度将增加 10%，地表温度将达到 70 ℃，地球上的海洋也会因此而蒸发殆尽。

红巨星

我们的太阳，这颗中等大小的恒星，将继续存在 50 亿年，并逐渐变亮，但仍将停留在恒星的主序阶段。在此期间，太阳核心的核聚变产生的辐射压力与内部气体的引力相平衡。但太阳核心中的氢燃料是有限的，当核心中的氢元素基本消耗殆尽时，太阳将经历一系列巨大的转变，成为一颗红巨星。

如果没有核聚变产生的向外的推力，太阳便开始向内塌缩以保持结构的稳定性。收缩将导致核心区域的温度上升，并最终点燃核心外的氢壳层。氢壳层燃烧产生的热压力，将使太阳外层膨胀到目前太阳直径的 100 倍以上，一直延伸到金星的轨道。红巨星阶段的太阳也会向外抛出大量的炽热物质。表面温度的下降使得太阳发出暗红色的光芒，但由于那时的太阳比现在大得多，它的亮度将达到现在的 2 000 倍。

同时，氢壳内的核心被压缩成一个相对较小的球体，其大小约是地球的两倍。但是随着氢壳中氢聚变形成的氦不断沉积到核心，核心温度将随着质量的增加而升高。当温度达到 1 亿开尔文时，氦聚变将开始并形成碳和氧。在氦燃烧的大约 1 亿年的时间里，太阳会暂时稳定下来。但是当氦燃料也耗尽时，太阳就会再次开始坍缩。

白矮星

老年太阳的核心会变得越来越致密，密度可达到 1 吨每立方厘米。在这个致密的核心中，当电子热运动产生的向外的压力与引力平衡时，它将不再坍缩。不稳定的太阳持续不断地向外抛射它的外层，形成一个持续膨胀而又美丽的气体外壳，这就是所谓的行星状星云（行星状星云本质上是恒星抛出的尘埃和气体壳，与行星或星系星云都无关。这个容易产生误解的名称，是由天文学家威廉·赫歇尔提出的，因为当他通过望远镜观察这些雾状天体时，觉得它们的外观类似于行星）。这颗垂死的恒星向太空喷出的气体富含重元素，为新太阳系的形成播下了种子。在这个充满气体的外壳中，古老红巨星的致密内核已经变成了一颗白矮星。其内部的核聚变反应已经停止。经过漫长的时间，它将慢慢冷却并黯淡下来，直到变得几乎不可见。

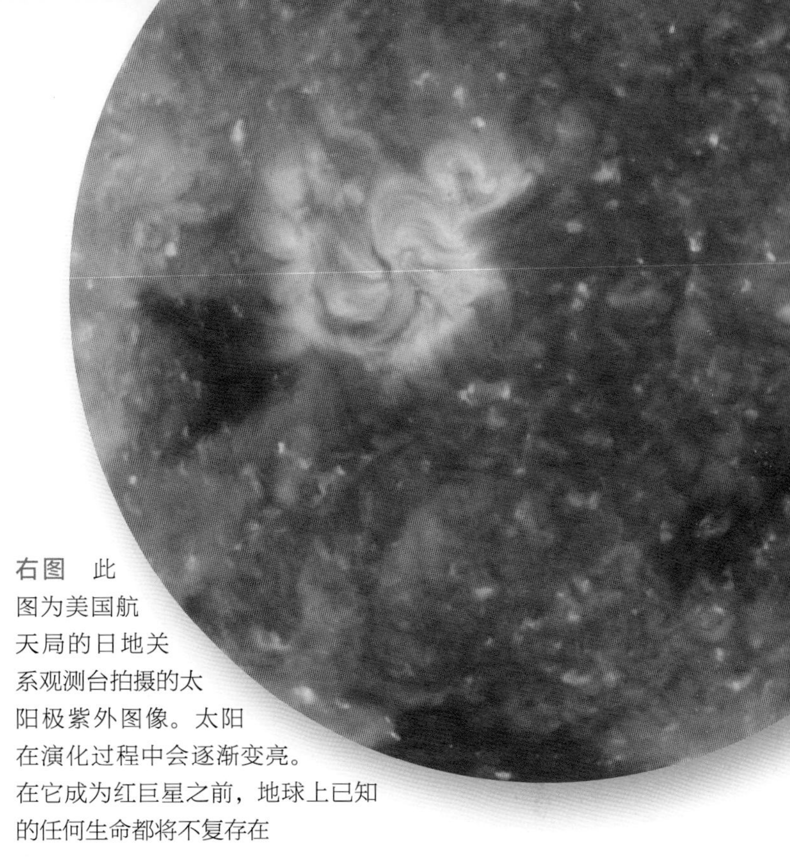

右图　此图为美国航天局的日地关系观测台拍摄的太阳极紫外图像。太阳在演化过程中会逐渐变亮。在它成为红巨星之前，地球上已知的任何生命都将不复存在

那么我们的地球家园呢？关于行星的命运，科学界众说纷纭。这在很大程度上取决于不断膨胀的太阳及太阳系各天体之间的引力相互作用。最有可能的是，在一颗红巨星较弱的引力牵引下，这些行星会向外迁移，地球会到达目前火星的轨道。然而，到那个时候，水星和金星将被这颗红巨星的外层大气吞没，而在那很久之前——当太阳还处于主序星阶段时，地球就会因为太阳的不断升温而失去海洋。即使地球侥幸逃脱了被太阳吞噬的命运，它可能也会受太阳的引力作用而产生潮汐隆起。作为地球的卫星，月球会率先受到影响。它的轨道会由于附近太阳的牵引而降低，它将呈螺旋状坠向地球，直至潮汐力将它撕碎。起初，地球周围会形成一个由月球碎片组成的类似于土星那样的环，但最终这些碎片会从天空倾泻到地球表面。

但这并不重要。到那时，潮汐力将把地球拖入太阳的内部焚烧。当太阳坍缩成白矮星时，它的行星家族可能只剩下现在的那些外行星，以及它们的那些含水卫星了。遥远的奥尔特云，将从微弱的引力中释放出来，飘向星际空间。然而，如果一颗恒星恰好在此时经过太阳的残骸附近，这种干扰可能会更大——恒星会带走更多的物质。无论如何，气态巨行星将移向更远的地方。此外，至少对木星来说，它的冰质卫星将融化成液态卫星。

拯救计划

尽管地球将被烘烤的命运并不会影响到大多数人的近期计划，但一些科学家已经开始构思如何拯救地球了。大多数设想是将地球转移到更遥远的轨道，这并非天方夜谭。在早期的太阳系中，引力常常牵引着行星。即使没有人为的干预，一颗经过的恒星也可能会在某种情况下改变地球的轨道，使其脱离太阳系。当然，地球会被冻结，但细菌仍可能会在海底的某些热液区生存下来。或者绝望的未来人类可以建造一艘引力拖船，类似于避免小行星撞击地球的设想（见第 170~180 页）。通过改变一颗飞向地球的大型小行星或彗星的轨道，使其接近但不会撞到地球。这样一来，地球可能会随着时间的推移慢慢进入一个更遥远的轨道。然而，大多数人认为更合理的做法是离开垂死的太阳，在其他年轻的恒星系统中寻找另一颗更年轻的“地球”。

探测任务

威廉·莎士比亚（William Shakespeare）当初在写第18首十四行诗的时候，并不知道他在预见太阳科学的一个基本问题：

有时日光如炬酷热难耐，有时不免也会浮云蔽日。

毕竟，在人类历史上，无论是对于诗人还是那些精确计算太阳给予地球的恒定能量流的科学家来说，太阳都被视为是永恒不变的。但是，先前的固有观念已经改变，关于太阳的新观念已现雏形。

在莎士比亚时代过去400年后，太阳的“金色面庞”如何随时间演化的问题——是否如某些人认为的，太阳应归类为一颗变星——是当前和未来试图更好地理解太阳行为动力学的关键。

反过来，这些发现不仅会让我们对太阳活动模式的预测有更深入的了解，还会直接影响到正在进行的关于地球气候变化的讨论。更多地了解太阳的活动及其周期将有助于解释全球变暖在多大程度上受到人类活动的影响，而非来自超出人类所能掌控的更强大的自然力量——如太阳的活动周期。

上图 这是太阳动力学观测台发布的首张极紫外线多波长太阳全景图像。不同颜色标识了不同的气体温度，红色区域温度最低（约60 000开尔文），蓝绿色区域温度最高（超过1 000 000开尔文）

空间天气预报

提高对太阳“天气”模式变化的认识是一些前沿科学研究和任务的目标。2010年2月11日，美国航天局的太阳动力学观测台——一个相当于太阳气象站的卫星，被阿特拉斯5型运载火箭送入空间轨道。它在距离地面36 000千米的高空，通过一组名为大气成像组件（AIA）的望远镜阵列，每10秒同时拍摄10张不同波长下的太阳图像，其成像分辨率高达4 096×4 096，比全高清电视还要清晰8倍。这些图像详细记录了太阳表面发生的一系列活动。2010年4月21日，美国航天局发布了太阳动力学观测台项目的首批图像，这些图像所揭示的前所未有的细节令科学家们激动不已。他们第一次可以看到从太阳黑子中流出的物质，并近距离观察太阳表面的活动。

太阳动力学观测台的设计寿命为5年（大约半个太阳周期），而截至2022年6月，它已经运行了12年之久，还可能继续延长服役时间。它的最终目的是让太阳气象学家预测太阳风暴和其他太阳“天气”事件，也许还能更好地解决一些困扰已久的难题。例如，太阳大气最外层的日冕过热的原因是什么？是什么力量在驱动太阳黑子的涨落？太阳黑子的活动周期通常被认为是11年，但现在从太阳黑子活动的表现来看并非如此，其周期短至9年，长至12年，偶尔还会出现活动停滞的“极小期”，人们怀疑地球上的极端天气与其有着直接的关联。

这项研究不只是探测太阳的表面。太阳动力学观测台上配置了一台日震与磁成像仪（HMI），可以用来研究太阳变化，判断太阳的内部结构和磁场活动。日震与磁成像仪使用所谓

“日震学”的方法来研究太阳内部的构造。就像地质学家通过分析地震产生的声波来研究地球的内部结构一样，天体物理学家通过捕捉太阳发出的特有的声波信号来达到相似的目的。

对地球的影响

结合现有的卫星数据，如美国航天局的太阳辐射与大气实验卫星（SORCE）收集的数据，科学家们希望太阳动力学观测台提供的快速图像能帮助他们更好地了解太阳活动周期，或许还能在此过程中增加对地球气候的了解。

通过聚焦太阳活动强度变化最剧烈的极紫外（EUV）光谱，这项任务还会对地球产生其他的作用。太阳极紫外辐射能直接作用于地球高层大气，可影响卫星寿命、无线电通信和卫星导航等，对其进行研究有助于我们更好地应对这些影响。

造访太阳

太阳动力学观测台发射升空 8 年之后，美国航天局又于 2018 年 8 月 12 日成功发射了帕克太阳探测器（Parker Solar Probe，简称帕克号），它的最大亮点是能“触摸”太阳——飞入太阳日冕，让人类能够以最近的距离观察太阳。帕克号的隔热罩可以承受 1 650 ℃的高温，并能有效抵御太阳辐射的剧烈冲击。在为期 7 年的服役期间，帕克号会多次利用金星的引力助推来逐渐靠近太阳，并将于 2024 年 12 月以约 70 万千米 / 时的速度，到达距离太阳表面 620 万千米（约 9 倍太阳半径）的范围内，成为史上飞得最快和最靠近太阳的探测器。

帕克号的任务是反复探测和观察太阳的外日冕。其探测数据能解答一些长期以来困扰着天文学家的难题，有助于揭示太阳的运行机制，了解太阳与行星的关系，提高人类预测太空天气的能力，改善会影响地球生命的主要天气事件，以及协助太阳观测卫星、甚至是在太空工作的宇航员对太阳的观测。

日冕虽然远离太阳的核心，但日冕区的温度却远高于太阳表面，热量的来源还不甚清楚。帕克号将揭示这一谜团。除此之外，研究任务还将试图搞清楚是什么提供了太阳风背后的动力。太阳风以 160 万千米 / 时的速度穿越太阳系，这背后的推力是什么？这些力是在何时，又是以何种方式聚集在遍布行星的带电粒子流后面的？

未来的问题

这些探测任务即使满足了人们对太阳状况，太阳对地球和太阳系其他部分的影响等新信息的渴望，也不能完全揭开我们这颗恒星的神秘面纱，同样也无法阐明太阳的活动模式和远在 1.49 亿千米之外的地球人类所经历的事情之间会有什么必然的联系。它们很可能会在回答了老问题的同时又提出同样多的新问题。

解锁太阳层出不穷的奥秘需要探测器飞得尽可能靠近太阳，而这正是人类首个“触摸”太阳的探测器帕克号所承担的光荣使命。随着任务的进行，帕克号会进入以前从未涉足的区域，它的每一步都会很迷人，也更加令人兴奋。

用帕克号项目科学家利卡・古哈特哈库塔的话来说，“重大发现的可能性绝对超乎想象”。

右图 帕克号面向太阳的一面装有厚约 11.4 厘米的碳复合材料隔热罩。隔热罩外表面的温度高达约 1 371 ℃，而隔热罩背后的科学仪器却能始终处在约 29 ℃的室温条件下

第3章

带内行星

带内行星

带内行星是在太阳附近炽热的环境中诞生的。它们最终演变成了体积小、密度高的岩质行星，其中至少有一颗行星，在刚好合适的轨道距离上绕着太阳运行，从而得以维持液态的海洋，并演化出能够形成生命的化学物质。

八大行星可以被清晰地分成两组，每组包含 4 颗行星。在小行星带之内，离太阳较近的是 4 颗类地行星——之所以这样称呼，是因为它们或多或少都有点像地球。而在小行星带之外远离太阳的轨道上，运行着 4 颗气态巨行星，又称带外行星。带内行星密度高，有岩质表面，总共只有 3 颗天然卫星。而它们的巨行星同胞们，却拥有环状结构和 200 多颗天然卫星。

这两组不同行星之间的巨大差异可以帮助我们理解太阳系形成的复杂模式，这也是几个世纪以来科学界一直讨论的主题。18 世纪的哲学家伊曼纽尔·康德（Immanuel Kant）提出，太阳系是由圆盘状的粒子云凝聚而成的（见第 102 页）。才华横溢的法国数学家皮埃尔·西蒙·拉普拉斯（Pierre-Simon Laplace）率先研究了这类圆盘或太阳星云物理学。在他 1796 年出版的《宇宙体系论》一书中，他解释了角动量守恒如何使太阳星云在收缩时旋转得更快，从而形成一个盘状结构。这个早期太阳系的模型现在被称为“康德－拉普拉斯星云假说”。虽然它无法解释诸如太阳系角动量分配的特点或某些卫星的逆行运动等异常现象，但这个假说的提出使得人类朝了解太阳系起源的方向迈出了重要一步。

较普遍的假设认为，太阳和行星大约在 46 亿年前形成，诞生于一个巨大的由气体和尘埃组成的星际云——太阳星云。这个星云几乎完全由氢和氦组成，另外还含有少量但十分重要的重元素，如氮、氧、碳、铁及其他元素，这些重元素大多都是在银河系其他恒星炽热的生命和壮丽的死亡过程中形成的。

有一种理论认为，星云中的物质会在自身的引力作用下开始凝结成团。另一种较新的理论则认为，一股巨大的冲击波在扫过星云的过程中压缩了其中的物质，从而触发了这一过程（见第 2 章）。这种冲击波可能来自附近的超新星，也可能来自一颗超巨星的星际风。在坍缩的过程中，星云也同时开始旋转。

起初，星云非常寒冷。由重元素构成的冰和尘埃飘浮在气体中，所有这些物质被逐渐拉向星云的中心。随着星云的

140 亿 ~130 亿年前
宇宙在大爆炸中诞生

50 亿年前
太阳星云开始坍缩

47 亿年前
原太阳在太阳星云中心生长。原行星盘形成

46 亿 ~44 亿年前
金属、岩石和冰的颗粒在较冷的盘区形成。星子形成

46 亿 ~44 亿年前
太阳开启核聚变反应。太阳风开始肆虐。行星生长到现在的大小

凝聚，它旋转得更快，并逐渐变平，形成一个中心有颗高温核球的低温圆盘结构。这颗中心核球就是原太阳，由于引力收缩作用而发出红光。来自原太阳的热量开始蒸发太阳星云内部的冰，并将较轻的元素（如氢和氦）推向外围。物质环开始以不同的轨道围绕着初生的太阳旋转。

在不断生长的原太阳周围，由较重的元素组成的石质尘埃和砾石聚集在一起形成越来越大的团块，最后成为直径 1 千米以上的星子。这些星子生长迅速，并在相互碰撞中形成了更大的天体——原行星。随着越来越多的物质被吸引在一起，原行星的轨道也逐渐变得清晰起来。当原太阳获得足够的质量开始进行核聚变时，产生的太阳风和辐射就像喷灯一样横扫年轻的太阳系，将较轻的元素抛向太阳系更远的地方，并加热带内行星的表面。这个阶段的所有事件，包括行星生长到目前的大小，都发生在大约 46 亿年前。

那么，问题来了。行星并没有标明自己的诞生时间，我们又是怎么知道太阳系年龄的呢?

答案来自测量地球壳层、月球的岩石及陨石中放射性元素的衰变速率。长寿命放射性元素以可预测的速率衰变，它们的半衰期（放射性元素的原子核衰变一半所需要的时间）可以达到 7 亿 ~1 000 亿年。通过测量这些元素的相对含量，比如铅中的铀同位素，我们可以得知古老岩石接近真实的形成年龄。地球上发现的最古老的矿物可以追溯到 44 亿年前。然而，地球表面已经被板块构造和侵蚀的强大力量所破坏，所以地球上最古老的陆地样本并不能反映太阳系的形成时间。为了找出这个确切日期，地质学家们还研究了月球岩石和陨石。最古老的月球岩石年龄在 44 亿 ~45 亿年之间，而最古老的陨石可以追溯到 45.3 亿 ~45.8 亿年前。我们知道几乎所有的岩石颗粒都是在太阳系早期的同一时期形成的，所以通

46 亿 ~44 亿年前
太阳风使较轻的气体向外扩散。岩质的带内行星形成

46 亿 ~44 亿年前
小行星主带形成。木星的引力扰动阻止了其中的物质凝聚成一颗行星

45 亿 ~38 亿年前
太阳系内部发生了频繁而剧烈的碰撞

40 亿 ~35 亿年前
火星表面的水分随着火星变得干燥和寒冷而消失

35.6 亿年前
细胞生命在地球上诞生

伊曼纽尔·康德
行星形成理论

德国哲学家伊曼纽尔·康德（1724—1804）可能不是首个行星形成理论的提出者。他以关于认识论和伦理学的著作而闻名，早年对广泛的科学问题感兴趣，是牛顿物理学的狂热追随者。1755年，他提出太阳和行星形成于一团旋转的圆盘状的弥散粒子云。他写道，引力将这些粒子聚集在一起，化学反应将它们结合成天体。

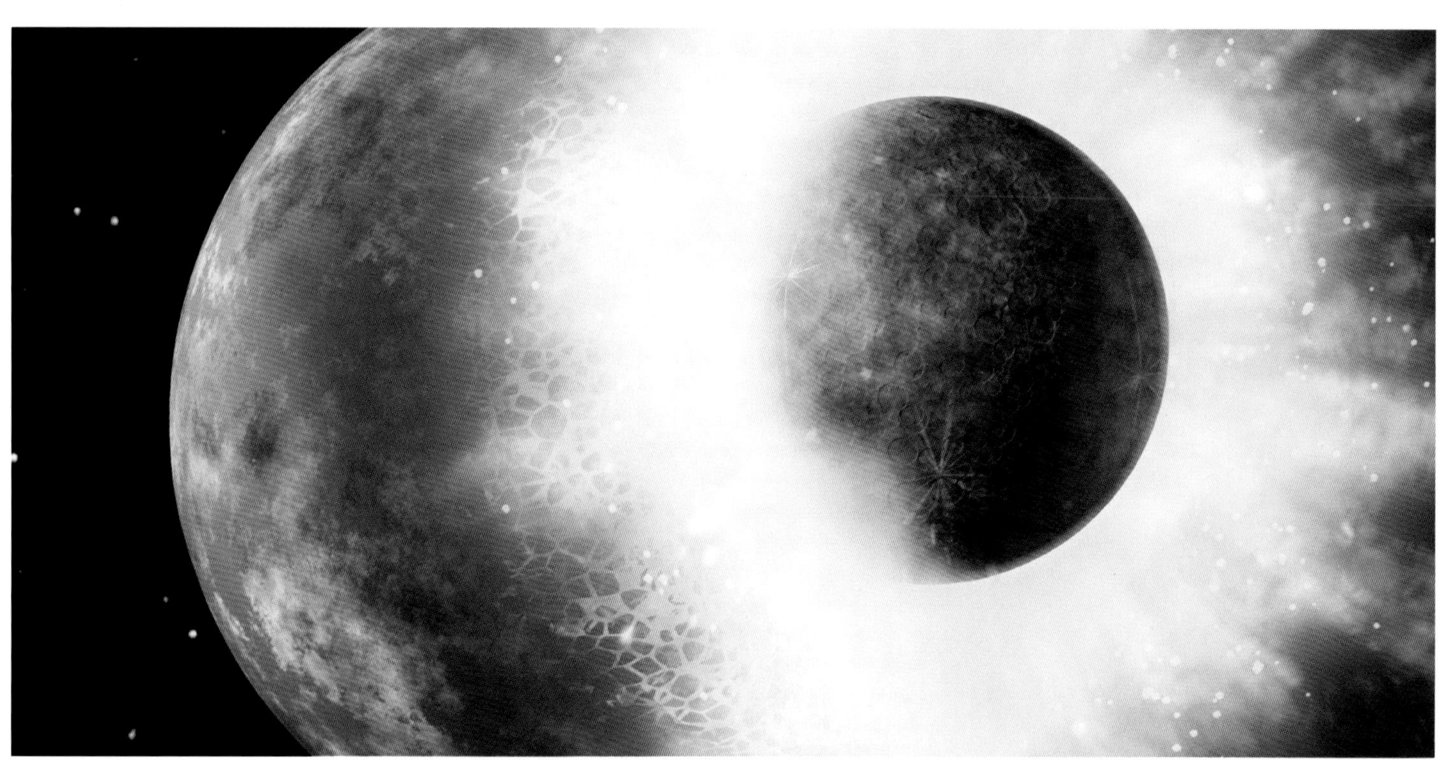

上图 科学家们认为，大约45亿年前，一颗名为忒伊亚（Theia）的火星大小的原行星与原始地球发生了碰撞，碰撞抛出的碎片不断相互碰撞融合，最终形成了月球

常可以把陨石的年龄看作是太阳系的年龄，或者至少是固体物质开始从太阳星云凝聚的时间。

由于内部释放的热量和太阳粒子的热辐射，新形成的带内行星无法留住冰或气体。稳定后的带内行星成为由硅酸盐（硅、氧和金属组成的化合物）、铁和镍构成的致密、炽热的岩石行星。强烈的辐射粒子流也意味着新的星子不会再形成了。然而，太阳系中还残留着很多的碎片。大块的冰和岩石，其中一些几乎有行星那么大，仍然在行星轨道上横冲直撞。这个年轻的新世界即将进入大碰撞时代。

早期的太阳系非常“狂暴”，曾经历过一个大轰炸期。

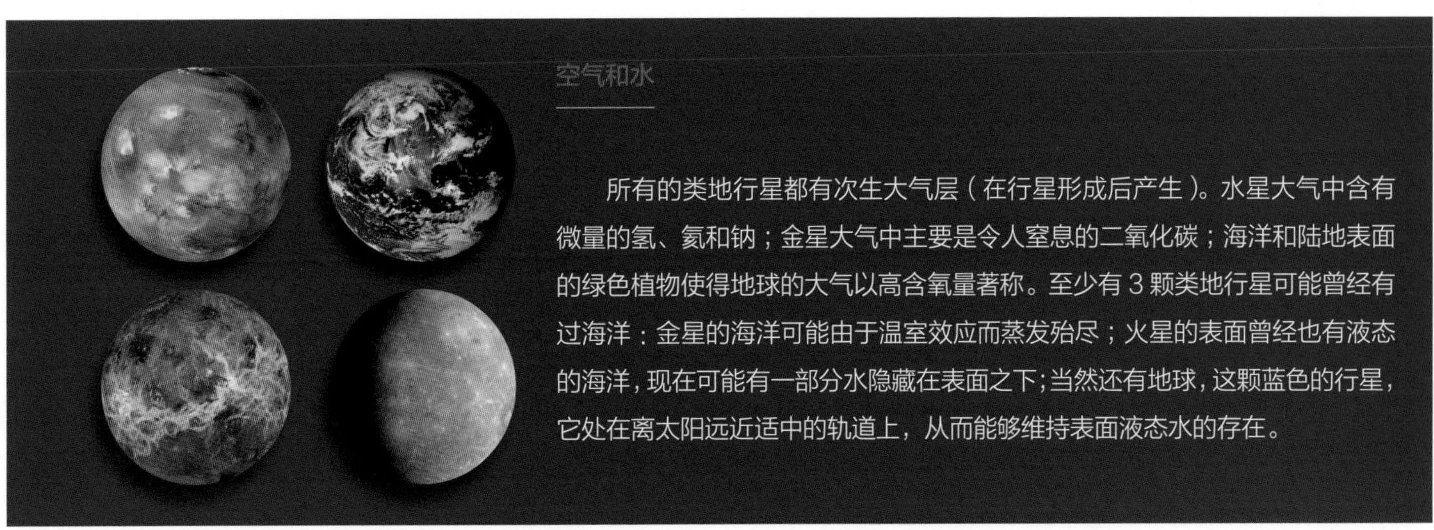

空气和水

所有的类地行星都有次生大气层（在行星形成后产生）。水星大气中含有微量的氢、氦和钠；金星大气中主要是令人窒息的二氧化碳；海洋和陆地表面的绿色植物使得地球的大气以高含氧量著称。至少有 3 颗类地行星可能曾经有过海洋：金星的海洋可能由于温室效应而蒸发殆尽；火星的表面曾经也有液态的海洋，现在可能有一部分水隐藏在表面之下；当然还有地球，这颗蓝色的行星，它处在离太阳远近适中的轨道上，从而能够维持表面液态水的存在。

45 亿 ~38 亿年前，从相对较小的石块到较大的小行星，在围绕太阳旋转时相互撞击。早期的碰撞主要通过吸积作用使最大的带内行星体积增大。这些年轻的行星在原太阳附近的形成以及内部放射性同位素衰变的过程中已经变得炽热无比，当星子撞向它们时，撞击产生的动能转化为热量，使得行星进一步升温。像铁之类密度较大的物质会逐渐下沉到带内行星的中心形成熔融状态的金属核，而那些较轻的元素仍旧留在行星表面附近，并在一个被称为“行星分异”的过程中冷却下来。

猛烈的轰炸也给天体留下了累累伤痕，在类地行星和它们的卫星上仍然可以看到这些撞击坑。威力最大的撞击足以使一些行星的表面永久变形，比如使山丘和山脉升高，甚至使整个行星发生倾斜。特别是水星和月球，展示了它们在大轰炸期所遭受的重创。例如，位于水星上的直径达 1 550 千米的卡路里盆地（Caloris Basin，又称卡路里平原）告诉我们，在它形成之初，曾遭受过巨大的撞击。撞击造成的“地震波”甚至在与撞击点遥遥相对的水星表面另一侧的所谓的“对跖点”处汇聚，对那里的地貌造成了巨大破坏，形成了大面积的丘陵沟壑地形。类似的巨大冲击可能导致了金星现在这样的逆向自转。人们甚至认为月球可能也是在一次巨大的碰撞中形成的（见第 139 页）。

与月球或水星相比，金星、火星和地球上的撞击坑明显要少很多，这不是因为它们没有遭受撞击，而是因为它们的表面随着时间的推移在不断变迁。巨大的熔岩流使金星的大部分地形变得平坦，而洪水、火山爆发和沙尘暴使火星表面得以重塑。风化作用和板块构造的循环作用也消除了地球上大部分古老的撞击坑。

大约 38 亿年前，随着大轰炸期的结束，类地行星逐渐冷却，并开始演化成我们今天看到的模样。类地行星由太阳附近的物质吸积而成，它们的组成和结构相似，都有主要由铁构成的重金属核心和富铁硅酸盐组成的高温、中等密度的幔，以及密度较低的玄武质和花岗质的壳。放射性元素的衰变持续为类地行星的内部提供着热量。它们的岩石表面断裂，褶皱形成山脉、峡谷和火山。与气态巨行星相比，类地行星相当致密，部分是因为它们的铁质核心。

太阳系中的行星环和绝大多数的卫星都留给了气态巨行星和冰质巨行星。类地行星没有行星环结构——尽管月球在遥远的将来可能会分裂成环。只有地球和火星拥有天然卫星：地球的卫星——月球是太阳系中最大最圆的卫星之一；火星有两个微小而不规则的卫星——火卫一和火卫二，它们可能是被火星捕获的小行星。

神秘星球：水星

太阳炙烤下的小小水星实际上离地球并不遥远，但它却是浩瀚的太阳系中最神秘的成员之一。

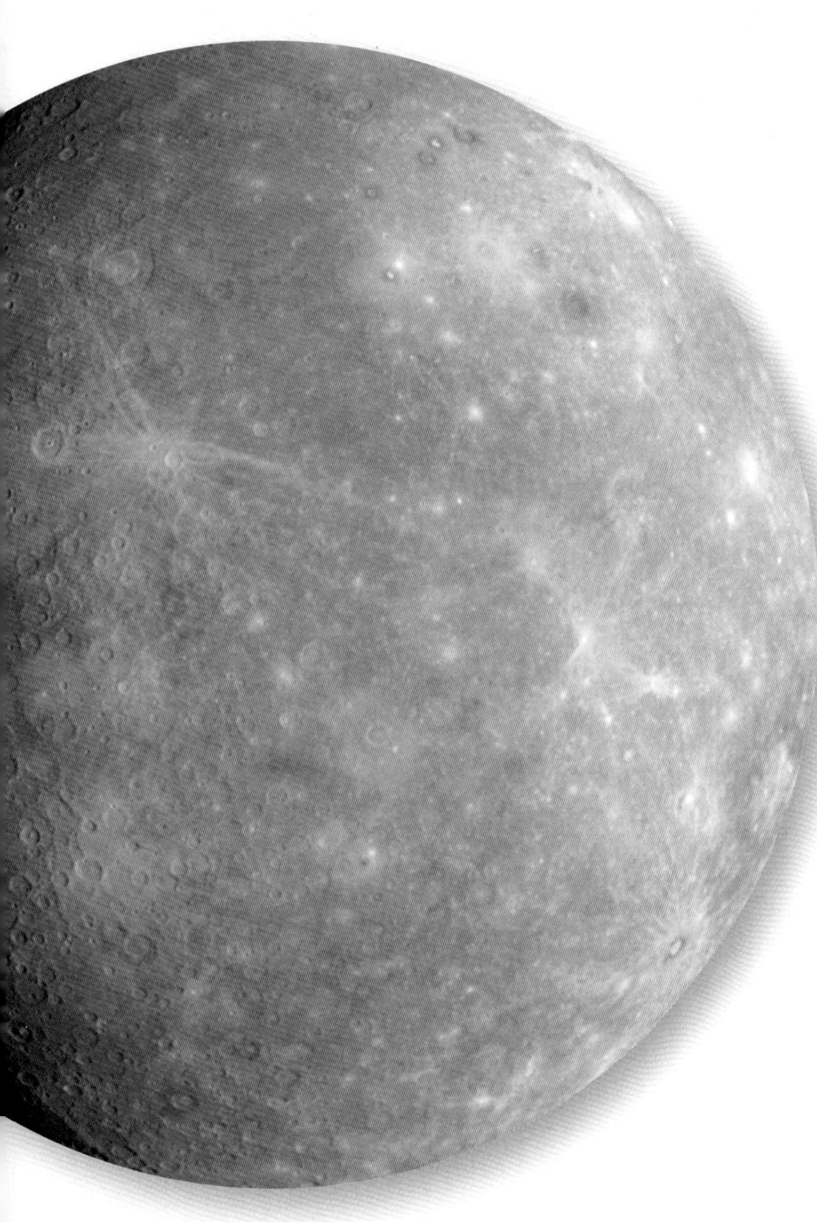

水星的直径只有 4 879 千米，略大于月球，这使它成了太阳系中最小的大行星。水星有一个高偏心率轨道，它在近日点（天体绕太阳公转的轨道上离太阳最近的点）时距离太阳 4 600 万千米，而在远日点（天体绕太阳公转的轨道上离太阳最远的点）时距离太阳 6 982 万千米。这般依偎在太阳附近的行星都必然是炽热的。水星白天的最高温度可以达到 427 ℃，而在它漫长的夜晚，温度会骤降到 −173 ℃。奇怪的是，水星并不是太阳系中最热的行星。由于大气层的隔热作用，金星的最高温度却超过了水星。在几乎没有空气的水星上，当它的表面远离阳光时，热量会被有效地辐射回太空，因此它的表面温差是太阳系行星中最大的。小个子水星也是太阳系中密度第二高的行星，仅次于地球。它是如何形成的，它表面的地理细节，以及诸多其他问题，都要等到人类进入太空时代后，由参与深空探测的科学家来回答。

左图　2008 年，信使号的广角相机拍下了人们先前从未看到过的水星另一半球的照片

天文符号：☿
发现者：古人
与太阳的平均距离：57 909 175 千米
自转周期：58.65 个地球日
轨道周期：88 个地球日

赤道直径：4 879 千米
质量（地球 =1）：0.055
密度：5.43 g/cm^3（地球密度为 5.5 g/cm^3）
表面温度：−173~427 ℃
天然卫星数量：0

观天提示

※ 水星的公转轨道离太阳很近，所以只能在黄昏时分的西方地平线上方，或是在黎明时的东方低空看到它。

天文冷知识　从水星上看，天空中的太阳在一年的时间里会先变得越来越大，然后又变得越来越小。

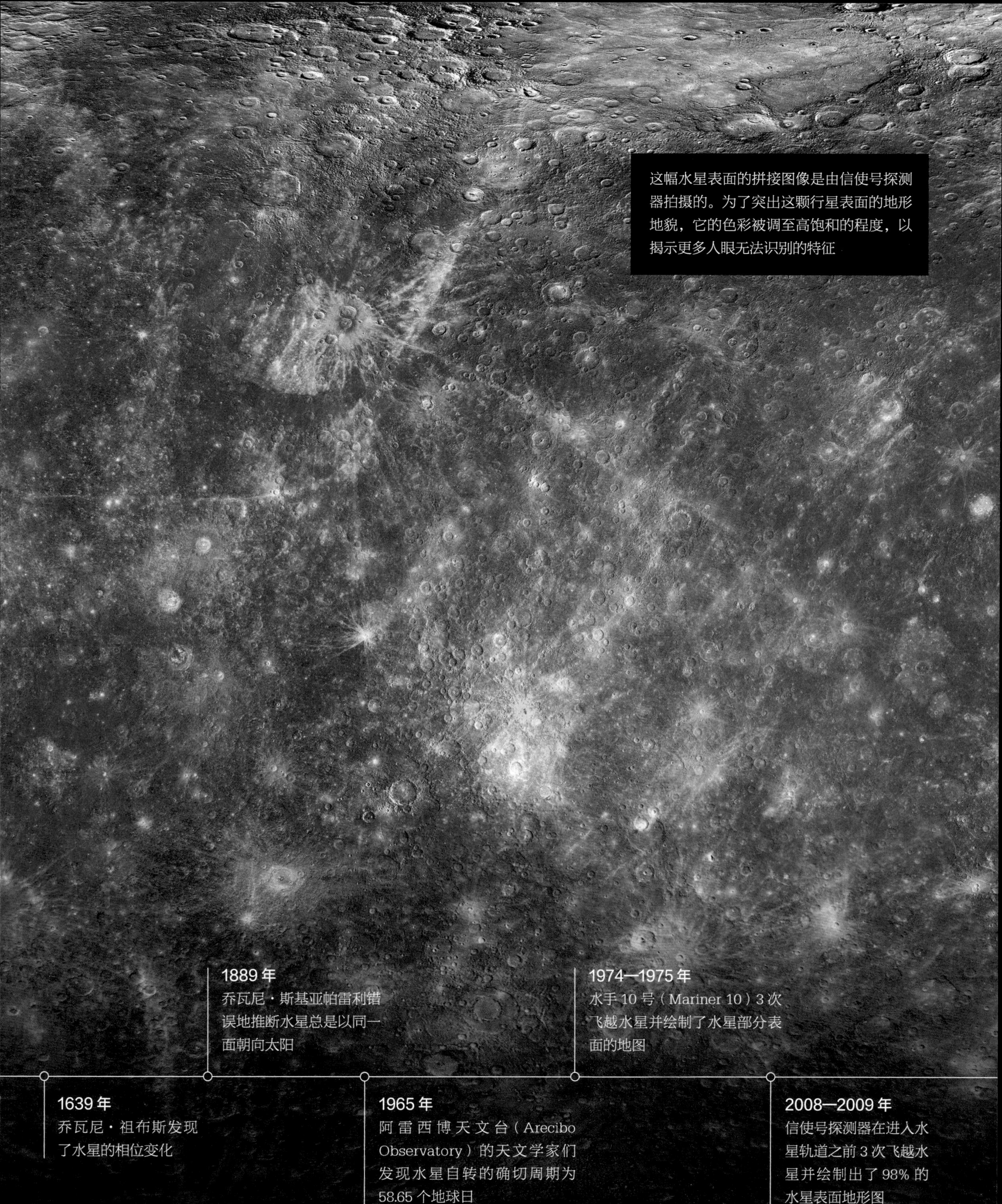

这幅水星表面的拼接图像是由信使号探测器拍摄的。为了突出这颗行星表面的地形地貌，它的色彩被调至高饱和的程度，以揭示更多人眼无法识别的特征

1639 年
乔瓦尼 · 祖布斯发现了水星的相位变化

1889 年
乔瓦尼 · 斯基亚帕雷利错误地推断水星总是以同一面朝向太阳

1965 年
阿雷西博天文台（Arecibo Observatory）的天文学家们发现水星自转的确切周期为 58.65 个地球日

1974—1975 年
水手 10 号（Mariner 10）3 次飞越水星并绘制了水星部分表面的地图

2008—2009 年
信使号探测器在进入水星轨道之前 3 次飞越水星并绘制出了 98% 的水星表面地形图

坑坑洼洼的世界

水星作为太阳系最内侧的行星，在我们的天空中与太阳的距角不超过 28 度，通常隐藏在太阳的光芒之中。即便如此，目光敏锐的古代观测者对水星还是很熟悉的。古巴比伦人将这颗快速移动并接近太阳的天体称为纳布（Nabu）或尼布（Nebu），意思是众神的记录者和信使；古希腊人在它初现于清晨时称之为阿波罗（Apollo，希腊神话中的太阳神），在它闪烁于夜空时则称之为赫尔墨斯（Hermes，希腊神话中的信使）；古罗马人则把它与罗马神话中众神的使者墨丘利（Mercury）联系在一起。

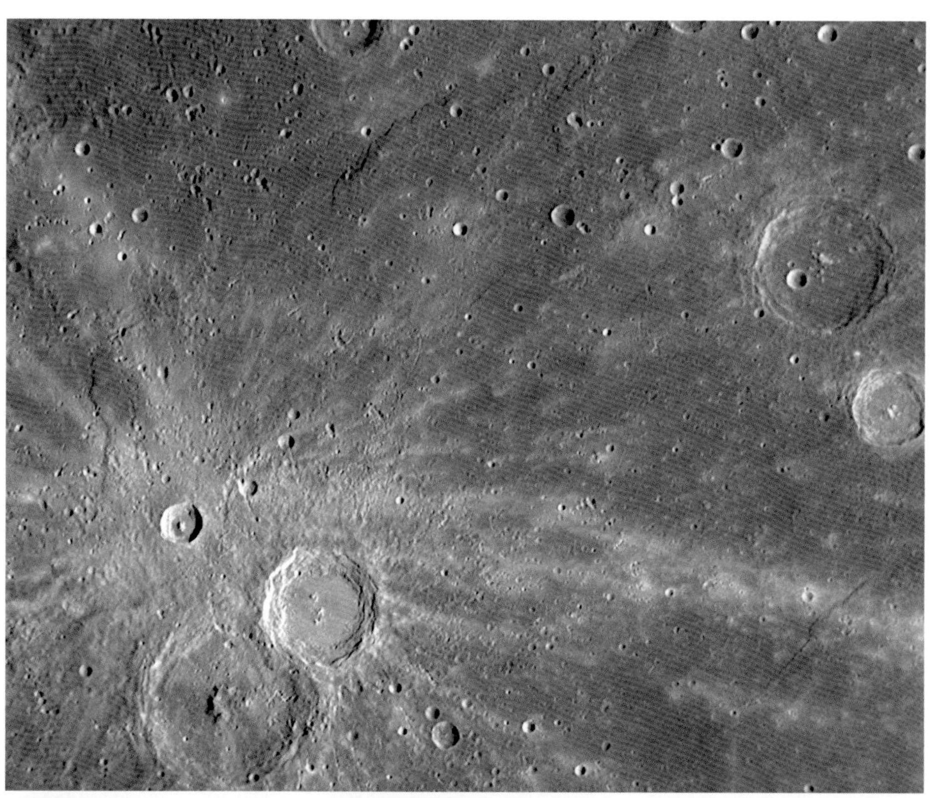

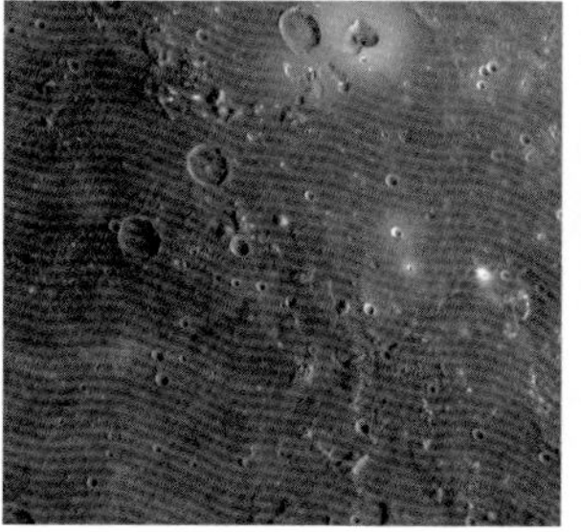

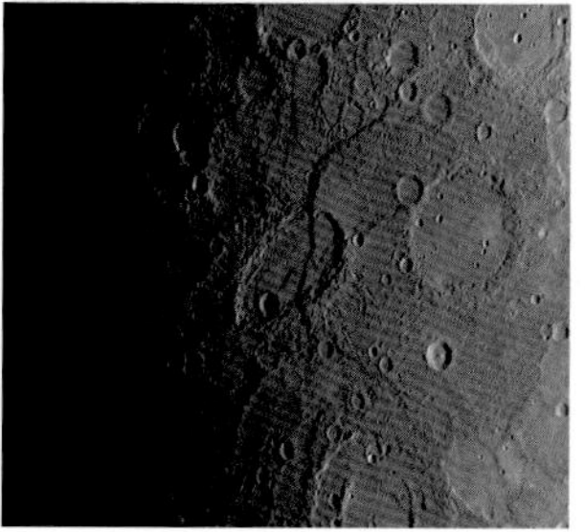

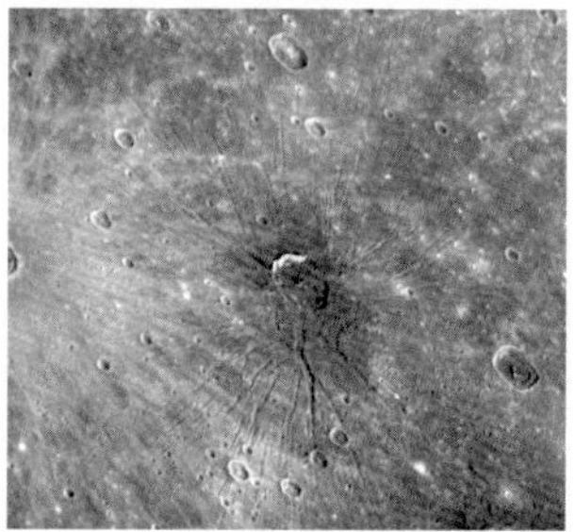

上图　信使号探测器拍摄的萧照（Xiao Zhao）撞击坑（上图·上）、卡路里盆地的一座火山（上图·下左）、横穿撞击坑的猎犬悬崖（上图·下中）以及潘提翁槽沟（上图·下右）

1639 年，天文学家乔瓦尼·祖布斯利用早期的望远镜发现，水星和金星一样也有相位变化，这进一步证明了哥白尼的理论。天文学家们虽然备受打击，但仍然眯起眼睛注视着这个微小的天体，试图通过观察它在太阳表面的凌日现象来测量它的位置和轨道。1607 年，约翰内斯·开普勒认为自己看到了这样的凌日。他非常激动，一路跑到他的资助者鲁道夫二世皇帝的城堡，向皇帝禀告这一消息。事实证明，这位天文学家实际上看到的是一个太阳黑子，太阳上的这种现象直到几年后伽利略记录下黑子时才为人所知。“我是不是错过了水星？”开普勒后来问道，“那么很幸运，我是本世纪第一个观测到太阳黑子的人。”

水星的一天

随着时间的推移，更强大、更精确的望远镜发现了水星表面模糊的条纹和斑点，无论何时观察这颗行星，这些特征似乎从未改变。一些天文学家对此的解释是水星的一天和地球的一天一样长，所以在每天的同一时间，这颗行星都以同一个地方对着我们。但是 19 世纪的天文学家乔瓦尼·斯基亚帕雷利却有不同的想法，他那时以观察火星而闻名（见第 45 页）。他说，就像月球一样，水星也被锁定在一个同步自转中，一面永远朝向太阳，另一面则永远背对太阳。在这样的旋转方式中，它的一天就和一年一样长，即 88 个地球日。这种看似正确的解释直到 20 世纪 60 年代还在沿用。

1965 年，美国天文学家戈登·佩滕吉尔（Gordon Pettengill）和罗尔夫·戴斯（Rolf Dyce）将雷达脉冲发射到水星，并用波多黎各的阿雷西博大型射电望远镜测量其反射回来的信号。他们发现，正如他们所观察到的那样，水星确实相对于太阳在缓慢地自转，每 58.65 个地球日自转 1 周，或者每 2 年自转 3 周。因为在这个缓慢的自转过程中，它围绕太阳公转的速度很快，所以它的太阳日，即在水星表面上看到连续 2 次日出的时间间隔长达 176 个地球日。此外，这种两年三转的运转模式迫使水星赤道上的 2 个点（经度 0° 和 180° ）在近日点轮流面向太阳，因而这些点被称为热极。同理，赤道上经度为 90° 和 270° 的点也总是在远日点轮流面向太阳，这些点被称为冷极。

水星的公转周期与自转周期之比正好是 3 ∶ 2，这是自旋轨道耦合的结果，这种现象在整个太阳系中很常见，例如月球自转与绕地球公转的周期之比就刚好为 1 ∶ 1。太阳对附近行星施加的强大引力，实际上是使行星在朝太阳的方向上产生了拉伸变形。水星离太阳最近的部分受到的引力较大，而当行星运行到轨道的近日点时，引力达到最大。这种有规律的拖曳和扭转，即潮汐力，使得水星与太阳形成了一种稳定的共振关系，从而将水星锁定在它的日与年的运转模式中。

被困引力井

水星的轨道对证实爱因斯坦的相对论起了很大的作用。几个世纪以来，天文学家都知道水星的轨道并不是完美的椭圆轨道。水星的近日点每年都会有微小的前进，这一运动被称为进动或岁差。所有的行星都是如此，因为它们的轨道受到其他天体和太阳的影响。然而，水星近日点进动的观测值比根据牛顿定律算出的理论值要大，大约每世纪要多出 43 角秒。天文学家们曾经争先恐后地试图解开这个谜题，甚至有一段时间，他们假设水星轨道内存在着一颗名为祝融星（Vulcan）的小行星。爱因斯坦在 1915 年发表的论文《用广义相对论解释水星近日点运动》中解释了这个难题。爱因斯坦的相对论认为，在物质存在的情况下，空间是扭曲的，这种效应对大多数物体来说几乎是看不见的，但在太阳等质量极

水星的两位探访者

自太空时代开启以来，只有两个航天器造访过水星：20 世纪 70 年代发射的水手 10 号和 2004 年发射的信使号。两个航天器都是利用了引力助推，才最终飞抵水星。

水手 10 号：发射于 1973 年，它是第一个利用引力助推到达另一颗行星的航天器。它传回了坑坑洼洼的水星表面近一半区域的图像，并记录了水星的温度、大气和磁场。

信使号：发射于 2004 年，在两次飞掠金星后于 2008 年抵达水星，比水手 10 号晚了将近 35 年。这个技术先进的探测器绘制了几乎整个水星的彩色地图，并对其表面、大气和磁层进行了测量。2015 年 4 月 30 日，信使号以撞击水星的方式结束了探测使命，在水星北极附近留下一个直径大约为 15 米的撞击坑。

大的天体附近却很明显。爱因斯坦的方程式表明，空间曲率会使水星的进动每百年快 43 角秒。

复合陨击坑

1974 年和 1975 年，美国航天局的水手 10 号探测器 3 次飞越水星，在这期间，它绘制了水星表面 45% 区域的地图。直到 2008 年，信使号首次飞越水星，才向人们提供了关于这个小世界难得的详细信息。

水星的大部分表面被大小不一的陨击坑所覆盖，其中最大的一个被平坦的平原所占据。平原也在高地的陨击坑之间延伸。长长的、悬崖峭壁般的“叶状陡崖”横跨水星表面长达数百千米；而一片由巨石和沟壑组成的区域，则构成了一幅混乱无序的景观。

这些大大小小的陨击坑都是太阳系早期暴力和混乱历史的遗留物。在太阳系的大轰炸期，各种大小的流星体纷纷撞击着行星表面，其猛烈程度在大约 39 亿年前达到顶峰，并在水星和月球上留下了最明显的痕迹。水星上的陨击坑有简单典型的碗状陨击坑，也有更大更复杂的具有中央山峰和阶梯状边缘的陨击坑。从较大的陨击坑中辐射出来的条纹标记（辐射系统）是撞击后溅射出来的物质形成的覆盖层；溅射的大块碎片再次撞击水星表面，形成次级陨击坑。与月球上的陨击坑不同的是，这些次级陨击坑聚集在离主陨击坑相当近的地方，这也证明了水星表面具有更大的重力。

迄今为止在水星上看到的最大的陨击坑是巨大的多环卡路里盆地。天文学家认为，它是由一颗巨大的小行星以 1 万亿颗百万吨当量氢弹的威力撞击水星而形成的。这次大规模的小行星撞击很可能发生在大轰炸期。撞击的能量是如此巨大，以至于强大的地震波环绕着行星并汇聚在卡路里盆地的对跖点，对那里的地貌造成了巨大的破坏，形成了一个由裂缝、断层、山丘和山谷组成的奇特区域。如今，这个丘陵起伏、伤痕累累的区域被非正式地称为“古怪地形”（Weird Terrain）。

20 世纪 70 年代，水手 10 号只看到了部分卡路里盆地，在那次任务中，卡路里盆地恰好位于昼夜分界线上，而信使号在 2008 年首次飞越水星时便成功地观察到了盆地全貌。它的直径为 1 550 千米，比之前估计的还要大。盆地内分布的陨击坑有的形似奇怪的“蜘蛛”，现在被称为潘提翁槽沟（Pantheon Fossae），这其实是一个有许多辐射状沟槽的陨击坑，看起来就像一只长了很多条腿的昆虫一样。科学家们目前还无法解释这种不寻常的特征。

拥有巨大铁核的世界

越神秘的东西，越令人着迷。水星的表面有着一系列令人费解的特征，它的内部结构也与科学家们曾经的预期大相径庭，这促使我们重新思考类地行星究竟是如何诞生的。

科学家们对水星上平坦平原的成因仍然存在争议，这些平原存在于陨击坑之间，有的甚至存在于大型陨击坑或盆地的底部。一种观点把它们解释为由撞击产生的一层光滑碎片。另一种观点认为它们是来自古代火山的冷却熔岩。信使号首次飞越卡路里盆地后，火山理论得到了支持，因为信使号似乎拍到了卡路里盆地边缘的火山口。

叶状陡坡，也被称为逆冲断层，是水星主要的构造地形。它们长数十至数百千米，高达 3 千米，表现为水星表面的悬崖状褶皱，是随着水星冷却和收缩而被迫挤压形成的。

左图 这幅水星内部结构示意图展示了水星硅酸盐外壳内大到不成比例的铁核

铁球

关于水星内部古怪现象的早期线索来自 1841 年对其质量的首次测量。当时，估算一颗行星质量的最佳方法是利用它对其卫星的引力作用。水星没有卫星，但偶尔会有彗星造访。德国天文学家约翰·恩克（Johann Encke）利用一颗接近水星的彗星的轨道偏转量，粗略测算了水星的质量。当时他测得的数据已经比较接近现代的测量值 3.3×10^{23} 千克。对于这么小的行星来说，这个质量并不算小。将这颗行星的质量除以其体积，得到其密度为 5.43 g/cm^3，非常接近地球的密度。

对于如此高的密度，最可能的解释是它有一个巨大的铁核。水星核心的直径大约占水星直径的 85%（与之相比，地球核心的直径大约占地球直径的 54%）。水星的幔和壳可能和地球一样是由硅酸盐构成的，相应地也比较薄，厚度大约为 400 千米。

长期运行的信使号任务传回了大量的科学数据。该探测器在水星周围探测到了意料之外的磁场，这使水星成为太阳系内除地球之外唯一拥有磁场的类地行星。和地球磁场一样，水星的磁轴与其自转轴并不重合。水星的磁层，也就是磁场主导和偏转太阳风的区域，与地球磁层类似，可能在面向太阳的一侧被压缩，而在背向太阳的一侧因受到流动的太阳粒子的拖曳而被拉长。

这种磁场的存在使科学家们怀疑水星是否像地球一样，有一个导电的、部分熔融的外核围绕着一个坚固的内核。2007 年对水星自转的雷达观测为该理论提供了证据支持，地基雷达观测到水星在自转时会有轻微的摆动，这证明水星的核心至少有一部分是熔融的。解释这样一个部分熔融的核心也许会有些困难：因为地球内部的温度很高，地球的部分核心可能是液态的，但是水星比地球小得多，照理说其核心早就应该冷却并完全固化了。那么有可能是水星的核心与元素硫混合在一起，降低了铁的熔点。研究人员通过实验找到了硫铁混合物在各种不同温度和压力条件下可能具有的构造特性。实验表明，在水星硫铁核心的外层，铁的形态很像是棉絮或是雪花，并且还在不断地掉向水星中心区域。随之就产生了“铁雪花”下降，硫元素上升的现象。在这种对流的现象中，就像是两者之间出现了一个巨大的发动机，不断拉扯摩擦，就产生了磁场。

水星的起源

水星奇特的结构一直困扰着行星地质学家，并导致他们重新思考所有类地行星的形成过程。为了达到现在所拥有的铁和硫的丰度，水星在早期的生长过程中必须从太阳系更远的地方吸收更多的物质，涉及的范围甚至超过了目前地球的轨道。这意味着早期的太阳系比之前认为的更为混乱。即便如此，还是无法解释水星巨大的铁核和薄薄的幔层。对此有一种理论认为，在太阳星云最内部的区域，当行星增生时行星外面的大部分较轻的硅酸盐物质被吹走了，而较重的铁元素则保留了下来。另一种类似的理论认为，强烈的太阳辐射和太阳风将硅酸盐从正在形成的行星上推离和吹散了。第三种理论，即大撞击理论，则认为早期的水星是现在的两倍大。当时的水星，与一颗巨大的小行星发生正面碰撞，使得这颗年轻的行星外层的大部分物质惨遭剥离，同时撞击体的铁核与水星的铁核融合在了一起。无论这颗行星最初是如何形成的，随着它的冷却，其直径似乎缩小了数千米，薄薄的岩石表面也呈现出很多褶皱。

水星上有水冰?

对水星南北两极的雷达研究，揭示了一些很深的陨击坑中有着令人惊讶的反射表面。在离太阳最近的行星上可能存在水冰吗? 这并不像听起来那么不可能，因为水星两极的陨击坑一直在永恒的黑暗中旋转。水星的自转轴相对于它的轨道是上下垂直的，所以它几乎没有季节变化，也没有阳光可以照射到它的极地区域。两极深坑的底部会非常寒冷，温度可低至 −170 ℃以下。水蒸气可能从这颗行星的内部逃逸出来，并在陨击坑中凝结成冰，或者这些水冰可能是由彗星撞击带来的。当然，这种闪亮的物质也可能是冻结的硫磺，甚至是反光的硅酸盐岩石。2012 年，信使号探测器上携带的中子光谱仪终于提供了水星北极存在大量水冰的确凿证据。由于宇宙射线轰击行星后通常会产生中子，而氢是最好的中子吸收器，中子光谱仪可以通过寻找水星表面中子流的减少来搜索氢存在的迹象。通过这种方式，研究人员发现水星北极存在着大量的氢，它们蕴含在数十亿吨的水冰中。

稀薄的大气层

令人惊讶的是，在这样一个太阳风肆虐的贫瘠世界里，水星居然还有大气层，但几乎可以忽略不计。水星的大气层极其稀薄，更确切地说，它仅仅是一个外逸层（exosphere）。它由水星表面扬起的氢、氦、氧、钠、钾、钙等原子组成。氢和氦可能是太阳风带来的，其他元素的来源尚不明确。当陨石撞击行星表面岩石或太阳粒子从岩石中溅射出原子时，稀薄的气体可能会被释放出来。而有些气体也可能是从水星

水星上的地名

水星上诸如陨击坑或陡壁的名字都大有来历。根据国际天文学联合会的规则，陨击坑都是以已故的著名艺术家、音乐家或作家的名字命名的，例如巴尔托克（Bartok）、拜伦（Byron）、霍桑（Hawthorne）、佐拉（Zola）。而陡壁和悬崖，都是以科学考察船的名字命名的，例如小猎犬号（Beagle）、弗拉姆号（Fram）、决心号（Resolution）。槽沟以重要的建筑作品的名字命名，如潘提翁槽沟。平原以各种文化中对水星（行星或神）的称呼命名，如部陀（Budha）、奥丁（Odin）、索贝克（Sobkou）。山谷，则象征着射电望远镜的荣耀，例如阿雷西博山谷（Arecibo Vallis）或戈德斯通山谷（Goldstone Vallis）。

巨大的卡路里盆地则是这些命名规则的一个例外，顾名思义，它的意思就是热，当然这一描述也几乎适用于水星上的任何其他地区。左侧的图像是信使号上配备了窄带彩色滤光片的广角相机拍摄的，卡路里盆地被标上了字母 C。位于它下方的是莫扎特陨击坑（M）和托尔斯泰盆地（Tsp）以及该盆地的明亮溅射物（T）。

内部泄漏出来的。

太空引力弹球游戏

信使号重新激发了我们对这颗太阳系中最内侧行星的兴趣。在低空轨道近距离探测这颗行星是一项极具挑战性的任务，探测器绕着太阳和 3 颗带内行星转了一圈又一圈，就像玩一场复杂的引力弹球游戏。家用汽车大小的信使号于 2004 年发射，是继水手 10 号之后第二个造访水星的探测器。它利用沿途经过的天体的引力弹弓效应，最终在 2011 年进入水星轨道。整个航程足有 79 亿千米，有时探测器相对于太阳的速度可高达 225 300 千米 / 时。

在绕行地球一周后，信使号在 2006 年和 2007 年 2 次飞越金星，利用金星的引力调整了前往水星的路线。在 2008 年和 2009 年 3 次飞越水星的过程中，它利用携带的 7 种科学载荷收集了水星表面和外逸层的图像。最后，在 2011 年，信使号终于等到了机会，它启动主发动机进行“刹车”减速，从而被水星引力捕获，成功进入水星轨道。在一个由耐热陶瓷纤维织物制成的遮阳板的保护下，信使号正式开始收集科学数据，并在更大的尺度上进行详尽的探测。

显然，水星可以带给我们更多关于早期太阳系的知识，这些知识也同样可以应用于探索我们的地球。

探测任务

小小的水星，距离太阳约 5 800 万千米，与其他行星相比，它离太阳最近，因此很久以前就被认为是一颗烧坏的煤渣，或者是一颗行星大小的卵石，这使得水星很难与曾被认为拥有运河的火星或者拥有壮美光环的土星相提并论。事实证明，行星上的岩石可以反映行星是如何形成的，地球上的科学家们给了水星一个展示全新面貌的机会。美国航天局的信使号水星探测器帮助人们刷新了对这颗最接近太阳的行星的看法。信使号任务已经揭示了水星是一个更加活跃并值得关注的世界,并向我们展示了之前从未见过的表面形貌。此外，在如此接近太阳的地方，它还为我们带来了很多不为人知的信息。

信使号任务

信使号探测器的全称是“水星表面、太空环境、地球化学与广泛探索”任务（MErcury Surface, Space ENvironment, GEochemistry and Ranging），取其中各个单

上图 这些都是水星的图像，每一张都是用略有不同的彩色滤光片拍摄的，展示了这颗行星的“真实”颜色在人眼看来是如何变化的

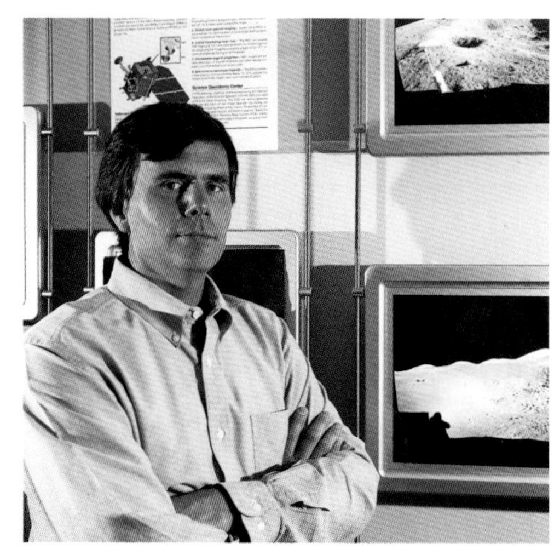

马克 · 罗宾逊

信使号科学团队成员

马克 · 罗宾逊（Mark Robinson）是亚利桑那州立大学地球与空间探索学院的一位教授，他认为，信使号任务的开展正当其时。现在，科学家们发现了越来越多与太阳系相似的恒星系统。了解像水星这样的行星是如何形成和演化的，能使科学家对遥远的恒星系统做出更好的推演。“我们正在寻找围绕其他恒星运行的系外行星。在接下来的 10 年里，探测分辨率将会逐步提高，我们将有可能看到岩质行星。”罗宾逊说，“如果我们连太阳系的行星都不了解，又怎么能理解那些系外行星是如何形成的呢？太阳系与其他恒星系统之间有着怎样的联系呢？太阳系是独一无二的，还是稀松平常的？”

词的前一两个字母，拼起来便是“信使”(MESSENGER)。信使号于 2004 年 8 月发射，是水手 10 号任务结束之后人类首次近距离探测水星的计划。2008 年初，信使号首次从距离水星表面约 200 千米的高度掠过，在接下来的 2 年里又 2 次接近水星。2011 年 3 月，信使号进入水星轨道，成为首颗围绕水星运行的探测卫星。2015 年 4 月，信使号以撞击水星的方式结束了其探测使命。在环绕水星运行的 4 年期间，信使号获得了最新的详细而精确的水星全球地形数据，在水星北极附近的一些陨击坑的永久阴影区内发现了含碳有机化合物和水冰，发现水星的外逸层也含有水蒸气。信使号还提供了水星表面曾经存在过火山活动的图像证据。

飞越水星的科学发现对于关注该任务的行星地质学家来说是个好消息。信使号发回的数据已经开始回答关于太阳系这颗最内侧行星的一些科学问题。但这颗有着巨大铁核的致密天体仍有许多未解之谜有待我们进一步探索与发现。

过去发生的火山作用

几乎可以肯定的是，水星曾经有过大量的火山爆发。水手 10 号任务展示了埋藏着陨击坑的平原大致均匀地分布在整个水星表面。我们可以在月球上看到类似的形貌。熔岩流形成了肉眼可见的清晰而光滑的黑色斑块。

但水手 10 号只拍摄了大约 45% 的水星表面，分辨率也很有限。信使号则在更精细的尺度上对整颗星球进行了测绘，揭示出的细节证实了科学家们的早期猜测。行星地质学家说，从这些高分辨率照片中可以看到，熔岩平原的存在是毫无疑问的。这表明，正如预期的那样，水星在冷却和成型的过程中，经历了一段时期的火山活动，以释放内部的热量。

水星表面及地下的世界

信使号探测器在第一次飞越水星时就仔细地记录了遍布于水星表面的陨击坑，这是所有带内行星之间普遍存在的剧烈碰撞的证据。这些陨击坑往往被大多数行星上都有的风化过程和地质活动给抹去了。然而，信使号发回的高清图像让我们对这颗行星有了更清晰的认识。截至 2021 年，行星名称库的管理者——国际天文学联合会已经批准了 414 个水星陨击坑的命名，其中包括一个巨大的、直径约 715 千米的伦勃朗（Rembrandt）陨击坑，它被认为是 39 亿年前在太阳系的后期重轰炸期（LHB）即将结束时形成的。

信使号探测器首次接近水星时也澄清了人们之前关于这颗行星大气状况的看法。水星不像地球那样拥有厚厚的大气

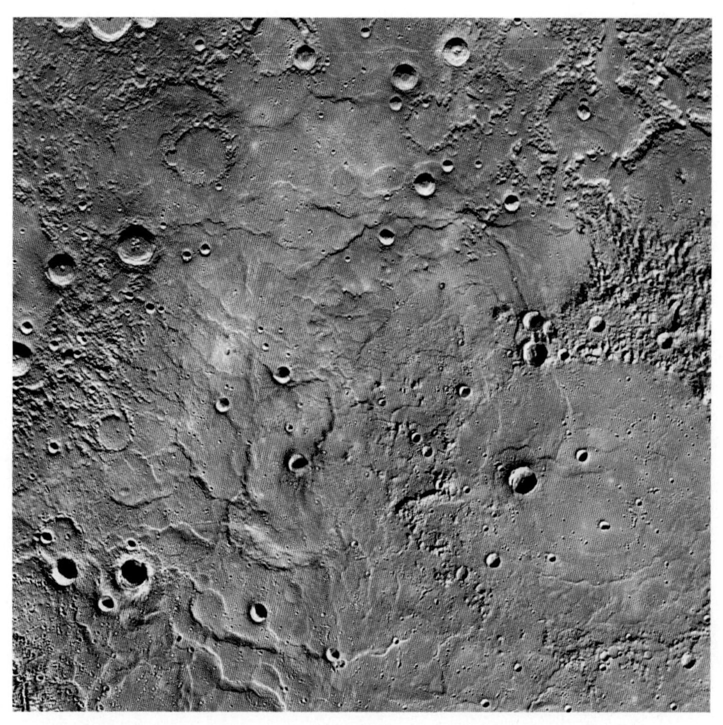

右图　这幅来自信使号探测器的假彩色图像，展示了水星表面密密麻麻的陨击坑

层，它的周围环绕着一层薄薄的外逸层，虽然非常微弱，但是却蕴含着水星化学成分的线索。信使号的发现表明，这个外逸层并不稳定，其中的原子会不断地失去并从其他不同的来源获得补充。为了深入了解水星的内部情况，信使号测量了水星磁场。结果表明，水星确实拥有一个较弱的全球性偶极磁场，表面磁场强度仅为地球的 1%。

破解谜题

早在 2007 年，科学家们通过在地球上进行的雷达观测探查到水星自转速度的微小变化，由此推测出水星的核心至少部分是液态的。信使号发回的数据也解释了水星外核中熔融金属循环流动所产生的一个弱磁场。那水星的内核到底是什么形态的呢？这个问题曾经长期困扰着科学家们。

2019 年，科学家利用信使号探测器传回的数据，破解了水星内核的形态。他们发现，在水星引力的影响下，探测器的运行轨道会出现细微的改变，这使得科学家可以通过这一数据分析水星的密度分布。通过计算机模拟，他们发现水星拥有一个巨大、固态的铁质内核，其大小与地球内核相近，直径达到 2 000 千米，约占整个水星核心的一半。

和地球不同的是，水星核心的冷却速度比地球的要快。水星“硬核”的发现，将帮助人类更好地理解太阳系的形成、岩质行星的演变以及地球可能会面临的由于地核冷却所带来的变化。

一直以来，科学家们备受水星黑色表面成因问题的困扰。虽然水星是最靠近太阳的行星，但实际上它反射的太阳光线比月球要少得多；月球表面有丰富的富铁矿物，而水星表面的富铁矿物十分稀有，但它看上去却比月球更暗。

科学家们曾在 2015 年提出，水星表面之所以这么暗，可能是因为碳而非更典型的致暗物质（比如铁或钛）。他们通过模型模拟，表明水星或许曾在太阳系早期阶段被富含碳的彗星撞击过。

最终，这个谜团在 2016 年被解开了。约翰霍普金斯大学应用物理实验室的科学团队通过分析信使号任务的数据，确认水星表面含有丰富的石墨——可用于制造铅笔芯的一种结晶形碳。然而，他们也发现这些石墨并非来源于彗星，而更有可能是在水星内部形成的。信使号最后阶段的低空飞行所采集到的数据表明，水星表面的岩石是由低重量百分比的石墨构成的，其含量比太阳系内其他岩质行星要多得多。

科学家认为，水星曾拥有一个全球性熔岩海洋，当时重元素下沉，碳等较轻元素上升至表面，形成了一个原始壳层，但后来又被火山喷发物给掩埋了。如今这个隐藏在水星表面之下的古老壳层，由于小行星的撞击而露出了一部分，其中一些碳物质也随着撞击过程被带到了水星表面。

水星是一个充满着神奇奥秘的迷人世界。截至 2021 年，只有两个航天探测器造访过水星。行星探测是一个长期工程，每一次探测都凝聚着人类点滴的进步。期待后续的水星探测任务能为我们解开更多关于水星和太阳系的谜团。

地球邪恶的孪生姐妹：金星

金星是我们最近的行星邻居，在它闪烁的云层之下隐藏着一幅炼狱般的景象。与我们的生活环境截然不同，那里无疑是一个糟糕透顶的世界。

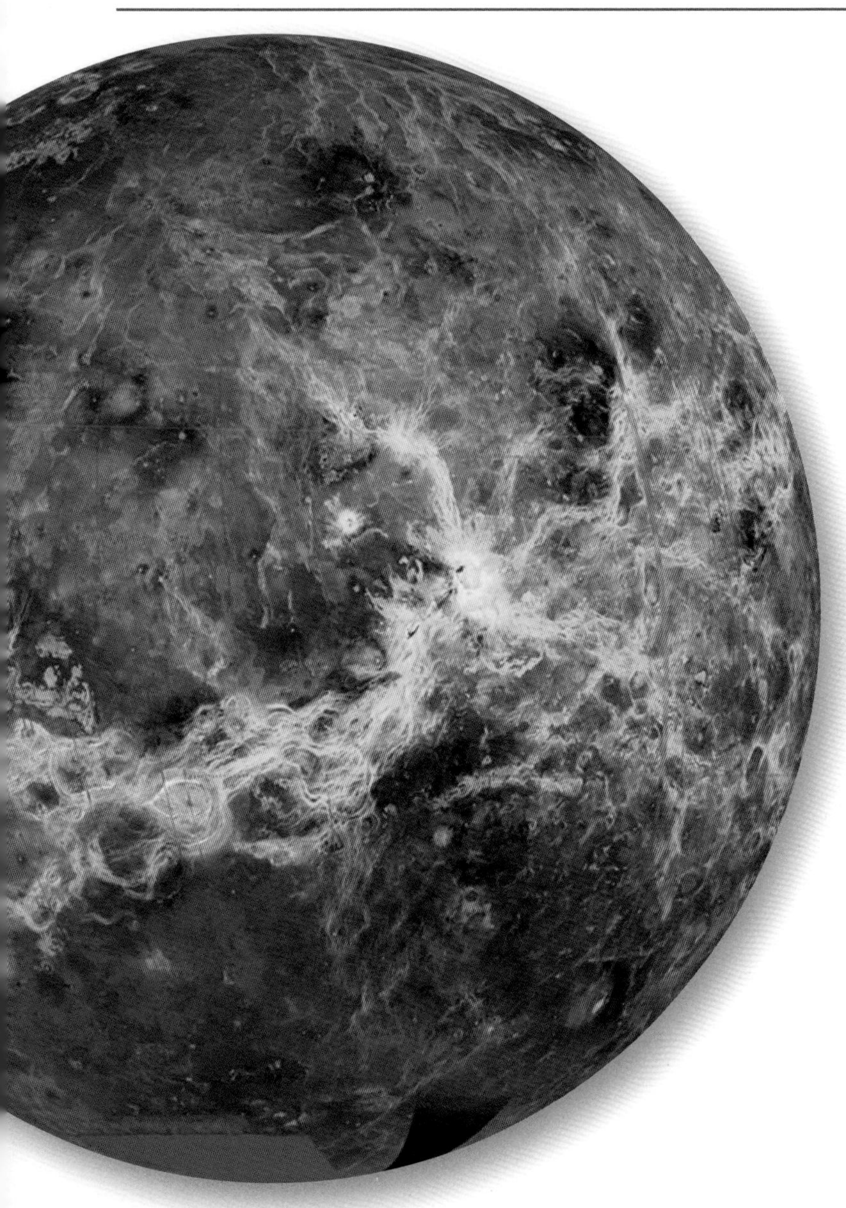

乍一看，金星几乎是地球的翻版，或者至少是地球的亲密姐妹。这颗距离太阳第二近的行星与我们的家园有着一些相似的特征。金星的轨道与太阳的平均距离为 108 208 930 千米，金星大约每 19 个月接近地球一次，最近距离为 3 800 万千米。就大小而言，它与地球几乎相差无几，直径为 12 104 千米，仅比地球小 652 千米。它的质量约为地球的 4/5，密度和表面重力也与地球相近。和地球一样，它也有着稠密的大气层。但是，那些曾经幻想金星将成为太阳系内第二个宜居世界的天文学家们，却在 20 世纪震惊地发现了一幅截然不同的星球画面。这颗行星原来是一个烟雾缭绕，在令人窒息的酸性大气下不断沸腾着的熔炉。恶劣的环境迅速摧毁了试图在金星表面着陆的探测器，但麦哲伦号金星探测器利用能穿透云层的雷达，绘制出了金星表面起伏的地形图。

左图
这张金星东半球的图像汇集了来自各种金星任务的数据

天文符号：♀
发现者：古人
与太阳的平均距离：108 208 930 千米
自转周期：243 个地球日（逆行）
轨道周期：224.7 个地球日

赤道直径：12 104 千米
质量（地球 =1）：0.815
密度：5.243 g/cm^3（地球密度为 5.5 g/cm^3）
表面平均温度：462 ℃
天然卫星数量：0

观天提示
※ 从地球上看，金星比许多恒星都要明亮，金星离太阳很近，每年有几个月它会出现在傍晚日落后的西边，或者凌晨日出前的东边。

天文冷知识 金星赤道的自转速度只有 6.52 千米 / 时，你只要在金星的赤道上快步行走，就能让太阳永远不落下去。

密的大气层相互作用，并将其拉向太空

公元前 3000 年
美索不达米亚人记载了关于金星的最早观测记录

1610 年
伽利略观察了金星的相位，这一观测成为支持哥白尼理论的重要依据

1882 年
金星凌日现象被用来测量地球到太阳的距离

1927—1928 年
用紫外线拍摄的金星照片清晰地显示了金星大气中的云纹

1966 年
金星 3 号（Venera 3）探测器撞击了金星，成为人类首个撞击另一颗行星表面的航天器

1990 年
麦哲伦号探测器进入金星轨道，之后利用合成孔径雷达绘制了金星表面的第一幅全球地图

2009 年
金星快车探测器绘制了第一幅金星南半球的红外地图

2012 年
发生了 21 世纪的第二次也是最后一次金星凌日。下一次金星凌日将发生在 2117 年 12 月 11 日

失控的温室效应

金星是天空中除太阳和月亮之外最明亮的天体，在清晨和黄昏都闪烁着耀眼的光芒。中国古代天文学家称它为“太白”，意思是“非常明亮的白色星星”。古巴比伦人称之为众神之母——伊斯塔（Ishtar），意思是“明亮的天堂火炬”。玛雅人根据它在一年中出现和消失的天数创造了玛雅历，但是对他们而言，这颗明亮的行星令人感到害怕而非迷人。古罗马人最终赋予了它现在使用的名字——维纳斯（Venus），意思是“爱与美的女神”。

金星是1610年伽利略最早用望远镜观测的目标之一。他发现这颗行星也像月球一样有着相位的变化，这表明金星实际上正如备受争议的哥白尼太阳系模型所预测的那样，是围绕着太阳运行的。伽利略小心翼翼地将这一发现隐藏在写给约翰尼斯·开普勒的一封密信中。他在信中留下了一个拉丁文的编码字谜“Haec immatura a me jam frustra leguntur oy”，意为“我已经试过了，但却徒劳无功”，其中的字母可以重新编排为“Cynthiae figuras aemulatur mater amorum”，意为“爱之母（金星）模仿辛西娅（Cynthia，月亮女神）的形状”。

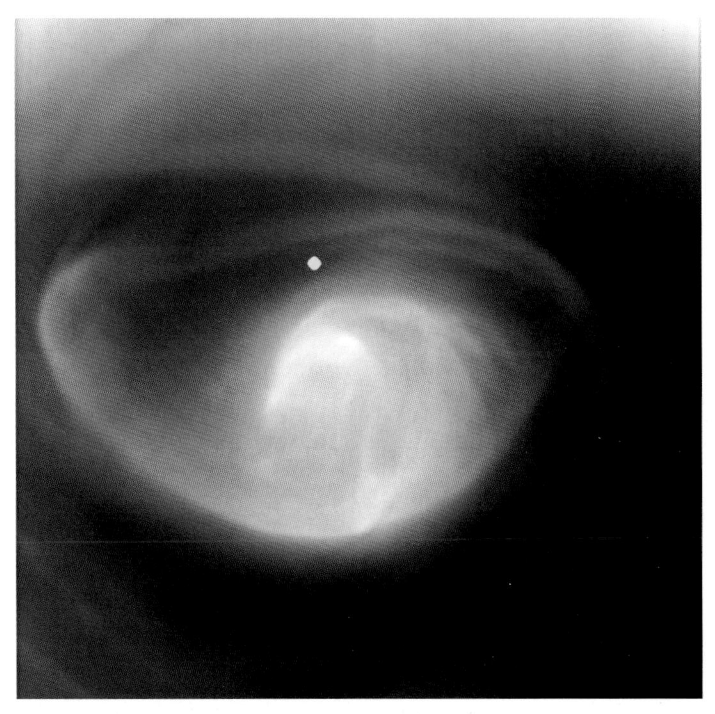

上图　正如金星快车探测器所发现的，一个巨大的飓风眼盘旋在金星南极（以黄点为标志）上空60千米处

苏打水的世界还是炼狱?

但是，这个星球还有很多不为人知的秘密。它那难以穿透的云层使早期的天文学家无法了解它的表面，甚至无法知道它的自转情况。不过信息的缺乏并没有阻碍人们的思索。瑞典化学家斯万特·阿雷纽斯（Svante Arrhenius）是地球温室效应的早期倡导者，但他大大低估了这种效应对金星的影响。他写道：“据计算，那里的平均温度约为47 ℃。”他还指出，“金星表面的很大一部分无疑被沼泽地覆盖着”，并且有着“繁茂的植被”。金星具有潮湿气候这一假说后来被推翻了。1932年，美国天文学家沃尔特·亚当斯（Walter Adams）和西奥多·邓纳姆（Theodore Dunham）分析了金星大气的光谱，发现金星大气主要由二氧化碳构成，几乎没有水蒸气或氧气。英国天文学家弗雷德·霍伊尔（Fred Hoyle）在20世纪50年代提出的理论认为，金星上可能覆盖着大量的石油。其他一些天文学家则认为，二氧化碳混入了金星的海洋，使它们变成了苏打水的世界。

20世纪50年代末，技术的进步开始揭示这个比任何人想象的都更奇怪、更可怕的星球面貌。金星云层的紫外线图像显示，这里的云层每4个地球日就能从东到西环绕金星一周。但1964年对金星表面的雷达研究显示，这颗行星每243个地球日才能自转一次。这里的一天比一年还要长。此外，它的自转是逆行的，其自转轴几乎垂直于轨道平面。进一步的射电和雷达研究将金星表面温度的估计值提高到了 480 ℃。它表面的大气压一度被认为与地球相近，但现在看来似乎是地球的 90 倍以上，从数字上来说，这种气压已经达到了毁灭的水平。

航天器的死亡陷阱

太空时代的到来并没有挽回金星日益糟糕的声誉。20 世纪 60 年代和 70 年代，苏联和美国都将邻近的金星作为航天器探索的首要目标之一。两国的前 11 次发射任务中，有 7 次甚至未能抵达金星。在金星毁灭性的高温高压下，早期真正进入金星大气层的任务中，没有一次的持续时间能超过两个半小时。

但几十年过去了，前往金星的任务越来越成功。20 世纪 90 年代，美国航天局的麦哲伦号金星探测器利用雷达绘制出了金星表面 98% 以上的地图。欧洲空间局的金星快车探测器于2006年抵达金星，它提供了有关金星大气湍流的宝贵信息。随着探索的持续推进，金星不断颠覆着我们的想象。

在金星的早期历史中，也许有一段时期它很像通俗科幻小说中的沼泽星球。但在今天，温室效应已经使金星成为一片毒瘴弥漫的荒原。这颗行星稠密的大气与地球温和的空气几乎没有什么相似之处。一方面，金星拥有更多的云。距离金星表面 50~70 千米的上空有一层厚厚的云层。这些充满毒性的蒸汽由硫酸液滴组成，它们经由大气中二氧化硫和水蒸气之间的化学反应形成，而这些二氧化硫可能是从金星表面的火山喷发出来的。没有酸雨能够从云层落到金星表面，因为落下的任何液滴都会在金星的高温中蒸发掉，由此产生的气体会再次上升到云层中。

在云层之下，金星大气是由二氧化碳（96.5%）、少量氮气（3.5%）和其他一些微量气体混合而成的一种令人窒息的“浓汤”。这颗行星表面的大气压约为 9 000 千帕，或者说是地球表面大气压的 90 倍——几乎相当于地球海洋 900 米深处的水压，这足以压碎任何像人类这样脆弱的生命体。金星号探测器在被恶劣的环境摧毁之前传回了金星表面的照片，照片中弥漫着昏暗的橙色烟雾。金星表面的平均温度约为 462 ℃，热到足以熔化铅。事实上，金星是太阳系中最热的行星，表面温度甚至超过了水星白天的最高温度。由于金星厚厚的大气层中含有大量的二氧化碳，导致其温室效应非常明显，所以金星的昼夜温差以及全球温差都很小。

反照率

金星不仅是八大行星中最热的一颗行星，而且也是最亮的，这取决于它的反照率。可见光反照率测量的是物体反射的太阳可见光辐射与该物体表面接收的太阳可见光总辐射的比值，范围在 0.0 到 1.0 之间。例如木炭的可见光反照率接近 0.0，而最白的雪或最好的镜子接近 1.0。

反照率可以为我们提供有关行星、卫星或小行星表面的重要信息。通常而言，多岩石、多尘埃的天体会吸收大量光线，而冰冻的天体会反射光线。金星上的珍珠云具有很高的反射性，使得这颗行星的反照率高达 0.65，即使在黄昏时分也能够被人们看到（如下图所示，金星出现在新月的左下方）。表面斑驳的行星和卫星在不同的区域会有不同的反照率，所以它们的反照率用的是平均值。月球和太阳系其他行星的反照率如下：

水星	0.12
地球	0.39
月球	0.12
火星	0.15
木星	0.52
土星	0.46
天王星	0.56
海王星	0.51

温室效应

几乎可以肯定金星炼狱般的高温和毒瘴是由于失控的温室效应造成的。这颗行星曾经可能与地球相似，有着液态水的海洋。附近太阳的高温使水分蒸发，产生水蒸气这种温室气体。来自太阳的进一步辐射则将水蒸气分解为氢和氧，氧元素与金星表面的碳元素结合形成了另一种温室气体——二氧化碳。入射的辐射穿过二氧化碳被地表的岩石吸收，再以较长的波长重新辐射出去，它不能穿透云层，而是从云层反弹回地表，从而进一步加热金星表面。在地球上，液态水有助于捕获碳化合物并将它们从大气中除去，但金星上的液态水在很久以前就已经蒸发掉了。

风和风暴

除此之外，金星上的天气是什么样的呢？这取决于所在位置的高度。在云层的顶端，风速高达 370 千米 / 时，风向与金星的自转方向相同，即由东向西。但是这颗行星的自转速度非常慢，而风每 4 天就能绕着它转一圈，这种现象被称为“超级环流”。金星飓风是一种巨大的旋转风暴，它绕着两极盘旋，并将大气向下牵引，形成旋涡，就像水流通过巨大的排水孔一样。这些风暴的起因还不得而知。

金星上其他地方的风在接近地表时会逐渐减弱。在大气层的底部，靠近地面的地方，风速大约是 1 米 / 秒。但由于大气密度太大，即使是这些相对温和的低空微风也具有极大的冲击力。

在一颗没有水的星球上，发生类似地球的雷暴当然是不可能的，但仪器已经多次捕捉到闪光和被称为哨声波的射电爆发现象。金星云层中出现的闪电是一种较为典型的闪电结构，目前还不清楚硫酸云是如何产生这种闪电的。

火山之谜

如果有人对金星上存在沼泽抱有强烈的希望，那么这些希望都被 20 世纪 70 年代苏联金星号探测器拍摄的第一批令人生畏的照片击碎了。金星的地貌极其干燥，是一片由锋利、破碎的岩石组成的干涸荒原。这些岩石可能是由冷却熔岩形成的玄武岩和火成岩。事实上，迄今为止的大多数证据都支持了这一观点，即金星的表面主要是由火山活动形成的。

当地质学家想到金星时，他们头脑中最先考虑的可能是板块构造的问题。科学家们很早就知道地球的地质是由构造作用主导的。地球的岩石圈（地壳和上地幔的顶部）被分隔成巨大的板块，在软流圈上滑动（见第 128 页）。地核中放射性元素衰变释放出的热量在向地球表面输送的过程中会引发地幔的对流运动，从而推动板块在全球范围内缓慢移动。构造板块在一些地方相互挤压，在另一些地方相互撕裂，从而缓慢而持续地塑造出地球上各种各样的山脉、海沟和大陆等地貌，偶尔也会给地球上的居民带来浩劫。

科学家们已经证明水星、月球和火星没有板块构造。它们的表面都由一个坚硬的外壳组成。但对金星而言，其大小与地球相当，到太阳的距离也和地球差不多，还可能有一个和地球相类似的炽热的核心。它似乎有可能是另一个地球。

20 世纪 90 年代，麦哲伦号探测器利用雷达穿透金星密集的云层，为我们提供了第一幅详细的金星地图。它为我们揭示了一个表面起伏相对较小的地形。两块高地从平原上拔地而起，一块是位于金星北半球的澳大利亚大小的伊斯塔高地（Ishtar Terra），另一块是位于赤道附近的面积约为非洲一半大小的阿佛洛狄忒台地（Aphrodite Terra）。它们覆盖了这颗行星表面 8% 的区域。

雷达眼

麦哲伦号探测器于 1990 年抵达金星，绘制了迄今为止分辨率最高的金星表面地图。该轨道飞行器在金星两极之间盘旋，利用雷达测量行星表面地形的起伏程度。它每秒发出几千次脉冲进行地形扫描，再将返回的回波结合在一起，形成一幅精细的图像。科学家们历时 4 年，最终将这些通过无线电传回地球的图像信息一条一条地拼接成一幅完整的地图，其过程就像是缝制一床拼布被子。

由此生成的图像是一幅由计算机处理的、假彩色渲染的三维行星地形图，其像素分辨率不低于 300 米。陨击坑、峡谷、火山和冕（如下图所示）的清晰细节得以呈现，进而展现了一个干燥并布满火山的世界。

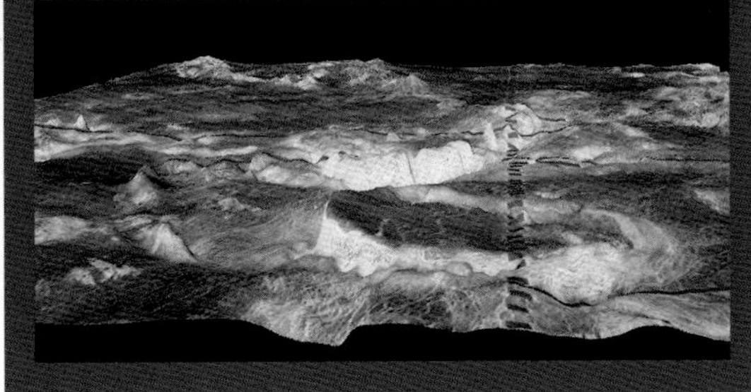

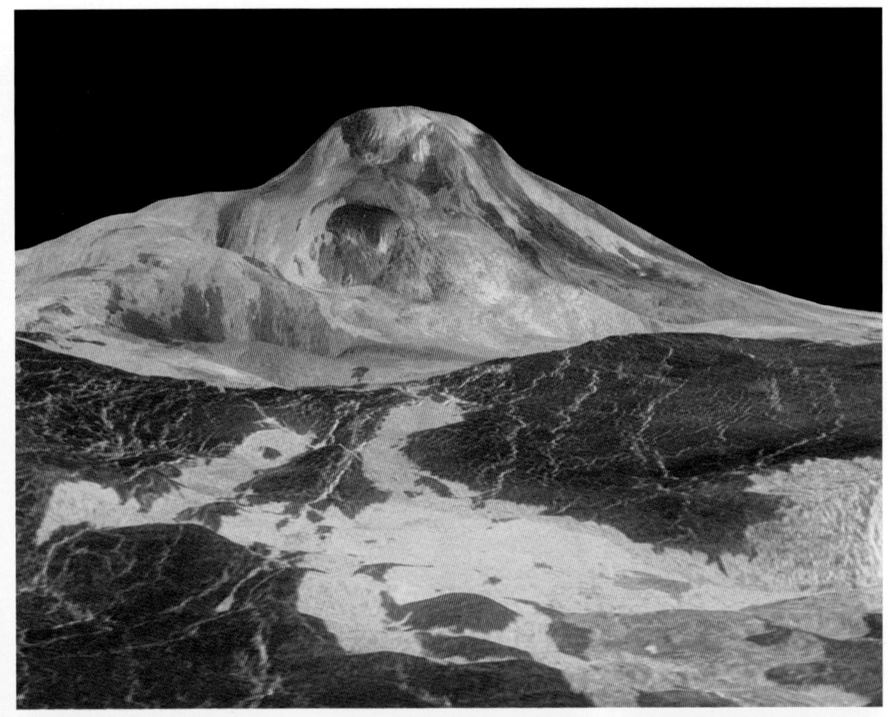

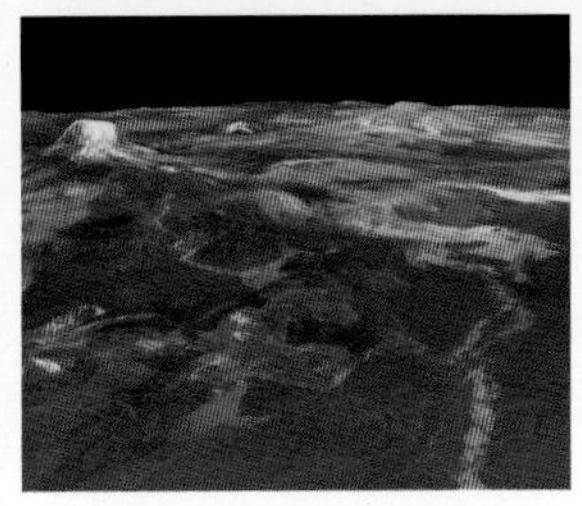

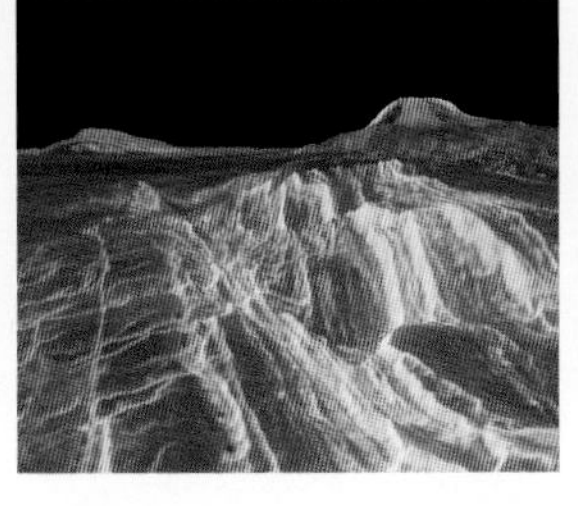

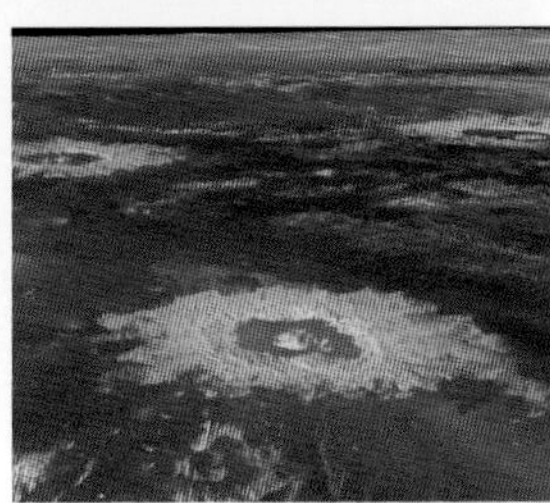

上图 在这组金星表面的三维地图中，金星上最大的火山——玛阿特山（Maat Mons，上图·上）耸立在熔岩流之上。下面是艾斯特拉区（Eistla Regio，上图·下左和上图·下中）和拉维尼亚平原（Lavinia Planitia）上的陨击坑（上图·下右）。以上所有地图中的比例都被夸大了

阿佛洛狄忒台地的特征是破碎、弯曲的脊状岩层构造，包括可能代表古代熔岩流的长长的沟槽。吉祥天女高原（Lakshmi Planum）是一个直径为 2 345 千米的广阔高原，占据了伊斯塔高地的很大一部分。环绕着这片高原的是群峰连绵的地带，包括金星的最高峰麦克斯韦山脉。它高 11 千米，比地球上的珠穆朗玛峰还高。目前还不清楚这些山峰是如何形成的，但是这种机制可能与从金星内部释放的热量导致行星表面的弯曲和褶皱有关。

熔岩之地

这些地貌特征似乎暗示了金星板块构造的存在，但金星表面的其余部分则是另一番景象。当第一张雷达地图绘制出来时，科学家们惊讶地发现，金星的大部分表面在大量凝固的熔岩流的作用下变得相对平滑，而火山锥和巨大而崎岖的陨击坑则阻断了这些熔岩流。令人惊讶的是，金星上的陨击坑少得可怜（大约只有 1 000 个），而且从地质学上来说还很年轻——没有一个的年龄超过 5 亿年。它们均匀地分布在金

星表面，这一事实表明，金星表面的年龄大致相同，否则我们将会看到有着很多陨击坑的古老区域和较少陨击坑的年轻区域。在过去的5亿年间，金星表面似乎已经不再重塑了，没有板块运动，完全不像充满活力的地球。在早期失控的温室效应中，水分的流失可能改变了其岩石圈的组成，使其变得坚硬，从而无法分裂成板块。

就像其他类地行星一样，金星肯定在数十亿年前就被陨石撞击过，而年轻的陨击坑暗示着那些古老的陨击坑已经被抹去了，可能是被新熔岩流覆盖掉了。这样的一次重塑过程必然是一场全球性的大灾难，可能是金星内部不稳定性的长期累积，最终导致了全球性的火山爆发。金星有可能周期性地经历类似的事件，只是目前尚处于平静期。或者这样的全球爆发可能只是一次性事件，就像圣经中提到的那场大洪水。

火山

金星缺乏板块运动并不意味着它在地质上已经死亡。恰恰相反，它是太阳系中火山最多的行星。数以万计的火山穹顶点缀着金星的表面，它们比地球上的大多数火山都要更高、更宽。这些与夏威夷群岛上一样的盾状火山，是在行星壳的热点之上形成的。从山顶的火山裂口可以看出熔岩是在什么地方汇集，然后流出来的。考虑到金星表面的高压和高温环境，爆炸性的火山喷发在这个星球上可能很少见。

在金星表面可以看到数百座直径在100千米以上的大型火山。最大的玛阿特山有8.5千米高，略低于地球上高差最大的火山——莫纳克亚火山（Mauna Kea）。但它比地球上的同类火山要宽得多，直径达到了400千米，而莫纳克亚火山的直径只有100千米。麦哲伦号还在金星表面发现了许多奇怪的、较小的火山构造。整齐的圆形熔岩穹丘，宽22~65千米，成群出现。它们很可能是涌出地表的岩浆在沉降后留下的泡状壳。数百个巨大的被称为冕状物的环形火山结构，被山脊和裂缝所环绕，也出现在金星表面。有些轻微隆起，有些稍微下陷。跟熔岩穹丘类似，它们可能是由上涌的岩浆柱形成的。

金星上的熔岩流随处可见。平滑的熔岩覆盖着平原，并流进了一些较古老的陨击坑盆地。然而目前还不清楚金星上是否还存在着活跃的火山活动。

与地球不同，金星没有磁场。地球的磁场很可能是由熔融的实心铁核与快速旋转的行星外部之间的相互作用产生的。尽管金星似乎也有一个坚固的铁核，但它的自转非常缓慢，这可能是它缺乏磁场的原因，但就像金星的许多其他未解之谜一样，我们还没有足够的知识来揭晓答案。没有磁场的保护，金星暴露在太阳风的带电粒子中，但它稠密的大气层和外电离层的电流会保护它免受高能辐射的伤害。

女性统治之地

除了20世纪60年代命名的阿尔法区（Alpha Regio）和贝塔区（Beta Regio），以及以英国物理学家詹姆斯·克拉克·麦克斯韦（James Clerk Maxwell）命名的麦克斯韦山脉，金星上的几乎每一个地貌都拥有一个女性名字。国际天文学联合会为每种地质特征设定了特定的命名规则：台地（高地）以爱之女神命名，如伊斯塔高地、阿佛洛狄忒台地；低地平原以神话中的女英雄命名，如格纳维尔（Guinevere）平原、鲁萨尔卡（Rusalka）平原和海尼莫阿（Hinemoa）平原；火山口（浅坑）则以现实中的女性名人来命名，如波卡洪塔斯（Pocahontas）山口、博阿迪西亚（Boadicea）山口和加兰（Garland）山口。其他的地质特征，还有以中国的月亮仙子姮娥（即嫦娥）、神奇的西伯利亚蟾蜍和歌手比莉·荷莉戴（Billie Holiday）的名字命名的。

阿佛洛狄忒女神

探测任务

金星，作为离太阳第二近的行星，在夜空中非常明亮。金星上空浓密的云层紧紧包裹着这颗星球的表面，使得它犹抱琵琶半遮面，因此朦胧的金星一直激发着人们对这个世界的无限遐想。现在，人们的目光都聚焦在金星上：欧洲在 2005 年 11 月发射了金星快车探测器，这是欧洲首次对金星开展探测的科学任务。2015 年，它因燃料耗尽而坠落至金星表面。

2010 年 5 月，日本航天局（JAXA）发射了金星气候轨道飞行器（Venus Climate Orbiter，又称破晓号），该任务旨在聚焦金星的云层和天气模式，并试图确定驱动高层大气超级旋转的力量。金星云层上部的旋转速度比金星其他部分快得多，时速可达 370 千米。美国航天局也在考虑向金星发射一个着陆器，希望能研究其表面的样本。

庐山真面目

金星拥有稠密而令人窒息的大气层，欧洲空间局发射的金星快车探测器在金星云层上空执行任务，它携带的精密设备，可以穿透稠密的二氧化碳和酸性云层，拍摄云层下方的红外图像。有史以来第一幅金星南半球的红外地图就是这样绘制出来的。2009 年夏天，科学家们在金星表面发现了两片高原地区，推测它们是岩浆活动形成的古代大陆。这两片高原区域的岩石看起来比金星表面其他区域的岩石更古老，密度更小，有可能是花岗岩。若被证实，这将支持一种理论：金星曾经与地球非常相似，大陆被海洋环绕，板块构造活跃。

金星如今的环境与最初相比，早已大相径庭——现在它是一个干燥、炙热的地方，表面是坚硬的壳层，缺乏地球上那种动态的板块运动。在过去的 5 亿年间，这颗行星的表面似乎被大量的熔岩流重塑过。科学家们现在困惑的是，熔岩流究竟是来自一次大规模的火山活动，还是来自时断时续的火山活动。对地球物理学家来说，确定金星是如何经历如此剧烈甚至可能是反复发生的地质剧变，仍是一项挑战。

金星上的火山

金星表面可能存在花岗岩，这暗示了这颗行星有着与之前想象中完全不同的地质历史。在地球上，花岗岩是在板块构造的强烈作用下形成的。例如，当玄武岩熔岩流被压入地下，在一定压力条件又有水的情况下会形成花岗岩。在欧洲空间局公布他们的发现时，负责金星测绘工作的尼尔斯·穆勒（Nils Muller）说：“如果金星上存在花岗岩，那么金星在过去一定存在过海洋和板块构造。”金星地图上没有显示出最近火山活动的热点。这支持了一种理论，即金星炽热的内部可能会长期积聚热量，然后间歇性地爆发，以新熔岩流覆盖整个星球。

研究结果并不确定。虽然这次金星快车任务没有发现火山持续活动的证据，但穆勒不排除这种可能性。他说：“金星是一颗很大的行星，内部被放射性元素衰变产生的热量加热。它应该有和地球一样多的火山活动。”事实上，一些科学家怀疑那些看起来由深色岩石组成的区域可能经历了相对较近期的火山熔岩流的覆盖。

科学家们仍在仔细研究这些图像，以寻找活火山存在的证据。结合探测到的数据，金星快车的发现可能会有助于探明金星的气候是否像许多人猜想的那样完全由失控的温室效应控制着。温室效应蒸干了金星表面的水，烘烤着大地，使金星完全笼罩在由二氧化碳和硫酸组成的气体中。

远古金星上的海洋

金星快车的其他发现让我们看到了这颗行星过去更加湿润的景象。探测数据表明，金星曾经也有过“潮湿”的时期，

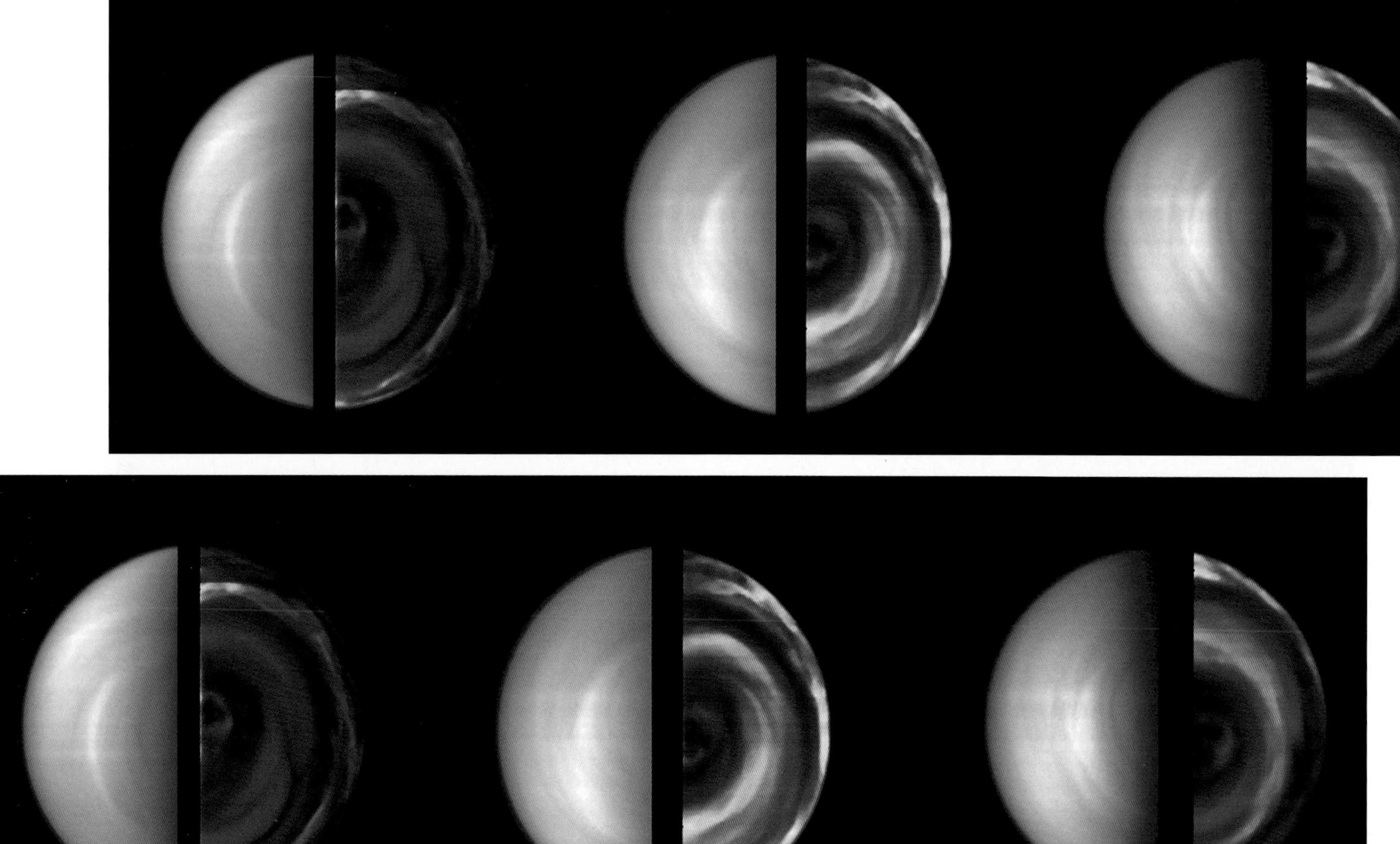

上图　金星快车的“紫外线、可见光和近红外线成像光谱仪”（VIRTIS）在6个不同的日期拍摄了金星的白天（左侧蓝色部分，在紫外光下拍摄）和黑夜（右侧红色部分，在红外光下拍摄）。蓝色部分显示了被金星大气反射的太阳辐射，红色部分显示了热辐射照射下的复杂的云结构和云层

在那时，金星的海洋中可能有和地球一样多的水。特别值得一提的是，金星快车探测器的“空间等离子体和高能原子分析仪”（ASPERA）发现，在太阳风的作用下，金星背阴面的氢和氧正在被剥离。与地球不同的是，金星没有磁场，因此很容易受到太阳风的影响。

值得注意的是，金星上的氢和氧正以2 ∶ 1的比例流失到太空中，这个比例与水中的氢氧比例相同，这使得研究人员推断，他们正在监测气候变化的实际过程。后来的实验发现，金星的向阳面也发生了氢被剥离的现象，相应的氧丢失的证据还在寻找之中。

观察地球上的生命

然而，在一路飞到金星之后，探测器并不只是将红外仪器对准金星。金星快车也花了一些时间观察地球，为的是寻找生命的迹象。

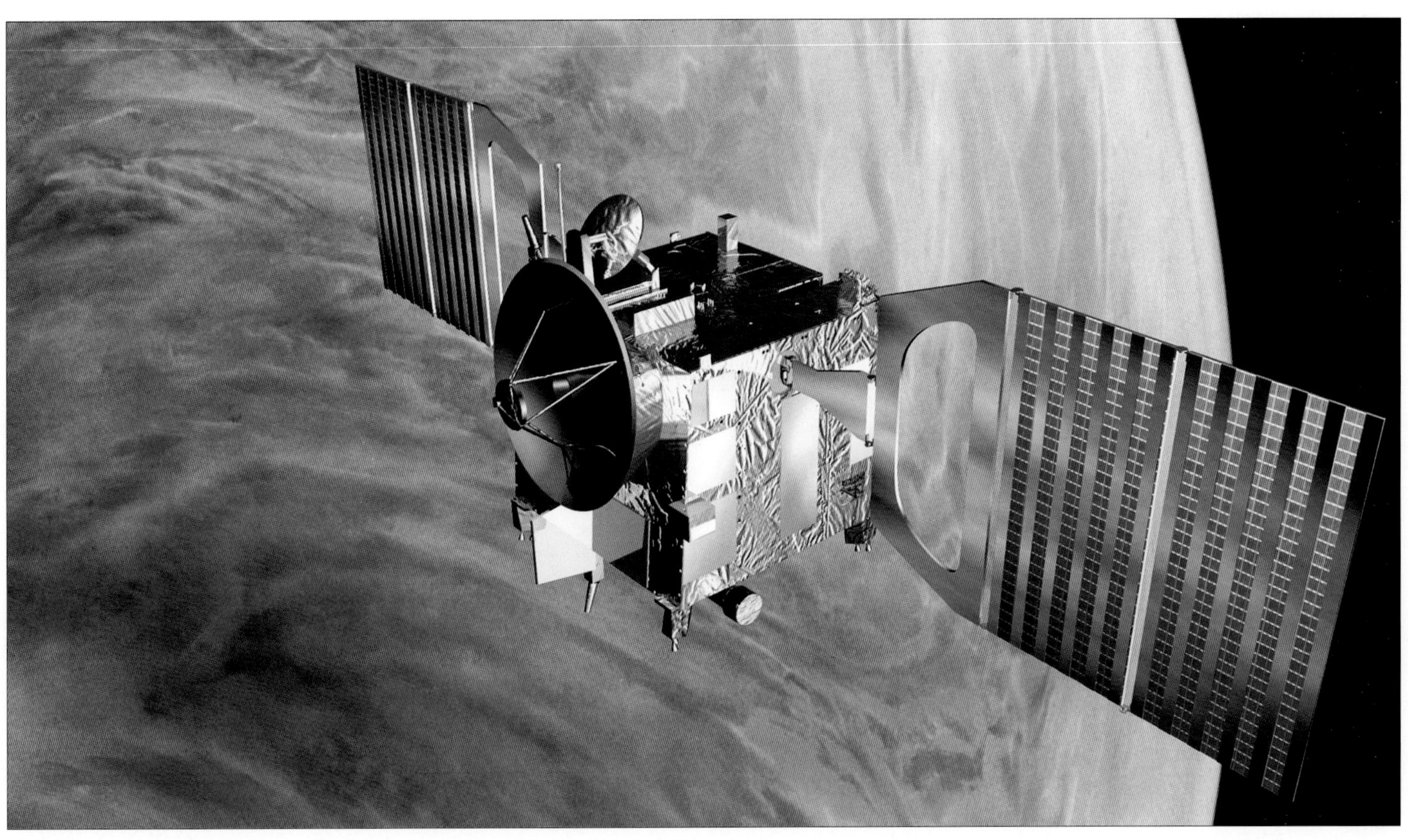

上图 这幅艺术想象图描绘了在金星轨道上运行的金星快车探测器

听起来是不是很可笑？然而，对于科学家来说，这一点也不可笑。因为他们清楚，随着越来越多的系外行星被发现，甚至太阳系内也发现了不少可能存在地外生命的候选天体，科学家们面临的挑战是如何利用望远镜通过分析几束来自遥远天体的光线，从中发现可能的生命迹象。

金星快车任务的科学家们认为，为何不利用已有生命存在的地球来寻找生命的迹象呢？比如植物或海洋的光谱中会有什么独特的特征吗？当然，从遥远的地方看到生命的迹象并不容易：从金星上，科学家能够探测到地球大气中的水分子和氧分子；然而，从地球上看，金星也显示出类似的特征，但很明显，金星无法像地球一样支持生命的存在。天文学家们仍在继续分析研究金星快车探测到的信号，以期这些信号能帮助他们揭示某颗系外行星是否具有宜居性。

未来任务

蒙着面纱的金星仍然充满谜团。欧洲空间局的金星快车填补了我们对这颗行星大气知识的一些空白。尽管行星地质学家们渴望更多地了解金星壳和岩石的组成，但是近距离观察金星表面依然困难重重。此外，更清晰地了解金星的地质历史将有助于我们了解地球的构造史。虽然人们已经积累了大量的构造学知识，但仍有很多问题尚待解决。从金星获得更多的数据，可能有助于科学家回答这样的问题：地球的板块有一天会形成一个单一的刚性板块吗？如果没有板块构造带来的持续循环，地球气候会面临灾难吗？

美国航天局希望通过地表工作站或可移动探测器（如金星探测车），以及表面样本返回任务，重启对金星的探测。但要适应金星表面炼狱般的环境，一台足够强大的机器将是必不可少的。

不安分的生命摇篮：地球

太阳系从内到外的第三颗行星在许多方面都是独一无二的，有着流动的液态海洋和不断变化的地表，它是我们目前所知的太阳系中唯一存在生命的星球——一个美丽而动荡的家园。

地球是太阳系中最大的岩质行星，其直径为 12 756 千米，赤道周长为 40 075 千米。由于自转的缘故，地球并不是一颗完美的球体，而是在赤道周围略微隆起。它比其他岩质行星密度更大，表面重力更高，也是太阳系中唯一一颗表面存在液态水海洋的行星。它的表面由变化和动态的地壳板块组成，在稳定、相对较薄而潮湿的大气下缓慢移动。地球的磁层——由流动的地球外核形成的强大磁场，一直延伸到太空深处，保护地球免受辐射。地球唯一的卫星在 384 400 千米外绕着地球运行。相对于母行星的大小而言，月球是太阳系中最大的天然卫星。地球在太阳系中占据着一个独特的位置：它的轨道位于一个容许液态水存在的温暖地带，它具有保护性磁层，大气中含有自由氧，此外它还有其他独特的因素使生命能在它的表面和海洋中繁衍生息。

天文符号：⊕
与太阳的平均距离：149 597 870 千米
自转周期：23.934 小时
轨道周期：365.24 个地球日
赤道直径：12 756 千米

质量：$5.972\ 37 \times 10^{24}$ 千克
密度：5.5 g/cm^3
自转轴倾角：23.45°
表面温度：−88~58 ℃
天然卫星数量：1

观天提示

※ 在北半球，一名观察者不借助任何仪器便可以看到月球、5 颗行星、3 000 颗恒星、银河系以及仙女星系。

天文冷知识 巨行星木星长期以来一直是地球的守护神，它的引力使得许多原本飞向地球的小行星和彗星等天体偏离了原来的轨道。

地球上的陆地、水和空气紧密相连，环环相扣。这颗星球还受到磁层的保护，当来自太阳的带电粒子沿着地球磁力线高速进入到南北磁极附近的高层大气中时就会产生绚丽的极光，可以说极光活动就像地球磁层活动的实况电视画面

45.6 亿年前
地球随着星子的碰撞和合并而形成

44 亿 ~43 亿年前
液态水出现在地球表面

40 亿年前
永久性地壳开始形成

10 亿 ~7 亿年前
地球由罗迪尼亚超级大陆所主宰

3 亿年前
罗迪尼亚超级大陆解体形成的大陆板块再次碰撞，形成了超级大陆泛大陆

2 亿年前
泛大陆开始分裂，逐渐形成了今天的大陆

躁动不安的地壳

和它的姐妹行星一样，年轻的地球也是在早期太阳系的吸积阶段，即大约 46 亿到 45 亿年前，通过反复的碰撞而成长起来的。至少有 10 个，甚至更多巨大的天体碰撞在一起，形成了现在的地球。其中一次巨大撞击所产生的碎片可能凝聚形成了地球唯一的天然卫星——月球。一次或多次这样的碰撞可能使地球发生了倾斜，使得地球的自转轴相对垂直于轨道平面的直线倾斜了 23.45°。来自这些碰撞体的动能在新生的地球中转化为热量，使地球保持炽热的熔融状态。地球内部短寿期放射性同位素的衰变进一步加剧了熔炉的形成。最终，在一个被称为分异的过程中，像铁这样的重元素通过岩浆洋下沉到正在熔化的行星核心，而像石英这样密度较低的硅酸盐矿物则向表面漂浮，形成了地球的地幔和地壳。

小行星撞击地球的过程持续了约 8 亿年，大规模的碰撞在 38 亿年前达到巅峰，然后开始逐渐减弱。在那之后，小行星偶尔也会撞击地球，其中就包括在 6 500 万年前撞击地球所造成的大规模生物灭绝事件。

下图 美国加利福尼亚州西部圣安德烈亚斯（San Andreas）断层上分布的山脊和沟槽。该断层长约 1 287 千米，伸入地面以下约 16 千米，是太平洋板块与北美板块之间的主要构造边界

右图 阿留申群岛（Aleutian Islands）上的希沙尔丁火山（Mount Shishaldin）是数百座沿着环太平洋火山带分布的火山之一。环太平洋火山带是一个围绕太平洋经常发生地震和火山爆发的半圆形地区

早期的大气和海洋

地质学家把地球的历史分为 4 个时期：冥古宙（46 亿 ~38 亿年前），那时地球刚刚形成，是生命起源的时期；太古宙（38 亿 ~25 亿年前），生命形式主要为原核生物（如蓝藻和细菌）；元古宙（25 亿 ~5.4 亿年前），相对稳定的大陆板块形成了，先后出现了真核生物、多细胞动物和多细胞植物；显生宙（5.4 亿年前到现在）开始，我们熟悉的各生物的种类陆续出现，并发展至今。

与带外行星不同的是，在太阳系早期，像地球这样的带内行星由于温度过高，而且太靠近猛烈的太阳风，因此无法将氢或氦等气体保持在大气层中。在冥古宙，地球早期的大气层可能是来自地球熔融内部并被释放到地表的气体。随着地球冷却，火山活动继续释放出构成最早大气层的气体。这种蒸汽混合物包括水蒸气、氯化氢、一氧化碳、二氧化碳、氮气以及化学反应产生的甲烷和氨。大约 24 亿年前，当蓝藻演化出能产生氧气的光合作用并在海洋中传播开之后，氧气才开始大量出现。

来自地球内部的水蒸气在到达地表时冷却并凝结，形成了第一场雨。地球上水的原始来源至今尚不清楚，有些可能是原始地球物质的一部分，其他可能来自彗星和富含水的小行星。雨水涌入流经地球表面的河流，带走了在早期海洋中沉积的含盐矿物，使它们变成了含盐的海水。

早期的陆地

这颗年轻的星球上没有大块的陆地。相反，它有小的构造板块和许多上涌岩浆的热点，就像今天的夏威夷群岛一样。起初，地球表面散布着一些由稀薄地壳支撑的小块的原始大陆。来自地幔的热量驱使这些小块陆地不断运动，使得它们无法融合在一起。在数十亿年的时间里，地球慢慢冷却下来，大陆地壳继续生长，原始大陆不断合并成更大的陆地，然后再次分裂。这期间曾出现过几个超级大陆：罗迪尼亚大陆（Rodinia），形成于大约 10 亿年前并横跨南半球；冈瓦纳古陆（Gondwana），形成于大约 5 亿年前，位于南极附近；泛大陆（Pangaea），形成于大约 3 亿年前，它向北漂移，最终在 1 亿年前分裂成美洲大陆和欧亚大陆，它们之间则形成了大西洋。

地球原始大陆的碎片仍然嵌在今天的大陆板块中。可以追溯到太古代的地壳碎片也被称为太古代地盾，它们含有世界上最古老的岩石和矿物晶体。目前，地球上最古老的矿物是在澳大利亚西部发现的锆石晶体，通过放射性同位素测定，它是大约 44 亿年前形成的。嵌入矿物晶体的沉积岩比矿物晶体本身还要年轻。迄今为止，在地球上发现的最古老的岩石是位于加拿大西北部的阿卡斯塔（Acasta）片麻岩，可追溯到 40 亿年前。格陵兰岛、北美五大湖周围、斯威士兰和澳大利亚西部的古代大陆地壳中也含有 38 亿 ~34 亿年前形成的古老岩石。

运动的板块

板块构造继续塑造着地球的表面，这个过程在太阳系的类地行星中是独一无二的。地幔在地壳和外核之间，它大约有 2 900 千米厚，占地球体积的 84%。其主要物质成分是铁镁硅酸盐混合物，呈固态，但不如岩石那般坚硬，更像是一种可以在高压下发生形变的致密可塑材料。上地幔从地壳底部延伸至地下大约 660 千米深处，包含了软流圈和岩石圈下部。软流圈是一个特别柔软的层；岩石圈位于软流圈之上，是一层脆弱的岩石层，岩石圈也包括地球薄薄的地壳。地壳在大陆架下厚 20~70 千米，在海洋下厚 5~10 千米，是这颗固体行星最外面的一层薄而皱的“皮肤”。

地球的岩石圈被分成六个大板块和数十个小板块，这些板块慢慢地相互摩擦，然后俯冲下去（例如一个板块俯冲到另一个板块之下），再彼此分开，就好像一幅活生生的拼图。来自地核的热量上升到地幔和软流圈，在那里，热对流像软流圈中的滚轴一样旋转，每年驱使上方的板块移动数厘米。

板块运动产生了地球上许多显著的表面特征。板块碰撞的地方会形成山脉，例如喜马拉雅山脉就是由印度洋板块与欧亚板块缓慢但不可避免的碰撞形成的。深海海沟形成于俯冲带，在那里一个板块被压在另一个板块之下。在有些地方，板块彼此分离，岩浆从地幔中涌出，如长达 16 000 千米的大西洋中脊就是地球上规模很大的岩浆上涌喷发通道。板块边界上涌的岩浆通常会形成火山。当板块之间相互滑动时，积累的压力会突然释放，从而在地球上产生一系列的地震。

尽管板块构造对地球产生了不可否认的深远影响，但它并不是地球所有地质特征的成因。风、雨、冰以及大气和水的效应也侵蚀和塑造着地球表面的地质面貌。

地球深处

地质学家和天文学家都面临一个共同的困境：他们研究的对象很多都超出了他们的能力范围。如果不进行传说中的地心之旅，我们就无法看到地球的内部结构。人类在地球上钻出的最深的洞，其垂直深度只有 12 千米，连地壳都没钻透。因此，研究地球深层结构的学者必须使用间接的方法来推断地球内部的情况。

在这里，地震就派上用场了。尽管地震具有破坏性，但对地质学家来说却是一件幸事，因为它们强有力的震动会发出能穿透地球内部的地震波。压力波（简称 P 波）由于传播速度较快会首先到达监测站，它的振动方向与波的传播方向一致，所以又叫纵波，它会让地面上下颠簸。接下来出现的是剪切波（简称 S 波），它的振动方向与波的传播方向垂直，所以又叫横波，它会让地面左右摇晃。这两种波的速度取决于它们所通过的物质的密度，它们可以被不同种类的物质弯曲、反射或吸收。分析这些波出现的时间和位置，可以让地质学家逐渐构建起一幅图像，以描绘出这些波在看不见的地球深处所经过的路径。

地核

地核是地球的核心。在地球形成的过程中，重元素沉入了这颗熔岩行星的“心脏”。在地球冷却的过程中，由于受到上覆物质的巨大重力的挤压，内核固结成致密的铁镍合金球体，其中可能还含有硫等较轻的元素。对地震波的研究表明，半径约为 1 220 千米的固体内核被包裹在一个熔融金属外核内，

上图 一只孤独的阿德利企鹅在冰、水和雾中摆出一个求偶的姿势——水以固、液、气三种形式在地球表面共存，使地球成为目前已知的唯一适合生命生存的星球

这个更大的金属外核厚约 2 250 千米。20 世纪 80 年代的研究表明，内核的旋转速度比包裹它的其他层略快——可能每天快 2/3 秒。然而，地质学家对地核旋转的问题仍存在争议。最近的研究表明，在内核中还存在一个“最内层地核”，也许只有内核的一半宽，但其铁晶体的排列和结构跟外内核完全不同。这些隐藏区域的确切组成成分和相对运动仍然存在争议，还没有明确的结论。

然而，无可争议的是，地球内部存在着令人难以置信的高温和高压。内核的温度在 5 400~7 200 ℃之间，大约相当于太阳表面的温度。在那样的条件下，只有 400 万倍地球表面大气压的巨大压强才能使铁保持固态。

磁层

像其他一些行星一样，地球拥有一个强大的磁场，这个磁场是由金属核心中的电流产生的。这就像一个巨大的条形磁铁被埋在地球内部，但是地磁的南北极与地球地理的南北极并不重合，而且每年都在移动。目前，地磁北极位于北冰洋的中部，正向俄罗斯北极海岸方向移动；而地磁南极正从南极大陆向南大洋移动。肉眼看不见的磁力线，从地磁南极出发，绕着地球球体向外弯曲，再向内弯曲回到地磁北极。

没有磁场，地球上可能永远不会出现生命，因为磁场可以保护地球免受太阳风的破坏性影响。从太阳流出的带电粒子（见第 90~93 页）被名为范艾伦带的两个巨大的甜甜圈形区域的磁力线所捕获，两个甜甜圈分别位于距地球表面 1 500~5 000 千米和 13 000~20 000 千米的高度范围。太阳风与地球磁场相互作用的整个区域被称为磁层。在地球面向太阳的一侧，太阳风的力量将磁层压缩到地球半径的 10 倍以内，磁层的外边界被称为磁层顶。在地球背对太阳的一侧，流动的太阳风粒子拖曳着地磁场磁力线并形成一个延伸的磁尾，其长度至少等于几百倍地球半径。

极光

北极光（出现在北极的极光）和南极光（出现在南极的极光）是太阳风和地球磁场上演的“浪漫剧情”。在太阳风特

大冰期

地球气候会缓慢地在温室期和大冰期之间来回转变，温室期是地球上几乎没有冰的时期，大冰期是地球大气和地表长期低温导致极地和山地冰盖（如底图所示的冰川湾的里德冰川）大幅扩展甚至覆盖整个大陆的时期。大冰期可能是由一些微小但有规律的重大变化引起的，比如地球轨道偏心率和自转轴倾角的变化。每一个漫长的大冰期内又分为几次冰期（相对寒冷）和间冰期（相对温暖），当冰川增长和消退时，就会留下像纽约手指湖这样的地貌（如下图所示）。现在，我们很可能正处在第四纪大冰期的一次间冰期中，该大冰期始于 258 万年前的更新世，并在大约 2 万年前达到了最近的一个寒冷峰值。

主要大冰期包括：

休伦大冰期：24 亿 ~21 亿年前
瓦兰吉尔大冰期：8 亿 ~6.35 亿年前
安第斯 - 撒哈拉大冰期：4.6 亿 ~4.3 亿年前
卡鲁大冰期：3.6 亿 ~2.6 亿年前
第四纪大冰期：258 万年前至今

别活跃的时候，带电粒子沿南北两极附近的磁力线盘旋而下，进入地球高层大气。当粒子撞击气体时，气体就会发光：氧原子会发出绿色或红色的光，氮原子会发出蓝色、紫色或深红色的光，这些变幻莫测的极光在夜空中交相辉映。2008 年，对极光的卫星观测为揭开极光舞动背后的原因提供了一些线索。被太阳风拉伸的磁力线会像橡皮筋一样突然弹回，将带电粒子抛回地球，结果就像是“一场闪烁摇摆的舞蹈”。

海洋

从太空俯瞰地球，蓝色的海洋最为引人注目，这得益于地球适宜的气温和大气层的保护。地球的大部分表面都被辽阔的海洋所覆盖，约占地球表面积的 71%，包含了地球全部水资源的 97%。它是地球的巨型散热器和气候调节器——在炎热的季节吸收热量，在寒冷的季节释放热量，并通过大规模的洋流（如墨西哥湾流）调节地球表面的热量分布。人类活动排放到大气中的二氧化碳大约有一半被海洋所吸收，这在一定程度上缓和了地球升温对人类造成的直接影响。海洋是地球上 87% 的物种和几乎所有生命物质的液态摇篮。海洋浮游生物更为地球提供了一半的氧气。

尽管海洋对人类生命有着巨大的价值，但我们对海洋地形知之甚少，甚至还不如对月球地形的了解。大约 95% 的海洋区域还没有被探索过，它们深埋于黑暗之中，承受着海水巨大的压力。海洋的平均深度是 3.7 千米，但各地的海洋深浅不一，从脚踝高的浅滩到 11 千米深的马里亚纳海沟不等。从它的底部升起的有世界上最长的海底山脉——大洋中脊，这条山脉纵贯地球四大洋，总长约 80 000 千米。此外，位于太平洋的夏威夷岛还坐落着地球上高差最大的山峰——莫纳克亚火山，它从深达 6 000 米的海底拔地而起，山顶相对山脚的高度达到了惊人的 10 203 米，比珠穆朗玛峰还要高。近几十年来，深海中陆续发现了令人震惊的新生命种类，这表明海洋蕴藏着许多关于地球上生命的起源和其他地方生命存在的可能性的信息。

生机勃勃的行星

地球独特的性质在海洋、大气和生命相互依存方面表现得最为明显。海洋支持生命并吸收大气中的气体，水通过大气进行循环，大气则由依赖水和空气的生命供给。

现在的大气是由地球原始大气经历一系列复杂变化才形成的。生长在地球早期海洋中的植物产生了大量的氧气，逐渐氧化了早期大气中的甲烷和一氧化碳的混合物。今天的大气主要由氮气（78%）和氧气（21%）组成，还有少量的氩、二氧化碳、水蒸气以及其他物质。这些气体参与全球的生物圈循环：氮是蛋白质的重要组成元素；植物吸收二氧化碳并产生氧气；动物的情况正好相反，它们利用氧气来促进新陈代谢，并将二氧化碳作为废物呼出。

几乎所有的大气都集中在距离地球表面 30 千米以下的高度，其中一半在 5 千米以内（如果把总质量约 5 000 万亿吨的大气都冻结成氧雪和氮雪平铺在地球表面，那么其厚度可达 100 米左右）。像其他行星的大气层一样，地球大气也有不同的圈层结构。最靠近地球表面的是对流层，几乎所有的天气变化都发生在这一层；再向上是平流层，在距地面 10~35 千米处存在一个高浓度的臭氧层，它有助于保护地球上的生物免受紫外线辐射；接着是中间层和延伸至太空的热层，到了 80 千米以上的高度，分子会越来越少，大气也将变得越来越稀薄。

地球上的风是空气流动的结果。太阳光照射在地球表面，使地表温度升高，地表的空气受热膨胀变轻而往上升。热空气上升后，旁边低温的冷空气就会横向流过来，补充这个空位。上升的空气因逐渐冷却变重而降落，由于地表温度较高又会加热空气使之上升。空气的这种流动就产生了风。这种循环流动有助于使地面和空气之间的温度保持相对稳定，但地球上不同地区受热不均匀以及高低气压区之间的冲突也会导致一系列天气变化——从轻柔的毛毛雨到狂暴的龙卷风。

温室效应

与地球的大小相比，大气只是一层薄薄的覆盖物，但对保持地球的温度至关重要。如果没有大气，地球的平均温度将下降到 −18 ℃，水将永久冻结，生命也将难以为继。气候变暖的主要原因是温室效应。进入地球的太阳辐射有一部分被云层反射，但其余的部分则被地球表面吸收并以不同的波长重新辐射出去。在这种形式下，大量的热量被大气中少量的水蒸气和二氧化碳吸收。反过来，大气也会散发热量，使

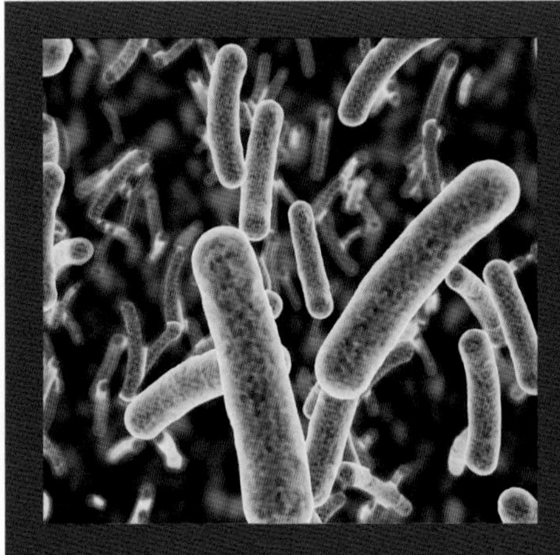

细菌的世界

细菌（如左图所示）是地球上最古老的生命形式，几乎存在于任何环境中，从深海火山口到南极冰川，从高山之巅到人类肠道。它们可以依靠糖、铁和硫等各种物质生存，甚至在致命剂量的辐射中也可以存活。它们对地球上的生命至关重要，它们可以分解二氧化碳，通过固氮作用给植物提供养料。据说，如果地球上除细菌以外的所有物质都消失的话，我们仍然可以看到由微生物形成的地球和地球生物的幽灵轮廓。由此可见，细菌真是无处不在。

地球的温度比没有大气的情况稳定升高了 40 ℃。

温室效应是地球大气的一个正常而有益的特征。但近年来，人为导致的全球变暖趋势既不正常也没有益处。自从 18 世纪中期的工业革命开始以来，燃烧化石燃料已经向大气中排放了越来越多的温室气体二氧化碳。其结果是全球气温稳步上升，20 世纪上升了约 0.74℃，21 世纪可能会以更快的速度上升。这种看似缓慢的变化可能会对世界气候产生巨大影响，包括冰川和极地冰的融化（已经发生）、极端天气、农作物歉收等。

生命

尽管我们太阳系附近的其他行星或卫星可能会被证实的确拥有生命或曾经拥有过生命，但我们也许很难找到一颗星球能像地球这样完全被生物所占领。

如果我们在其他世界发现生命，我们对生命及其生存条件的定义可能会发生巨大的变化。但现在，我们必须按照地球上的生物概念去理解。据我们所知，生命只可能出现在这样的行星上：那里的温度允许液态水存在，即这颗行星的温度范围为 −15~100 ℃。为什么液态水如此重要呢？因为维持生命的化学反应必须发生在水里，而水是地球上最好的溶剂。水在酶的形成过程中也起着关键作用，酶可以推动化学反应，同时水也是将各种物质从一个地方送到另一个地方的运输系统。

地球在温暖的宜居地带围绕着太阳运行，这个星球上的水已经存在大约 43 亿年了。在 43 亿到 35 亿年前的某个时候，当光合作用产生的化学物质出现在古老岩石中时，地球上的生命终于正式开始了。

没人知道这是怎么发生的。我们知道，氨基酸是蛋白质的组成部分，而蛋白质又是生命的组成部分。实验表明，在闪电的激发下，原始海洋中存在的化学物质会合成氨基酸。在此后某一时刻，生命的基本分子，包括糖、蛋白质和核酸，在最初的海洋中出现并相互作用。核糖核酸（RNA）一旦形成，就具有自我复制的能力，因此最早的生命形式可能是以核糖核酸为基础的，后来又进化出外膜来保护内部的化学物质。最早的细胞也许诞生于深海火山口周围的温暖水域，即使在今天，那里仍能找到极其原始的生命形式。

左图 分布在西太平洋马里亚纳弧附近的深海热液喷口喷出的“白烟”——实际上是热的富含矿物质的水，滋养着古老的生命形式

从细菌到人类

最早的生命形式可以追溯到至少 35 亿年前的原核生物，即没有细胞核、染色体或其他细胞器的简单有机体。细菌就是原核生物。在 21 亿 ~19 亿年前，含有细胞核、染色体和独特内部结构的复杂细胞出现了。第一批植物细胞出现并通过光合作用开始产生氧气。这些早期的藻类在海洋中繁殖和扩散，把地球的大气逐渐改造成了我们今天所知的富含氧气的混合物。在这一转变接近尾声的时候，也就是大约 6 亿年前，生命种类开始激增，演变成各种各样的多细胞形式，包括开花植物和哺乳动物。世界逐渐变得绿意盎然，生命物种不断地繁殖和进化。直到生命演化进程的后期，才出现了人类的身影。大约 440 万年前，第一批人类离开树木开始直立行走。现代人类——智人，仅仅出现在 20 万年前。

物种大灭绝

单个物种的演化失败在生命进化过程中是不可避免的，但有时地球上的生命会经历大规模的死亡——大量物种的大规模灭绝。我们并不总是知道这些灭绝事件的缘由，但科学家们通过研究化石和地质记录可以解释大多数灭绝事件。迄今已知的地球上最大规模的物种灭绝发生在 2.51 亿年前的二叠纪 - 三叠纪的过渡时期，导致当时地球上 95% 的物种消失。研究发现，这次生物灭绝很可能是由火山爆发引起的。而发生在 6 500 万年前的白垩纪 - 古近纪灭绝事件可能是由小行星撞击地球造成的。47% 的海洋生物和 18% 的陆地脊椎动物包括恐龙，都在那次灾难中灭绝了。

生物圈

地球早期演化的结果是在其三个环环相扣的圈层（大气圈、岩石圈和水圈）中增加了一个生物圈。生物圈从太阳获取能量，是一个全球性的生态系统。从物理层面上来说，生物圈分布广泛，从 11 千米深的海底延伸到距离地球表面约 10 千米高的对流层上层。但大多数生命都集中在一个较窄的范围内：从海面以下约 200 米到海平面以上 6 千米。

人类只占全球生物量的一小部分，而细菌的数量则远远超过人类，但生物对地球的影响与其数量往往不成正比。近几个世纪以来，人类活动，特别是化石燃料的燃烧和对森林的破坏，迅速改变了地球的气候。总体而言，地球上的总人口一直在增长，但不均衡。在许多发展中国家，人口增长迅速；而在一些发达国家，人口则呈下降趋势。然而，在应对各种全球性挑战的同时，人类继续向外寻找着他们星球附近的生命迹象以及未来的新家园。

从太空看地球

地球是我们最熟悉的星球，但这颗星球的许多运作方式仍是未知的。有关地球内部动力学和运行方式的新发现仍在不断涌现，这在很大程度上要归功于针对地球表面和太阳的卫星技术的使用。

新的调查研究正在探明太阳活动对地球及其气候模式的影响程度。其他的调查研究正在监测地球上的生态系统——特别是海洋系统，从太空追踪地球变暖的蛛丝马迹。对于地球和地球上的居民来说，我们所学到的一切可能有助于我们更好地理解地球的冷暖循环，以及人类在其中所扮演的角色。

迅速变暖的地球

在 21 世纪的第一个十年里，关于全球气候变化的辩论可能已经成为人类面临的与生活最息息相关但仍存在分歧的科学问题之一。2009 年底，世界各国领导人齐聚丹麦首都哥本哈根（Copenhagen），讨论各国的诉求和可能采取的行动。大量的证据表明，人类活动，特别是通过燃烧化石燃料排放的温室气体，已经导致全球气温在 20 世纪上升了约 0.74 ℃，预计在未来气温还会有更大幅度的上升，这可能会给我们的栖息地带来可怕的影响。

全球气温上升有多少是其他动力学因素造成的？是否与太阳活动强度变化相关的“地外力量”有关？或与地球海洋周期相关？这其中人为的因素能造成多大的影响？天基设备对地球的进一步探索又将如何推进气候变化的辩论？

哥本哈根会议没有就世界主要发达国家和发展中国家是否应该或如何减少碳排放达成共识。此外，这次会议的召开正值英国气候变化研究中心的计算机网络服务器遭黑客入侵这一事件的曝光之际，大量内部资料及科学家之间有关气候变化学术内容的电子邮件遭窃取和公开。公开内容引起了有关“人类排放导致全球气候变暖程度是否被主观夸大”的激烈争论。一些人认为，这表明那些研究气候变化的科学家们在努力操纵这场辩论，使之有利于自己阵营的利益。

所有这些都使得当前正在进行的探测任务变得至关重要，它们能帮助我们更深入地了解这颗独一无二的行星。

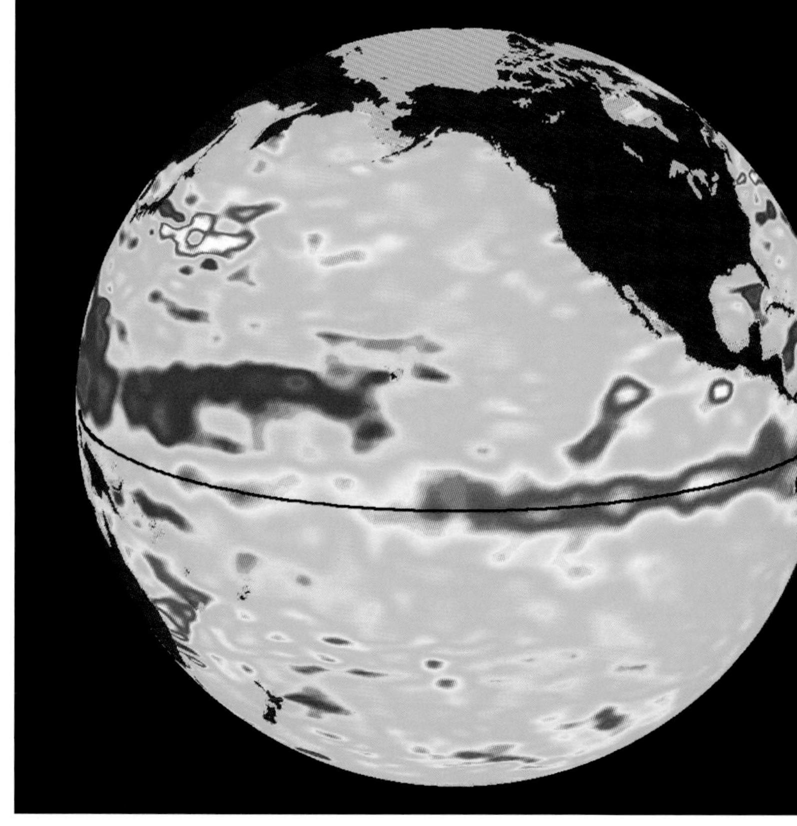

上图　詹森 2 号（Jason-2）卫星收集的数据帮助科学家追踪了太平洋厄尔尼诺现象的气候模式。赤道沿线的红色和白色表示那里的表面温度超过正常值 1~2 ℃

下图　温室气体，如汽车燃烧化石燃料产生的温室气体，是气候变化辩论的中心议题

太阳和海洋

现在，天基设备正在太空中进行“地球系统模式”的研究，希望借助先进的空间探测技术，能够找到经得起政治审查的答案。这也反映在美国航天局的规划中，到目前该机构已经开展了 21 项空间地球观测任务，其中包括“有源腔型辐射计监测仪 - Ⅲ”（ACRIM-Ⅲ）这样的探测卫星。这颗卫星发射于 1999 年，在 14 年的服役期间一直在监测太阳辐射的变化，以确定地球的温度变

化有多少可能是由离我们最近的恒星的变化引起的。这是气候变化讨论中的一个核心因素，但仍未被研究清楚。正在进行的和未来的太阳探测任务也将关注这些问题（见第 96~97 页）。

监测海平面

一项正在进行中的“国际地球观测卫星高度计联合任务”旨在进一步实现这一图景。美国航天局与法国和欧洲的机构利用詹森 2 号卫星上的雷达高度计，合作开展了海洋表面地形任务（OSTM），以监测全球的海平面高度，并跟踪极地冰盖融化的影响。詹森 2 号卫星于 2008 年年中发射，它还用于监测非人为原因引起的气候变化。在 2010 年初，詹森 2 号卫星收集的数据帮助科学家追踪了因信风减弱而形成的厄尔尼诺现象的气候模式。通过了解像厄尔尼诺这样的气候事件，气候学家们认为他们可以更好地确定全球变暖在多大程度上是由人类活动造成的。

上图 美国航天局的辉煌号（Glory）卫星在地球上空的假想图

辉煌号卫星

出于对气候相关问题的优先考虑，探测任务一直在稳步向前推进。美国航天局的辉煌号卫星旨在更精确地关注人类造成的气候变暖的程度，它的任务是在地球 700 千米高空分析火山、森林火灾、烟囱和排气管所排出的悬浮颗粒并测量大气中碳和气溶胶的浓度，帮助执行任务的科学家了解它们对地球变暖的影响。

这是一个复杂的问题——二氧化碳作为一种温室气体能吸收热量并使地球变暖，而一些气溶胶微粒实际上会反射或阻挡阳光，并可能起到降温作用——但它们在确定全球变暖的人为因素方面却至关重要。辉煌号卫星还计划测量入射的太阳辐射，以更好地确定太阳对地球气候的影响。

不幸的是，2011 年 3 月 4 日，搭载辉煌号卫星的运载火箭升空 3 分钟后，整流罩没有及时与火箭分离，以致拖累火箭速度，随即星箭整体坠入南太平洋。

气候监测

2015 年 1 月 31 日，美国航天局成功发射了其第一颗用于监测地球土壤湿度的卫星——土壤湿度主 - 被动遥感卫星（SMAP），该卫星连接的雷达和辐射仪，可穿透云层和植被，昼夜观测全球土壤表层下 5 厘米的湿度及土壤冻结情况。这一任务有助于人类更好地理解地球上的水、能源和碳循环，帮助科学家监测干旱、农业生产、粮食产量等方面的情况，并有助于提高气候、天气和自然灾害预测水平。

美国航天局的冰、云和陆地高程卫星 2 号（ICESat -2）于 2018 年 9 月 15 日成功发射，该卫星主要用于精确测量格陵兰岛和南极洲冰层厚度的变化，同时也用于收集有关森林生长和云层高度的数据。此外，美国的气候绝对辐射和折射观测台（CLARREO）目前正在研究中，发射日期未定，它将提供对地球热量和红外特征的最精确测量，帮助校准其他仪器和改进对气候变化的预测。

科学家们希望从太空研究地球能更好地了解地球本身的情况。科学和公众会达成共识吗？这是一个将来肯定要面对的问题。

地球隔壁的小型博物馆：月球

月球是地球唯一的天然卫星，由于没有遭受过侵蚀和活跃的地质作用，它保存了太阳系早期的地质记录。它是距离地球最近的天体，也是未来星际旅行的中转站。

月球不是太阳系中最大的卫星，但相对于母行星而言，它是最大的，其直径大约为地球的 1/4。平均来说，它在距离地球 384 400 千米外的轨道上运行，并对地球产生强大的引力。这不仅体现在地球的潮汐中，也体现在地球相对稳定的空间定位中。如果没有月球在附近稳定牵引，现在倾斜 23.45° 的地球自转轴可能会在 0° ~85° 之间摆动，这将对地球上的季节和气候造成灾难性的影响。地球和月球的引力关系也解释了月球最明显的特征之一：月球总是以同一面面对地球。地球和月球之间的潮汐力将它们绑在一起，使得月球的自转周期与公转周期完全相同。正因如此，直到太空时代，我们才能看到月球的背面（但请注意，月球背面经常被人误解为“月之暗面”，其实月球上你无法看到的那面并不总是暗的，在月球的每一个轨道周期，太阳都有机会照射到月球背面，只是我们看不见那个半球而已）。

左图　黑暗的盆地和明亮的辐射纹都是月球遭受重创时留下的痕迹

天文符号：☾
发现者：古人
与地球的平均距离：384 400 千米
自转周期：27.32 个地球日
轨道周期：27.32 个地球日

赤道直径：3 474 千米
质量（地球 =1）：0.012 3
密度：3.34 g/cm^3（地球密度为 5.5 g/cm^3）
表面温度：−183~127 ℃
视星等：−12.74（满月）

观天提示

※ 观测月球的最佳时机是上弦月和下弦月。观测时要特别注意明亮地区和黑暗地区之间的界限（即明暗界线）。

天文冷知识　上一次没有出现满月的月份是在 2018 年 2 月。

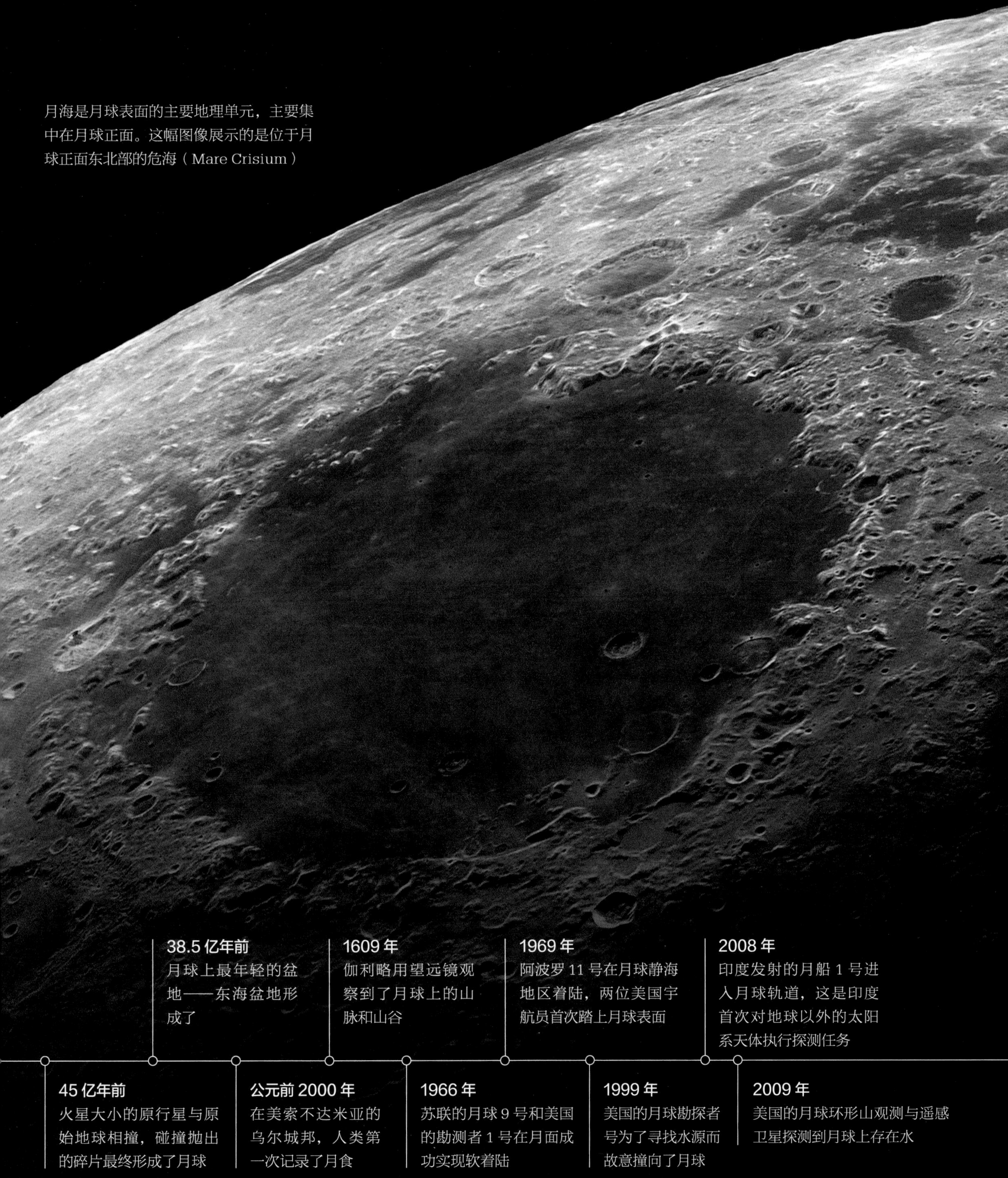

月海是月球表面的主要地理单元，主要集中在月球正面。这幅图像展示的是位于月球正面东北部的危海（Mare Crisium）

45 亿年前
火星大小的原行星与原始地球相撞，碰撞抛出的碎片最终形成了月球

38.5 亿年前
月球上最年轻的盆地——东海盆地形成了

公元前 2000 年
在美索不达米亚的乌尔城邦，人类第一次记录了月食

1609 年
伽利略用望远镜观察到了月球上的山脉和山谷

1966 年
苏联的月球 9 号和美国的勘测者 1 号在月面成功实现软着陆

1969 年
阿波罗 11 号在月球静海地区着陆，两位美国宇航员首次踏上月球表面

1999 年
美国的月球勘探者号为了寻找水源而故意撞向了月球

2008 年
印度发射的月船 1 号进入月球轨道，这是印度首次对地球以外的太阳系天体执行探测任务

2009 年
美国的月球环形山观测与遥感卫星探测到月球上存在水

一段暴力史

地球究竟是从哪里得到这颗巨大的卫星的？过去人们曾提出过几种理论，每种理论都有其自身的缺陷。最简单的解释是，月球与地球形成于同一时期，由早期太阳系的碎片合并而成。然而，测量显示月球的密度小于地球的密度，该结果并不支持这种“孪生小兄弟”的假设。此外，对载人登月

下图 1972 年，在最后一次载人登月任务中，阿波罗 17 号宇航员在着陆点金牛座 - 利特罗（Taurus-Littrow）山谷中拍到了一个巨石场。阿波罗任务带回了数百千克的月球岩石，目前科研人员仍在对其进行研究

任务带回的月岩样品进行分析后发现，月岩中缺乏地球岩石中的含水矿物质。另一种理论认为，地球捕获了飘浮的月球。然而，考虑到月球的大小，这将是一项非常艰巨的任务。第三种假设认为，旋转的地球以某种方式“吐”出了构成月球的物质，留下了太平洋盆地作为证据，但这从物理学角度来看却令人难以置信。

尽管目前关于月球起源的理论有些夸张，但它解释了地球和月球之间的异同。该假说认为，大约在 45 亿年前，一颗火星大小的巨型天体撞击了刚刚形成不久的地球。在这场灾难性的撞击中，撞击者的金属核心与地球核心融合在一起，同时大块的地壳和地幔被抛向太空。高温蒸发掉了这些被抛弃物质中的水和大多数挥发性元素，这些物质又重新聚集在一起形成了环绕地球运行的月球。由于月球中铁含量较低，因而月球的铁核也比较小，密度也不如地球大。与此同时，摇摇欲坠的地球被撞倾斜了约 23° 。最终，这对“母女”就建立了如今这般亲密的轨道伙伴关系。

陆地与海洋

斑驳的月球表面布满了颜色深浅不一的斑点。但即使是一架小型望远镜，也能看到月球上明亮的山脉、黑暗的平原以及成千上万的大型撞击坑，它们静静地诉说着地球卫星遭受暴力伤害的悠久历史。

1609 年，伽利略用他新造的望远镜观察了月球，他把月球变化多端的表面比作地球表面，将较明亮的区域命名为“陆地”，把平滑的黑暗区域称为“海洋”。他的“月海”标签保存在月球的一些最大特征上。例如，表示“宁静之海”的静海（Mare Tranquillitatis）或被乐观地看作是“雨之海洋”的雨海（Mare Imbrium）。

月球上有海洋的概念并没有流传到现代，并且由于太空时代的研究和阿波罗登月任务，我们得以知道那些明亮的“陆地”实际上是高地，是月壳的古老区域，那里的岩石可以追溯到大约 45 亿年前月球诞生的时候。这些坑坑洼洼的山区覆盖了月球表面 80% 以上的面积。月海比高地低 2 ~ 5 千米，它们是巨大的撞击盆地，充满了冷却的黑色熔岩。

环形山

月球上有大量的环形山，其中至少有 3 万个直径超过 1 千米。当岩石天体撞击月球时，它们的动能转化为热能，并发出冲击波穿透月球的外壳。当发生碰撞时，撞击天体会迅速熔融或气化，而月球表面粉碎的碎屑会向外喷射，当它们落回月面便堆砌成环形山，其大小通常是撞击天体的 10~20

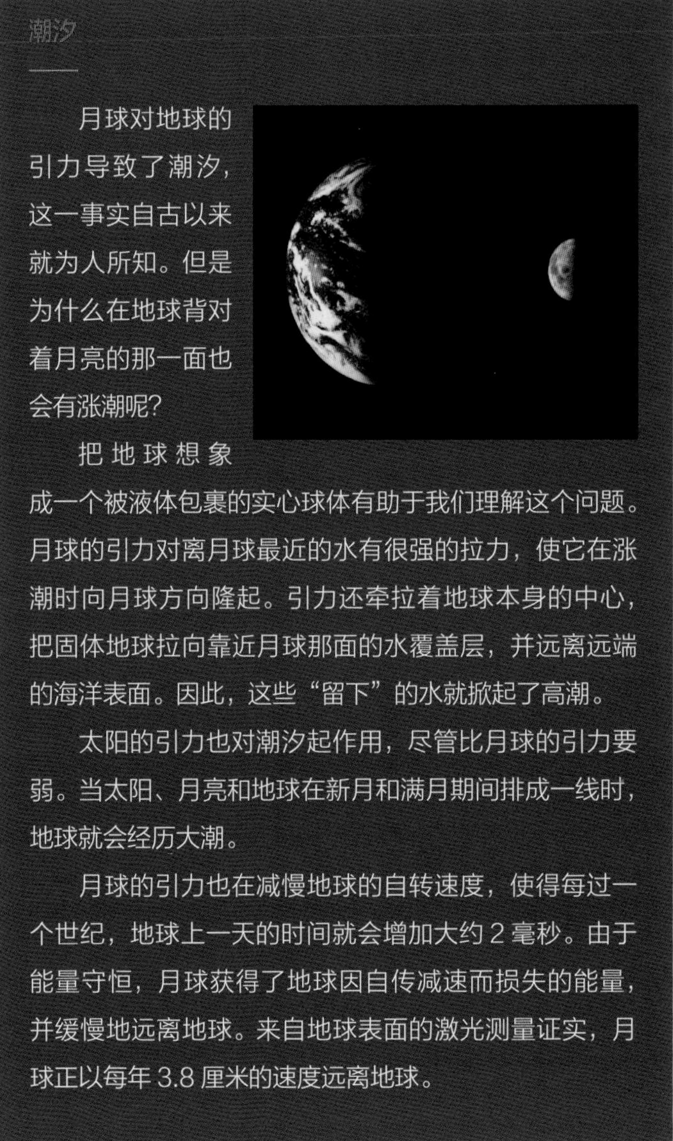

潮汐

月球对地球的引力导致了潮汐，这一事实自古以来就为人所知。但是为什么在地球背对着月亮的那一面也会有涨潮呢？

把地球想象成一个被液体包裹的实心球体有助于我们理解这个问题。月球的引力对离月球最近的水有很强的拉力，使它在涨潮时向月球方向隆起。引力还牵拉着地球本身的中心，把固体地球拉向靠近月球那面的水覆盖层，并远离远端的海洋表面。因此，这些“留下”的水就掀起了高潮。

太阳的引力也对潮汐起作用，尽管比月球的引力要弱。当太阳、月亮和地球在新月和满月期间排成一线时，地球就会经历大潮。

月球的引力也在减慢地球的自转速度，使得每过一个世纪，地球上一天的时间就会增加大约 2 毫秒。由于能量守恒，月球获得了地球因自传减速而损失的能量，并缓慢地远离地球。来自地球表面的激光测量证实，月球正以每年 3.8 厘米的速度远离地球。

倍。较大的环形山的中心通常有一个中央峰，是环形山底部受到强力压缩后回弹隆起导致的。许多喷射出的岩石足够大，从天而降时也形成了它们自己的环形山。那些大型的环形山被称为撞击盆地。月球的背面就有太阳系中最大的撞击盆地之一——南极－艾特肯盆地（South Pole-Aitken Basin），其直径约为 2 500 千米。

月球的历史

在大约 45 亿年前月球形成的最初阶段，这颗卫星大部分处于熔融状态。那些密度更大、更重的物质向中心下沉，而随着月球的逐渐冷却，较轻的元素上升形成月球表面的外壳。

然后，在 39 亿 ~38 亿年前的某个时候，早期太阳系的碎片轰击了这个可怜的天体，巨大的岩石以数枚氢弹的威力把月球表面炸出一个又一个的弹坑。就在轰炸开始减缓时，火山活动又接踵而至。大量熔融的火山岩浆淹没了大型的撞击盆地，然后冷却凝固，最终形成了月海。

月球剖析

月球土壤（即月壤，也叫风化层）之下是月壳，月壳在月球正面（尤其是撞击盆地处）较薄，在月球背面较厚。在月壳之下是寒冷、致密且半刚性的月幔，月幔围绕着一个部分熔融层。富含金属铁的月核很小，直径约 700 千米，反映了月球诞生于地球较轻的外部区域。

从地质学上讲，月球相对寒冷且不活跃。然而，它确实有月震，这是一种相对轻微但持续时间较长的震动，月震发生时会像钟声一样响彻整个月球。

过去与未来的探测任务

1972 年 12 月 11 日，美国阿波罗 17 号宇宙飞船的着陆器在月球的金牛座－利特罗山谷着陆。当时，宇航员尤金·塞尔南（Eugene Cernan）和地质学家哈里森·施密特（Harrison Schmitt）在着陆器上。赛尔南后来回忆说，在一连串的着陆指令和推进器的噪声之后，他首先感受到周遭是一片寂静。

——“哥们，当你说关机时，我照做了，我们就开始下降，不是吗？”塞尔南对施密特说。

——“是的，先生！我们到这儿了。”施密特回答。

——“伙计，我们到了！”塞尔南说。

他们是抵达月球的最后一批宇航员。从 1969 年的阿波罗 11 号开始，美国共成功开展了 6 次举世瞩目的登月行动，阿波罗载人登月计划于 1972 年之后被无限期关闭。该计划不仅提供了大量关于月球的信息，而且还提供了大量关于地

尼尔 · 阿姆斯特朗

个人的一小步，人类的一大步

头脑冷静的飞行员尼尔 · 阿姆斯特朗（1930—2012）在月球上艰难地迈出了第一步。他在朝鲜执行过 78 次战斗任务，有滑翔机、超声速 X-15 等飞机的飞行经验。1966 年，他指挥了双子座 8 号（Gemini 8）任务，首次成功实现了两个航天器的太空对接。

阿姆斯特朗在月球上说的第一句话——“这是个人的一小步，却是人类的一大步”（That's one small step for man, one giant leap for mankind）——并不完全是他的本意。激动之下，他甚至少说了“人”（man）之前的“个”（a）。但数百万听众完全明白他此刻的意思。

球及太阳系起源的信息。同样鼓舞人心的启示是，人类的确可以踏足其他星球。

早期任务

行星科学家们能获取到很多的月球知识主要得益于冷战时期的太空竞赛。1957 年 10 月 4 日，苏联发射了第一颗人造卫星斯普特尼克 1 号，此举震惊了美国并促使美国开始大力推进尚在襁褓中的太空计划。1961 年，美国总统约翰 • F. 肯尼迪（John F. Kennedy）宣布，美国将在 10 年之内“把一个人送上月球，并让他安全返回地球”。

20 世纪 50 年代至 70 年代，苏联和美国相继开展了一系列无人绕月和登月任务：月球号系列、徘徊者号系列、勘测者号（Surveyor）系列、月球轨道飞行器（Lunar Orbiter）系列等等。许多任务失败了，一些探测器完全错过了月球，或（无意中）坠毁在月球表面。但是那些成功的卫星发回了月球表面的详细图像和地质特征。例如，当第一个航天器环绕月球运行时，科学家们惊讶地发现，航天器的轨道因为月海巨大的引力发生了偏移。这些质量密集区，或称月球质量瘤（mascon），现在被认为是高密度的月幔岩石，它们在月球遭受巨大撞击后上升到了月球表面。到达月球表面的探测器传回了令人振奋的信息，即着陆器不会像一些人担心的那样消失在月球厚厚的尘埃层之下。相反，月球表面覆盖着一种被称为风化层的土壤（即月壤），它由细碎的岩石粉末构成。在没有大气扰动的情况下，月壤会永久地保留印记，比如宇航员的脚印。

下图 阿波罗 17 号宇航员哈里森 • 施密特正在月球表面采集样品，不远处停着他驾驶的月球车

阿波罗计划

美国航天局的阿波罗计划始于一场悲剧。1967 年，3 名阿波罗 1 号宇航员在发射台的一场大火中丧生。但到 1968 年底，阿波罗 8 号载人宇宙飞船已经完成绕月飞行并返回地球。1969 年 7 月 20 日，阿波罗 11 号在月球静海着陆，尼尔·阿姆斯特朗和巴兹·奥尔德林成为首批在其他星球上留下脚印的人类。他们欢快跳跃的场景通过电视展现给了全世界的观众，他们在月球表面探索了 21 个小时，收集了约 22 千克的样品，然后乘坐轨道航天器返回地球。

在 3 年多的时间里，美国航天局可谓动作频频，先后实施了 7 次载人登月任务。其中之一的阿波罗 13 号，在经历了一次严重的氧气罐爆炸事故后，不得不中止着陆并冒险返回地球，该任务因 1995 年上映的奥斯卡获奖影片《阿波罗 13 号》而广为人知。其他的任务都非常成功，还采用“高尔夫球车”式的漫游车探索了越来越多的月球表面，并向地球运回了 382 千克的月球岩石和月壤样品。这些地质宝藏证实了月壳的火成岩性质和无水特征。宇航员还在月球上放置了科学仪器，这些仪器可以将月震和太阳风的测量数据传回地球。阿波罗 11 号的宇航员在月球表面放置了激光后向反射器阵列，这些反射器至今仍在为科学家们提供精确测量月球与地球距离的服务。从地球通过光学望远镜发射的激光束从反射器反射回来，一次产生几个光子的信息，证实月球正在以每年 3.8 厘米的速度远离地球。

寻找水冰

由于一系列政治和经济原因，阿波罗计划于 1972 年底中止。然而，为了最终重返月球，各种无人探测任务已经仔细勘察了月球的极地区域，那里的永久阴影区中可能潜藏着水冰。

其中之一是 1994 年发射的由美国航天局和美国国防部联合研制的环月轨道探测器克莱芒蒂娜（Clementine），它发回了约 160 万张月球表面的数字图像，并可能在月球南极

阿波罗计划

在著名的阿波罗计划期间，共有 9 艘宇宙飞船和 27 名宇航员抵达月球轨道，该系列任务开启于 1968 年 12 月，并以 4 年后阿波罗 17 号任务的完成而宣告结束。

- 阿波罗 8 号　1968 年 12 月 21 日发射
  1968 年 12 月 27 日返回地球
- 阿波罗 10 号　1969 年 5 月 18 日发射
  1969 年 5 月 26 日返回地球
- 阿波罗 11 号　1969 年 7 月 16 日发射
  1969 年 7 月 20 日登陆月球
  1969 年 7 月 24 日返回地球
- 阿波罗 12 号　1969 年 11 月 14 日发射
  1969 年 11 月 19 日登陆月球
  1969 年 11 月 24 日返回地球
- 阿波罗 13 号　1970 年 4 月 11 日发射
  1970 年 4 月 17 日返回地球
- 阿波罗 14 号　1971 年 1 月 31 日发射
  1971 年 2 月 5 日登陆月球
  1971 年 2 月 9 日返回地球
- 阿波罗 15 号　1971 年 7 月 26 日发射
  1971 年 7 月 30 日登陆月球
  1971 年 8 月 7 日返回地球
- 阿波罗 16 号　1972 年 4 月 16 日发射
  1972 年 4 月 21 日登陆月球
  1972 年 4 月 27 日返回地球
- 阿波罗 17 号　1972 年 12 月 7 日发射
  1972 年 12 月 11 日登陆月球
  1972 年 12 月 19 日返回地球

的一个黑暗环形山中发现了水冰。美国航天局于 1998 年发射的小型月球探测器勘探者号（Lunar Prospector）围绕月球轨道运行了 18 个月，并在月球两极发现了氢元素，这可能表明月球上存在水。美国航天局甚至牺牲了这个小型探测器,在任务结束时把它撞进了一个环形山,希望能激起水蒸汽，但是没有发现水冰的信息。2006 年，波多黎各阿雷西博天文台进行的雷达研究表明，早期的数据（即发现氢元素）可能有其他来源，比如散裂的年轻岩石和太阳风，这使人们对发现水冰的希望一度变得渺茫。

重返月球?

为什么人们对水冰如此感兴趣? 随着美国航天局航天飞机项目的结束，人类重返月球和火星的计划也在逐渐增加。2004 年，美国总统乔治 · W. 布什（George W. Bush）宣布了一项雄心勃勃的计划——“星座计划”（Constellation program），要在 2020 年之前让人类重返月球。但该计划几经周折，最后在奥巴马（Obama）总统的任期内搁浅。美国航天局于 2019 年登月 50 周年纪念之际公布了最新的重返月球计划——“阿尔忒弥斯计划”（Artemis program），宣布将在月球建立永久基地，并计划于 2024 年将美国宇航员再次送上月球。但是人类建设的月球基地需要尽可能自给自足，包括从附近的沉积物中获取水冰（如果确实存在的话）。水冰不仅有水的价值，而且可以被加工分解成氧和氢。

美国并不是唯一对月球感兴趣的国家。欧洲、日本和中国的航天机构都在 21 世纪向月球发射了航天器，用以发展各自的太空计划。印度发射的月船 1 号（Chandrayaan-1）于 2008 年 11 月进入月球轨道，这是印度首次对地球以外的太阳系天体执行探测任务。他们校准了朝向月球的传感器，以获取精确的数据来绘制月球矿物元素的分布图，期望揭示月球的形成过程。这样的知识必然也能帮助我们了解地球的诞生。

新的发现

即使是那些离我们最近的，我们每天都能看到的，并且经常被认为是理所当然的事物，有时也能有最惊人的发现。地球的同伴——美丽的月球，就是这样一个例子。地球的卫星已经被最近密集的勘探活动所淹没，其结果有可能是一场真正意义上的洪水。这个故事开启于 2008 年布朗大学的一个实验室里。研究人员筹集了资金，对阿波罗任务带回的月岩样品的成分进行了重新研究。许多同事认为这是徒劳的，难道从这些古老的岩石中还能挖掘出什么新的信息吗?

尽管这些样品已经在科学家手中流转了几十年，但这是第一次用最精密的质谱分析仪对它们进行检测。月岩样品当初返回地球时，这些分析精度能达到百万分之四或百万分之五的现代设备还没有问世。他们在月球火山玻璃珠中发现了自月球探索开始以来研究人员一直在寻找的东西：水。

发现水的存在

用月球科学家查尔斯 · 伍德 (Charles Wood) 的话来说，月球探测已经进入了一个名副其实的“黄金时代”。探测任务传回的数据不仅证实了月球上存在大量的水，还解开了一些关于月球地质的其他谜团。欧洲国家、日本、印度和中国都发射了各自的航天器，并使用不同的设备从不同的角度研究月球。

以日本为例，月亮女神号（KAGUYA）轨道飞行器在撞向月球背面之前，传回了海量的地形测量数据。这些数据帮助绘制了极为精细的月球表面地形图，似乎证实月球经历了一个岩浆分异的过程，较重的物质下沉到月球中心，而较轻的物质（如斜长岩）则上浮到月球表面。斜长岩颜色明亮，

上图　松散的山崩碎片装点着月球正面梅西叶 A 环形山（Messier A crater）的斜坡

用肉眼就可以看到，点缀其间的是暗色玄武岩熔岩流，构成了月球的月海。月球上存在水的说法在实验室中得到证实后，在另外两个实验中也得到了进一步的确认。

水上着陆

2009 年 10 月，此前和月球勘测轨道飞行器（LRO）一起发射的月球环形山观测与遥感卫星（LCROSS）被快速送往月球的卡比厄斯环形山（Cabeus crater），这个环形山靠近月球南极，一直处于阴影之中。在执行撞月任务前 10 小时，半人马座上级火箭与月球环形山观测与遥感卫星分离。接着火箭变身成为初级撞击器，撞向月球南极的卡比厄斯环形山表面，撞击形成了尘埃烟柱，并扬起了大量的碎片。4 分钟后，月球环形山观测与遥感卫星飞过这些溅射出的羽状碎片，并利用携带的设备分析了碎片中含有的物质成分，科学家们通过检测数据发现了大量的水。

印度的月船 1 号轨道飞行器对月球北部环形山进行了雷达分析，结果也发现了冰或氢氧自由基（又称羟基）的迹象。月球表面看起来似乎很干燥，但所有的迹象都表明月球可能比以前想象的含有更多的水冰。

这些发现对月球的起源提出了许多新的问题。一个被广为接受的理论是，在遥远的过去，月球是由地球与另一个火星大小的天体碰撞后溅射出的物质形成的。撞击体与地球发生了融合，而部分喷射出的碎片通过相互吸积形成了月球。如果是这样的话，科学家们将需要重新思考这场惊天大碰撞的性质，以及像水这样的挥发性物质是如何躲过被蒸发殆尽的命运而存留下来的。有一种推测认为，月球形成后，其他天体（如彗星和富含水的小行星）与其单独碰撞而“播种”了水，因此这些水可能是后期彗星或小行星带来的，而不是月球原生的水。

左图　月球勘测轨道飞行器上搭载的窄角照相机可以拍摄分辨率为 50 厘米的全色图像，在这些图像上足以看到留在月球表面的月球车

月球的未来

新的发现也重新燃起了人们对月球永久阴影区的环形山的兴趣，也为探明月球水冰的来源提供了线索。月球勘测轨道飞行器已经开始测量一些环形山内的温度，发现那里可能打破了太阳系的低温纪录，达到 −248 ℃。严酷的低温会“困住”元素，这可能为月球的形成和演化留下一些重要线索。

美国航天局提出的一项任务将在月球的南极 − 艾特肯盆地附近着陆。这个盆地是月球上最大的撞击盆地，位于月球背面的南部地区。南极 − 艾特肯盆地下伏的月壳和月幔物质可以帮助研究人员获得更多关于月球演化的信息。

阿波罗系列任务取得了开创性的成功，在这之后的许多年，人们对月球逐渐失去了兴趣。现在由于月球表面被证实有水冰存在，它的神秘又重新吸引了人们的目光。正在开展的其他实验也表明，人们对这个离地球最近的邻居越来越感兴趣了。例如，月球勘测轨道飞行器正专注于研究月球上的辐射量，并测量宇宙射线的爆发量，这些宇宙射线中的带电粒子不断轰击着月球表面。

这个问题总有一天会引起人们的广泛关注。月球上水的存在，让人们有了在月球上建立永久性基地的打算。水既能维持宇航员的生命，也能分解成氧气供他们呼吸，还能作为火箭的燃料。如果在月球上建立一个空间基地，宇航员将需要保护自己不受辐射的影响，因为月球缺少像地球这样的大气层和磁层的保护，宇宙射线将对宇航员的身体产生致命的伤害，而月球勘测轨道飞行器的工作将有助于评估宇航员需要多大程度上的防护。

红色的沙漠行星：火星

隔壁那颗寒冷的红色星球与地球有着惊人的相似之处，它还是太阳系中距离地球最近的拥有水源的行星，甚至可能有生命存在的迹象。

火星在古代文明中广为人知，是古代天文观测者所追踪的五颗“游星”（wandering star）之一。火星的轨道在地球的轨道之外，它似乎在夜空中绕着一个大圈滑行，有时在再次前进之前会以逆行的方式倒退。当这颗行星处于冲日（火星和太阳分处地球两侧且三者排成一条直线）并正好位于近日点附近时，被称作“火星大冲”，这种现象 15 年到 17 年才出现一次。“大冲”期间，火星距离地球将非常近，最近时仅有约 5 600 万千米，火星看上去会比平时更大也更为明亮。

这颗行星是我们仅次于金星的近邻，而且在某些方面与地球惊人的相似。例如，火星每 24.62 小时绕轴自转一周，这里的一天与地球一天的时长非常相似。它的自转轴倾角为 25.19°，也与地球相似，这使它在绕太阳公转的过程中也产生了四季的更替。此外，它拥有大气层、云层和极冠。不过，它比地球要小得多，直径只有 6 794 千米，因此质量也相对较小，仅有地球的 11%。

左图 水冰云飘浮在火星的塔尔西斯（Tharsis）火山上空

天文符号：♂
发现者：古人
与太阳的平均距离：227 936 640 千米
自转周期：1.026 个地球日（24.62 小时）
轨道周期：1.88 个地球年（687 个地球日）
赤道直径：6 794 千米
质量（地球 =1）：0.107
密度：3.94 g/cm^3（地球密度为 5.5 g/cm^3）
表面温度：−143~35 ℃
天然卫星数量：2

观天提示

※ 火星冲日平均 780 天出现一次。火星冲日的前后数周都是火星的最佳观测期。

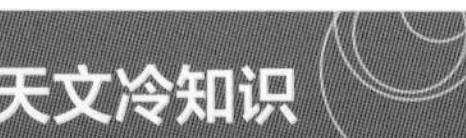
天文冷知识 在火星赤道的夏季白天，表面温度最高可达 35 ℃，但在夜晚可降至约 −73 ℃。

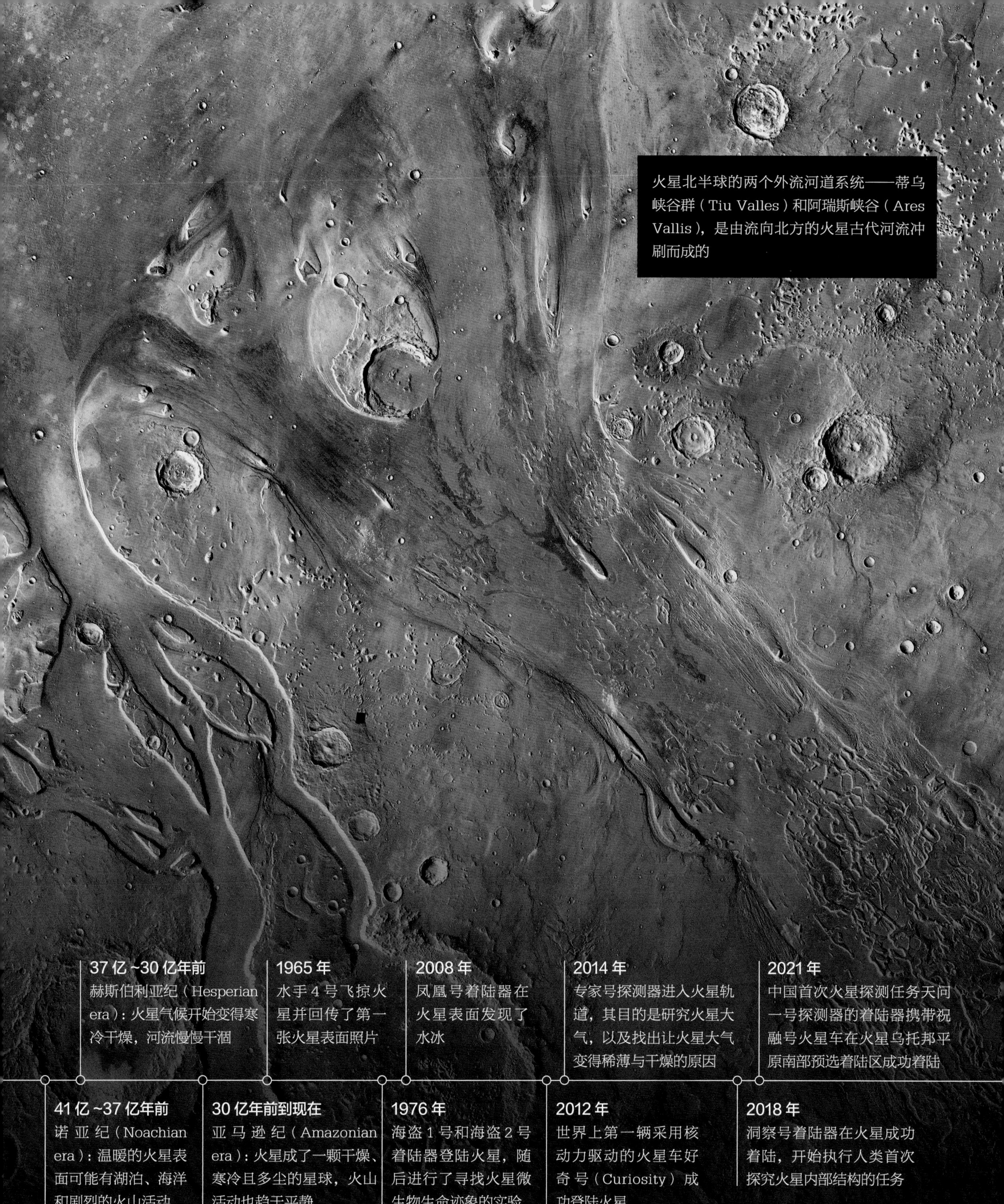

火星北半球的两个外流河道系统——蒂乌峡谷群（Tiu Valles）和阿瑞斯峡谷（Ares Vallis），是由流向北方的火星古代河流冲刷而成的

41 亿 ~37 亿年前
诺亚纪（Noachian era）：温暖的火星表面可能有湖泊、海洋和剧烈的火山活动

37 亿 ~30 亿年前
赫斯伯利亚纪（Hesperian era）：火星气候开始变得寒冷干燥，河流慢慢干涸

30 亿年前到现在
亚马逊纪（Amazonian era）：火星成了一颗干燥、寒冷且多尘的星球，火山活动也趋于平静

1965 年
水手 4 号飞掠火星并回传了第一张火星表面照片

1976 年
海盗 1 号和海盗 2 号着陆器登陆火星，随后进行了寻找火星微生物生命迹象的实验

2008 年
凤凰号着陆器在火星表面发现了水冰

2012 年
世界上第一辆采用核动力驱动的火星车好奇号（Curiosity）成功登陆火星

2014 年
专家号探测器进入火星轨道，其目的是研究火星大气，以及找出让火星大气变得稀薄与干燥的原因

2018 年
洞察号着陆器在火星成功着陆，开始执行人类首次探究火星内部结构的任务

2021 年
中国首次火星探测任务天问一号探测器的着陆器携带祝融号火星车在火星乌托邦平原南部预选着陆区成功着陆

走向极端

有着锈红色外表的火星，长期以来一直与鲜血和毁灭联系在一起。古巴比伦人称它为“死亡之星”涅伽尔（Nergal），古希腊人和古罗马人则以他们的战神为其命名。它令人困惑的逆行运动让许多早期的天文学家感到绝望，其中包括哥白尼的一个学生，他在试图计算火星轨道时感到出离愤怒，以至于用头撞墙。伟大的天文学家约翰内斯·开普勒在他的著作《新天文学》中阐明了火星的轨道，这个天才的洞见就像1608 年发明了第一架望远镜一样让人兴奋不已。

新设备促进了火星的新发现，并由此引发了天文学家的各种猜测。17 世纪，荷兰天文学家克里斯蒂安·惠更斯和意

下图　形状像蓝黑色火焰的沙丘位于火星阿拉伯台地（Arabia Terra）东部的一个无名陨击坑内的中央峰旁边。假彩色描绘了地表的性质：浅蓝色区域的地表覆盖有更多的细沙，而橙黄色区域则表示较硬的沉积物和岩石露头

大利裔法籍天文学家乔瓦尼 · 卡西尼先后观测到了火星上定期出现的暗区，现在称之为大瑟提斯（Syrtis Major），卡西尼由此估算出火星的自转周期为 24 小时 40 分钟（仅比实际时间多 2.5 分钟）。人们对在火星上存在生命甚至智慧生命的希望迅速蔓延。天文学家注意到，火星表面的亮斑和暗斑随着时间和季节的变化而变化，而火星明亮的白色极冠则随着季节的变迁而周期性地消长。人们认为这些暗斑是由两极融化的水滋养的植被，这种想法在当时也不无道理。事实上，18 世纪的天文学家威廉 · 赫歇尔曾这样写道："当地居民的处境可能与我们的非常相似。"

火星卫星

1877 年 8 月，美国天文学家阿萨夫 · 霍尔经过一夜又一夜的持续搜寻，发现了火星的两颗凹凸不平又毫不起眼的小卫星——火卫一和火卫二。霍尔以战神之子的名字将它们分别命名为福波斯（意为"恐惧"）和得摩斯（意为"恐怖"）。火卫二是颗在外侧运行的卫星，尺寸为 15 千米 ×12 千米 ×10 千米，每 30 小时绕火星运行 1 周，轨道高度约为 20 000 千米。火卫一是颗在内侧运行的卫星，比火卫二略大，尺寸为 27 千米 ×22 千米 ×18 千米，每天绕火星运行 3 周，距离火星表面只有约 6 000 千米。它的螺旋轨道使它每隔一个世纪就向火星靠近 20 米，这意味着它在大约 1 100 万年后要么撞向火星表面，要么分裂成一个环。这些奇怪的小卫星的起源尚不清楚，但大多数科学家认为它们是被火星引力捕获的小行星。

火星"运河"

同年，当这颗行星在特别靠近地球的冲日期间，意大利天文学家乔瓦尼 · 斯基亚帕雷利绘制了一组显示火星表面特征的地图。他的画作中有不少笔直、纵横交错的线条，斯基亚帕雷利称这些线条为"canali"，意为"河道"。 由于这个词刚开始被误译为"运河（canals）"，于是在火星上有人工运河的消息迅速在人群中散播开来，引发了人们无尽的好奇和想象。富有的美国天文学家兼作家珀西瓦尔 · 洛厄尔在 20 世纪之交写了 3 本颇受欢迎的书，书中将火星描绘成一个垂死的世界，那里的居民正在英勇地为生存而战。他写道："似乎有一种秩序井然的头脑主宰了我们所看到的星球。当然，我们所看到的暗示着生命的存在，在文明的进程中他们甚至走在我们的前面，而不是后面。"

洛厄尔的奇思妙想激发了科幻小说作家的灵感，也惹恼了严肃的天文学家，他们没有在火星上看到人工运河的迹象，更别提水和植物了。对火星光谱的分析表明，火星稀薄的大气中含有二氧化碳和氮，几乎没有氧气。巨大的全球性沙尘暴在这颗行星表面肆虐。由于没有厚重的大气层来吸收太阳的热量，这里的平均温度远远低于水的冰点。简而言之，正如我们所知，这里的环境对生命的生存非常不利。

然而，这颗行星能以某种形式保持水分——即便只存在冻结于地表之下的水冰，也不是不可能的。水是生命最重要的先决条件。从 20 世纪 60 年代开始，航天器开始访问这颗邻居行星，目的是了解它的地质、大气和存在水的可能性。

南北半球

十多次的飞越探测，各种轨道飞行器、着陆器和漫游车，以及无数的地基望远镜，都已经勘察了火星的地形地貌。多亏了它们，我们对火星表面的了解比除地球以外的任何其他行星都要多——尽管这并不意味着我们完全了解它。

在火星地形的整体特征中，最引人注目的可能是南北半球之间的显著差异。北部有地势低平、起伏和缓的平原，陨击坑相对较少。科学家们认为，从地质学的角度来说，那里的地表很年轻，几亿年前曾被熔岩重新覆盖过。南部地势较高（平均高度比北部高约 3 千米），地形较为崎岖，有着更古老的布满陨击坑的表面。横跨赤道的是塔尔西斯隆起（Tharsis Bulge），这是一个面积相当于北美洲的区域，比周围地形高出 10 千米。与之相对的是位于火星另一面的希腊盆地（Hellas Basin），这是一个巨大的撞击盆地，也是火星的最低点，最深处低于

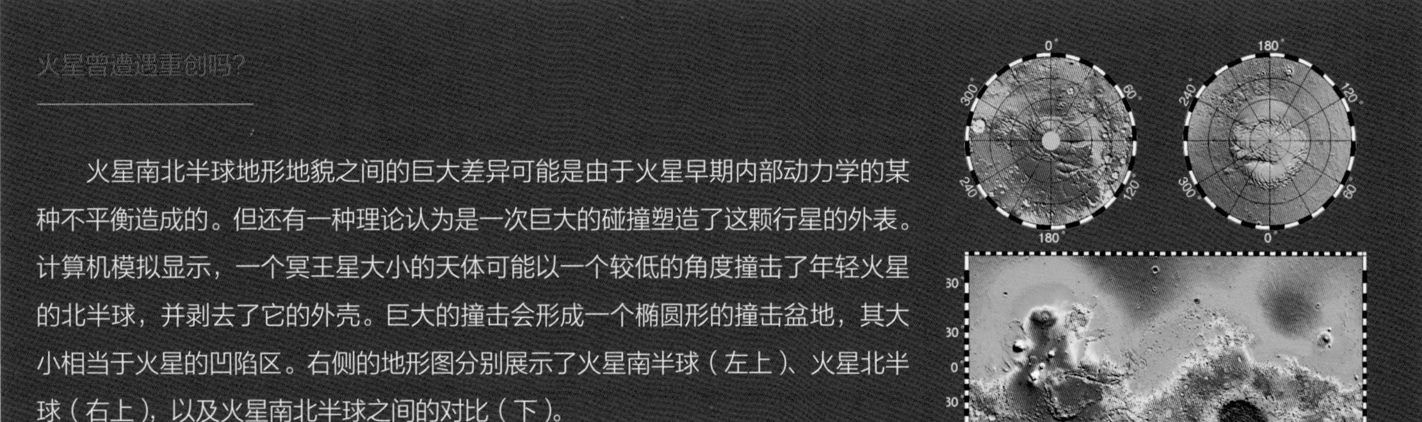

火星曾遭遇重创吗？

火星南北半球地形地貌之间的巨大差异可能是由于火星早期内部动力学的某种不平衡造成的。但还有一种理论认为是一次巨大的碰撞塑造了这颗行星的外表。计算机模拟显示，一个冥王星大小的天体可能以一个较低的角度撞击了年轻火星的北半球，并剥去了它的外壳。巨大的撞击会形成一个椭圆形的撞击盆地，其大小相当于火星的凹陷区。右侧的地形图分别展示了火星南半球（左上）、火星北半球（右上），以及火星南北半球之间的对比（下）。

火星基准面 8.2 千米。

更深与更高

从塔尔西斯隆起东侧辐射出的巨大峡谷是火星壳断裂造成的。水手谷（Valles Marineris）是火星上最大的峡谷，被称为火星大峡谷，在它面前，地球上的大峡谷也会相形见绌。它沿着火星赤道绵延约 4 000 千米，最宽处可达 700 千米，最深可达 7 千米。相比之下，地球上最长的峡谷之一——美国亚利桑那州的科罗拉多大峡谷（Grand Canyon），全长仅 446 千米，最宽处为 28 千米，最深也只有 1.8 千米。

和水手谷一样壮观的是火星上高耸的火山。塔尔西斯隆起区有 4 座巨型火山，包括太阳系最大的火山奥林波斯山（Olympus Mons）。它高 22 千米，足足是珠穆朗玛峰高度的 2 倍多。底部直径约为 648 千米，占地面积与美国亚利桑那州相当。它的火山喷口（即火山口顶），直径有 80 千米。奥林波斯山和它的巨型同伴是类似于夏威夷火山那样的盾状火山，有着宽阔的圆顶和缓坡度的侧翼。它们不是在板块边界上形成的，而是在岩浆冲破火星壳后的热点上生长出来的。这些“巨无霸”火山很大程度上是由于火星的低重力造成的，低重力使它们能够在不断累积的熔岩的重压下不致垮塌。至少在 1 亿年前它们还是活跃的，但现在火星上的火山是否仍然活跃还不得而知。

空气和水

火星表面布满了大大小小的陨击坑，南部高地的陨击坑比北部多得多。造成这种差异的原因可能是，南部的陨击坑可能是在大约 40 亿年前的大轰炸期形成的，而较年轻的北部平原上的陨击坑则是在较晚期才形成的。

火星的表面特征和对其岩石的分析结果显示，这颗行星与其他类地行星一样是由相似的岩石物质构成的，但它冷却得很快。火星壳非常坚硬，缺乏板块构造——也就是说，它没有分裂成移动的板块，在这一点上它与地球的地质构造有所不同。火星可能有一个半径约为 1 830 千米的核心，其中除了铁和镍，还富含硫和其他轻元素。火星核有部分可能处于熔融状态。尽管火星壳上还有一些磁化的区域，这可能是火星早期残留的剩磁，但火星的全球磁场早已消失了。

从 20 世纪 70 年代开始，由于海盗 1 号和海盗 2 号着陆器以及机遇号和勇气号火星车的出现，我们得以近距离观察火星表面的细节。这些火星任务传回的图像和数据揭示了火星表面是一个充满岩石和沙子的红色沙漠世界，并证实了土壤中含有大量的铁氧化物。这些矿物易于反射太阳光中橙红色的部分，使得火星呈现出在地球上也能看到的铁锈色。

大气

第一批成功的火星探测任务证实了更早期的地基探测结果，即火星的大气主要由二氧化碳（96%）组成，还含有少量的氮气、氩气以及极少量的氧气、一氧化碳和水蒸气。火星大气层非常稀薄，其表面的平均大气压只有地球海平面处的 1/150——尽管火星气压也会随着季节的变化而变化。冰云飘浮在火星表面之上，那些由水冰组成的冰云更靠近火星地表，更上方的是二氧化碳冰云。

考虑到它的轨道和稀薄的大气层，火星的气候自然是相当寒冷的。从白天到晚上，从夏天到冬天，这里的表面温差非常大，最低能到 −143 ℃，最高可以到 35 ℃。在火星的白天，随着气温升高，微风就会扬起阵阵尘土，到了晚上又归于沉寂。火星上的尘暴与在美国沙漠里看到的沙尘暴景象比较类似。在火星南部的夏季，当地表温度升到最高时，巨大的沙尘暴可以将灰尘和砂砾卷到大气中，遮蔽整个火星数月之久，沙尘暴还会雕刻火星表面的沙丘，形成独特的地貌特征。

火星的自转轴倾角为 25.19° ，因此它像地球一样有四季的变换。由于火星具有偏心轨道，南半球的夏天比北半球的夏天要暖和得多。这种季节性变化最显著地影响了火星的两极。火星的南极和北极都有永久性极冠，极冠周围是季节性极冠，它们会随着季节消长。在夏天，干冰从极冠升华，大量的二氧化碳进入到大气中，大气压力会因此增加 30%。虽然极冠主要是由干冰（固态的二氧化碳）构成的，但科学家们也发现其中含有少量的水冰。

为什么火星上的大气与地球上稳定湿润的空气或金星上酷热致密的大气存在如此大的差异？科学家们也渴望找到这个问题的答案。像其他类地行星一样，火星的原始大气，即从行星内部释放出来的气体，很有可能已经逃逸了。在火星的早期阶段，大气密度可能比现在的要大，也有蓝天和白云。但在此后的数十亿年里，火星大气基本上消失了。由于火星的引力较弱，许多大气可能已经逃逸到太空中，有些甚至可能是由于大轰炸期的巨大撞击而被驱散了。当火星磁场发电机崩溃，太阳辐射粒子不断侵蚀着火星大气，许多大气物质也随之消失了。如果火星上曾经存在液态水，那么这些水可能会吸收空气中的二氧化碳，这样就减少了温室效应，使火星逐渐变冷。由于较冷的水更容易溶解二氧化碳，火星上的

地球上的火星类比区

人类还没有实现在火星上行走，但已经在地球上找到了一些与火星环境非常相似的地方，其中包括智利北部的阿塔卡马沙漠，它是地球上最干燥的地方（下图展示的是阿塔卡马沙漠的盐滩和月亮谷）。这片贫瘠的区域是许多火星探测任务的载荷和设备的试验场。南极洲的干谷在地质学上也与火星类似。这里有极寒、漫长的暗夜以及龟裂的冻土，这些都与火星上的情况比较相似。研究人员在位于北极高地的加拿大德文岛（Devon Island）建立了一个基地，那里多岩石的极地沙漠和保存完好的陨击坑使得科学家可以在类似火星的环境中生活和开展研究。

上图 这幅图像显示了春夏季出现在火星牛顿陨击坑（Newton crater）内的季节性斜坡纹线：它们在火星温暖的季节里出现，并随着温度的上升而向下延伸，到了寒冷季节又会消失。科学家认为这种奇特的季节性地貌可能是由含盐液态水的流动造成的

水开始从大气中吸收更多的二氧化碳，进一步加剧大气层变薄和星球变冷。但是也有观点认为，火星早期温暖的气候也可能是由陨石撞击或者火山喷发产生的热量孕育而成的。

无处不在的水

关于火星的地质历史和火星大气，特别是火星表面是否存在生命的问题都与水有关：火星上有多少水？多少是液态水？直到最近几年，得益于美国和欧洲空间局发射的一些探测器，我们才开始有能力来回答这些问题。

是的，火星上有水。在南北半球纬度高于 50° 的地方都有水冻结在土壤中，而且在数米深的永久冻土中很可能有着丰富的水资源。2008 年夏天，美国航天局的凤凰号着陆器在火星北半球高纬度着陆点的土壤中挖了一条沟，在几厘米深的地方露出了一块闪闪发光的冰。采集到的冰样本被放入着陆器的气体分析仪中进行了加热分析，证实了这些冰是古老的水。不久之后，随着冬天的临近，着陆器也探测到从云层中飘落的雪花，尽管雪花在落地之前就蒸发了。

火星表面曾经存在过液态水吗？这颗行星表面蜿蜒曲折

的地质构造和对火星岩石成分的研究表明：火星上的液态水可能确实存在过，但目前还没有定论。来自轨道飞行器的有趣证据包含了两种不同河道的详细图像。南半球的径流渠道从山上蜿蜒而下直至山谷，看起来就像地球上干涸的河床。从南部高地延伸到北部平原的泄水渠，很像古代洪水或河流三角洲的遗迹。这些河道暗示着火星曾经是一个温暖湿润的世界，雨水从天而降，并在地表四处流淌。也许在更低的北部陆地或希腊盆地甚至有过湖泊和海洋。对火星土壤的分析也支持液态水曾经渗入地下的观点。着陆器还在火星上发现了圆形的鹅卵石，这是被水侵蚀过才会有的特征；此外还找到了碳酸钙和黏土，它们只有在有水的情况下才会形成。环绕火星运行的奥德赛（Odyssey）轨道飞行器已经探测到南半球的含盐沉积物，这也表明这里曾经存在过水。

寻找生命

火星上曾经出现过生命吗？如果有，它们的命运如何？寻找这些问题的答案一直是火星探索的原动力。多年来，人们对在火星上找到生命的希望时高时低，这种希望在珀西瓦尔・洛厄尔关于先进的火星种族的科学幻想中达到了顶峰。而当第一个造访火星的航天器发现这是一个干燥而孤独的世界时，这种希望又骤然破灭了。一个更可信的消息来源是 20 世纪的美国天文学家卡尔・萨根（1934—1996）。萨根从小就是个科幻迷，对其他星球上存在生命的想法着迷不已；成年后，他成了研究行星气候和外星生物学的专家。萨根是最早提出火星早期可能具有有利于生命诞生的温暖湿润气候的人之一。像他一样，许多现代科学家仍然相信，这颗在许多方面与地球如此相似的星球，至少在其早期历史上可能存在过生命有机体。

海盗号实验

寻找火星上的生命通常意味着两件事：寻找液态水和寻找微生物。1976 年，美国航天局的海盗 1 号和海盗 2 号着陆器登陆火星，并进行了 3 项遥控实验。第一项是热解释放实验，将火星土壤样本置于模拟的二氧化碳大气中培养，并对气体进行了放射性标记。5 天之后，对样本进行加热和分析，以确定是否有微生物吸收了这种气体。第二项是气体交换实验，将有机化合物添加到土壤样本中，并在 12 天后对其进行测试，以确定是否有生物消耗了这些化合物，从而释放出某些有意思的新气体。第三项是标记释放实验，将含有放射性碳 -14 的营养液注入到土壤样本中，培养 10 天，然后检

命名游戏

乔瓦尼・斯基亚帕雷利是第一个详细绘制火星地图的人，也是第一个将古典神话、历史和圣经中的名字应用于火星特征的人。这些名字中就有前面提到的大瑟提斯、塔尔西斯、尼克斯・奥林匹亚（Nix Olympia, 现称为奥林波斯山）。国际天文学联合会保留了许多斯基亚帕雷利的命名以及他的分类方法。在火星上，大型陨击坑以研究火星的科学家或为火星传说做出特殊贡献的人命名，如伽利略、埃德加・赖斯・巴勒斯（Edgar Rice Burroughs）。小型陨击坑以小城市或城镇的名字命名，如普林斯顿、安纳波利斯或波尔沃（芬兰的古城）。山谷则根据火星在不同文化中的名称来命名。例如，奥卡库峡谷（Auqakuh Vallis）是来自克丘亚语的“火星”，茅尔斯峡谷（Mawrth Vallis）则来自威尔士语。

测土壤上方的空气中是否存在放射性气体。

令人兴奋的是，这 3 个实验都产生了积极的反应。但是科学家们很快就被泼了冷水，因为结果很可能是无机化学反应导致的，而不是微生物引发的。尽管我们目前所知的类似地球上的生命形式是不太可能在超高温下幸存下来的，但将样本加热到超高温灭菌温度后再重新进行测试，却获得了同样的结果。

然而，研究火星的科学家们并没有失去发现生命迹象的希望。2009 年，利用莫纳克亚天文台进行观测的天文学家宣布，他们已经在火星大气中发现了甲烷的谱线。甲烷可以由微生物或某些地质作用产生。这一发现表明，要么是火星表面下存在着某种形式的生命，要么是火星岩石在某种化学过程中释放了这种气体。更明确的结果则有待人类进一步探索。

液态水

其他寻找火星上现存生命的研究主要集中在寻找液态水，这是已知的任何生命存在的先决条件。我们知道火星上有水冰，但到目前为止我们还没有探测到液态水。它可能存在于赤道附近地表之下，或者在阳光作用下以冰融水的形式存在。但是火星表面的环境异常恶劣。极低的大气压和极低的温度使得液态水几乎不可能在火星表面存在。此外，来自太阳的紫外线可以畅通无阻地穿过火星稀薄的大气层，相当于对地面进行了杀菌消毒。要知道，让生命暴露在辐射之下存活是异常艰难的一件事。不过，由于地球上确实有生命存在于深海热液喷口周围和地下洞穴中，所以在火星的地下仍然是有可能存在生命的。

最近对火星生命的搜索转向了生命是否曾经存在于古代火星上，这种可能性也许更大。38 亿年前，火星可能是一颗温暖、湿润且拥有浓厚大气层的星球。今天在火星表面看到的许多特征支持了水曾经在火星表面自由流动的观点（见第 153 页）。然而，由于火星的大气层变薄，气候迅速变冷，因此火星上的微生物可能无法像在地球上那样进化成更大的有机体。也有可能，那些古老的径流通道是由熔岩流动形成的，又或者那些关于火星土壤的最初发现还站不住脚。但是，如果我们能证明火星曾经存在丰富的液态水，我们就能进一步了解地球和火星的过去及未来。

具有争议的火星陨石

研究火星地质历史的一个重要途径，就是研究降落在地球上的火星陨石。目前全世界收集到的陨石中有 300 多块是从火星坠落到地球上的。之所以能够确定它们来自火星，是因为它们具有与火星表面相似的化学成分，这些成分与地球、月球和小行星的明显不同。在这些陨石中，最负盛名又最具争议的是 1984 年在南极洲发现的编号为 ALH 84001 的火星

火星地球化

人为改变天体表面环境，使其气候、温度、生态等类似地球环境的行星工程被称为外星环境地球化，简称地球化，目前这只存在于科幻小说中。火星是一个受欢迎的候选者。一种常见的设想是这样的：首先，用巨大的轨道反射镜将太阳光聚焦在行星表面，使其升温。火星极冠就会融化，释放出二氧化碳气体使大气层变得浓厚。冻结在土壤中的水也会融化，形成湖泊、河流和海洋（如左图所示）。随后，从地球上运来的转基因植物就可以在这里扎根，并开始将二氧化碳转化为可供人类呼吸的氧气。几千年后，一颗绿意盎然的火星就这样诞生了。

上图 在凤凰号火星着陆器挖出的一条小沟槽内，水冰清晰可见

陨石。这是一块可以追溯到 40 多亿年前的火星陨石，它含有只能在水环境中形成的含碳化学物质。那么，它包含生命物质吗？ 1996 年，一支科学家团队宣布他们在陨石里发现了微生物化石。陨石中确实出现了让人联想到细菌的微小杆状结构。然而，这些结构比地球上的细菌要小得多。如今，大多数科学家认为它们是某种非生物矿物成分。此外，在地球上发现的样本也面临着污染的问题——在数百万年的时间里，地球生物可能已经侵入到陨石中。科学家们对这块陨石仍有争议，其中大多数人对微生物化石的说法持怀疑态度。

古老的火星岩石能出现在地球上，这引出了另一个问题。生命有可能是搭乘火星陨石来到地球上的吗？在火星曾经温暖湿润的时期，被撞出的火星岩石飞抵我们的星球，并带来了有机分子，这也不是完全没有可能。

未来任务

科学家们渴望用现代方法在火星土壤中寻找生命。美国航天局正在计划实施一项提案，即开展火星表面取样返回任务，该任务将收集火星岩石进行研究。阿波罗宇航员收集的月球岩石是关于早期太阳系的信息宝库，而火星岩石却可能掌握着生命的密钥。

火星漫游车

科学探索往往既在寻找答案，又在发现新的谜题。新的发现可能会将一个问题的争论推到新的高度，也可能会补充或者完善一个已有的理论。关于火星，火星车任务背后的科学团队一直在探索火星地质和气候问题，以及这个星球过去是否存在过微生物生命。

现在已确定这颗红色星球上有水冰。美国航天局的火星勘测轨道飞行器上的雷达已经探测到了一个巨大的次表层的遗迹——在某些地方可能有 1 千米厚，表明火星存在古老的冰期。但地质证据也强烈表明，这颗行星曾经历过一个或多个较温暖的时期，那时的水可能是以液态形式存在的。

一个固定的研究站

行星地质学家认为，水和热是简单生物体存在的初始条件。而在火星上，这种环境特征的发现却是由于一起适时的机械故障。当勇气号火星车的一个轮子突然不能转动时，科学家们最初感到沮丧，认为这辆牢固的火星车该退役了，因为它的服役时间已远远超出了原定的服役期限。但他们最终意识到，故障将这台火星车变成了一个有效的挖沟工具。在火星的古谢夫陨击坑里，勇气号拖着一个破损的铝轮掘着土壤，意外地发现了几乎纯净的二氧化硅。跟踪这项任务的行星地质学家知道，要形成二氧化硅，水和热一定在过去的某个时间点与火星土壤相互作用过——可能是以古代温泉或间歇泉的形式，而这里正是简单生命扎根繁衍的绝佳场所。

但是陨击坑内松软的土壤最终困住了勇气号的残躯。2009 年 5 月，勇气号的轮子陷入了陨击坑内的土壤中，无法动弹，美国航天局的科学家们花了几个月的时间想尽了各种办法试图解救它。2010 年 1 月，美国航天局最终宣布勇气号不再漫游，但仍将作为一个固定的研究站在火星上永久驻留。

由于缺乏探测生命迹象所需的仪器设备，在寻找那种可能生活在火山喷气孔中的单细胞生物方面，勇气号和仍在与它并肩作战的机遇号火星车也很难取得重大突破。然而，在珀西瓦尔·洛厄尔发表《火星及其运河》（*Mars and Its Canals*）并普及火星上有生命的观点一个多世纪之后，火星生命仍然是科学家们津津乐道和持续探索的问题。

甲烷的意义

甲烷的发现也引发了争论。最初，地面观察员通过分析火星大气发出的光谱信号，发现火星大气中存在一定量的甲烷。甲烷的存在意义重大，因为它表明了火星是一个远比之前认为的更加动态的环境。就火星本身的大气而言，甲烷本

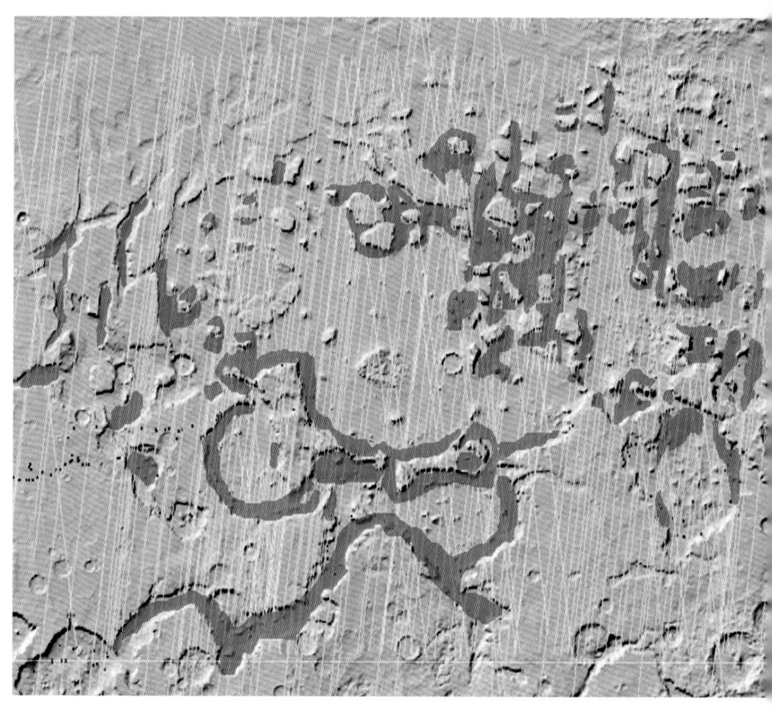

上图　美国航天局的火星勘测轨道飞行器发现了火星中纬度部分地区的冰层（图中显示为蓝色）。黄线表示从航天器多个轨道上进行雷达观测的地面轨迹

下图　火星勘测轨道飞行器拍到了沿季节性消退的南极冰盖边缘发生的区域性沙尘暴

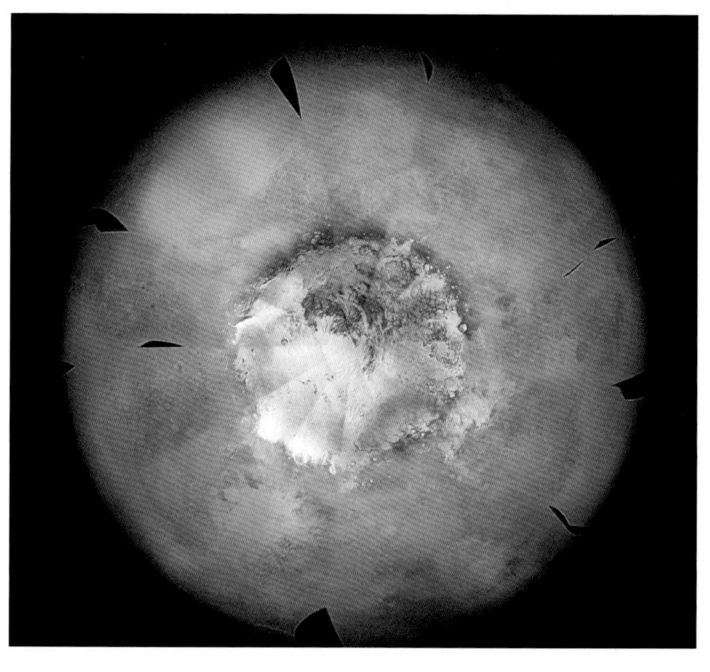

应在几个世纪内消散殆尽。因此科学家们推断，火星上一定有一个源头，可以持续产生这种气体，将其补充到大气中并维持一定的浓度。

这指向了两点：要么是活跃的地热过程产生了甲烷并将其排放到大气中，要么是地表下正在进行某种生物活动。

研究火星车分析结果的团队成员吉姆·赖斯（Jim Rice）说："无论哪种方式产生了甲烷，都非常令人兴奋。如果是地热过程产生了甲烷，就意味着这个星球还活着，而不是死了。在过去，我们一直认为火星就像水星或月球一样已经停止了火山活动。而如果是地下的某种生物在生产甲烷，那就更了不起了，因为甲烷不会留存很长时间。"

赖斯和其他学者试图从火星表面蜿蜒的河道中推断出某种地质意义：它们可能是由自由流动的水冲刷形成的，也可能是由其他过程如火山熔岩流经过形成的。

依然在寻找答案

火星车们仍在不断地往地球发回信息。尽管勇气号现在陷在土壤中，不能动弹，但它仍在传送无线电信号，使科学家能够测量火星的自转，并试图确定火星的核心是否为液态。机遇号正驶向直径为 22 千米的因代沃陨击坑（Endeavour crater）。到达目的地后，它将分析那里的硅酸盐矿物，并设法破译含水硅酸盐形成过程中有关水的秘密。

与此同时，科学家们仍在继续研究火星陨石 ALH 84001。20 世纪 90 年代中期，科学家们宣布在这块火星陨石里发现了一些类似微生物结构的化石（见第 154~155 页），引发了全球对于火星生命的热议，尽管在这点上还存在巨大的争议。不过，科学家们对火星陨石里发现的结构与地球上发现的不寻常的磁性细菌之间的相似性仍然感到困惑。

除了火星陨石，正在进行的火星探测为我们探究这颗邻居星球上是否存在生命提供了最切实可行的路径和方法。

未来火星探测任务

亚利桑那州立大学的地质学家菲尔·克里斯坦森（Phil Christensen）说，我们现在进入了成功之后的两难境地：目前的空间探索已经帮助人们大大地了解了火星，并且取得了很多成果，可以说所有那些容易实现的目标，我们都已达成了。现在必须决定是否要在未来几年投资更昂贵、更复杂的探测任务，以更加深入地了解这颗行星。

下一步任务的主要目标是取样返回——将几个精心挑选的火星样本带回地球。但任务预算是一个最大的问题，火星研究人员计划将该项目分阶段实施。原定由火星天体生物学发现 – 收集者（Mars Astrobiology Explorer-Cacher，MAX-C）火星车的发射来开启这一进程。它被设计从不同类型的火星岩石中选择收集一系列不同的样本，并将它们储存在容器中，这些容器可能会在无人照看的情况下在火星上放置 20 年，在预算许可时再被派出的探测器带回地球。再下一步的任务就是在地球上建立一个专门为储存火星土壤而设计的实验室。（火星天体生物学发现 – 收集者任务已由美国航天局改为实施火星 2020 任务，并由 2021 年 2 月登陆火星的毅力号火星车首先收集和储存一套岩石和土壤样本。）

如果所有这些计划都付诸实施，耗资可能会高达 70 亿美元，但克里斯坦森认为，即使这笔钱被分配用于支持太阳系的其他探测计划，火星采样返回也是下一步必须要开展的任务。"研究火星的团队成员和科学家们都认为，我们已经为此做好了准备，"克里斯坦森说，"我们知道应该要去火星的哪些地方采集样本，我们也知道该把哪种样本给带回来。关于火星任务的争论分为两种：一种观点认为，我们已经在火星探测上投入了如此多的资金，现在该轮到其他天体了；另一种观点认为，正是因为在火星探测上已经花了那么多钱，我们没有理由后退，我们要更进一步去采集样本。火星科学一直处于一种令人难以置信的热度之中，我们应该保持这种势头。"

更多探测任务

如果最近来自火星的发现为这颗行星的形成和演化提供了一些新的线索，那么在接下来的几年里我们将会获得更多的信息。接下来的科学探测任务将使用一些迄今为止最复杂的科学设备来研究关于火星的问题，对于火星上是否曾经存在过生命也许将给出更加明确的答案。

好奇号火星车

作为美国航天局火星科学实验室（MSL）计划的一部分，好奇号火星车于 2011 年 11 月发射前往火星，并于 2012 年 8 月成功着陆火星表面。之前的勇气号和机遇号火星车主要是为了对火星进行有限的观测而设计的，而好奇号火星车则拥有更多的科学设备，是一个全面运行的移动式火星科学实验室。

这次探测任务的目标是探索火星的宜居性，目的是查明火星是否曾经或者仍然能够支持微生物的生存。如果该环境曾经（或被发现）适合生命体居住，科学家们就能以此为依据在其他星球上寻找潜在的生命形式。好奇号火星车配备了高精度的科学设备，拥有强大又多样的分析测试能力，它可以对火星上各种不同类型的土壤和岩芯样本开展分析，探索现在或过去微生物存在的可能性。

上图 好奇号火星车在火星埃俄利斯山（Aeolis Mons）山脚下的自拍照，摄于 2015 年 10 月

左图 黑圈所标识的区域为好奇号火星车在火星盖尔陨击坑（Gale crater）内的着陆点

为了完成既定的目标任务，研究人员对好奇号火星车的着陆点进行了深入的探讨和分析。最终，好奇号经过 56 300 万千米的旅程，成功着陆于火星盖尔陨击坑内的埃俄利斯沼（Aeolis Palus），离预定着陆点只相差 2.4 千米。体型庞大的好奇号火星车在着陆时使用了一种新型的名为“天空起重机”（Sky Crane）的软着陆缓冲系统，该系统能够将一辆大型的火星车送上火星表面。美国航天局计划在未来都将使用这种系统来着陆大型的有效载荷，如能将火星样本带回地球的返回器。好奇号火星车肩负着火星探测的重要使命，它在火星上开展的各项研究工作为接下来更加雄心勃勃的探索计划铺平了道路。

哪一个陨击坑会脱颖而出？

2010 年 9 月，大约 100 名科学家聚集在一起展开了辩论。争论的焦点是美国航天局计划于 2011 年发射的好奇号火星车的着陆点。亚利桑那州立大学的吉姆 · 赖斯等科学家参与了这场辩论并阐述了他们心仪的候选着陆区的优势。赖斯说：“你基本上是在推销你的着陆区，然后你就会受到一连串的盘问。”作为一名行星地质学家，他一直关注着埃伯斯瓦尔德陨击坑（Eberswalde crater），这个直径约 65 千米的陨击坑可能为火星上存在活跃的水系统提供了最好的证据。他说：“如果火星上有三角洲，就应该位于这个陨击坑所在的位置。封闭的洼地是形成湖泊和三角洲的最佳地点。这里应该有水存在过，而且是在一段重要的地质时期。毫无疑问，埃伯斯瓦尔德陨击坑里曾有一个湖。”候选着陆区的竞争异常激烈。在埃伯斯瓦尔德陨击坑附近，是更大的霍尔登陨击坑（Holden crater），它也曾受到一些火星研究人员的青睐。此外，还有另外两个陨击坑内似乎含有硅酸盐、沉积岩的迹象，以及水曾存在过的其他证据。但是位于火星赤道以南的盖尔陨击坑最终胜出。盖尔陨击坑里有古河流沉积物，还有富含矿物的断层地貌，这些地质信息可以帮助科学家更好地了解火星过去的环境。

移动实验室

好奇号火星车上最重要的科学设备便是样品分析仪（SAM），由质谱仪、气相色谱仪和激光光谱仪这 3 个独立的仪器构成。美国航天局称该装备是“迄今为止在地外行星表面着陆的最复杂的仪器之一”。好奇号火星车着陆后，会利用一个机械手臂钻取土壤和岩芯样本，然后将其密封在样品管里并放置在机载烤炉中“烘烤”。加热过程中释放的气体将通过 SAM 的仪器进行分析。

被称为“碳嗅探器”的 SAM 会记录如甲烷这样的碳基化合物，碳基化合物可能与生命的存在有相关性。SAM 还会尝试测量氢、氧和氮等元素的相对丰度，并弄清楚它们在火星环境中是如何相互作用的。

好奇号火星车还携带了很多其他的科学设备。例如：化学和矿物学分析仪（CheMin），它可以通过 X 射线衍射分析岩石或土壤样本，以确定矿物的晶体结构和类型，从而帮助科学家了解火星过去的环境；火星手持透镜成像仪（MAHLI），它就相当于一个超级放大镜，用于拍摄火星表面岩石、土壤的详细图像并将其传回地球，科学家可以通过这些图像更深入地观察火星上矿物的细节，而这些细节是目前火星车上的广域照相机无法捕捉到的；辐射评估探测器（RAD），它主要负责测量和确定火星上所有类型的高能辐射，该仪器的观测数据可以让科学家确定宇航员暴露在火星环境下时将受到多大剂量的辐射，也有助于科学家了解辐射环境对火星生命的产生和进化会构成多大障碍。这对未来的火星探索和载人任务来说至关重要。

好奇号火星车的一个优势是它的体型：它大约是之前火星车的 2 倍大。在服役期内，它能以大约 140 米 / 时的速度移动，可以覆盖火星表面 19~32 千米的区域，这极大地扩展了它收集样本的范围。它的动力由一台多任务放射性同位素热电发生器提供。该能源系统可以将钚同位素放射性衰变产

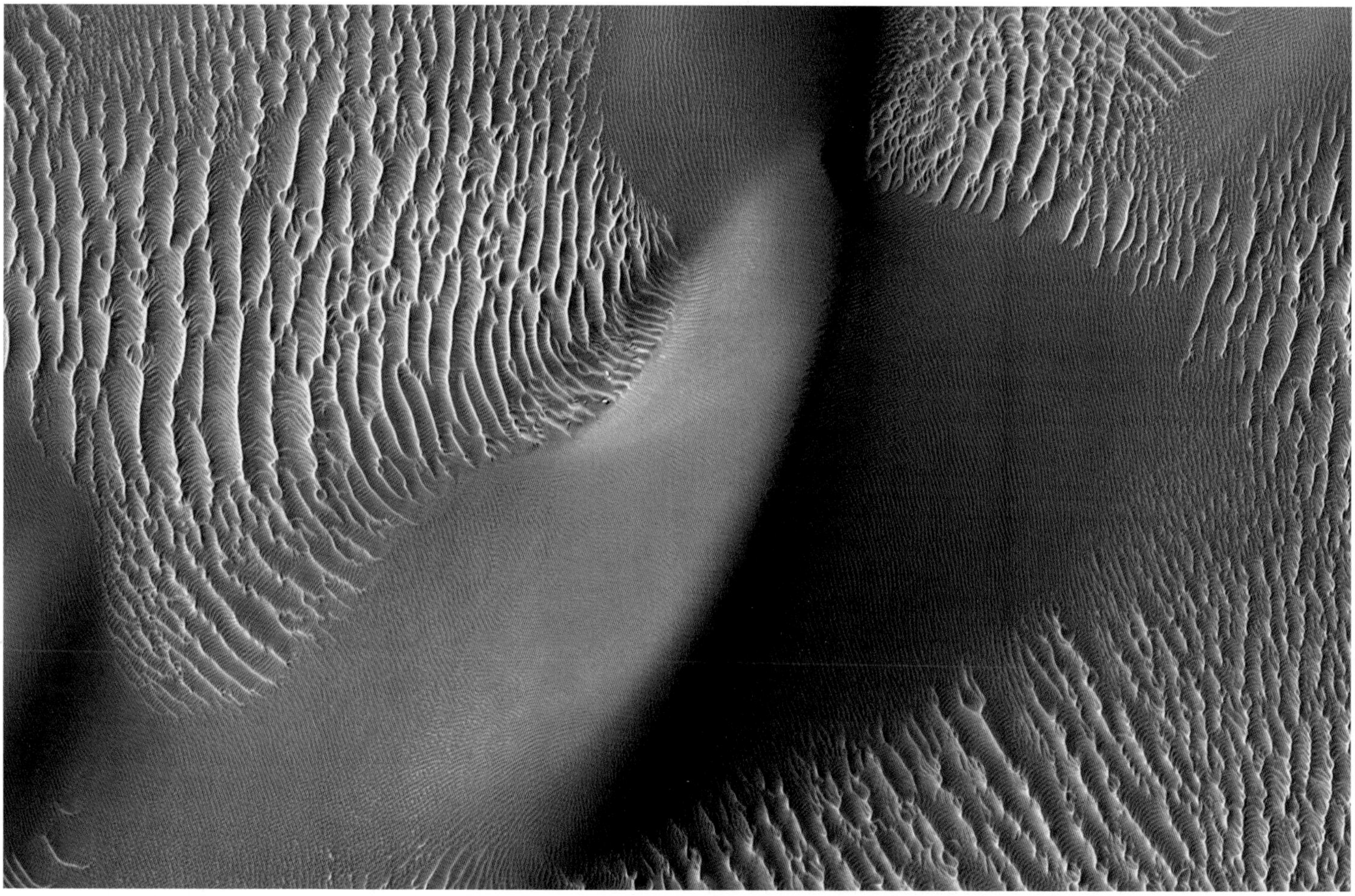

上图　火星普罗克特陨击坑（Proctor crater）内的沙丘和波纹

右图　在这张摄于 2018 年的火星照片中，多发的沙尘暴正笼罩着整个火星，巨大的气旋风暴在极地冰盖附近翻腾

生的热量转化为电力，从而使好奇号火星车摆脱对太阳或太阳能的依赖。

火星大气专家

每一次的火星任务都必须在激烈的竞争中脱颖而出才能继续向前推进：美国航天局的专家号探测器（MAVEN，全称为火星大气与挥发物演化任务）曾与其他 20 个任务提案争相竞争。专家号探测器于 2013 年 11 月发射升空，并于 2014 年 9 月成功进入火星轨道，同年 11 月正式开启在轨

上图 这幅艺术想象图再现了洞察号火星探测器在火星表面部署仪器的场景

科学探测任务。专家号是第一个以研究火星大气为主要任务的轨道飞行器。到目前为止，它已经向地球发回了大量有关火星大气的宝贵数据，并做出了许多有意义的发现。例如在 2015 年，专家号的测量结果让负责该任务的科学家得以确定平均每秒有 100 克火星大气逃逸到太空。

研究火星当前的大气层——尤其是挥发性组分流失的速率，将帮助科学家们推断火星气候在过去几十亿年里发生了什么变化。如果火星确实经历了一段能够维持生命的湿润期（有较厚的大气层而且表面也有液态水），那么在火星目前的环境中应该还能找到这些迹象。专家号探测器将试图确定当前的大气流失是否与剧烈的气候变化有关，这种剧变可能是由于火星轨道的变化，或者是与火星自转轴逐渐倾斜相关的长期演化造成的。

给火星做 CT 扫描

2018 年 5 月，美国航天局从位于加利福尼亚州南部海边的范登堡空军基地向火星发射了洞察号火星探测器（InSight），它的名字来自其全名“运用地震调查、测地学与热传导对火星内部进行探测”（Interior Exploration using Seismic Investigations, Geodesy and Heat Transport）的首字母缩写。2018 年 11 月，洞察号探测器在火星的埃律西昂平原（Elysium Planitia）成功着陆。洞察号是首个探测火星内部结构的着陆探测器。它通过在火星表面放置一台火震仪、一个能打入火星内部 5 米深的热流探头以及一个利用无线电通信测量火星自转轴晃动情况的装置，来探明火星的内部结构以及热状态，从而推算太阳系内类地行星的演化规律，甚至太阳系外类地行星的演化过程。

第 4 章

岩质矮行星

岩质矮行星

八大行星在形成时，其质量已经大到足以吸引轨道上的大部分岩石碎片。但在太阳系的其他地方，依然存在着大片寒冷的废墟。在火星和木星之间的轨道上，在海王星之外，在太阳引力范围的边缘，依然徘徊着无数太阳系早期的碎片。当它们在 19 世纪初首次被发现时，天文学家威廉·赫歇尔建议将它们命名为小行星（asteroid），这个名字源于希腊语中恒星（star）的词根 aster，因为它们发出的微小光点看起来就像小恒星。尽管欧洲天文学家在过去将它们称为小型或者微小星球，但如今，小行星一词却再次受到人们的青睐。

天文学家曾经明确地把小行星和彗星区分开来。小行星由岩石组成且不活跃，而彗星则由冰构成且不稳定。现在我们知道，这些天体的差别主要在于它们的位置，而不是它们的物质组成。它们开始都是以大块的岩石和冰的形式存在的。小行星上的大部分冰在内太阳系的高温下会迅速蒸发，而在外太阳系，彗星上的冰将一直保持稳定，直到它们接近太阳时，这些冰才开始以气体和尘埃的形式蒸发。随着彗星不停地在内太阳系间穿梭，它们就会逐渐失去几乎所有的冰，最终都将变得跟小行星一样。

除大小之外，这些天体和大行星之间也没有本质的区别。矮行星谷神星，曾被认为是最大的小行星，它是一颗类似水星但比水星要小的岩石球体。为了阐明太阳系的命名规则，并确认柯伊伯带中新发现的类行星天体，国际天文学联合会在 2006 年提出了新的矮行星的分类规则。大行星围绕太阳公转，呈球形，并且已经清除了它们轨道附近区域的天体。矮行星同样也围绕太阳公转，呈球形，但它们的质量不足以清除它们轨道附近区域的天体。这样一来，矮行星的首批成员是谷神星、冥王星和阋神星。后来，在 2008 年，冥王星、阋神星和其他海王星外的矮行星被统称为类冥天体（plutoid），这是矮行星的一个子类（见第 234 页）。

这对冥王星来说是个坏消息，但对谷神星来说却是好消息。这颗新命名的矮行星是朱塞佩·皮亚齐在 1801 年 1 月

38 亿年前
小行星、彗星、矮行星在大行星形成后仍留在轨道上

6 500 万年前
一颗直径约 10 千米的小行星撞击了地球，导致大规模物种灭绝

5 万年前
一颗直径约 50 米的小行星撞击了北美大陆

1492 年
历史上最早记载的一颗陨石坠落在法国阿尔萨斯地区的昂西塞姆

1801 年
朱塞佩·皮亚齐发现了第一颗小行星谷神星

1802—1807 年
又陆续发现了 3 颗小行星——智神星、婚神星（Juno）和灶神星（Vesta）

1 日发现的第一颗小行星。这位在巴勒莫天文台工作的意大利天文学家，当时正在系统地编制恒星目录，突然注意到一颗新星。“有点暗，颜色和木星一样，但与其他许多通常被认为是八等星的恒星相似，”他后来写道，“因此，我非常确定它不是别的，而是一颗恒星。第二天晚上，我又重复观察了一遍，发现它无论在时间上还是在离天顶的距离上都与先前的观察结果不符，于是我开始怀疑我之前的判断……第三天晚上，我的怀疑变成了肯定，我确信那不是一颗静止的恒星。”

上图 目前大多数的小行星可能是早期太阳系中较大天体碰撞后留下的碎片，因此它们的形状并不规则。在明亮的织女星周围发现了类似太阳系的碎片带，这表明小行星在其他星系中可能也很常见

几周之后，皮亚齐给一位朋友写了一封信，他在信中写道："我宣布这颗星为彗星，但由于它没有任何星云相伴，而且由于它的运动如此缓慢和均匀，我曾多次想到它可能是比彗星更有意思的东西。不过我一直很小心，没有向公众提出

1906 年
马克斯 · 沃尔夫（Max Wolf）在木星轨道附近发现了第一颗特洛伊型小行星阿基里斯（Achilles）

1908 年
一颗小行星或彗星在西伯利亚上空爆炸，其威力相当于一颗氢弹

1993 年
伽利略号探测器发现了第一颗围绕小行星艾达（Ida）运行的卫星艾卫（Dactyl）

2001 年
NEAR- 舒梅克号探测器首次在小行星爱神星上着陆

2006 年
谷神星被归类为矮行星

2007 年
曙光号小行星探测器发射前往灶神星（于 2011 年抵达）和谷神星（于 2015 年抵达）

这种假设。”其他天文学家就没有那么谨慎了，皮亚齐后来又写道：“许多人立即认为这是一颗新的行星，并且几乎跟我做的一样，把它的轨道确定了下来。”但在几年之内，在类似的轨道上又发现了几颗这样的小“行星”，谷神星于是转身变成了其中的一员，尽管它是众多小行星中最大的一颗。

然而对于一颗小行星来说，它体型庞大而且外形浑圆，非常像大行星。谷神星的直径为 952 千米，几乎是第二大小行星灶神星的两倍。它是小行星带中唯一一颗质量大到足以保持球形的天体。尽管它的质量只有地球质量的万分之一，但它仍然占据了小行星主带四分之一的质量。像其他类地行星一样，它很可能有着分异的内部结构，具有岩质的核心、冰质的幔层和布满陨击坑的表面。它甚至可能有一层稀薄的大气。因此当天文学家给出行星的定义时，谷神星的地位被提升到了新的矮行星行列。

这些岩石小天体之所以吸引天文学家主要有几个原因。它们代表了太阳系形成时遗留下来的物质，因此可以告诉我们很多关于行星是如何诞生的信息，以及在太阳系的早期，行星和小天体是如何从一个轨道迁移到另一个轨道的。此外，还有一个不那么学术但也许更紧迫的原因。地球的周围有着大量的岩石小天体，其中一些受木星的引力牵引或经过的其他天体的影响会脱离原有的轨道，从而非常接近地球。在过去，小行星撞击地球造成了灾难性的后果，导致全球气候变化和物种大灭绝，而下一场灾难随时可能发生。即使是一颗中等大小的小行星，当它撞击地球时，产生的破坏力也相当于许多颗氢弹。

尽管有一些大型天空搜索组织一直在搜索近地小行星（NEA），但发现新的小行星一直是业余天文学家引以为荣的领域之一。在皮亚齐的年代，寻找这些暗淡的天体是一个缓慢而艰苦的过程，需要手工绘制星空图，并将每晚的星空与之前的星图进行比较，以期找到一颗未被发现的天体。如今，业余爱好者如果愿意投资那些配备了 CCD 装置和相关软件的高端望远镜，就可以省去很多繁琐费眼的工作——计算机程序会帮助他们进行比较。这些仪器每隔几分钟就记录一次天空，通过多次记录来识别任何移动的天体。业余爱好者可以将自己的发现告知小行星中心（Minor Planet Center），这样专业的天文学家就可以观测跟踪它们的轨道。

通过这种方式，热衷于观察和绘制星空图的业余爱好者们找到了成千上万的小行星。例如，在 2008 年，一位英国的业余天文爱好者通过互联网远程操作一台位于澳大利亚的望远镜，发现了迄今为止自转速度最快的小行星：一颗致密的近地天体（NEO），它每 42.7 秒就能自转一次。美国航天局和一些其他机构会寻求业余爱好者帮助他们跟踪新发现的小行星，特别是一些近地天体。每年，一笔由私人赞助的现金奖励会颁发给那些发现重要近地天体的业余爱好者们。

约瑟夫·路易·拉格朗日

法国著名数学家和天体力学家

约瑟夫·路易·拉格朗日（Joseph Louis Lagrange，1736—1813）是一位谦虚的天才，太阳系中重要的引力点就是以他的名字命名的。在他那个时代，他为数学和力学的许多领域都做出了巨大的贡献。他出生在意大利的一个法国家庭，19 岁便成为一名数学教授，发表的有关数论和万有引力的著作使他迅速赢得了欧洲最伟大的数学家的声誉。先是在柏林，然后在巴黎，拉格朗日发表了一篇又一篇开创性的论文，内容涉及质数、微分方程、概率论和天体力学，包括描述当今许多卫星和小行星位置的方程。

路易斯 · 阿尔瓦雷斯和沃尔特 · 阿尔瓦雷斯
追寻恐龙杀手

路易斯 · 阿尔瓦雷斯（Luis Alvarez, 1911—1988）和沃尔特 · 阿尔瓦雷斯（Walter Alvarez, 1940—）这对父子是提出大胆新思想的完美搭档。路易斯（见图左）是获得 1968 年诺贝尔物理学奖的著名科学家；沃尔特（见图右，正在检查一张含有元素铱的薄片）是一位地质学家，曾就读于普林斯顿大学。沃尔特 · 阿尔瓦雷斯发现了一层含有大量稀有金属铱的薄薄的黏土层，其时间可以追溯到 6 500 万年前，他和他的父亲以及同事们提出了一个大胆的设想。一颗巨大的小行星撞击了地球，导致了地球上恐龙的灭绝，这种在小行星上更为常见的金属铱便以尘埃云的形式散布在全世界各地。这一观点在当时备受争议，但后来逐渐被人们广泛接受。

当一颗小行星首次被发现时，它会被赋予一个临时的名称，包括发现年份、所在的月份（每半个月用一个字母表示），还有一个字母用来表明它属于这半个月里发现的第几颗小行星。例如，小行星 2009 DB 表示这是 2009 年 2 月下半月发现的第二颗小行星。一旦一颗小行星的轨道被跟踪和确认，就可以给它起一个永久的名字。负责天体命名的国际天文学联合会对小行星命名制定了格外宽松的规定。除了最近的政客或军事人物，这些小天体几乎可以用任何人或任何事物来命名（虽然不鼓励使用宠物的名字，但有些宠物名的确被使用过）。名称不能超过 16 个字符，也不可以使用与现有小行星名称过于相似或带有攻击性的词语。在被命名的小行星中，有诸如 Zappafrank、Jabberwock、Purple Mountain（紫金山）和 Dioretsa（逆名星，一颗反向运行的小行星）。

小行星在哪里？

小行星带是火星和木星轨道之间的一条宽阔的分界线，但小行星也可以在其他重要的轨道点被发现。每颗小行星，无论多么渺小，都自成一方天地，沿着自己独特的轨道围绕着太阳运行。

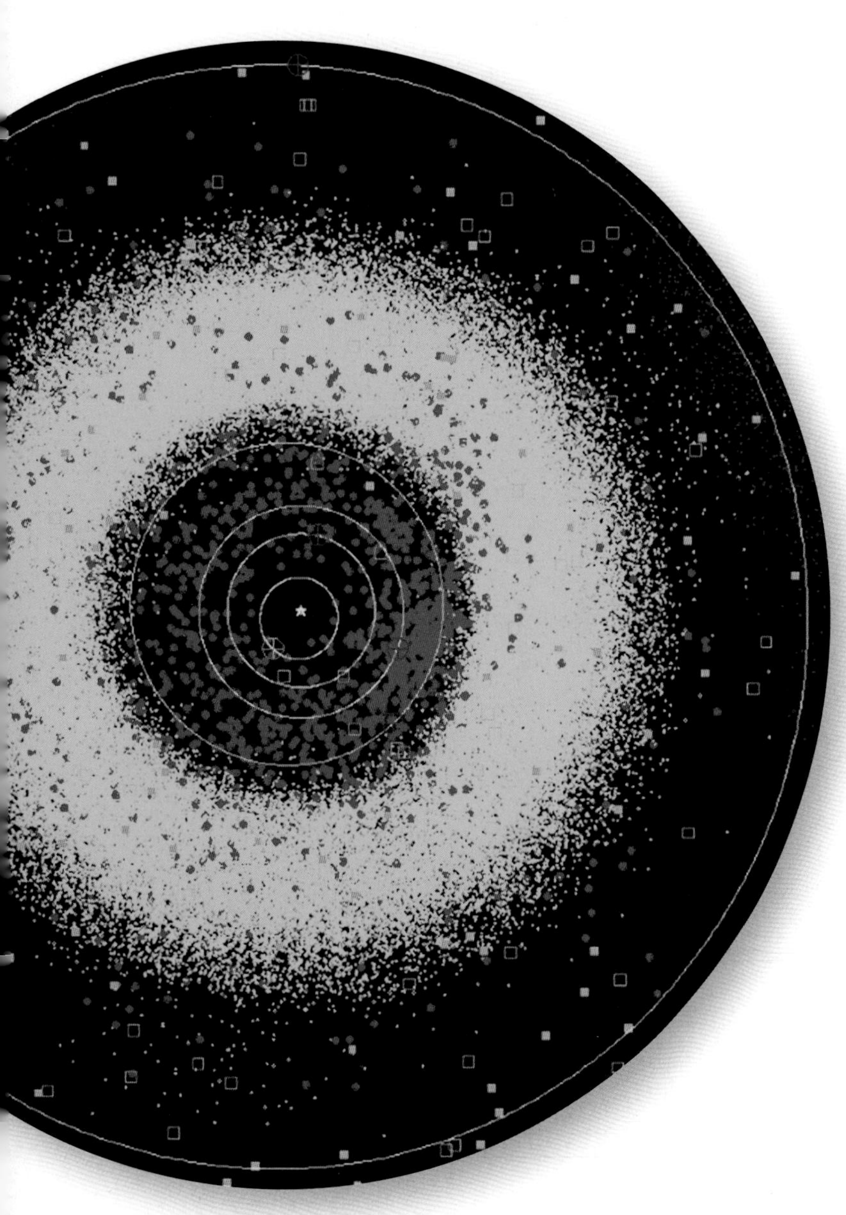

随着望远镜巡天技术的不断发展，人类发现的小行星越来越多，获得永久编号的已超过 60 万颗，获得正式命名的也已经超过 2 万颗，而且每年还有更多的小行星加入这个名单。几乎所有这些小行星都出现在火星和木星轨道之间的距离太阳 2.1~3.3 au 的主带中。另一群被称为特洛伊型小行星的天体则主要位于木星轨道上，第一颗被发现的特洛伊型小行星名为阿基里斯。其中一组特洛伊型小行星在木星轨道前方 60° 的位置上运行，另一组在木星轨道后方 60° 的位置上运行。还有一类小行星则在太阳系外缘和内缘区域运行，如在木星轨道之外运行的彗星状的半人马型小行星（Centaur），还有正在加速接近地球的阿莫尔型（Amor）、阿波罗型（Apollo）和阿登型（Aten）小行星。尽管小行星数量众多，但主带中小行星的总质量远远小于月球。微不足道的质量，加上不同小行星的化学成分也相差很大，这才推翻了之前的一个旧观点，即认为小行星带是火星和木星之间被摧毁的一颗大行星的残骸。最有可能的解释是，它们是太阳系形成初期的残留物，但受到木星引力的拉扯，永远无法合并成一颗小小的行星。

左图　在这张小行星和彗星的轨道位置分布图中，绿色表示主带小行星，红色表示近地小行星，蓝色表示彗星

谷神星
发现者与发现时间：朱塞佩・皮亚齐，1801 年
名字含义：罗马神话中的丰收女神
与太阳的平均距离：414 010 000 千米

轨道周期：4.6 个地球年
赤道直径：952 千米
质量：9.43×10^{20} 千克
密度：2.1 g/cm^3（地球密度为 5.5 g/cm^3）

自转周期：9 小时
自转轴倾角：3°
表面温度：−106 ℃

观天提示
※ 小行星看起来就像暗淡的恒星。需要连续几晚用望远镜寻找与背景恒星相对运动的亮点。

天文冷知识　一些小型旋转的小行星上的一天就只有 5 分钟。

1801 年
皮亚齐发现了第一颗小行星，认为小行星带位于木星和火星之间

1898 年
古斯塔夫·威特（Gustav Witt）首次发现近地小行星

1906 年
马克斯·沃尔夫发现小行星阿基里斯，这是一颗在木星轨道上运行的特洛伊型小行星

1932 年
尤金·德尔波特（Eugene Delporte）观测到了阿莫尔星（Amor，小行星 1221 号），这是第一颗被发现的阿莫尔型小行星

卡尔·威廉·莱因穆特（Karl Wilhelm Reinmuth）发现了阿波罗星（Apollo，小行星 1862 号），这是第一颗被确认会穿越地球轨道的小行星

1990 年
戴维·列维和亨利·霍尔特（Henry Holt）观测到了第一颗在火星轨道上运行的特洛伊型小行星

古老的碎片

在第一颗小行星被发现大约 60 年后，美国天文学家丹尼尔·柯克伍德（Daniel Kirkwood）在小行星带内发现了几条相对空旷的轨道。这些轨道所在的区域后来被称为“柯克伍德空隙”（Kirkwood gap），是控制太阳系的引力模式的证据。在离太阳一定距离的地方，小行星的轨道会与木星的轨道发生共振。当小行星在木星和太阳之间绕行时，会受到木星引力有规律的牵引。这种反复的牵引作用最终将这些小行星拉出原来的运行轨道，进入更长的偏心轨道，使它们接近火星或地球，或者将它们完全逐出太阳系。

这种木星和太阳的引力关联也影响着特洛伊型小行星。在太阳和木星构成的系统中有 5 个被称为拉格朗日点的位置，以法国数学家约瑟夫·路易·拉格朗日的名字命名，他在 18 世纪创立了拉格朗日力学。理论上，处于任何一个拉格朗日点上的小天体都应该与木星同步运行。但位于木星和太阳连线上的 3 个拉格朗日点有些不稳定，所以处于这些位置上的小天体很容易被拉出轨道。另外两个拉格朗日点，分别位于

下图　在这张艺术想象图中，当小天体喀戎（Chiron）接近太阳时，表面的冰开始迅速升华。喀戎的直径约为 233 千米，属于一种特别的小行星 / 彗星类型，被称为半人马型小行星，其轨道介于土星和天王星之间，可能是一颗逃逸的柯伊伯带天体

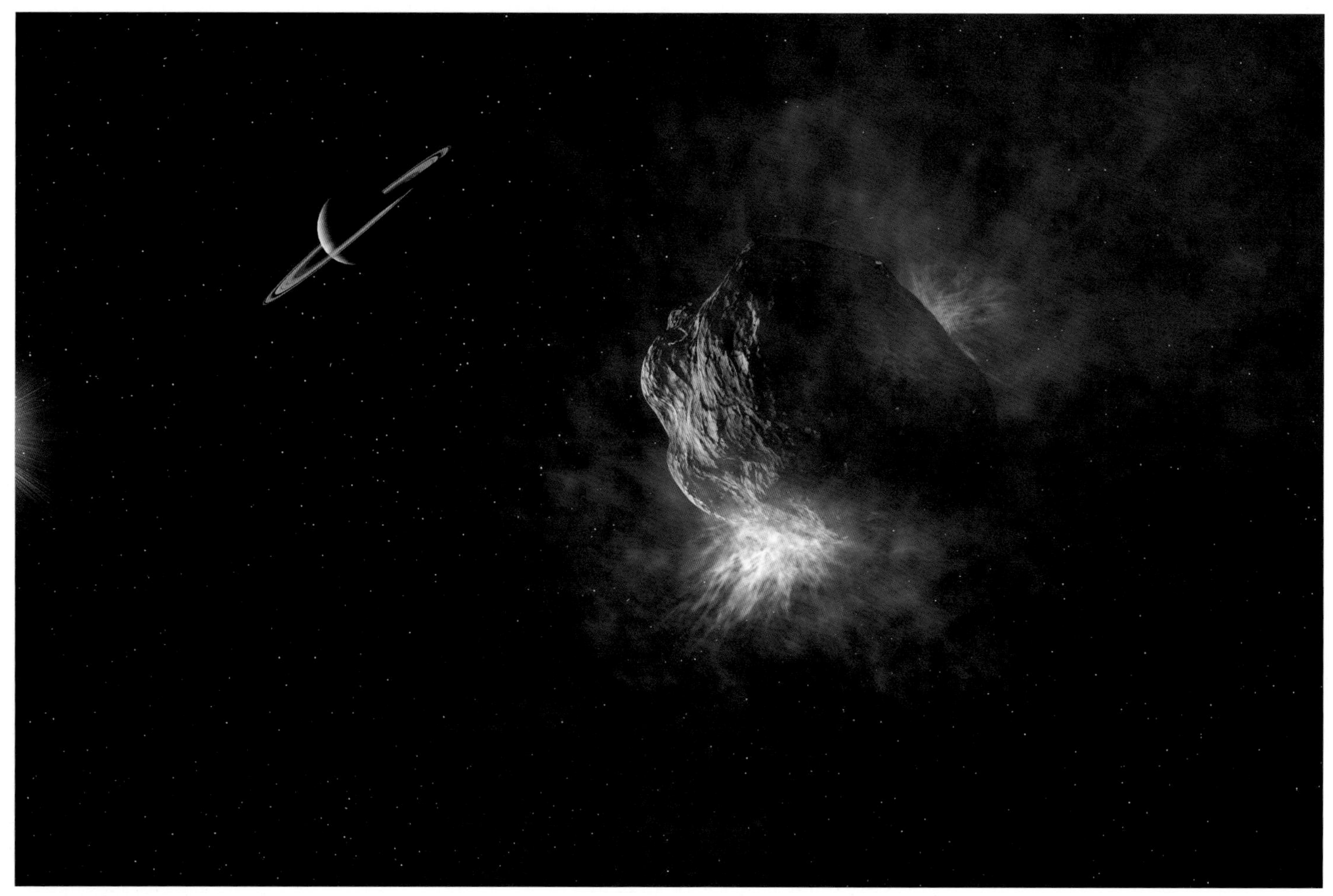

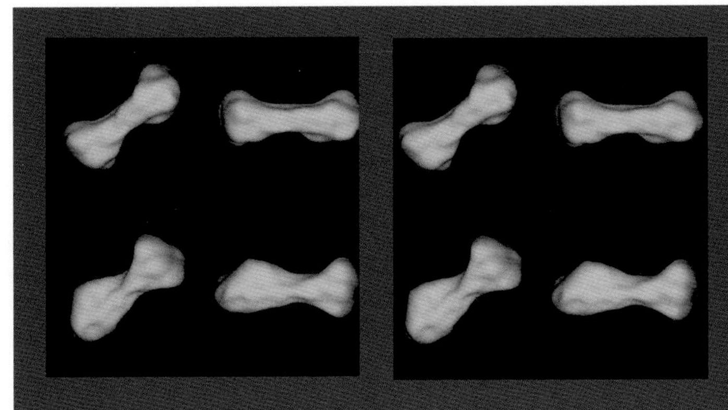

打磨成骨

地基雷达发现了小行星克列奥帕特拉（216 Kleopatra），它的外形看起来就像一根旋转的狗骨头，让天文学家们感到既有趣又好奇。它可能会为小行星的形成带来一些更重要的启示。这个不同寻常、闪闪发亮的金属小天体很可能是一颗更大的小行星致密内核的残骸，而该小行星在数十亿年前的一次碰撞中被摧毁了。

木星轨道前方和后方 60° 的位置上，是特洛伊型小行星稳定聚集的地方。截至 2020 年 10 月，天文学家已经发现了 8 700 多颗特洛伊型小行星。它们不只存在于木星轨道上，也存在于火星、土星和海王星轨道上类似的拉格朗日点附近。

或许光也能改变小行星的轨道，这是 19 世纪俄罗斯土木工程师雅尔可夫斯基（I. O. Yarkovsky）首次提出的观点。当小行星旋转时，这些岩石天体吸收太阳光并在红外光谱中以热的形式重新辐射出去。这些红外光子携带着微小但可感知的动量，每一个都能给小行星施加微弱的推力。一颗旋转的小行星上受到温暖的太阳光照射的一面将比背阴寒冷的那一面获得更多的光子推进；最终，这种“雅尔可夫斯基效应”将改变小行星的轨道和自转。

小行星又小又暗，即使是离地球最近的小行星也很难从地球上观测到（截至 2018 年的数据显示，只有 26 颗小行星的直径大于 200 千米）。即便天文学家发现了一颗小行星，也可能需要数年的时间来确定它的轨道，获取它的大小信息。有时候小行星会遮挡一颗恒星（在恒星前面飞过），天文学家可以据此估算它们的大小。更常见的情况是，他们根据小行星反射的太阳光的多少来估计它的大小，但这个方法对于那些暗得出奇又很大的小行星来说可能会产生误导。另外，根据小天体反射光的强度变化也能获取它的自转信息。

尽管在观测上存在挑战，但是天文学家通过分析对比小行星的反射光谱和陨石，对小行星的成分有了一定的了解，并据此将它们划分为十多个类别。C 型小行星含有大量的碳，看上去比较暗淡；S 型小行星含有更多的硅酸盐，看起来更为明亮；而 M 型小行星则含有金属镍和铁。S 型小行星主要分布在小行星带的内侧，而 C 型小行星则随着与太阳距离的增加而变得更为普遍。那些离太阳较远的小行星，其物质成分与早期太阳系相比变化很小，而离太阳较近的小行星可能经历了类似类地行星的加热和熔融分异过程。

小行星探测任务

20 世纪 90 年代，航天器开始造访小行星。伽利略号探测器在飞往木星的途中穿越了小行星带，1991 年经过小行星加斯普拉（Gaspra），1993 年飞越小行星艾达。这两个小行星似乎都是很久以前更大天体碰撞所产生的碎片。艾达表面有很多陨击坑，看上去比加斯普拉要古老得多。当仔细分析艾达的图像时，科学家们惊讶地发现，艾达周围有一颗小小的卫星，这颗卫星后来被命名为艾卫。这颗直径 1.5 千米的小天体是第一颗被确认的小行星的卫星。截至 2020 年 10 月，约有 416 颗小行星被发现拥有自己的卫星，大多数卫星是在双小行星系统中，也有少部分是在三合甚至四合小行星系统中。

1997 年，美国航天局的 NEAR- 舒梅克号探测器飞越了小行星玛蒂尔德（Mathilde），并于 2000 年进入了爱神星的轨道。玛蒂尔德的密度较低，表面布满了陨击坑，显然它是由碎石堆构成的。爱神星看起来很坚固，但它表面的裂缝和陨击坑证明这颗小行星曾经遭受过疯狂的撞击。虽然 NEAR-舒梅克号探测器并不是设计用来在小行星上着陆的——它没有登陆装置，但在小行星探测任务结束时，控制人员还是决定试一试。它以 1.5 米 / 秒的速度缓慢下降，最后成功地降落在爱神星的表面，成为第一个软着陆在小行星上的探测器。2001 年，它向地球传回了数据和图像。图像显示，爱神星表面分布着碎石和表壤，这证实了即使是小天体，它微弱的引力也能束缚住这些松散的岩石物质。美国航天局的另外两项任务——深空 1 号（Deep Space 1）和星尘号（Stardust），也分别于 1999 年和 2002 年在前往彗星的途中掠过小行星，而日本的隼鸟号 (Hayabusa) 探测器则在 2005 年降落在小行星丝川（Itokawa) 上。

从废墟到宝藏

研究小行星，可以帮助我们了解早期的太阳系。太阳系形成模型表明，小行星带区域原本应该包含大量的小行星碎片。木星和土星的引力搅动着这些岩石物质，使得小行星之间相互碰撞而碎裂，并将它们中的绝大多数抛离了小行星带。一些剩余的碎片又被重新拉回聚集在一起，形成了像玛蒂尔德这样碎石堆结构的小行星。其他抛射出去的小行星可能被大行星捕获，成为它们的卫星，例如火星的两颗卫星火卫一和火卫二，或者一些气态巨行星的不规则卫星。火星快车的最新数据显示，整颗火卫一几乎由一堆碎石构成。在太阳系的大轰炸期，许多抛射出去的小行星不断地撞击地球，也许正是这样才给这颗年轻的行星带来了水和有机物。

研究小行星也可以帮助我们评估太阳系这些小天体撞击地球的可能性和危险性。我们迫切地需要了解如何防御近地小天体（见第 176~180 页）。但小行星也蕴藏着丰富的矿产资源。建造未来的空间站，甚至开办绕轨道运行的酒店和工厂，都需要在小行星上开采矿产资源，如金属铁和铂、硅酸盐矿物，还有可作为航天器推进剂的水。太空采矿的成本可能会低于将地球资源送入太空的成本，这将有望成为未来的商机。

更多探测任务

在木星和火星之间的轨道上有一个岩石密集分布的小行星带，这里的小行星可能是太阳系形成后残留的岩石碎片，由于受附近巨大的木星的引力影响而没有形成行星。科学家们认为，这些太空漂流者为研究地球的形成和演化提供了最好的岩石样本，而且可能曾经为地球“播种”了孕育生命的有机分子。现在的任务旨在更密切地研究它们，并尽可能将一些小行星样品带回地球。

右图　曙光号小行星探测器（Dawn Spacecraft）前往小行星带，研究矮行星谷神星和巨型小行星灶神星

丹 · 杜尔达
行星科学家

日本的隼鸟号探测任务为丹 · 杜尔达（Dan Durda,1965—）这样的小行星研究学者提供了丰富的素材。丹 · 杜尔达在美国科罗拉多州博尔德的西南研究院工作，他对碎石堆结构的小行星非常感兴趣。碎石堆结构的小行星由一群类似鹅卵石的石块组成，在小行星旋转和运行时，这些石块会跟着一起运动，呈现出一种近似流体的特征。它们在几乎没有引力的情况下运行。“这是一种独特的物质状态，你无法在地球上复制，”杜尔达说，“虽然那些石块每个都很小，但聚集在一起就有一栋大型办公楼那么大。而在这样的小行星上，实际只有很微弱的引力。”

隼鸟号探测器

日本于 2003 年发射了执行小行星探测计划的隼鸟号探测器。这项计划的主要目的是将隼鸟号送往丝川小行星，采集小行星样本并将采集到的样本送回地球。该探测器于 2005 年成功地降落在丝川小行星上，然而，在试图采集样本的过程中，它遇到了麻烦——采样装置没有如期工作。但样品舱可能采集到隼鸟号着陆时小行星表面扬起的少量灰尘。这项任务的工程师们试图回收那些被动进入样品舱的粉末样品。最终，隼鸟号于 2010 年 6 月 13 日返回地球，探测器本体于大气层烧毁，而内含小行星样本的隔热胶囊与本体分离后在澳大利亚着陆并被成功回收。隼鸟号在宇宙中旅行了 7 年，穿越了约 60 亿千米的路程。这是人类首次针对对地球有潜在威胁的小行星进行样品搜集的研究，也是第一个把小行星物质带回地球的任务。隼鸟号是吉尼斯世界纪录认定的“世界上首个从小行星上带回物质的探测器”及“着陆目标最小（丝川小行星全长仅约 500 米）的探测器”。

曙光号小行星探测器

美国航天局于 2007 年发射了曙光号小行星探测器，目的是探索小行星带中最大的两颗天体：谷神星和灶神星。其中谷神星在曙光号发射前不久被提升为矮行星。对这两颗地质特性不同的天体进行深入研究，有助于科学家更好地理解为什么一些岩石能聚集在一起形成矮行星或大行星，而另一些岩石却在演化成真正的行星的过程中受到阻碍。

2011 年 7 月，曙光号进入环绕灶神星的轨道，成为人类历史上第一个环绕小行星带天体运行的无人探测器。2012 年 8 月，它离开灶神星，继续前往谷神星。2015 年 3 月，它成功进入环绕谷神星的轨道，成为第一个环绕太阳系两颗天体运行的无人探测器。2018 年 6 月 29 日，地面工作人员遥控关闭了曙光号的离子推进器。2018 年 11 月 1 日，曙光号的燃料全部耗尽，被宣告正式退役。

奥西里斯王号小行星探测器

美国航天局于 2016 年 9 月发射了奥西里斯王号小行星探测器（OSIRIS-REx），前往小行星贝努（Bennu）开展研究。它将在 2023 年携带小行星样本返回地球。如果任务成功，奥西里斯王号将是首个从小行星带回样本的美国航天器。

这项任务的目标是让一个探测器着陆在小行星上，收集

上图　毁神星经过地球附近的艺术想象图

一些岩石样本，然后将其带回地球进行实验分析，这也许能让科学家们近距离研究构成地球上生命的有机组分。这项任务还能帮助科学家们更好地了解小行星是如何在太空中运行的，以及它们是如何在太阳辐射压力下改变轨道的。这项研究对于防御小行星具有非常重要的实际意义，如果将来有小行星威胁到地球，我们或许可以在此基础上研发出防御技术去改变小行星的轨道，使之发生偏转。

地球面临的太空威胁

人们想要更多地了解小行星以及它们对地球构成的潜在威胁。在所有与太空有关的威胁中，人类面临的最大危险不是外星飞船或外星人的射线枪，而是在地球轨道附近游荡的近地小行星。我们曾经领教过那种威力：1908 年，一颗直径约 40 米的小行星摧毁了西伯利亚 2 000 平方千米的大片森林。尺寸更大的小行星可能会在全球范围内造成更大程度的破坏（见第 178~180 页）。

好消息是，全球已经建立了近地天体监测预警系统，其中的小行星猎手们时刻紧盯着可能会与地球发生碰撞的小行星。一颗直径约 340 米名为毁神星（Apophis，又称阿波菲斯）的小行星，曾经徘徊在地球轨道附近，对地球构成了巨大威胁。所幸，它的撞击风险正在逐渐降低。曾经预测的大灾难不会在 2029 年发生，2036 年可能发生撞击的威胁也被完全排除。根据小行星预警网的监测，这颗小行星将于 2068 年飞掠地球，因此仍需继续关注，但它造成危险的概率目前约为 1/400 000。

防御对策

不过也有一些坏消息。在 2010 年的一份报告中，美国国家科学院表示，对于那些更有可能撞击地球的较小天体，我们根本监测不到。有可能直到它们非常接近地球时，才会被注意到，这个时候已经很难再采取有效的应对措施。美国国会曾在 2005 年要求美国航天局将任何直径超过 140 米，可能接近地球的近地小天体进行编目。该科学院的报告称，这项研究任务之所以没有进行是因为没有得到资金资助，并进一步警告说，对地球造成真正威胁的是更小的小行星。一个直径大约 50 米的小天体如果撞击地球，会造成相当于核爆炸的破坏。2013 年发生在俄罗斯的空爆事件，罪魁祸首就是一颗直径约 20 米的小行星。

科学院进一步表示，我们现在就应该将资金投入民防计划，以便将来在监测到小天体要撞击地球时，至少可以疏散受到威胁的城市。该报告还建议，小行星防御也涉及外交问题，我们应该在小行星预警发出时由国际社会讨论要不要采取一些对策，比如向接近的小天体发射核武器等。

巡天

很显然，及早发现就是最好的防御。2010 年初，美国航天局的广域红外巡天探测者（WISE）开始在红外波段扫描整个天空，以发现新的星系和近地天体，这些近地天体一般不会发出足够的可见光，因而很难被探测到。WISE 有助于发现任何隐秘的天体，这些天体的可见光特征极具欺骗性，使其看起来就像是很小的物体。对于关注世界末日的观察者来说，看到整个冰山而不仅仅是冰山一角显然是非常重要的。

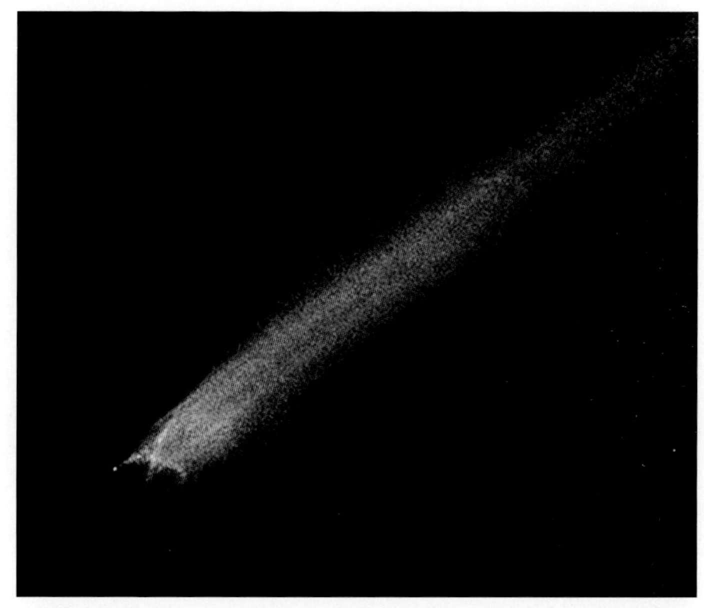

上图　哈勃空间望远镜捕捉到一幅彗星状小天体在小行星带中移动的画面。进一步的分析表明，这个小天体很可能是由两颗较大的小行星正面碰撞形成的

预计于 2023 年在智利投入使用的大口径全天巡视望远镜（LSST），将进一步加深我们对近地天体的认识和了解。该望远镜拥有口径达 8.4 米的镜面和 32 亿像素的相机，每隔几天就巡视一遍整个南半球夜空，可以监测到任何直径超过 140 米具有潜在威胁的小行星。

造访地球的“不速之客”：小行星

天体间的碰撞是太阳系中一个不争的事实，地球也不能幸免。近年来，科学家和各国政府对这些危险变得愈发警惕，争先恐后地制订各种追踪近地小天体的计划。

2002 年 6 月 17 日，林肯近地小行星研究小组（LINEAR）的天文学家发现了一颗新的小行星，将其命名为 2002 MN。这个直径为 73 米的小天体在距离地球 12 万千米（仅为月球与地球距离的 1/3）处经过，以天文学标准衡量，这相当于擦肩而过。也许更令人担忧的是，这颗小行星在经过 3 天后才被发现。直径为 73 米的小行星很小，而且也很难被探测到。即便如此，如果它击中地球，其威力至少是摧毁广岛的原子弹的 1 000 倍。一颗只有它一半大小的小行星曾将西伯利亚通古斯附近的森林夷为平地。更大的小天体撞击地球的能量将超过全球核战争。历史告诉我们，这种撞击不仅是可能的，而且随着时间的推移将不可避免。这种注定会照进现实的科幻小说中的场景刺激了世界各地近地天体搜索项目的发展。北美、欧洲和日本的天文台目前都在致力于寻找和跟踪所有直径大于 1 千米的大型近地天体。截至 2022 年 3 月 7 日，已经发现了 2 263 颗对地球有潜在威胁的小行星，其中直径超过 1 千米的有 887 颗。

观天提示

※ 追踪小行星和近地天体，请访问：
https://minorplanetcenter.net
https://cneos.jpl.nasa.gov

近地天体一览

- 2007 VK184：直径约 130 米，预计在 2048 年经过地球
- 99942 Apophis：直径约 340 米，预计在 2029 年经过地球
- 2004 XY130：直径约 500 米，曾在 2009 年经过地球
- 2008 AO112：直径约 310 米，曾在 2009 年经过地球
- 1994 WR12：直径约 130 米，预计在 2054 年经过地球
- 1979 XB：直径约 660 米，预计在 2056 年经过地球
- 2000 SG344：直径约 37 米，预计在 2068 年经过地球
- 2006 QV89：直径约 30 米，曾在 2019 年经过地球
- 2008 CK70：直径约 31 米，预计在 2030 年经过地球

天文冷知识 小行星会妨碍天文观测，因此天文学家有时称它们为“天空中的害虫”。

撞击地球的小行星对应的陨石类型大部分为石陨石，少部分为铁陨石和石铁陨石。大部分撞击地球的小行星都较小，但是当较大的天体撞击地球时，它们可以释放出成千上万枚原子弹的能量
1908 年
一颗小行星将 2 000 平方千米的西伯利亚森林夷为平地
1970 年
开启近地小行星搜索计划，只有少部分小行星经过了地球轨道
1980 年
路易斯·阿尔瓦雷斯认为一颗大型小行星撞击了地球，导致了 6 500 万年前的物种大灭绝
1999 年
国际天文学联合会签署通过了由理查德·宾泽尔（Richard Binzel）教授发明的杜林危险指数（Torino Scale）
2007 年
计算机模拟显示导致通古斯大爆炸的小行星比最初设想的要小
2010 年
日本于 2003 年发射的隼鸟号探测器返回地球，成功带回小行星物质样本
2016 年
奥西里斯王号小行星探测器发射升空，前往小行星贝努开展研究和采样工作
2022 年
截至 3 月 7 日，人类已发现近地小行星 28 464 颗，其中对地球有潜在威胁的为 2 263 颗

威胁与防御

6 500 万年前，如果不是一颗小行星在尤卡坦半岛附近重创地球，今天的世界可能依然被恐龙统治着。据估计，这颗小行星的直径约为 10 千米，它撞击地面的能量远远超过世界上所有现代武器被同时引爆的能量。由此产生的大火、地震、海啸以及尘埃蔽日引起的气候变化，灭绝了地球上约 70% 的物种。

下图　在这个未来可能会出现的救援场景中，一艘由离子推进器驱动的宇宙飞船正利用自身质量的引力作用，将一颗小行星轻轻地从撞击地球的轨道中拖出。尽管这种“引力牵引器”还没有被制造出来，但它们是完全可行的

曾经的碰撞

太阳系内所有的天体都无法避免相互碰撞这样一个事实。在人类历史上，地球还没有经历过重大的碰撞，但地球表面的撞击坑告诉我们，这样的事情并非不存在。随着时间的推移，板块构造和侵蚀作用消除了地球表面的大部分

类别	等级	说明
无危险	0	天体撞击地球的机率是零，或者即便是撞击也不会发生危险。该等级也适用于在撞击地球前烧毁的天体，如流星体或者是即便会落地也极少引起破坏的小陨石。
正常	1	天文学家发现近地天体，并预测该天体不会对地球构成威胁。至少从目前的计算结果来看，该天体撞击地球的概率极低，并不需要引起公众的注意或关注。在绝大多数情况下，进一步的望远镜观测会将该天体的危险指数降为 0 级。
需要天文学家注意	2	发现近地天体（随着进一步的搜寻，类似的发现可能会越来越多），而该物体会接近地球，但不会过于接近。虽然有关发现需要天文学家的注意，但由于撞击的可能性非常低，因此并不需要引起公众的注意或关注。在绝大多数情况下，进一步的望远镜观测会将该天体的危险指数降为 0 级。
	3	发现近地天体，需要天文学家注意。现行计算显示会有 1% 或以上的可能性造成小范围的撞击事件。在绝大多数情况下，进一步的望远镜观测会将该天体的危险指数降为 0 级。如果该天体 10 年之内会靠近地球，应通知公众和有关部门。
	4	发现近地天体，需要天文学家注意。现行计算显示会有 1% 或以上的可能性造成区域性的撞击事件。在绝大多数情况下，进一步的望远镜观测会将该天体的危险指数降为 0 级。如果该天体 10 年之内会靠近地球，应通知公众和有关部门。
具有威胁	5	有近地天体接近地球，可能会带来区域性的严重破坏，但不能确定是否必然发生。天文学家需要极度关注，并继续判断是否必定会发生撞击。如果该天体 10 年内可能撞击地球，各国政府可被授权采取紧急应对计划。
	6	有大型近地天体接近地球，可能会带来全球的灾难性破坏，但不能确定是否必然发生。天文学家需要极度关注，并判断是否会发生撞击。如果该天体 30 年内可能撞击地球，各国政府可被授权采取紧急应对计划。
	7	有大型近地天体非常接近地球，在一个世纪内可能会带来前所未有的全球灾难，但不能确定是否必然发生。如果该威胁发生在未来一个世纪内，国际的紧急应对计划将会被授权执行。特别是利用最先进的观测设备尽快获得准确的数据，以确定撞击是否会发生。
肯定发生碰撞	8	该天体肯定会撞击地球，如果撞击发生在陆地上，将会对局部地区造成毁坏。若天体撞落到沿海地区，可能会引发海啸。此等撞击平均每隔 50 年至数千年发生一次。
	9	该天体肯定会撞击地球，若撞击发生在陆地上，将会造成空前的区域性破坏。如果撞击到海洋，可能会引发大海啸。此等撞击平均每隔 1 万年至 10 万年发生一次。
	10	该天体肯定会撞击地球，无论撞击到陆地还是海洋，均会造成全球气候大灾难，并有可能造成物种和文明的毁灭。此等撞击平均每 10 万年或以上发生一次。

杜林危险指数将潜在威胁小行星（PHA）或彗星的撞击危险等级划分为 0 到 10 级。0 和 1 代表极不可能造成破坏，8 到 10 表示肯定会发生某种强度递增的碰撞。

撞击坑。位于美国亚利桑那州的巴林杰陨星坑（Barringer crater），直径为 1.2 千米，边缘保留完好，是 5 万年前一颗直径约 50 米的小行星撞击地球形成的。

大多数直径小于 40 米的流星体在进入大气层时会裂解，但最大的那块仍然可以对地球造成破坏，1908 年发生的通古斯大爆炸就是明证。科学家们现在认为，在通古斯上空爆炸的流星体可能是一颗直径不超过 40 米的小行星。尽管小行星在空中解体了，但是产生的冲击波会以超声速传播，仍然可以对地表造成破坏性影响。

平均而言，一个引发通古斯大爆炸那样的小行星每一千年就会撞击地球一次。直径 2 千米的天体也许每一百万年才会过来一到两次，而那些直径超过 10 千米具有毁灭性的巨大访客，每一亿年才会与地球轨道相交一次。当然，这些都是很长时间内的平均值。这个世界可能在数百万年的时间内都相安无事，也可能在接下来的三年里遭受三次巨大的撞击。

搜索项目

1994 年，舒梅克－列维 9 号彗星撞击了木星，这是人类首次直接观测到的太阳系内与行星有关的天体撞击事件，直接促进了从 20 世纪 90 年代开始的科学行动。美国航天局资助了几个项目，用来寻找距离地球轨道 4 500 万千米以内的近地天体，尤其是那些具有潜在威胁的小行星，即那些距离地球在 0.05 au（约 748 万千米）范围内直径大于 150 米的小行星。日本、意大利和德国的搜索项目也在追踪地球附近的小行星和彗星。

尽管彗星撞击肯定会给地球造成毁灭性的后果，但相对而言，很少有彗星在其细长的轨道上经过地球附近。人们更感兴趣的是近地小行星。这些小行星通常有 3 类，分别是阿波罗型、阿登型和阿莫尔型小行星。它们大多数都很小，用望远镜也观测不到。到 2019 年初，林肯近地小行星研究小组和卡塔利娜巡天系统（Catalina Sky Survey）已经发现了 20 000 多颗近地小行星，其中 2 044 颗是潜在威胁小行星。

这些统计数据也包含了一些好消息。天文学家估算，大约有 1 100 颗直径超过 1 千米的近地天体存在，而搜索项目正在接近完成识别所有这些近地天体。更好的消息是，到目前为止，还没有发现某个小天体有直接撞击地球的危险。另外，迄今为止，在杜林危险指数的 10 分制中，没有一个潜在威胁小行星的危险指数超过 1。

那么坏消息呢？就是还有一些未被发现的大型撞击物。此外，科学家们估计，仍然有百万颗直径在 40 米至 1 千米的近地天体隐匿在黑暗之中。尽管这些小天体直接撞击地球不会造成毁灭性的破坏，但这样的冲击可能会摧毁一个大城市，引发大规模海啸，甚至更多的灾难。设计搜索项目的初衷不是用来预警即将到来的撞击，而是用来识别近地天体并跟踪它们的轨道。就像小行星 2002 MN 一样，只有当它已经从地球旁边掠过时，我们才有可能对它进行识别。根据美国航天局的说法，“今天最有可能的情况是零预警——直到撞击产生的闪光和地面震动出现，我们这才猛然发觉。”

防御计划

一旦确定了小行星的轨道，地球上的仪器就可以跟踪它，并在理论上对未来可能发生的撞击发出预警。下一步是制订方案，使危险的小行星偏离它们的轨道。炸毁它们是一个很酷的电影桥段，但并不是个好办法。那样的话，我们只是把一个大的撞击换成了许多次小的撞击。

其他的方案包括缓慢地使小天体偏离它们的轨道。例如，等离子体火箭可能会降落在小行星上，并作为太空拖船将其推入不同的轨道。或者，这样的火箭也可以充当“引力拖拉机”，在目标小天体附近盘旋，利用相互之间的引力将其拉离原有危险的轨道。我们甚至可以利用阳光来推动小行星，使用轻薄的太阳能帆板或者改变岩石本身的反射率来改变其轨道。但小行星越大，就越难把它推离原有轨道，所有这些解决方案都需要提前部署，并在近地天体到达前几年就能侦测到。到目前为止，小行星防御计划还只是停留在理论上。

神秘的天外来客：陨石

外太空远非空无一物，而是布满了岩石、沙砾和尘埃。地球在轨道上运行时，会穿过由粉碎的小行星和彗星组成的颗粒状“薄雾”。科学家们估计，每天大约有 1 000 吨这样的物质进入到地球的大气层。

下图　两个男人在仔细观察埋在沙子里的一块重达两吨的陨石。沙漠是陨石的理想狩猎场，相对不变的无水环境可以将陨石完好地保存在降落的地方

由于体积太小而不能被视为小行星的太空岩石碎片被称为流星体。它们以 10~70 千米 / 秒的速度进入大气层，与空气摩擦生热，在距离地表 80~120 千米处的高空开始燃烧发光。它们在天空中留下的短暂而炽热的轨迹，让人联想到某些类型的烟花，有时被称为飞驰的星星，但更确切地说是流星。大约每个月都会出现一个较大的流星体，它们撞击大气层时会发出“砰”的一声巨响，形成一个燃烧的火球，并产生音爆，军用卫星可以追踪到这一现象（通过内嵌的程序可以将这些爆炸和真正炸弹的爆炸区分开来）。值得庆幸的是，对于地球上的居民来说，只有百万分之一的流星体，也就是体积最大的那部分，能够一路抵达地球表面。一旦它们坠落到地面，就被称为陨石。

数千年来，陨石一直被奉为神圣的天外来客。直到 19 世纪，当人们首次接受它们来自外太空的事实之后，陨石就吸引了科学家和收藏家的注意。在深空探测之前，陨石是我们所拥有的其他星球的唯一样本。

陨石的类型

陨石可分为 3 类：石陨石、铁陨石和石铁陨石。其中约 94% 是石陨石，主要由硅酸盐组成，还含有少量的铁镍金属。另外 5% 是铁陨石，实际上是金属铁和镍的混合物。剩下的 1% 是石铁陨石，大约一半是硅酸盐，另一半是铁镍金属。石陨石虽然更常见，但由于它们与地球上的岩石混合在一起，反而比铁陨石更难识别。铁陨石看上去闪闪发光、与众不同，很容易被金属探测器发现。

石陨石可以进一步细分为球粒陨石和无球粒陨石。球粒陨石的特征是含有球粒，球粒是由各种硅酸盐矿物和玻璃组成的直径约为 1 毫米的球体。大部分的球粒陨石是普通球粒陨石。顽辉球粒陨石含有顽火辉石矿物，而碳质球粒陨石含

右图　霍勒辛格（Holsinger）陨石是巴林杰陨星坑周围寻获的最大陨石碎片，这个陨石坑是在大约 5 万年前的一次陨石撞击中形成的。当探险家们第一次发现这个陨石坑时，它的周围散布着总重约 30 吨的铁陨石碎片

有大量的有机化合物和水，它的密度比其他球粒陨石要低。科学家可以从陨石的成分中得知它们是何时以及如何形成的。所有的球粒陨石都代表了早期太阳星云的原始物质。在早期的太阳星云中，岩石物质在高温下熔化成液滴然后迅速冷却，球粒便形成了。碳质球粒陨石可能是最原始的。无球粒陨石相当于火成岩，它们在更大的小行星母体内已经发生了部分熔融或完全熔融。而铁陨石则可能是那些分异型小行星的金属核心的残留。

许多研究及其他证据表明，几乎所有的陨石都是在太阳系最初阶段形成的岩石体、小行星或星子的碎片。在某个时刻，这些小天体可能在相互碰撞中解体，形成的碎片被抛入太空。降落在地球上的陨石中有一些是太阳系中最古老的岩石，形成的时间可以追溯到 46 亿年前。有些陨石中的矿物颗粒甚至来自太阳系外，比太阳系更为古老。

有些陨石如澳大利亚的默奇森（Murchison）陨石，甚至含有有机分子，这表明构成地球生命的有机物质最初有可能是由陨石从外太空带到地球上的。

月球和火星陨石

一些珍贵的陨石似乎不是来自太阳系早期形成的小行星母体，而是来自太阳系的其他地方。有些陨石与典型陨石的成分截然不同，但与阿波罗宇航员从月球上带回的样品几乎完全相同，这表明它们一定是月球陨石，应该是小行星撞击月球表面后溅射出来的。国际陨石学会公告显示，截至 2022 年5月，全世界共收集到541 块月球陨石。月球陨石非常珍贵，因为它们代表了月球表面真正的随机样本。月球陨石可大致分为玄武岩质、斜长岩质和混合岩质 3 个类型，分别代表了月海、高地和冲击角砾岩。

同样珍贵的还有火星陨石，它们是很久以前在多次重大的小行星或彗星撞击事件中从火星上抛射出来坠落到地球上的。截至 2022 年 5 月，全世界共收集到 334 块火星陨石。火星陨石的玻璃中通常封存有微量的稀有气体，经检测它们的相对丰度与火星大气完全吻合。曾经有一个科学团队宣布，在火星陨石 ALH 84001 中发现了细菌化石（见第 154~155 页），这在当时的科学界引起了相当大的争议。现在，大多数科学家认为这些结构不能代表任何形式的生命。然而，火星陨石 ALH 84001 仍然被认为是火星表面一块特别古老的岩石。研究表明，它可能形成于 40 多亿年前，大约是在 1 700 万年前从火星古老的南部高地上溅射出来的。

地球上的陨石也有可能来自其他行星或卫星，比如与火星有着相似逃逸速度的水星。但是，从更遥远的行星上撞飞的任何岩石碎片很可能不会到达地球，而是被它们附近的天体所吸附。

降落在何处

陨石坠落在地球表面任何一处的概率是相同的。即使有人目睹到降落过程，也很难找到它们，而且随着时间的推移，石陨石会逐渐风化，风化后的陨石看起来和地球上的其他岩石很像。地球上的陨石大小不一，尺寸从鹅卵石到巨型砾石大小不等。例如 1920 年在纳米比亚的一个农场上发现的铁陨石重达 60 吨。有些地形比较容易发现这些天外来客。火星陨石 ALH 84001 是在南极洲被发现的，而且至今已经在那里发现了大约 45 000 多颗陨石。南极干燥而寒冷，陨石坠落后就深埋于冰面以下，免受了风化作用的影响，从而很好地保存了下来。基于类似的原因，沙漠中也发现了许多陨石。沙漠干燥的环境有利于陨石保存，而且陨石在进入大气层时摩擦燃烧形成的一层黑色熔壳，使得它们很容易从周围的浅色地球岩石中脱颖而出。

每年有大量的陨石会进入地球的大气层，有意思的是，击中人类或人类建筑的事件却鲜有发生。然而，凡事总有例外。1992 年 10 月，皮克斯基尔（Peekskill）陨石以一个壮观的火球的形式出现在美国东部上空。在周五晚上的橄榄球比赛中，伴随着噼里啪啦的声音，它最后砸在纽约州皮克斯基尔的一辆雪佛兰轿车的后备箱上（后来这辆车便开启了一轮全球巡展）。1954 年，亚拉巴马州的一名妇女被一块陨石碎片擦伤。1992 年发生了另一起陨石伤人事件，当时一小块陨石碎片击中了一名乌干达男孩的头部。甚至有报道称埃及的一只狗在 1911 年不幸被一块陨石砸死，而“凶手”竟是一块罕见的火星陨石。但更多的陨石是在未造成伤亡的情况下被发现的，其中有些被私人收藏或被零星地出售了。火星陨石的价格约是黄金价格的 10 倍。从科学的角度来看，陨石的真正价值在于它们所蕴含的关于太阳系起源和演化的信息，是不必消耗巨额成本去太空采集就从天而降的实验品，因此陨石也被行业内称作“穷人的太空探测器”。

陨石伤人事件

尽管各种文化中都有关于人们被从天而降的石头砸伤甚至砸死的故事，但很少有确凿的记载。美国亚拉巴马州锡拉科加的安 · 霍奇斯却是个例外，1954 年一颗重达 4 千克的石陨石砸穿她家的屋顶，击中并擦伤了她的腰部。

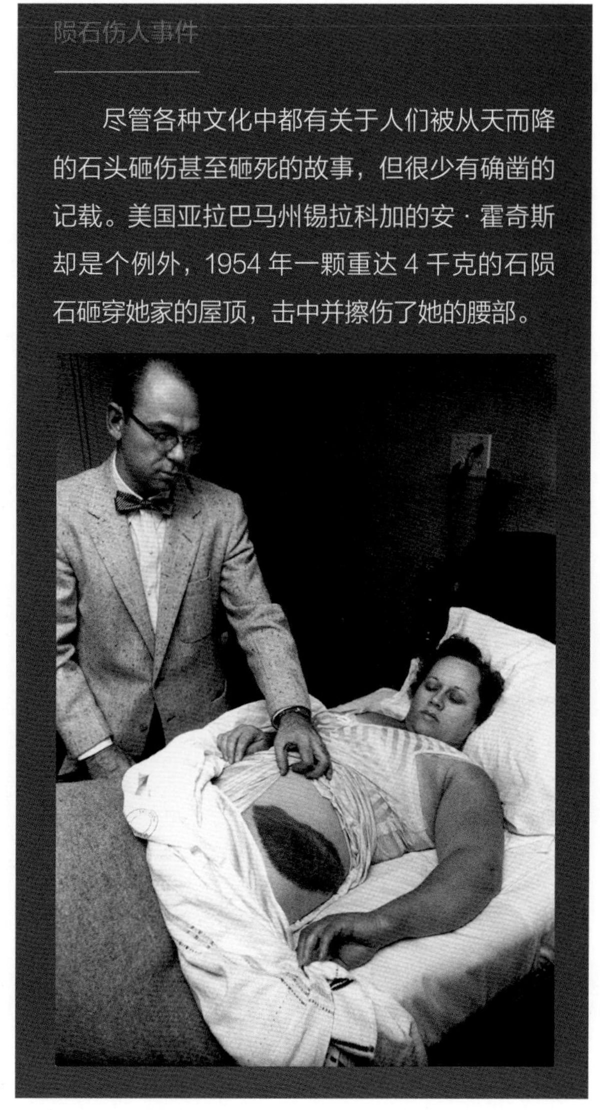

第 5 章

有环行星

有环行星

外太阳系的 4 颗行星通常被称为类木行星（Jovian planet），木星是其中最典型的代表。根据它们的大小和组成成分，它们又被称作气态巨行星。但是木星和土星属于较“传统”的气态巨行星，它们的主要成分是氢和氦；而天王星和海王星的主要成分是由水、氨和甲烷等组成的称为“冰”的混合流体物质，所以它们现在通常被归类为冰质巨行星。不过我们可以将它们统称为有环行星，因为 4 颗行星都被各自的光环环绕着。

人类从远古时代就知道木星和土星会在天空中四处游荡。木星是天空中仅次于太阳、月亮和金星的第四亮的天体。大约每 12 年，光芒耀眼的木星会缓慢地在各个星座之间穿行一周，远在我们知道它巨大的身型之前，这种盛大之旅就为木星赢得了“行星之王”的称号。散发着淡金色光芒的土星在夜空中同样显得熠熠生辉。它相对恒星缓慢移动一周的时间超过 29 年，这似乎暗示了土星与时间之神克洛诺斯（Cronus，希腊神话中主神宙斯的父亲）有着古老的联系。

天王星和海王星离我们更为遥远，并且在近代才被人类发现。德裔英籍天文学家威廉·赫歇尔是 18 世纪天文学界中的一名杰出人物，他于 1781 年利用自己手工制作的一架精美的望远镜发现了天王星。通过对一颗未知行星的运行轨道的数学计算，1846 年又发现了海王星。英国和法国的两位天文学家指出了这颗未知行星所在的位置，并由一位德国的天文学家进行了验证。

这 4 颗有环行星与带内行星（或者说类地行星）有着显著的区别，就好比气体与岩石的区别一样。它们遥远而又稀疏的轨道与相对拥挤的内太阳系形成了鲜明的对比。

水星、金星、地球和火星都在距离太阳 1.5 au 的范围内运行。木星距离太阳 5.2 au，土星距离太阳 9.5 au，天王星距离太阳 19.2 au，海王星距离太阳 30 au，在这些寒冷的边缘地带，太阳看上去只不过是一颗异常明亮的星星而已。

带外行星在大小和成分上与类地行星也有明显的差异。带外行星的大气主要由氢和氦构成。它们没有真正意义上的“表面”，我们所能观测到的通常是它们大气中云层的顶端。

类木行星的体型和质量都极为巨大，仅木星的质量就相当于太阳系内其他行星质量总和的 2.5 倍。它强大的引力在太阳系中仅次于太阳。土星的质量不到木星的 1/3，但它仍

公元前 250—公元前 50 年
古巴比伦人会运用几何学预测木星的运行轨迹

1660 年
让·沙普兰（Jean Chapelain）提出土星环是由许多独立绕土星运行的小粒子组成的

1846 年
威廉·拉塞尔（William Lassell）发现了海王星的首颗卫星——海卫一

1972 年
美国航天局发射了首个造访带外行星的探测器——先驱者 10 号

1977 年
天王星环被发现，在此之前土星是人们唯一知道的有环行星

1979—1989 年
美国航天局发射的旅行者 1 号和旅行者 2 号探测器传回了 4 颗有环行星的信息

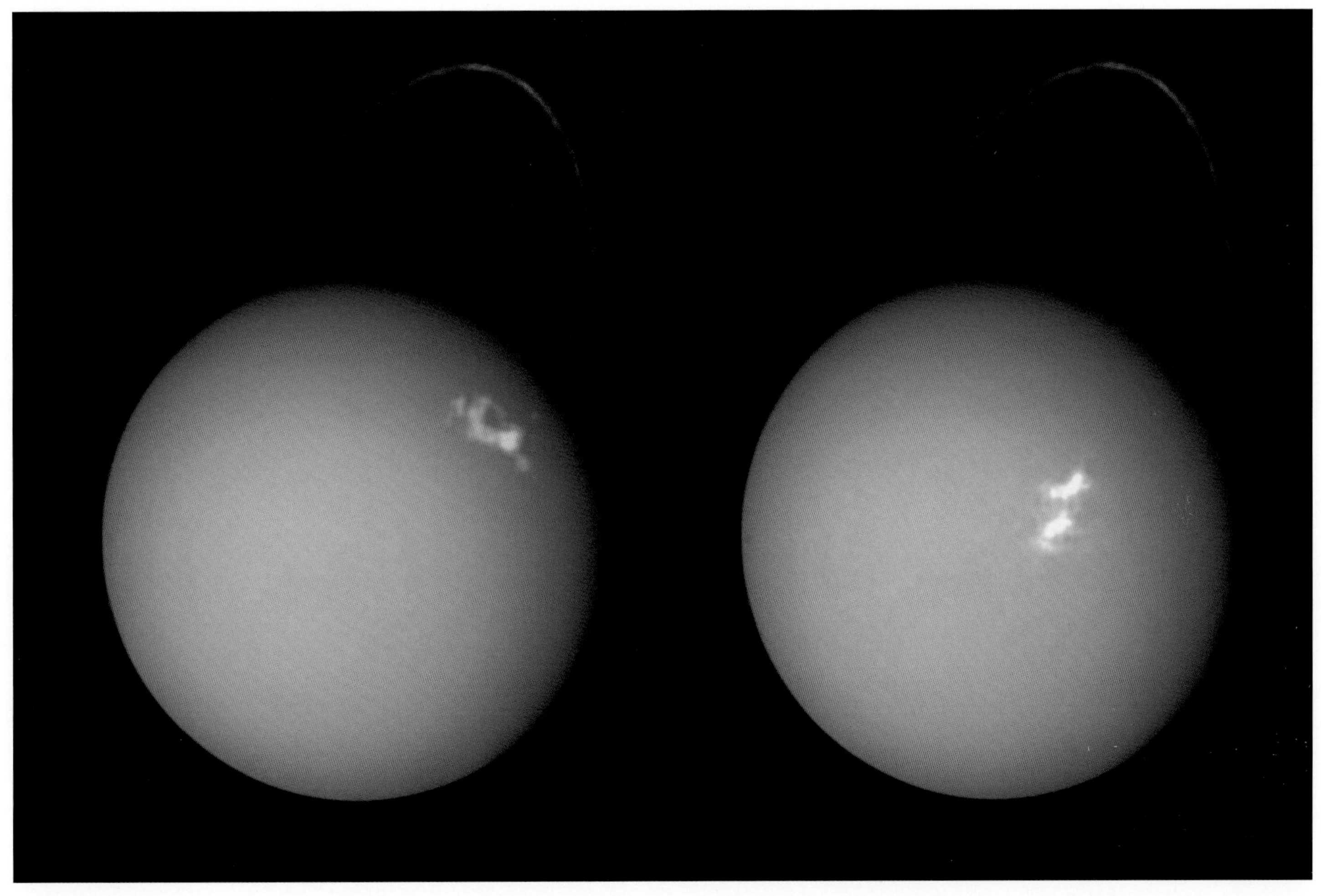

上图 这两张合成照片由旅行者 2 号和哈勃空间望远镜共同拍摄，展示了天王星微弱的光环系统和天王星表面的极光

然是个庞然大物，可容纳超过 700 个地球。天王星和海王星的大小介于这两个“大家伙”和类地行星之间。与主要由氢和氦组成的土星、木星不同，天王星和海王星主要由水、氨

1979 年
旅行者 1 号在木卫一上发现了火山活动

1989 年
旅行者 2 号发现了海王星的大暗斑，与木星的大红斑一样，它也是个反气旋风暴

1994 年
舒梅克 – 列维 9 号彗星的碎片撞击了木星，形成了巨大的尘埃云和火球

2005 年
卡西尼号探测器发现土星环系统也有自己的大气层

2006 年
科学家根据卡西尼号的探测结果确认，土卫六表面存在碳氢化合物湖泊

2009 年
卡西尼号的成像团队发现有一颗小卫星运行在土星环的 G 环中

与甲烷等物质组成的热而稠密的流体构成。这 4 颗巨行星都有很强的磁场，似乎是由它们大气下面的导电液体形成的。但天王星和海王星的磁场却是完全倾斜的，造成这种奇异现象的原因至今还不明确。

与带内行星不同，带外行星拥有众多的卫星和行星环。从巨大的木卫三（Ganymede）到娇小的木卫三十八（Pasithee），这 4 颗大行星现在共有 203 颗已知的卫星在环绕运行。有一些还自成体系，如木星由于卫星数量众多，也被称为微型太阳系。土星的卫星土卫六上存在湖泊和厚重的大气层，木星的卫星木卫二上存在一个被冰层覆盖的全球性海洋。

这 4 颗大行星周围都有行星环围绕。更准确地说，它们应该叫作行星环系统，由数不清的尘埃、岩石和冰晶构成，它们的运行轨道受母行星和卫星的引力所控制。这些行星环的起源目前还是一个谜。它们看起来要比它们的母行星年轻。一个流行的理论认为它们是那些被拽向母行星后并被潮汐力撕碎的卫星的碎片。有些行星环似乎还不断得到现有卫星上撞下的碎片的补充。但这些理论并不能彻底解释为什么土星环是如此的壮观而其他行星环则要暗淡得多。一种可能的解释是土星环比太阳系中其他的行星环要更加年轻。假如有一天天文学家们能够观测到系外行星周围的光环的话，这个谜底有可能就会揭晓。

为什么这些气态巨行星都位于太阳系最偏远的区域？答案只有一个：温度。大约 50 亿年前，当太阳星云因引力作用而收缩，物质向中心凝聚时，在不断成长的太阳附近，高温使得水冰无法存在，岩石和金属得以幸存并融合形成了岩质行星。但在距离太阳约 5 au 的“雪线”[①]之外的区域，足够的低温使得太阳系中大多数常见的挥发性化合物（如水、氨、甲烷）都可以立刻凝结成冰粒。根据这一理论，固体的原行星最初以这种形式形成，并最终有足够的质量可以直接从太阳星云中吸积大量的氢、氦气体作为自己的大气层。有科学家认为，这种形成方式的设想用时太长，另外当年轻太阳发出的太阳风将太阳系内的气体吹散时，也会将巨行星上正在形成的大气层吹走。第二种理论提出巨行星并非靠吸积形成，而是在太阳星云的不稳定区域直接凝聚并迅速收缩成我们今天所看到的行星。有证据表明，太阳系外的恒星系统在很早的时期就已经出现了气态巨行星。

类地行星很快便在它们现在的轨道处稳定下来，但是带外行星受引力摄动的影响则来回迁移了很多次。巨行星迁移理论认为，天王星和海王星最初是在现在木星和土星的轨道

木星是一颗发育失败的恒星吗?

因为体积巨大，又具有和太阳相似的成分如氢和氦，木星有时被人们称为“失败的恒星”。假如木星从太阳星云中吸收更多的气体，它的核心有可能会发生核聚变吗?

答案很可能是否定的。木星最初是在太阳星云寒冷的边缘地带形成的，它最终在气体外壳内形成了一个冰质或岩质核心。而太阳是直接从气体星云中坍缩而成的，从未有过一个岩质核心。如果想看到真正失败的恒星，我们可以去了解亚恒星天体中的褐矮星。这些致密微温的气态天体，其质量是木星的 13~80 倍，正好介于气态巨行星和小质量恒星之间。

①雪线也被称为冻结线、霜线或冰线，在天文学或行星科学中是指能让挥发物质（如水、氨和甲烷等物质）凝聚为固体冰粒的最小距离（从中心恒星的中心位置起算）。就太阳系而言，雪线位于太阳星云中从原始太阳的中心向外起算的一个特定距离，一般认为此处的温度介于 140~170 开尔文之间。——译者注

众神、仙女和情人

一旦望远镜开始发现带外行星拥有众多的卫星时，天文学家们便开始争论该如何为它们命名。伽利略想用他的赞助人美第奇（Medici）的名字来命名他发现的木星的 4 颗大卫星，因此多年来它们都被称作“美第奇星”。德国天文学家西蒙·马里乌斯（Simon Marius）提议用其他行星的名字来命名——如木星的土星，木星的木星，木星的金星，木星的水星——还好这个想法被明智地忽略了。但是他的另一个方案（最初由约翰内斯·开普勒提出）则受到了欢迎。最终以朱庇特神的情人的名字命名了木星的 4 颗大卫星：木卫一伊奥（Io），木卫二欧罗巴（Europa），木卫三盖尼米得（Ganymede），木卫四卡利斯托（Callisto）。

因此，用与母行星相关的神话人物来命名各自卫星的惯例就此诞生了。木星以罗马神话中的众神之王朱庇特（Jupiter）的名字命名，它的卫星用朱庇特神的情人和后裔的名字来命名；土星以农神萨图努斯（Saturn）的名字命名，它的卫星用希腊和罗马神话中的泰坦巨神及其后裔和其他神话中的巨人的名字来命名；海王星以海神尼普顿（Neptune）的名字命名，它的卫星用希腊和罗马神话中低等的海神或水仙女的名字来命名；天王星以天神乌拉诺斯（Uranus）的名字命名，但它的卫星却与众不同。威廉·赫歇尔的儿子约翰（John）为其创造了一个独特的名称体系——天王星的卫星采用了莎士比亚戏剧和亚历山大·蒲柏的长诗《秀发劫》（*The Rape of the Lock*）中的人物的名字。

附近形成的，而所有这 4 颗巨行星都处在一个巨大的星子带的内边缘附近。这些星子和 4 颗巨行星之间的引力相互作用首先会拉动行星向星子带内移动，然后又将土星、天王星和海王星向星子带的外边缘方向推动，大行星的引力使许多星子散射开来，有些向外被彻底驱逐出了太阳系，有些向内进入了一个长长的椭圆轨道。木星被稍稍拉回到了它目前的轨道。在行星形成 7 亿年之后的后期重轰击期，许多的小天体被撞出了自己原先的运行轨道，它们朝着内太阳系坠落并不断撞击类地行星（包括我们的月球）。

迁移理论或许可以解释天王星和海王星为何可以变得如此巨大。假如它们最初是在太阳系遥远的边缘区域形成的，原始物质的匮乏将会阻止它们的生长。这也许同样可以解释木星大气中为何保留了一些更典型的外太阳系区域的气体。

对外太阳系的研究可以帮助我们了解行星的成因。发射探测器去访问外太阳系是个不错的研究方法，但这要花费数年的时间。在 21 世纪初，卡西尼任务（Cassini mission）开启了土星的探索之旅，同时将一个名为惠更斯号的着陆器释放到了土卫六的表面，随后土星及其卫星上的细节就开始逐步呈现在人们的眼前。美国航天局于 2011 年发射的朱诺号（Juno）探测器则造访了木星，作为木星的一颗极地轨道卫星，它主要用于考察木星的大气层、引力场、磁场等。美国航天局和欧洲空间局计划在未来联合执行的木卫二－木星系统任务（Europa Jupiter System Mission，EJSM）旨在探索木星系统是否有适合生命生存的环境，美国和欧洲的科学家在这个任务上阐明了他们的共同愿望——发现并证实在气态巨行星的周围可能存在宜居世界。在缺少航天器的情况下，行星科学家们也会利用哈勃空间望远镜、凯克望远镜等先进的天文台来研究这些带外行星。

行星之王：木星

庞大的木星在行星中占据着统治地位，无论是体积还是质量都比太阳系中的其他天体大很多。它的卫星家族包含了各种各样有趣的卫星，有的还有全球性的海洋。

作为气态巨行星中的老大，木星的轨道离太阳的平均距离超过 7.78 亿千米，与火星之间隔着一个由岩石小天体组成的小行星带。在如此遥远的距离上，木星差不多需要 12 年才能环绕太阳一周。尽管有着庞大的身躯，它却是一个苦行僧式的行星，每 9.9 小时就会自转一周。它旋转得如此之快，以至于它那气态的身体无法维持真正的球形而更像是一个赤道隆起的卵形。

木星大到足以容纳 1 300 个地球，但是它的密度远小于地球。像太阳一样，木星主要由氢和氦构成，没有固定的表面，只有浓厚而狂暴的大气覆盖在液态氢海洋上面。一个个存在已久、地球大小的飓风团在木星大气上层肆虐，形成红白相间的旋涡状椭圆形图案。这颗行星或许有一个固体的岩质核心，但是目前我们只能观测到大气压为 100 千帕（相当于地球海平面上的气压）的云层顶端。

木星不仅是一颗行星，它还是一个行星 - 卫星系统。它众多大大小小的卫星，也像母行星一样吸引着科学家们。出乎大多数人的意料，1979 年旅行者 1 号发现木星还有一个暗淡纤薄、尘埃密布又令人着迷的行星环。

左图　木星表面深浅交替的彩色条带其实是沿着纬线方向横扫木星全球的大气环流。其中浅色的条带被称为“区”（zone），深色的条带被称为“带”（belt）

天文符号：♃
发现者：古人
与太阳的平均距离：778 412 020 千米
自转周期：9.925 小时
轨道周期：11.86 个地球年

赤道直径：142 984 千米
质量（地球 =1）：317.82
密度：1.33 g/cm^3（地球密度为 5.5 g/cm^3）
表面平均温度：−108 ℃
天然卫星数量：80

观天提示

※ 木星用肉眼非常容易识别，是仅次于金星的第二明亮的行星，每年在黄道上经过一个星座。

天文冷知识　木星核心的压强是地球表面大气压的数千万至上亿倍。

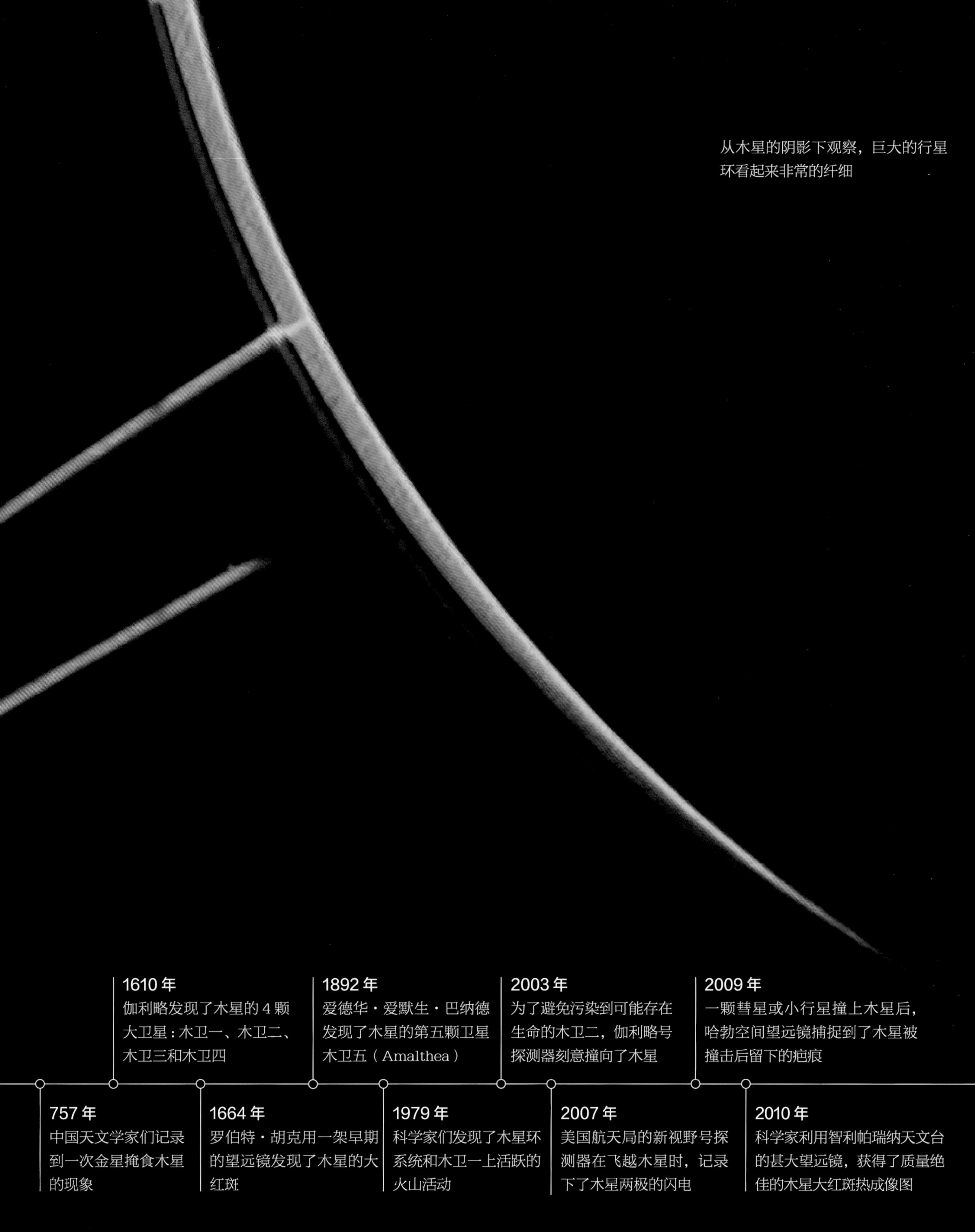

从木星的阴影下观察，巨大的行星环看起来非常的纤细

757 年
中国天文学家们记录到一次金星掩食木星的现象

1610 年
伽利略发现了木星的 4 颗大卫星：木卫一、木卫二、木卫三和木卫四

1664 年
罗伯特·胡克用一架早期的望远镜发现了木星的大红斑

1892 年
爱德华·爱默生·巴纳德发现了木星的第五颗卫星木卫五（Amalthea）

1979 年
科学家们发现了木星环系统和木卫一上活跃的火山活动

2003 年
为了避免污染到可能存在生命的木卫二，伽利略号探测器刻意撞向了木星

2007 年
美国航天局的新视野号探测器在飞越木星时，记录下了木星两极的闪电

2009 年
一颗彗星或小行星撞上木星后，哈勃空间望远镜捕捉到了木星被撞击后留下的疤痕

2010 年
科学家利用智利帕瑞纳天文台的甚大望远镜，获得了质量绝佳的木星大红斑热成像图

风暴世界

与带内行星不同，木星成功地抓住了它在太阳系早期所捕获的大气。目前的估计显示，木星由86%的氢、13%的氦以及少量的其他气体如氨、甲烷、水蒸气等构成。和太阳以及其他巨行星一样，木星的上层大气也有着较差自转，赤道区大气层比极区大气层要旋转得快一些。

木星的大气像地球一样也呈现出分层的现象，从最低处到最高处，木星的大气层被分为对流层、平流层、热层和散逸层。由于木星是气态巨行星，它的大气层底部没有地球那样的明显界面，天文学家就将木星大气压强为100千帕处作为木星的“表面”，这里也被定义为木星的云层顶部。对流层顶大约在木星云顶之上约50千米处，温度为110开尔文（-163 ℃）；对流层的最低处则位于木星云顶之下约90千米处，温度大约是340开尔文（67 ℃）。木星的对流层有一个复杂的云系结构。最上层的云层是由白色的氨冰组成的；在氨冰云之下，是一层红棕色的氢硫化铵云；氢硫化铵云之下则是一层蓝色的水冰晶体。

暴风天气

木星上的气候有多恶劣呢？在地球上，高、低气压区域会形成锋面和相应的大气运动，但是在快速旋转的木星上，大气被拉扯成环绕整个行星的长条状。即使是地球上的小型望远镜也可以分辨出木星云层顶端那些美丽动人的彩色条纹，它们被风暴搅动成旋涡和扇贝状。上升的暖气流顶部的浅色

下图 除了大红斑（Great Red Spot）和小红斑（Red Spot Jr.），2008年，哈勃空间望远镜还发现了木星大气中的第三个红色风暴区（见图左部）。以前它是白色的，但在最近，某些未知的化学反应改变了它的颜色

云区与下沉的冷气流深色云带相间。条带中的狂风在东西向肆虐交错，风速可高达 530 千米 / 时。

地球上的天气主要受太阳辐射的驱动，但在木星上却并非如此。这颗大行星自身释放的热量比它从太阳接收到的热量还多。木星的热量很可能来自核心的引力收缩，行星内部被它上覆的巨大质量挤压所产生的热量现在正缓慢地释放到太空中。

红色、白色、棕色的巨大椭圆形斑块破坏了木星条纹的对称性。这些由飓风旋涡构成的巨大风暴，会随着时间的推移完全消失，然后又重新出现。但是与地球上的风暴会被陆地阻挡不同，木星上最大的风暴相当的稳定。自 17 世纪被罗伯特 • 胡克发现以来，最著名的大红斑至今仍保持较强。它的宽度约是地球直径的 2 倍（尽管大小一直在变化）。它和木星一起转动，这可能是底部能量驱动所致。大红斑在逆时针转动的同时，又似乎是在两个反向的风带之间滚动。但它究竟是由什么引起的，为何呈现出铁锈红的颜色，至今仍没有确切的答案。木星大气中还可以看到其他白色和棕色的椭圆形风暴，并伴随着可能是闪电引发的闪光。2000 年，3 个这样的白色风暴融合成为一个更大的白色卵形风暴，可能是受太阳紫外线照射而发生了光化学反应，它在 5 年后却变成了红色，这让天文学家们大为震惊。与大红斑相比，在木星大气中穿行的小红斑虽然要小一半，但规模也与地球差不多。2008 年，木星大气中又出现了第三个红斑，虽然较小，但它有着同样的湍流条纹。这些新出现的现象让一些科学家认为木星正在经历着巨大的气候变化。

液态金属海洋

随着深入木星大气，气体密度会越来越大，压力和温度也会随之升高，在木星云顶下方约 3 000 千米处，木星物质将由气态转变为以液态氢为主的液态，液态氢的厚度约有 25 000 千米；随着液态氢深度的增加，压力和温度进一步升高，液态氢就变成了液态金属氢——一种和水的密度相当并且可以导电的液态氢，这里的温度已经高达 10 000 开尔文以上，压强能达到地球表面大气压的 300 万倍。木星的绝大部分都是由这种奇异的炙热液体组成的，其厚度约有 3 3000 千米。木星可能包含了一个 10~20 倍地球质量的致密岩质核心，这里的温度可能高达 50 000 开尔文，大大超过了太阳的表面温度。

液态金属氢

液态金属氢在木星和土星上很常见，但在地球上仅在实验室条件下偶尔出现过。当极端高压把氢原子挤压在一起，直到它们失去电子时，液态金属氢就形成了。由此产生的游离质子和电子会呈现出金属一样的特性，可以传导热量和电流。

木星的射电波

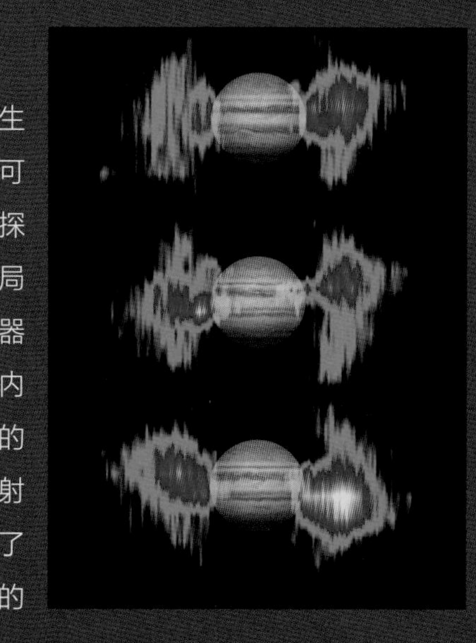

木星磁场产生的强烈的射电波可以在地球表面被探测到。美国航天局的卡西尼号探测器通过测量辐射带内以接近光速移动的高能粒子发出的射电辐射，绘制出了木星附近辐射带的细节。

木星的图像被叠加在 3 幅假彩色图像上（如上图所示），这 3 幅图像显示了木星在一个自转周期中不同位置的辐射带。图像中的辐射带看起来是前后倾斜的，这是因为木星磁轴相对于它的自转轴倾斜了大约 10° 。木星拥有太阳系所有行星中最强大的磁场，其表面磁场强度是地球的 50~100 倍。木星周围充斥着高能辐射，人若是未做防护就直接暴露在这种带电粒子环境中，就会立刻毙命。

木星的磁层

广袤的金属氢海洋，加上高速自转，使木星产生了太阳系里最强的磁场。木星的磁层十分庞大，它覆盖的空间范围比太阳还要大。朝向太阳的一面，它被太阳风压缩至距离木星云顶约 700 万千米。背向太阳的一面，它的磁尾至少延伸了 7 亿千米，超过了土星的轨道。来自木卫一火山喷发的带电粒子构成的等离子体会沿着木星的磁力线运动，并发射出地球上都可以探测到的无线电辐射。这些等离子体对任何进入这一区域的航天器都是一种潜在的威胁。这些带电粒子冲击着木星的磁场，从而产生了闪烁的极光，类似地球上的北极光，但比北极光要强烈得多。

探测任务

以上给出的大部分数据都是基于对木星上层大气的观测以及氢和氦在高压下的性质而推测出来的。20 世纪 70 年代，美国航天局开展的几项航天任务为提升我们对木星的认知做出了很大的贡献。先驱者 10 号和先驱者 11 号探测器分别于 1973 年和 1974 年飞越木星，勘测了木星的云层并且探测到惊人的磁场强度。旅行者 1 号和旅行者 2 号探测器在 1979 年造访了这颗行星，发现木星具有单薄的环结构，还发现了木星新的卫星以及木卫一上的火山。

1995 年抵达木星的伽利略号探测器也发回了有关木星卫星的详细信息。伽利略号携带的一个大气探测器则被抛入木星大气层进行探测。该探测器成功地发回了木星大气层的化学组分、风速、温度等信息，但在降落了 57 分钟之后，大气探测器就被木星发出的热力烧毁了。卡西尼 - 惠更斯号和新视野号在飞往各自目标的途中也飞越了木星，并传回了清晰的新图像。朱诺号探测器于 2016 年到达木星，它被木星的引力俘获后成了一颗极地轨道卫星，对木星的成分、大气层、引力场、磁场等进行了研究。

木星环和木星卫星

木星是最像太阳的行星，它有自己的微型“行星”系统。至少有 80 颗卫星围绕着这颗巨大的气态行星在运行。其中最大的 4 颗卫星（木卫一、木卫二、木卫三和木卫四）是伽利略在 1610 年发现的，所以也被称作伽利略卫星（Galilean moon），它们的大小和月球差不多，有的甚至比月球还大，它们若是围绕太阳运行的话也就有可能成为行星了。另外有 12 颗是在 1892—1980 年间被天文学家或者旅行者号任务的团队发现的。但是其余的卫星，大多数都很小，是 1999 年以后地基望远镜利用特殊的软件发现的，这些软件使望远镜在做大视场巡天观测时可以捕捉到微小的移动天体。毫无疑问，在未来的几年里，更多的木星小卫星将陆续被发现。

伽利略卫星可以列入太阳系最迷人的天体。这 4 颗卫星可能与木星同时形成，都是由早期太阳系的碎片凝聚而成的。它们的近圆轨道位于木星的赤道平面上，木星强大的引力将 4 颗卫星全部锁定在同步自转中，即卫星的一面永远指向木星。最内侧的 3 颗卫星的轨道周期，也达成了 1 ∶ 2 ∶ 4 的完美共振，即木卫一每公转 4 周的同时，木卫二刚好公转 2 周，木卫三刚好公转 1 周。但是所有的卫星之间也会互相拉扯，所以质量巨大的木星和众多卫星之间的引力牵引意味着内侧卫星将会不断地被拉伸和挤压，并通过动力学效应使卫星内部加热升温。

自从发现行星的卫星以来，我们一直以为卫星只是没有生命的岩石块，特别是那些在太阳系最外缘的卫星。因为木星的“行星”系统远在距离太阳大约 7.78 亿千米的位置，这

上图 木星的卫星木卫一飘浮在距离木星云顶350 000千米的上空。它与月球大小相当，但是在巨人木星的映衬下，就是一个“小矮人”

伽利略卫星

木星最大的 4 颗卫星看上去就像是小号的行星。

木卫一 轨道半径：421 800 千米
直径：3 643 千米
质量（月球 =1）：1.22

木卫二 轨道半径：671 100 千米
直径：3 122 千米
质量（月球 =1）：0.65

木卫三 轨道半径：1 070 400 千米
直径：5 262 千米
质量（月球 =1）：2.02

木卫四 轨道半径：1 882 700 千米
直径：4 821 千米
质量（月球 =1）：1.46

个距离使得卫星们无法从太阳那里获得足够的热量和能量来维持生命活动，而且它们离其他热量和能量来源也都太远，科学家一度相信其中不可能有生命存在。但随着对伽利略卫星上复杂的环境、木星与卫星之间相互作用的深入研究，以及对地球微生物能够在极端条件下生存和繁衍的发现，科学家的态度也随之发生了转变。

木卫一

当旅行者 1 号和旅行者 2 号在 1979 年首次传回木卫一的照片时，科学家们惊讶地发现它表面的火山正向太空中喷发出长长的羽毛状喷流。一个从前被认为是死寂寒冷的太空一角，却有着太阳系中地质运动最活跃的天体。1997 年，造访木卫一的伽利略号探测器发现了更多的活火山。根据旅行者号、伽利略号、卡西尼号、新视野号等探测器以及地基天文学家的观测，木卫一表面至少有 400 座活火山。洛基（Loki）火山是其中最大的火山，在它爆发最猛烈的时候，熔岩覆盖率可以达到每秒 1 000 平方米。科学家们还看到其他火山喷出的二氧化硫气体，其烟云一直上升至 290 千米的高空。木卫一的表面因不断涌出的岩浆而变得非常光滑，由白色、橙色、红色、黄色、棕色的沉积物构成的混杂岩将木卫一的表面装点得像披萨一样。令人惊奇的是，木卫一的平原上也有高高耸起的非火山成因的山脉，其中波阿索利山脉（Boosaule Montes）的高度是珠穆朗玛峰的两倍。这颗卫星

木卫三是太阳系中最大的卫星，以一个被称为伽利略区的较暗平原为显著特征

木卫四是太阳系内遭受撞击最严重的天体

木卫一以它的火山喷发和披萨一样五彩斑斓的颜色而闻名

木卫二碎裂的表面下可能隐藏着一个巨大的盐水海洋

甚至还有大气，尽管非常稀薄，其主要成分是火山释放出的二氧化硫气体。

所有的热量和地质活动都是由木星、木卫一以及邻近的木卫二之间的引力相互牵引所产生的。潮汐引力摧残着木卫一的岩石身躯，剧烈的拉伸和挤压使它内部的大部分区域都保持着高温和熔融状态。木卫一在木星磁场的塑造中也扮演着重要的角色。火山喷出的带电粒子会沿磁力线注入木星的磁层，然后被卷入绕轨运行的等离子体环中，形成一个致命的辐射环带。

木卫二

4 颗大卫星中的第二颗是冰冻而寒冷的木卫二，它没有木卫一那样的火山活动，但是依旧有它自己的迷人之处。像类地行星一样，木卫二有硅酸盐幔和铁质核心。然而它却拥有一个由水冰构成的有着大量裂缝和条纹的表面。在硅酸盐幔和水冰表面之间可能有一个 60~150 千米深的液态盐水构成的海洋，其面积比地球的海洋还大。

旅行者号和伽利略号传回的图像显示，陨击坑较少的木卫二表面上分布着纵横交错的沟壑、山脊、裂谷，甚至还有像冰山一样的地块。

像冬季的北冰洋一样，木卫二表面的冰层似乎在反复开裂，裂缝中填满了从下面上涌的液体。科学家们认为，这个冰层可能有 15~25 千米厚，覆盖在一个很深的海洋上。认为这颗天体上有一个盐水海洋的观点还得到了另一个证据的支持：木卫二有一个微弱的磁场，它可以由导电的海水产生。

如果木卫二上真的存在这么一个海洋，那么它将是寻找地外生命的理想之所。未来几年，天文学家将会再次关注这颗冰冻卫星。

木卫三

木星的第三颗伽利略卫星木卫三是太阳系中最大的卫星。它的直径为 5 262 千米，比水星还大，不过密度和质量都比水星小。和木卫二一样，它的表面也被水冰覆盖着。木卫三除了有一层由硅酸盐构成的内层幔，还有一层由冰体构成的外层幔，另外它还有一个铁质核心。

木卫三看起来像是月球的放大版。斑驳的表面布满了陨击坑。木卫三上有一个巨大的较为古老的暗区——伽利略区（Galileo Regio）。相比而言，木卫三表面的其他区域则更为年轻，颜色也更加明亮。令人颇感惊讶的是，木卫三居然有磁场，虽然磁场强度只有地球的 1%，这可能是卫星的铁质核心和某种液体相互作用产生的。木卫三上甚至被证实有液态水在表面冰层下流动。

木卫四

伽利略卫星中位于最外侧的木卫四是木星的第二大卫星，它的直径超过 4 800 千米，也是太阳系中的第三大卫星，仅次于木卫三和土卫六。尽管它的组成和木卫三相似，主要由岩石和水冰构成，但是木卫四却远离木星，避免了像木卫三那样受到木星潮汐力的撕扯，因此它的表面相对 40 亿年前的早期并没有什么改变。但木卫四表面遭受过最严重的撞击，最典型的重创区就是瓦哈拉盆地（Valhalla Basin），这个巨大的撞击坑周围环绕着同心脊状构造，是古代小行星或彗星撞击形成的。

木星环

直到旅行者 1 号和旅行者 2 号造访木星，暗淡单薄的木星环才被探测到。它比土星环窄得多，也暗得多，由 4 个部分构成：一个厚厚的布满尘埃的内晕层（也称为光环），一个宽度大约为 6 500 千米、相对明亮而且特别薄的主环，两个位于外部既厚又微弱的薄纱环。

根据这些环所在的位置和砂砾状的成分来看，它们应该是由同轨道上 4 颗不规则的小卫星上掉下的岩石碎片形成的。这 4 颗小卫星分别是形成光环与主环的木卫十五（Adrastea）和木卫十六（Metis），以及形成薄纱环的木卫五（Amalthea）和木卫十四（Thebe）。

下图 木星的两颗卫星——遍布火山的木卫一（左上）和冰冻寒冷的木卫二（右下），在图中看起来好像离得很近，但实际并非如此

远处的卫星

一群碎石状的直径可能只有几千米的小天体构成了木星远处的卫星。这些小天体很可能是在早期被木星强大的引力所捕获的。有些卫星会成群运行，有时它们相对别的卫星是逆行的，这表明它们可能是较大天体的残骸。

来自地球的线索

地球上的情况与探索木星卫星有什么联系呢？我们对自己的星球了解得越多，就越能理解生命是如何在那些极端条件下顽强生存的：它们在那些没有光或氧气的角落里生长，在地表深处释放的化学物质中存活。在海洋深处，化能自养细菌在充满硫化氢的有毒环境中繁衍生息并产生能量，而这样的生存环境对地球上绝大多数依靠光合作用产能的生命来说可谓是生命禁区。木星卫星上的环境可能与这些生命禁区很相似。科学家推测，木星卫星可能就是某些特殊生命形式的家园，这些生命形式是我们以前不敢想象的，就像我们在地球上的生命禁区发现的那些生物一样。

虽然科学家在木星卫星上发现生命的希望也可能破灭，但目前的情况是，随着科学家对像木卫二这样的卫星了解得越多，他们就越发把这些卫星列为优先探测目标。

生命的海洋？

随着对木星系统的空间探测任务的进行，科学家们对木星卫星的研究也不断深入。除了朱诺号探测器传回的数据，他们还充分利用之前的探测器如旅行者号和伽利略号等的观测数据来建立理论模型。通过观察木卫二的磁性特征和其他数据，他们认为已经看到了木卫二表面冰层下存在液态海洋的种种迹象。更重要的是，现有的理论认为木星产生的潮汐摩擦效应可以加热木卫二，使其保持适当的温度并具有一定

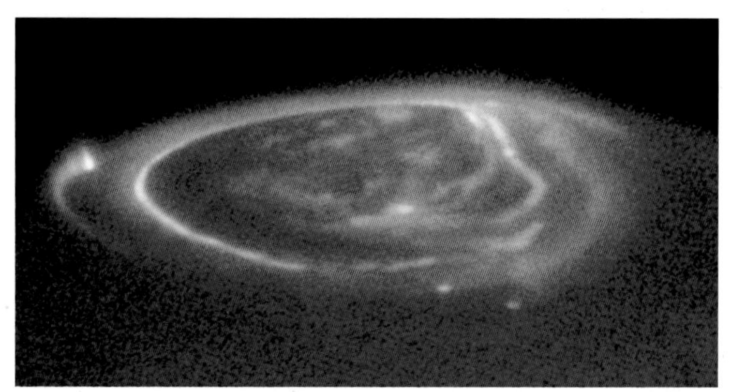

上图　极光环绕在木星北极的上空。极光是高能带电粒子与磁场和高层大气相互作用时产生的，木星的 3 颗大卫星——木卫一、木卫二和木卫三都在木星极光上留下了自己的“足迹”

的地质活跃性，因此木卫二地下的液态水可能会从地表冰层的裂缝中渗出，使得地表和地下可以进行化学物质的交换和混合，并由此促进生命活动。

最近还提出了可以向木卫二海洋中注入氧气的动力学模型，有的模型甚至还估算了注入氧气所能支持的可存活的鱼类数量。

还有一些科学家期望可以派一艘潜水登陆艇登陆木卫二，钻入或融化木卫二的冰层，并携带探测生命迹象的设备在木卫二的地下海中进行大搜索，比如探测 DNA（脱氧核糖核酸）。当然，此类任务的关键是需要对木卫二表面冰层的厚度有所了解。据科学家估计，木卫二表面冰层的厚度可能在 15~25 千米之间，钻透冰层的难度非常大，而且很可能产生生命所需的相互作用过程也因此很难发生。

木星卫星地质学

科学家对木星卫星的研究兴趣不限于寻找生命。木星及其卫星组成的系统类似于“迷你太阳系”，木星有木卫一、木卫二、木卫三和木卫四这 4 颗大卫星，另外的数十颗木星卫星的运行则受到这四大卫星的影响。

这些大卫星各有其独特之处，也为关于太阳系形成的研究提供了现成的素材。这 4 颗伽利略卫星中最大的是木卫三，距离木星最远的则是木卫四，对它们的最新研究进一步证实了木星会俘获彗星和小行星的观点。

木卫三和木卫四都含有岩石和冰，此外还具有其他一些共同点，可以说是卫星中的近亲。但是木卫四充满陨石坑的表面和木卫三的冰质表面形成了鲜明的对比。科学家现在认为，在小行星和彗星碰撞的晚期，即所谓的后期重轰炸期，木星的引力作用导致最外围的两颗伽利略卫星受到了非常密集的撞击。木卫三体积更大，与木星的距离比木卫四要近 80 多万千米，其受到的撞击影响更严重。碰撞融化了木卫三表面的冰层，导致洪水泛滥，岩层被淹，然后整个表面又被重新冻结。

遍布火山的木卫一也受到科学家的密切关注，看它是否能逐渐摆脱木星引力的控制。四大卫星中木卫一离木星最近，这个距离也使它成为太阳系中活动性最强的天体之一——至少从火山活动的角度来看是这样的。最近对其椭圆轨道的研究显示，它最终可能会挣脱木星引力的束缚，过上平静的“单身生活”。

新一代木卫探测计划

为了揭开木星卫星的更多未解之谜，美国航天局和欧洲空间局计划合作开展轨道飞行任务，即木卫二 - 木星系统任务。新任务原定计划在 2020 年由美国航天局和欧洲空间局分别向木卫二和与其相邻的木卫三发射轨道飞行器。其中木卫三是太阳系内最大的卫星（甚至比水星和冥王星还大）。

美国航天局的项目科学家柯特·尼伯（Curt Niebur）明确指出了这次任务的首要目标。他说，那就是在木星和土星这两颗有环巨行星的不同卫星族群中搜寻“可能的宜居世界”，因为这两颗巨行星及其卫星系统可能会形成虚拟太阳系。

经过 6 年的太空旅行之后，轨道飞行器将抵达木星系统，然后用至少 3 年的时间收集木星及附近天体的数据。在进入围绕木卫二和木卫三的轨道之前，这两个轨道飞行器还将监测木卫一上的火山，观察木星大气中的天气情况，并绘制木星的磁层结构图。磁层结构图可以帮助科学家理解木星与其四大卫星的相互作用原理。

然后，轨道飞行器将进入各自的轨道，分别对木卫二和木卫三进行细致的观测，收集这两颗冰质卫星的详细数据。研究目标包括卫星表面冰层的特征，确认是否存在地下水，更好地了解两颗卫星的地质结构和演化等。木卫二轨道飞行器将搭载相关设备，用以验证木卫二冰层之下是否存在地下海洋，同时研究其化学成分和能够让冰和液态水“交换”的相关地质过程。木卫三轨道飞行器同样也会在木卫三的表面冰层下探测地下海洋。其研究目标还包括木卫三磁场的起源，这也是木卫三有别于太阳系其他卫星之处。

然而，美国国家科学研究委员会（National Research Council）的十年调研并未将木卫二－木星系统任务列入优先计划，使得原定由美国航天局负责的木卫二卫星轨道器项目延迟，于是欧洲空间局启动了全新的自主木星卫星探测项目——冰质木卫探测器（Jupiter Icy moons Explorer，JUICE），计划于 2023 年发射。目前美国航天局也将原有的木卫二卫星轨道器项目更名为木卫二快船（Europa Clipper），计划最快于 2024 年发射。

差异万岁

喷气推进实验室（Jet Propulsion Laboratory，JPL）的行星科学家罗伯特·帕帕拉尔多（Robert Pappalardo）说，科学家逐渐放弃了行星卫星的“球形奶牛”[①]观点，即所有行星卫星的形状大致相同，它们之间的区别也不重要。相反，对木卫二的研究已经发现其具有重要的个体特征，这至少在理论上支持了生命存在的可能性。帕帕拉尔多说：“生命需要营养，并排出废物。溶剂很重要，界面对生命同样很重要，因为可以产生化学失衡，形成生命的宜居环境。”这就是为什么证实液态海洋的存在如此重要：它可以为化学反应提供介质，为氧化还原过程中的分子混合和电子交换提供场所，而这些过程是有机代谢的基础。这也是木卫二表面显著的断裂特征如此引人关注的原因。如果地下的温水上升并流过地表，就有可能将地表的氧气带到地下，这就是帕帕拉尔多所说的生命存在所需要的“界面”。

引力

对太阳系中的天体来说，木星的引力是不能忽略的。从视觉上看，这个庞然大物就像披着彩色流苏。几个世纪以来，它的大红斑更是一直吸引着科学家的研究兴趣。木星的质量非常大，产生的引力也很大，最近的发现揭示了木星的引力足以将彗星拉出原来的轨道，其引力之强可见一斑。现有的研究和未来的空间任务会继续研究木星的引力对小行星和彗星的影响，并揭示这种影响如何保护地球免受其他天体的毁灭性撞击。

木星大碰撞

在 2009 年 7 月，某个星期一的早上，澳大利亚业余天文学家安东尼·韦斯利（Anthony Wesley）对木星的观测已进入尾声。他本打算从望远镜里看木星最后一眼，然后收拾

①球形奶牛（spherical cow）比喻高度简化的科学模型。此说法来自一个笑话：奶牛场的牛奶产量很低，农民为此请大学的科学家帮忙。一个由理论物理学家领导的多学科研究小组研究后，理论物理学家告诉农民：“我有解决办法，但它只适用于真空中的球形奶牛。”——译者注

设备结束观测，没想到这最后一瞥有了意外发现：他注意到在木星南极附近有一个黑点。

韦斯利不确定那个黑点是什么。是卫星掠过行星表面的影子吗？但是木星卫星的轨道不是这样的，这种可能性排除了。查看了最近几天拍摄的木星照片后，他发现这个黑点两天前并没有出现。当晚，他将观测结果通过电子邮件发布后，喷气推进实验室的科学家注意到了他的发现，于是计划用位于夏威夷的红外望远镜来观测木星。当他们将红外望远镜对准木星后，韦斯利在可见光波段看到的这个黑点变成了亮白色，这与行星大气中的物质被高速运动的小行星或彗星散射产生的"飞溅"吻合，散射的物质会反射太阳光从而被观测到。后续观测还发现黑点的温度在升高，其他数据也与撞击后的预期相符。这表明一个巨大的天体撞进了木星。

太阳系的保镖

在舒梅克－列维9号彗星的碎片撞上木星的15年后，这颗行星再次遭遇撞击。与那次事件一样，木星表面的新疤也受到密切关注，科学家们希望可以借此了解木星大气的信息和谜一样的天气模式。光谱数据的变化和其他分析结果可能会揭示更多关于行星组成和大气动力学的信息。

科学家正在分析和讨论木星是否充当了太阳系的保镖，即吸收和转移可能在某些情况下闯入太阳系并威胁系内天体的不速之客。而对这次撞击事件的观测也有望对此研究提供有用的信息。这颗行星在小行星带形成和起源中的作用仍不清楚。通常认为小行星带可能是某颗行星形成时的残留物，因木星巨大的引力干扰，它们未能如愿成为新生行星的一部分，很可能同样由于木星的引力作用，这些散落在原行星盘上的石块最终进入了稳定轨道，形成了我们现在所看到的小行星带。

彗星猎手

木星的引力非常强，能让经过的天体偏离原来的轨道，

上图　朱诺号任务旨在了解木星的演化及其在太阳系形成中的作用。科学家希望朱诺号的研究成果能帮助我们更深入地了解目前已发现的系外行星系统

右页图　这是2009年7月的大碰撞给木星留下伤疤的两幅图像。哈勃空间望远镜拍摄的图像（上图）显示了一个黑色的伤口，大气中的残留物在红外图像（下图）中显示为白色亮斑

成为它的"俘虏"。最近的研究发现，串田－村松彗星（147P/Kushida-Muramatsu）在1949—1961年间被木星"扣留"了约12年。根据其近10年来的轨道数据，研究人员得出结论：它在逃逸之前，曾按不规则的卷曲轨道绕行木星两周。

宣布这一发现的欧洲空间局小组成员戴维·阿舍（David Asher）认为木星并不是像之前所认为的那样，只是太阳系中的真空吸尘器，其所扮演的角色发挥着更为积极的作用，并援引之前韦斯利发现的撞击事件和木星俘获赫林－罗曼－克罗克特彗星（111P/Helin-Roman-Crockett）证明他的观点。

在欧洲空间局公布研究结果的声明中，阿舍说："木星，作为太阳系内质量最大的行星，同时也有着最大的引力，相

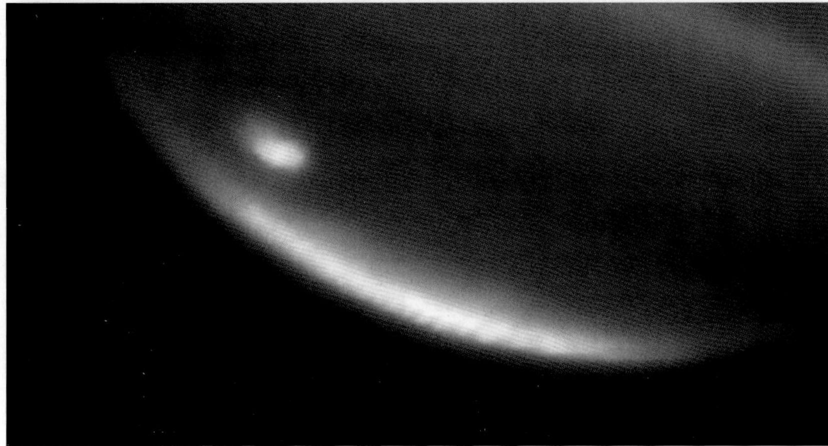

新疆界计划

预算限制是任何太空探索计划都会面临的现实问题，这其中也包括美国航天局的太空项目。因此，该机构开启了新疆界计划（New Frontiers Program），以筛选出具有高科学价值且成本效益相对较高的项目。

第一个新疆界项目是新视野号，它于 2006 年 1 月发射并于 2015 年 7 月抵达冥王星。第二个新疆界项目是朱诺号，它于 2011 年 8 月发射并于 2016 年 7 月进入木星轨道。第三个新疆界项目是奥西里斯王号，它于 2016 年 9 月发射，并于 2020 年 10 月完成了小行星贝努的首次采样，它将于 2023 年将样本送回地球进行研究。第四个新疆界项目是蜻蜓号（Dragonfly），计划于 2026 年发射，目标是登陆土卫六对其进行全方位探查，并研究这颗星球是否能够维持微生物生命。

比其他行星更容易俘获一些天体。这表明发生在木星上的撞击和对临时卫星的捕获可能比我们之前预期的更为频繁。”

雨滴和风暴

科学家对这颗巨行星其他方面的研究同样很感兴趣。美国航天局早期的探测器曾飞入木星大气层获取了相关数据，对这些数据的持续研究进一步揭示了木星上的奇特化学现象：计算机模型显示，与土星一样，木星稠密的外层大气下着“氦雨”，把其中的氖粒子也带入木星内部更深的位置，这也解释了为什么木星大气中氖含量相对较低。

天文学家对木星上最大的稳定暴风气旋系统，即著名的大红斑也进行了长期的研究，并获得了一些新的发现。科学家已经绘制出大红斑内更精确的温度梯度图，并显示其核心温度比外围高得多，达到 −15~−13.9 ℃，而其他地方的平均温度则低至 −162 ℃。温差使风暴中心的逆时针环流逆转，并可能改变木星上风和云的模式，从而形成木星表面独特的带状区域。

朱诺号探测器

作为美国航天局新疆界计划的一部分，朱诺号探测器致力于更好地了解木星的起源和大气层。该探测器于 2011 年 8 月发射升空，并于 2016 年 7 月进入木星轨道。朱诺号被设计在环绕木星的极轨道运行，用于绘制木星巨大的引力场，研究木星大气的化学成分、木星的极光及其与周围磁层的联系，等等。在服役期间，朱诺号为人类传回了大量精美的木星图像和在地面无法获取的木星数据。朱诺号目前运行良好，它的寿命将会大幅延长，并且有望一直运行到 2025 年。延长服役时间的同时，它将进一步扩大任务范围，调查木星的光环和木星的一些大卫星。

光环之王：土星

明亮而广阔的环带，狂暴的大气，被云雾笼罩的土卫六以及遍布于其表面的甲烷湖泊，这些都使得土星成为天文爱好者和职业天文学家感兴趣的研究对象。

壮丽的土星飘浮在闪亮的光环中，成为最具标志性的一颗行星。它是古人已知最遥远的世界，由冰雪颗粒构成的奇特而隆起的环带曾令第一个用望远镜观测它的人惊讶不已。今天，多亏了到访的空间探测器，尽管新的发现带来了更多的疑问，但是我们对这颗巨大的行星和它的环带系统有了更多的认识。

土星距离太阳约 14 亿千米，比它的大哥木星远得多。它的身体可以容纳 763 个地球，但是它的密度比水还小。事实上，如果把土星放到一个木星大小的浴缸里，土星就会漂起来。土星围绕太阳公转一周的时间超过 29 年，但是绕自转轴旋转一周只需 10 个多小时。在如此高速的自转下，它那轻盈、被气体包裹的身体在赤道隆起成为一个扁球形。凶猛的狂风环绕着整个星球，并在两极汇聚成极速的旋涡。

数十亿个水冰颗粒和微量岩石物质组成了土星令人印象深刻的环带系统，并被土星众多卫星的引力雕琢成多个条带。土星最大的卫星——土卫六是太阳系卫星当中唯一有厚重大气的星球，而且，它表面的液态湖泊似乎是生命栖息的天堂。明亮的土卫二冰层下面可能有液态海洋。土卫八则长着一张“阴阳脸”：一面黑如沥青，另一面却亮白如雪。

左图　土星拥有太阳系中最壮观的光环

天文符号：♄
发现者：古人
与太阳的平均距离：1 426 725 400 千米
自转周期：10.656 小时
轨道周期：29.46 个地球年

赤道直径：120 536 千米
质量（地球 =1）：95.16
密度：0.69 g/cm³（地球密度为 5.5 g/cm³）
表面平均温度：−139 ℃
天然卫星数量：82

观天提示

※ 在肉眼看来，土星就像一颗明亮的淡黄色星星。通过较好的小型望远镜，可以清晰地看到它的光环和它最大的卫星土卫六。

天文冷知识　探测土卫六的惠更斯号着陆器上用来和卡西尼号探测器进行通信的发射器的功率并不比一部移动电话强。

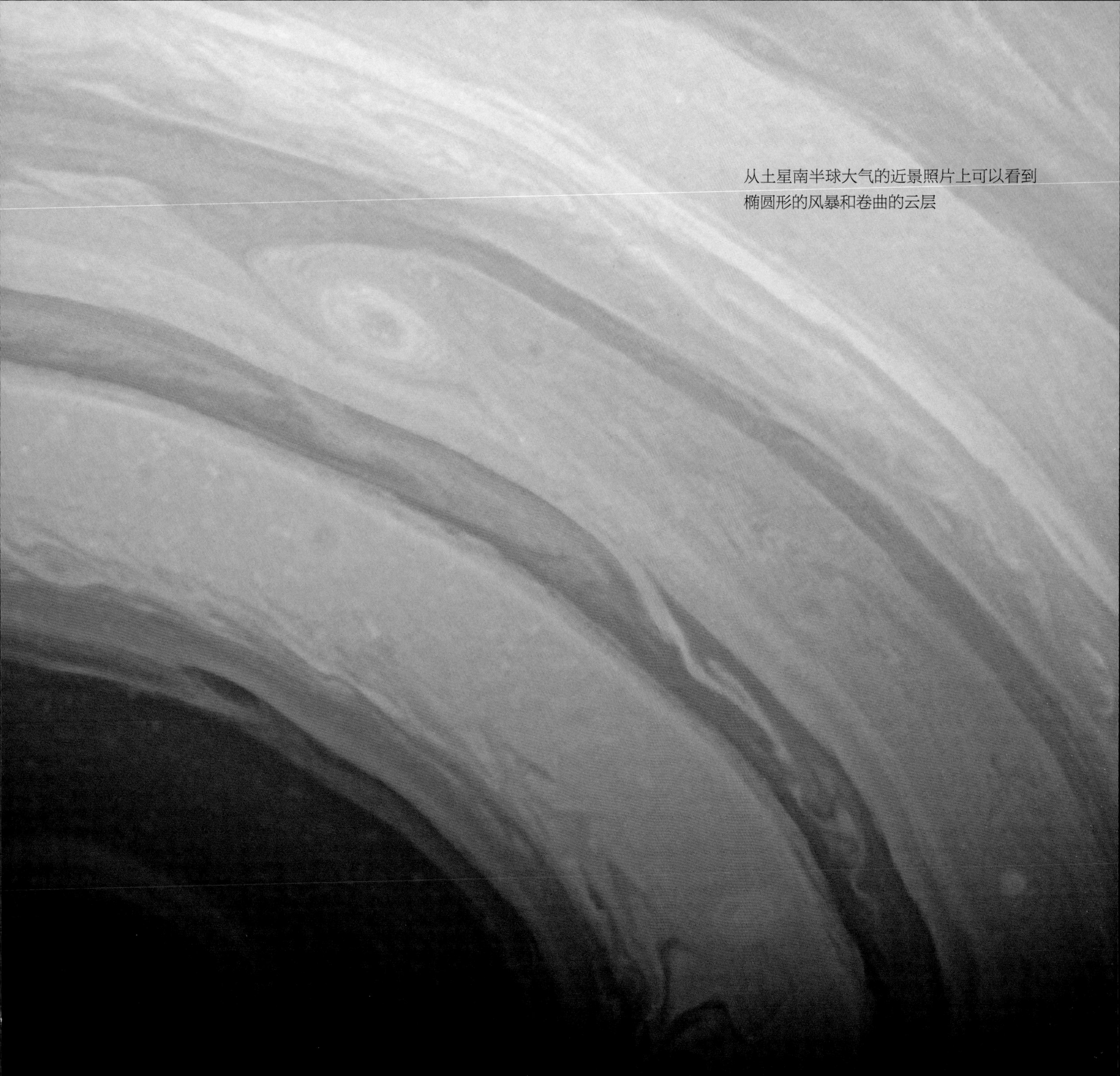

从土星南半球大气的近景照片上可以看到椭圆形的风暴和卷曲的云层

1027 年
中国的天文学家记录了一次火星掩食土星的现象

1610 年
伽利略发现了土星明亮的光环，但是他认为那是两个独立的天体

1655 年
克里斯蒂安・惠更斯首次发现了土星的卫星土卫六，并提出土星被一个扁平的固体环环绕着

1883 年
拍摄了第一张土星环的照片

2006 年
在卡西尼号拍摄的土星 A 环影像内发现了 4 颗小卫星

2009 年
美国航天局的斯皮策空间望远镜在土星外围发现了一个隐形的光环——菲比环，其规模远超土星其他的行星环

狂暴之风

土星的光环一直是其魅力之源，在航天时代来临之前，天文学家们对这颗行星可谓知之甚少。18 世纪 90 年代，威廉 • 赫歇尔通过追踪光环和行星大气上的标记，估算出土星的自转周期是 10 小时 16 分钟，和今天人们根据土星释放的射电波信号测出的 10 小时 33 分钟非常接近。在早期，土星大气层以下的情况则全凭人们的猜测，从覆盖着熔岩的固体表面到彻头彻尾都是气体，各种猜想都有。20 世纪 30 年代，光谱学的研究终于使这些争论停歇下来，科学家从它的大气中发现了氢、甲烷和氨，这使它看起来就像是我们更熟悉的木星的孪生兄弟。

与惯于对众多火星探测任务下诅咒的火星不同，多年以来，土星已经迎接了几次非常成功的轨道探测任务。我们现在所知道的关于这颗行星的大部分知识都源于这些航天器和它们上面搭载的仪器。先驱者 11 号在 1979 年飞越了土星，这是一场惊险之旅，它以 114 000 千米 / 时的速度从土星环的一条缝隙中穿过，还差点撞上一颗新发现的小卫星。探测器在继续向太阳系边缘进发之前，从距离土星云顶 21 000 千米的高空掠过，传回了有关这颗行星大气和磁场的信息。

旅行者 1 号和旅行者 2 号分别在 1980 年和 1981 年飞越了土星，发回了数万幅土星的图像。那里的大气比从地球上看到的更加狂暴，也更加复杂，有着和木星一样的条带和扇贝状的云层。探测器还研究了土星那令人惊奇的结构复杂的光环和卫星，在这个过程中又发现了 4 颗新的卫星。旅行者 1 号还顺带访问了土卫六，试图揭开这颗太阳系最神秘的卫星的面纱。可惜土卫六将它的秘密藏在了一层昏暗而浓密的橙色雾霭之下。

下一次探索这颗有环行星的任务直到 20 多年之后才正式开启。卡西尼号轨道飞行器（由美国航天局设计）和惠更斯号着陆器（由欧洲空间局设计）就是为研究土星，并对其神秘的卫星土卫六进行新一轮的探测而专门研制的。在 2004 年到达土星之后，卡西尼号进入了一个椭圆轨道，开始在土星的云顶上空盘旋，它探测了两极的风暴，研究了磁层，并观测了土星北半球进入夏天后发生的季节变化。在环绕土星的同时，卡西尼号还按照设定程序近距离飞越了一些更有意思的卫星，如土卫二和土卫七（Hyperion）。

这项探索任务中最吸引人的要数朦胧神秘的土卫六，它可能是一颗存在生命的星球。卡西尼号进入环绕土星的轨道后不久，便开启了一项太空探索历史上最激动人心的任务。2004 年底，惠更斯号着陆器开始与卡西尼号分离，并于 2005 年初利用降落伞进入了土卫六厚重的大气层，前所未见的景观和细节慢慢地呈现在人们的眼前：土卫六上竟然布满了湖泊（见第 212~214 页）。卡西尼号则继续留在土星轨道上实施后续的任务。2017 年 9 月，卡西尼号的燃料用尽，最

下图　在卡西尼号轨道飞行器拍摄的这张可见光图像中，螺旋状的云团就像散落的涂鸦，点缀着土星的大气层

右图 可能是因为太阳风的注入，太阳粒子与土星磁场相互作用而产生的极光环绕着土星的南极

终焚毁于土星的大气层中，正式结束了长达 13 年的土星探测使命。

金色的大气

这些取得丰硕成果的探索任务为地基望远镜描绘的土星的肖像画增添了许多细节。和木星一样，土星没有固体表面：大气中的云和风与土星庞大的气态身躯融为一体。它的大气是一些轻质气体的混合物，其中 96.3% 是氢，3.3% 是氦，另有少量的甲烷和刺鼻的氨。在碳氢化合物构成的薄雾之下，分布着 3 个云层，它们的总厚度达到 200 千米。这颗有环行星呈现出的奶油色源自其厚厚的顶部云层，金色的氨冰晶体覆盖在淡红色的氢硫化铵之上，它们的下方是一层很少被看到的蓝色水冰。卡西尼号轨道飞行器发现土星在漫长的季节里会改变颜色。土星的夏天往往有朦胧的金色天空，而冬天则有更清澈、更蓝的天空。科学家们认为，冬季的寒冷会导致土星云层冷却和下沉，使更多的蓝光发生散射，从而使这个通常为黄色的星球呈现出蓝色色调。当然，这颗行星在全年都是异常寒冷的。土星接收到的太阳能只有地球的 1%，在土星大气层顶部记录到的温度只有 84 开尔文（−189℃）。

像木星一样，土星表面也有一些明暗交替的带纹平行于它的赤道面，但是没有强烈的颜色变化以及明显的风暴聚集区域，平淡无奇的外表很具迷惑性。实际上，在赤道附近，猛烈的狂风正以 1 800 千米 / 时的速度自西向东移动。随着纬度的递增，风速逐渐减缓，风向也开始转为自东向西。在两极地区，气流旋转向下形成比地球还大的旋涡，这是一个逆时针方向旋转的飓风，风速高达 550 千米 / 时（相比之下，地球上测到的最高风速是 372 千米 / 时），中心还有一个很深的飓风眼。大量的雷暴伴随着高积云在飓风中旋转，雷暴云团中的水冷凝所释放的能量驱动着飓风自身的运动。北极气旋的周围还有一个奇特的棱角分明的六边形风暴，这个风暴宽约 25 000 千米，直到 1980 年旅行者 1 号造访土星时才被发现。它的成因目前还是个谜。

偶尔出现的白色椭圆形氨冰风暴云会撕裂行星顶部的云层，就像在木星上发生的那样。人们认为云层下面还有更多的风暴在轰隆作响：一望无际的飓风受到雨水和氨雨的冲击，形成比地球上强百万倍的巨型闪电。尽管土星没有类似木星大红斑那样引人注目的结构，但在 2004 年，土星上确实产生了一个优美的回旋状的“龙形风暴”。这种复杂的构造形成于土星上一个被非正式地称为风暴走廊的大气活动异常剧烈的区域，而且会产生规律的无线电波喷发。科学家们认为这可能是由云顶下方猛烈的风暴中的闪电造成的。

在冰质云层下面，土星外层的氢气和氦气能一直向下延伸约 1 000 千米，并随着深度的增加而变得越来越热、越来越致密。从这个深度开始，土星物质将由气态转变为以液态氢为主的液态。再往下，在深度约 15 000 千米处，液态氢进一步变为液态金属氢，就和木星上的一样。这层导电液体的厚度约有 20 000 千米，包裹着一个致密的由重元素（至少科学家们是这样认为的）构成的固态核心，这个核心的质量是地球质量的 10~20 倍。

土星探测任务

探测器	发射日期	到达日期	隶属组织	任务情况
先驱者 11 号	1973 年 4 月 6 日	1979 年 9 月 1 日	美国航天局	成功飞越土星
旅行者 2 号	1977 年 8 月 20 日	1981 年 8 月 25 日	美国航天局	成功飞越土星
旅行者 1 号	1977 年 9 月 5 日	1980 年 11 月 12 日	美国航天局	成功飞越土星
卡西尼 - 惠更斯号	1997 年 10 月 15 日	2004 年 7 月 1 日	美国航天局和欧洲空间局	环绕土星运行

（惠更斯号于 2005 年 1 月 14 日登陆土卫六）

土星磁层

土星的磁场很可能是由液态金属氢海洋中的电流产生的。土星的磁场强度大约是木星的 1/20，介于地球和木星之间。土星的磁轴几乎与其自转轴完全重合。土星磁层形成的巨大包层能延伸至土星环和内侧的一些卫星之外，使得土星周围的太阳风发生偏转。土星环的内侧边缘还有一个环绕土星的高能粒子辐射带。土星磁场还会以复杂的方式与土卫六的大气和土卫二的冰质羽状喷射物进行相互作用。

太阳风中的带电粒子沿着土星磁力线倾泻而下，在两极地区产生了绚丽的极光。极光的呈现非常广泛和复杂，也包含肉眼不可见的红外线和紫外线。有时它们会覆盖整个极区，以我们迄今未知的某种方式不断地改变着自身的亮度和大小。

土星环

我们现在知道，所有的带外行星都有光环，但是土星的光环无论在大小还是美感上都远胜其他行星。随着新一代望远镜和太空探测技术的发展，我们看到了土星环的更多细节，对其复杂的结构也有了更深入的了解，尽管目前我们对它们的起源还不甚清楚。

伽利略在 1610 年看到了土星环，但在他简易的望远镜里，它们看起来像是土星腰部的两个隆起。在一封信中，他写道："土星不是一颗单一的星星，而是由 3 颗几乎彼此接触的恒星组成的，它们从未发生变化，相互之间也没有移动，并沿着黄道排成一排，中间的星体比两侧的大 3 倍，它们以'oOo'的形式排列。"

奇怪的是，说它们是恒星，可它们的行为方式又不像恒星，它们似乎会随着时间的推移而慢慢消失，然后又重新出现。1655 年，荷兰天文学家克里斯蒂安·惠更斯（见第 38 页）突发灵感，他认为土星椭圆形的附属物是"一个扁平的薄环，环与土星没有接触，并且与黄道相交。"光环（惠更斯当时认为它是一个单一的固体环）与黄道相交，这就解释了光环的出现和消失是因为从地球的视角看来，土星环的形状一直在变化。在土星约 29.5 年的公转周期里，人们可以依次看到光环的下面，然后看到它的侧面（侧面薄得几乎看不见），最后看到它的上面。

经过更仔细的观察，土星环很快从单一的环变成了两个环，然后是三个同心环。1675 年，意大利天文学家乔瓦尼·卡西尼发现在整个环面宽度的 2/3 处有一条暗缝，这条缝隙现在被称为卡西尼环缝。卡西尼环缝将土星环分为内外两部分，内侧的被称为 B 环，外侧的被称为 A 环。1837 年，德国天文学家约翰 · 恩克（Johann Encke）在 A 环中发现了另外一条缝隙，现在被称为恩克环缝（Encke gap）。13 年后，B 环内侧又发现了第 3 个薄环，结果它不出所料地被命名为 C 环。

尽管 19 世纪的大部分天文学家认为这些环是固态的岩石圆盘，但在 1857 年，苏格兰物理学家詹姆斯 · 克拉克 · 麦克斯韦指出，这种绕轨道运行的固体圆盘将会被潮汐力扯成碎片。他认为，土星环事实上是由无数独立运行的粒子组成的，就像无数个小卫星一样。后来的观测也证实了这一观点。

下图 从土星环平面的正上方可以看到它的两颗牧羊犬卫星（shepherd moon）：一颗是土卫十八（Pan），直径为 30 千米，在左侧的恩克环缝内；另一颗是土卫十六（Prometheus），直径为 86 千米，紧靠在外侧的 F 环的内边缘

冰质小环和牧羊犬卫星

今天，基于旅行者号探测器和卡西尼号轨道飞行器的实地探测，结合地基望远镜的观测，我们对土星环的认知已经有了长足的进步。它们显然是由数十亿个高反射率的粒子组成的，大部分是水冰颗粒，还有较少数的岩石残骸以及尘土。它们大小不一，从微米到米不等。这些冰球聚集成成千上万个复杂的小环，并受到土星卫星的牵引和控制。

目前，土星环由 7 个主环和 2 条主要的缝构成：从内到外依次是 D 环、C 环、B 环（最明亮的环）、卡西尼环缝、A 环、恩克环缝（实际是在 A 环中）、F 环、G 环和 E 环。尽管整个环的跨度达到了数十万千米，但却“薄如蝉翼”，从顶部到底部的厚度最多只有 1.5 千米左右。你甚至可以透过土星环看到后面闪耀的群星。

如果近距离观察的话，这些看似平滑的光环实际是由成千上万个单独的小环聚集在一起形成的波浪状或波纹状平面，波峰和波谷形成向内螺旋的脊状造型。有些小环还会扭曲或相互交错。所有这些光环、波动和缝隙似乎都是由土星及其

众多内部卫星之间复杂的引力相互作用所形成的。例如，土星的卫星土卫一（Mimas）在A环的外侧运行；卡西尼环缝内缘的颗粒轨道与这颗小卫星的轨道成2∶1的共振，其间土卫一不断从同一方向对卡西尼环缝的颗粒施加拉力，迫使这些颗粒进入环缝外层的新轨道。小卫星土卫十八在恩克环缝内运行，而更小的土卫三十五（Daphnis）则清理了A环中的基勒环缝（Keeler Gap）。至少有一种情况是，一对卫星会通力合作来"守护"一个环。有着细细的辫子型外观的F环，宽度只有大约数百千米，它的内侧和外侧分别环绕着两颗小卫星——土卫十六和土卫十七（Pandora）。这两颗牧羊犬卫星能通过自身引力的影响，使构成F环的大量小碎块无法四散逃逸，从而维持环的存在。其他窄环的形状表明，将来在它们附近也可能会发现牧羊犬卫星。

旅行者号和卡西尼号还在土星环上发现了其他一些奇特的结构，这些结构尚未被完全解释清楚。一些黑暗的轮辐会在某些地方穿过土星环，随着土星同步旋转，更诡异的是它们还时隐时现。科学家们推测，这些结构是由悬浮在土星环上方的尘埃被土星的磁力吸引而形成的。

麦克斯韦环缝（Maxwell Gap）

卡西尼号上的照相机能够分辨出4~5千米宽的土星环细节。2008年，相机捕获了这张位于C环内的麦克斯韦环缝的图像，以及奇特的呈扭曲状的麦克斯韦小环，但它究竟是怎么形成的，目前还不得而知。

土星环的起源

那么土星环是如何形成的呢？为什么这些粒子在很久以前没有聚集在一起形成卫星呢？这些问题的答案——至少一部分——是和洛希极限（Roche limit）有关。洛希极限是以19世纪法国数学家爱德华·洛希（Édouard Roche）的名字命名的，他最早提出了这一概念。洛希极限是一颗行星周围无法形成卫星的极限距离。在洛希极限之内，行星的引力场会对轨道上的物体施以强大的拉力以至它们无法结合在一起。当轨道上的卫星冒险进入这一极限距离内，都会被潮汐力撕碎。任何已经在极限边界内运行的碎片都将受到极大的扰动而无法合并成一个更大的卫星。土星的洛希极限位于距离土星中心约146 400千米的地方，大部分的主环都处在这个边界之内。

这也解释了为什么没有大型的卫星在土星附近运行。但这些冰冷的碎片最初是如何到达那里的呢？一些小卫星被微流星体撞击后确实可以为土星环提供一些物质。例如，土卫四十九（Anthe）和土卫三十二（Methone）都有它们自己的卫星环，即在它们轨道的前面和后面存在弧形的粉末状物质。土卫二喷出的冰粒子则为土星的E环输送了物质。

但当涉及环的主体时，共有几种流行的理论。一种理论认为，土星环代表了46亿年前土星诞生时留下的物质，就像小行星是太阳系诞生时留下的残骸一样。另一种理论认为，土星环是一颗原始小星子的残余，这颗原始星子的直径约为250千米，它最初绕着太阳运行，后来由于离土星太近而被洛希极限内的潮汐力撕裂。还有第三种假设认为，土星环最初是许多的小卫星，它们遭受了彗星或其他天体的撞击而变成了碎片，也有可能在土星的洛希极限内被潮汐力扯碎。最终一些微小的卫星幸存了下来，并和岩石碎片一起组成了土

乔瓦尼 · 卡西尼
意大利裔法籍天文学家

乔瓦尼 · 多梅尼科 · 卡西尼（1625—1712）在太阳系天文学的很多领域都有建树，但最著名的还是以他的名字命名的土星 A 环和 B 环之间那条明显的暗缝。卡西尼出生于意大利，他研究太阳，测定了火星和木星的自转周期，发现了木星的较差自转，并计算出了木星卫星的位置。在成为新成立的巴黎天文台的台长后，他发现了土星的卫星土卫八、土卫五、土卫四、土卫三，以及现在以他的名字命名的卡西尼环缝。尽管卡西尼非常保守，例如他反对牛顿的万有引力理论，拒绝接受哥白尼的日心说，但他却是一个一丝不苟的观测者，被认为是他那个时代最杰出的天文学家之一。

星环的多重结构。

卡西尼号轨道飞行器在土星 A 环内发现的卵石大小的碎片，以及土星环的总体动力学特征，使第二和第三种理论比第一种土星环原生理论看起来更具可能性。与海王星和天王星那布满尘埃的暗淡光环不同，主要由冰粒子构成的土星环闪烁着来自太阳的光芒，显得如此的璀璨夺目。因此，以天文学的标准来看，土星环似乎相对年轻，可能只有 5 000 万 ~1 亿年的历史，而且仍然处于不稳定的碰撞状态中。随着时间的推移，持续的撞击会把这些环磨成粉末。环粒子之间的相互碰撞似乎在持续地减缓它们的轨道速度，并迫使它们向内移动，直到它们最终呈螺旋状坠入土星。除非有另外一颗天体冒险向这颗大行星靠近并被扯成碎片，生成一个新的冰质碎片环带，否则终有一天，绚丽的土星环也将不复存在。

新的发现

2008 年，在主要任务执行完毕后，美国航天局的卡西尼号探测器继续在土星附近运行，传送有关土星及其周围空间环境的信息。经过对大大小小的土星环的进一步观测，其尺度和复杂的动力学特征让科学家大感震惊，在土星的卫星群中也发现至少有一颗卫星是寻找地外生命的优先考虑对象。

卡西尼号任务是美国航天局、欧洲空间局和意大利航天局的联合项目，任务期限被延

右图 这幅艺术想象图中的环是土星最大的环——菲比环，它是一个几乎看不见的尘埃环。图片中心的小点为土星（子图中有放大显示）

长过两次，首次延长到 2010 年，随后又额外增加了 7 年的研究资金，延长至 2017 年。任务期限的延长为研究土星争取了额外的时间，这一点至关重要：土星的公转周期长达 29.46 年，因此需要较长的观测时间，才能看到土星一年四季的变化情况。延长的 7 年任务时间使得卡西尼号能够在夏季期间观测土星北半球，弥补了之前仅有土星北半球冬季数据的不足。

土星的新环

科学家们通过地基望远镜观察土星取得了很多新发现，其中就包括一个新的最外层土星环——菲比环。菲比环开始于距土星约 600 万千米处，是距离土星最远的光环。菲比环非常暗淡，它也是迄今为止我们在有环行星中发现的最大环状结构，宽度约为 1 200 万千米，并提供了一些关于环自身形成的相关信息。按照目前已知的信息推测，这个环很可能是由彗星或小行星撞击土卫九（Phoebe，又称菲比）后溅射出来的物质构成的。环的外围是较暗的富碳物质——与土卫九的物质成分相近。由于环的温度非常低，只有借助红外望远镜来观测其微弱的热信号，才能让它在图像中露出真容。

这个环的发现似乎也让一直以来困扰科学家的土卫八"阴阳脸"之谜得到了比较合理的解释。土卫八东半球暗西半球亮的奇特"阴阳脸"自 1671 年由天文学家乔瓦尼 • 卡西尼发现以来，一直没有得到合理的解释。研究人员在观测菲比环时发现，它的粒子与土卫九的轨道方向相同（沿逆行轨道环绕土星运行），与土星其他大部分环上的粒子及顺行卫星轨道方向相反。因此，现在有理论认为，当土卫八沿顺行轨道移动时，来自外环的一些较暗的物质会迎面撞击土卫八，使得土卫八同轨道方向的一面沾染上这种物质，由此导致了土卫八的"阴阳脸"。

土星"王冠"——六边形风暴

卡西尼号在土星上空运行，密切关注着土星上特殊的天气情况，特别是六边形风暴系统（或称风流）。这个风暴系统一直位于北极附近，就像在那里生根了一样。美国航天局的旅行者 1 号在 1980 年就发现了这个六边形风暴系统，当时正值土星北半球的春季[①]。2009 年卡西尼号观测时适逢土星北半球再一次迎来春分的时候，太阳光开始照射到北半球上，土星北极也再次露出其尊容。观测发现土星的"王冠"——六边形风暴仍然完好无损，位置也没有变化，还是位于北纬 77° 附近。

和木星大红斑一样，六边形风暴也让卡西尼号项目小组的科学家们乐此不疲，他们希望研究其成因、能量来源以及维持其稳定性所必需的大气条件和循环模式。此外，在六边形风暴的边缘似乎正围绕着一股运动速度高达 354 千米 / 时的高速喷流，卡西尼号还在喷流附近发现了行星热斑和气旋的迹象。六边形的角上也呈现出一种放射状的波纹，中间还有一个看起来在不断变化位置的暗斑。

土星极光

2009 年的秋天，卡西尼号探测器还传回了首批土星极光的照片。与地球和其他有磁场的行星一样，进入土星大气层的太阳风粒子会与大气相互作用，产生五颜六色的极光。地球南北极也有极光现象，但因为土星大气的主要成分为氢，与以氧、氮为主要成分的地球大气相比，土星大气密度更低，也更厚，因此土星极光可以延伸到大气中更高的地方——约 1 200 千米的高度，大约是地球极光高度的 2 倍。有点遗憾的是，这些图像都是黑白的，因此无法将土星极光与绚丽多姿的地球极光在色彩、形态等方面进行比较。

哈勃空间望远镜的新图像也揭示了土星极光的信息，或许还能借此研究土星的磁层。在 2009 年，哈勃空间望远镜拍摄到土星处于"环侧向"罕见姿态时的两极照片。图像显

---

①因土星自转轴倾角约为 26° ，与地球相当，所以土星上也有与地球类似的季节变化，但土星的公转周期约为 30 个地球年，所以土星的一季有近 8 个地球年的时间。——译者注

上图 土星的极光，由沿土星磁力线进入大气层的带电粒子轰击大气层中的分子或者原子而产生

左图 土星北极的中心有一个暴风旋涡，其附近巨大的六边形是由大气中的喷流造成的

示在北极产生的极光似乎比在南极产生的更亮，这表明土星南北极的磁场强度很可能不一样。

研究土星环

自 2004 年以来，卡西尼号多次穿过土星环，证实了土星环主要由水冰构成。但研究人员对其微红颜色的成因仍感到困惑不解，不清楚是否是由铁或其他物质导致的。土星环一直是土星研究的重点，科学家想弄清楚为什么环上的物质没有像其他物质一样聚集形成土星。而随着研究的深入，出人意料的发现也接连出现。科学家在观测土星及其卫星对土星环的拖拽作用时发现，土星环似乎是由于这个动态的拖拽过程才无法合并的。其中有个土星环附近还出现了一个来历不明的物体，这个物体在迅速穿越土星环后就消失了。

利用土星“环侧向”的独特位姿（只在土星公转轨道的两个位置上出现，大约每 15 个地球年出现一次。这时从地球角度看，原先宽大、明亮的土星环变成了一条将土星一分为二的暗线），科学家抓住太阳光从土星侧上方入射的机会，得到了让人惊艳的土星环三维图像。卡西尼号还针对环上看似“隆起”的区域进行了观测，之前科学家认为这些环都是扁平状的，厚度一般在 9 米左右，但观测发现环上有隆起和尖峰状的凸起结构，高度可达 4 千米。这表明，这些表面上看似平坦、静态的结构实际上存在湍动和不确定因素——土星观测者将其戏称为“任性”的碰撞或碰撞界的“轮滑德比”（Roller Derby）[①]。

①轮滑德比：一种轮滑比赛，因动作狂野粗暴且极具对抗性而享有盛名。——译者注

活跃的卫星

土星庞大的卫星家族向我们展示了围绕同一颗行星的天然卫星之间也存在着巨大的差异。目前至少有 82 颗卫星环绕着这颗带着巨大光环的星球，其中包括太阳系的第二大卫星土卫六，6 颗中等大小的卫星（土卫五、土卫八、土卫四、土卫三、土卫二、土卫一），以及 75 颗更小的天体。当然，还有更多的卫星有待发现。早期的观测者，包括克里斯蒂安·惠更斯、乔瓦尼·卡西尼和威廉·赫歇尔，发现了那些较大的卫星。如今，通过现代望远镜的观测以及旅行者号和卡西尼号的近距离观察，人们已经发现了直径只有几千米的小卫星。卫星家族中的许多成员都呈现出各自奇异的特征，其中至少有两颗卫星（土卫六和土卫二）还可能存在生命。

土卫六

土卫六（又称泰坦星），于 1655 年被惠更斯发现，是太阳系中最引人注目的天体之一。它的直径有 5 151 千米，比水星还大，看起来很像地球。在航天时代开启之前，天文学家就通过观测它发出的光谱，得知它有一个稠密的大气层。土卫六的云层是如此之厚，以致旅行者号想要透过云层一探究竟的努力和尝试都宣告失败了。但是，卡西尼号轨道飞行器和它搭载的惠更斯号着陆器，利用专门为穿透雾霾而设计的成像仪，幸运地揭开了它的神秘面纱。

土卫六的低重力使得其大气层可以延伸至距表面 975 千米处。土卫六大气层比地球大气层更加浓密，其表面大气压约为地球的 1.5 倍。站在土卫六的表面感觉就像站在游泳池的底部一样。它的大气由大约 95% 的氮和 5% 的甲烷构成，但上层大气的化学成分非常复杂。在阳光的照射下，上层的大气分子会发生光化学反应，它们断裂并重新组合成含有碳、氢，有时也含有氧或氮的有机化合物。乙烷、乙炔和丙烷等碳氢化合物分子会形成一种橙色的烟雾，里面充满了悬浮的液滴。巨大的甲烷雨滴偶尔会从土卫六的云层中飘落下来，冲刷着地面并汇聚到湖泊和池塘中。大气中的甲烷含量是如此之高，倘若再含有大量氧气的话，一点星火就能把整个星球点燃。

由于没有足够的热源，土卫六的表面异常寒冷。它的平均温度只有 −179 ℃，这使得表面的水冰像岩石一样坚硬。

左图 土星的卫星土卫二表面分布着沟槽、裂缝和陨击坑。这颗明亮的高反照率的卫星表面下可能存在着液态水海洋

上图 这幅艺术想象图展示了从土卫六表面看到的土星和太阳。土卫六是目前已知唯一一颗拥有浓密大气层的天然卫星，也是除地球外唯一一颗有明确证据表明地表存在稳定液体的天体

这样的低温可能有助于形成大气层。土卫六形成于远离太阳的地方，因此冰冷的星体能够吸收并保持早期太阳星云气体中的甲烷和氨。后来，由于卫星内部热量的加热，这些气体开始逃逸到大气中，但卫星的引力使得它们没有消散到太空中。由于大气中的甲烷会被阳光分解，研究人员认为土卫六可能会以某种方式——比如冰火山喷发的甲烷，不断地对其进行补充。

惠更斯号着陆器于 2005 年在土卫六表面着陆，是第一个在外太阳系天体上着陆的探测器。它只能在恶劣的环境中支撑几个小时，当它下降的时候，它发回了令人震惊的沟壑和海岸线的图像。在地球之外，人们还从未见过这样的景观。着陆点的周围是一片模糊的景象，到处散落着看起来像是被侵蚀过的“石头”，科学家们认为它们很可能是由冰构成的。

卡西尼号轨道飞行器的雷达揭示了土卫六表面的更多细节，包括拍摄到土卫六北极附近陆地的那些激动人心的图像，从雷达信号图上看那里分布着许多平滑的区域，几乎可以肯定是季节性的液态甲烷湖。如果这被证实是真的，那么土卫六将成为我们所知的太阳系中除地球之外唯一一颗在其表面拥有稳定液体的星球。低洼地区则发现了起伏的沙丘，它们

土卫六探测任务

惠更斯号着陆器由欧洲空间局建造，和搭载它的卡西尼号轨道飞行器一起开启了历时 7 年的漫长的土星之旅。2004 年 12 月 25 日，惠更斯号脱离母船卡西尼号，飞向土卫六。3 周后，惠更斯号到达距离土卫六表面 1 270 千米的高度并开始下降。它穿过昏暗的雾霾，依次打开了降落伞和照明灯，最后软着陆在布满圆形冰块的冰冻表面上。惠更斯号会将采集到的数据传给卡西尼号，卡西尼号再将这些数据传回地球上的任务控制中心。由于距离非常遥远，卡西尼号发出的信号大约需要一个半小时才能到达地球。

很可能是由土卫六大气层沉积在表面的碳氢化合物颗粒构成的。在土卫六近地面主要以由东向西吹的强风为主，强风不仅塑造了沙丘，还将卫星的整个表面作为一个整体进行了移动。之所以能做到这一点，是因为土卫六的表面似乎漂浮在一片由液态水构成的海洋之上。

中等大小的卫星

土星的那些中等大小的卫星，可谓种类繁多。土卫二的直径为 504 千米，它比土卫六小，距离土星也更近。这颗星球是如此的寒冷，表面温度可低至 −201 ℃，以至于在那里发生任何地质活动都是难以想象的。由于土卫二的表面由冰组成，它几乎能 100% 的反射照在上面的阳光。因此，当旅行者号的科学家们发现在这颗寒冷的卫星上竟然存在火山活动时，他们都深感震惊。诚然，从土卫二喷射到太空中的羽状物质似乎是冰冷的，而不是炽热的，但它们存在的事实证明，这颗卫星的表面之下的确存在着液态水、热量和地质活动。

在卡西尼号轨道飞行器掠过这颗卫星时，它捕捉到了一个被蜿蜒的冰脊弄得伤痕累累的世界。土卫二的大部分表面并没有撞击的痕迹，这表明它们可能在最近的一段时间内被冰水重新覆盖过。有趣的是，由冰粒子、水蒸气与有机物质混合形成的羽状物，会从土卫二南半球的虎纹裂缝喷射到太空中。同时，这些喷出物还在持续不断地为土星 E 环提供补给。与木星的木卫一（见第 195~196 页）类似，为土卫二的地质活动提供能量的热源可能来自潮汐力的来回牵引。

神秘的运动

其他卫星也有神秘之处。缓慢移动的土卫八的前半球几乎一片漆黑，后半球则雪白发亮。它就像一个球状的抹布，会收集从土卫九身上掉落下来的砂砾状物质。遭遇过撞击的土卫五可能被从它表面撞出来的碎片物质形成的薄环所包围。不规则的土卫七在一个混乱的轨道上来回翻滚，受附近土卫六的牵引左右摇摆，它海绵状的表面可能是由大量小天体的反复撞击造成的。一些较小的卫星会共享一个轨道：微小的土卫十三（Telesto）和土卫十四（Calypso）分别在土卫三轨道的前后 60° 的位置上运行。土卫十（Janus）和土卫十一（Epimetheus）甚至会互换轨道，每隔 4 年，内侧的卫星会追上外侧的卫星，当它们相互靠近时就会交换位置。还有一些卫星会以逆行的方式围绕土星旋转，即它们的公转方向与土星的自转方向相反，这表明它们可能是被土星捕获的天体。这些卫星从何而来，它们是由什么构成的，以及它们为什么会有这样的行为，在未来的很多年里，这些都将是科学家们不断探索的课题。

卡西尼号和土星卫星

如果说研究土星系统让科学家只学到了一件事的话，那就是耐心。按照地球的标准，土星围绕太阳的公转实在是太慢了，土星上的一年约等于 30 个地球年。土卫六的四季基本与土星的一年保持同步，每个季节都有好几个地球年的时间，处在冬季的半球，其极区会一直处在黑暗笼罩的极夜之中，直到春分来临才会再次沐浴在温暖的日光里。

土卫六上的液体

美国航天局的卡西尼号探测器在抵达土星系统 5 年后，2009 年 8 月，土卫六的北半球终于迎来了自卡西尼号到达之后的首个春天。当卡西尼号的可见光与红外测绘光谱仪（Visual and Infrared Mapping Spectrometer，VIMS）团队的研究人员在土卫六表面捕捉到一个闪光信号时，5 年的耐

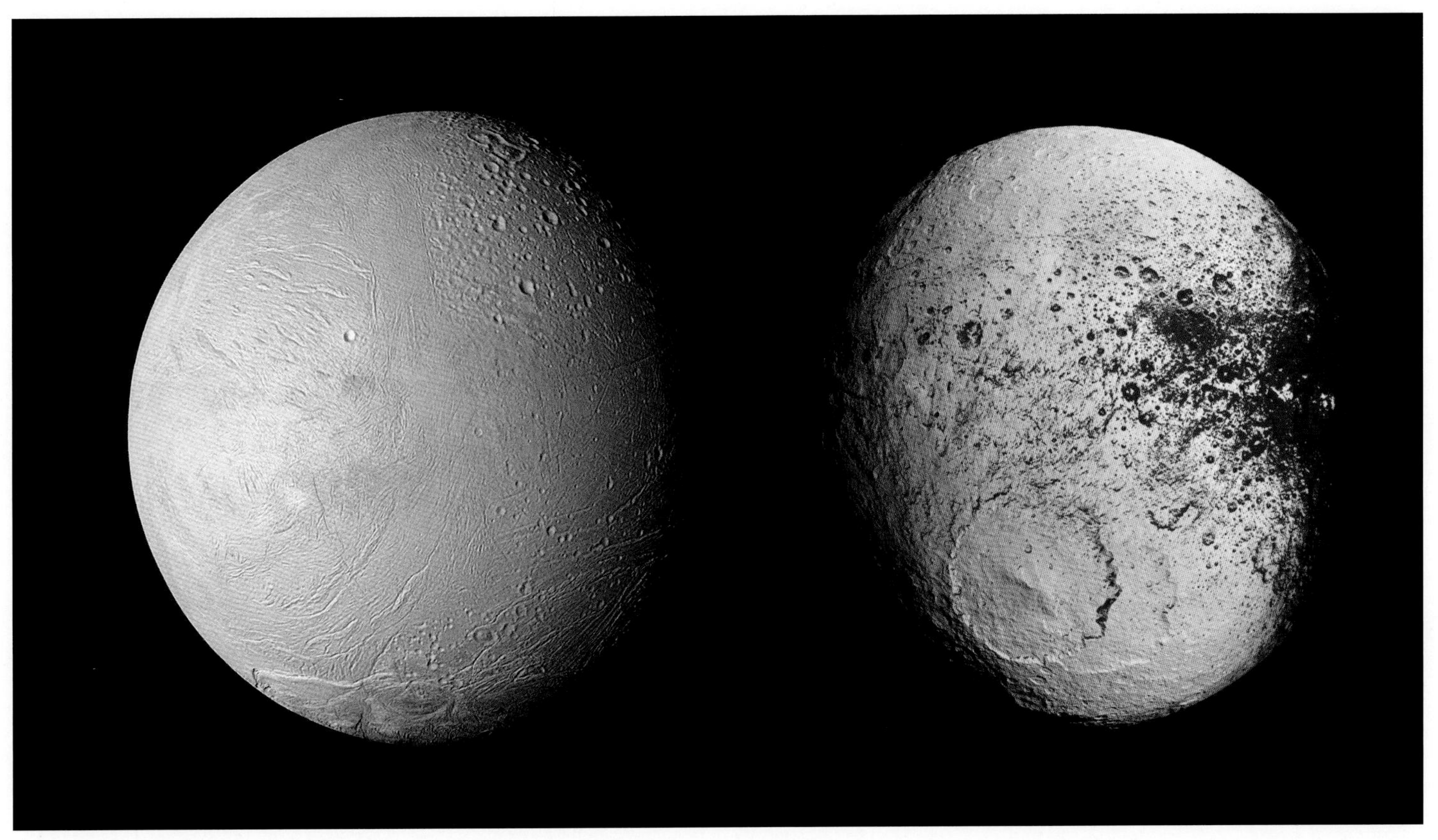

上图 美国航天局的卡西尼号探测器拍摄了许多土星卫星的照片，画面呈现的细节异常丰富，揭示了这些天体独特的地质特征，其中就包括土卫二（左）的壳层构造模式和土卫八（右）遍布陨击坑的表面

心等待终于得到了回报。分析证实，这是由镜面反射导致的，即液体表面反射的太阳光。进一步的分析得出，这种液体是存在于土卫六巨型湖床中的液态甲烷和乙烷的混合物，这个湖在后来也被称为克拉肯海（Kraken Mare）。克拉肯海比里海[①]还要大，其面积估计超过 38.8 万平方千米，当然其中的液态甲烷和乙烷混合物不一定会填满整个湖床。克拉肯海是科学家发现的第二个甲烷湖，这进一步支持了以下观点：土卫六是太阳系中除地球外唯一表面存在液体的天体。

有学者认为土卫六的表面地貌是由"甲烷循环"塑造而成的，克拉肯海的发现对这一观点的提出至关重要。正如水循环塑造了地球上的地貌，"甲烷循环"似乎在季节更替中塑造了土卫六的表面地形，即蒸发的甲烷聚集成云，然后又以暴风雨的形式重新将液态碳氢化合物倾泻到土卫六的表面，如此日积月累、循环往复。2009 年初公布的由卡西尼号拍摄的照片显示，土卫六的南半球出现了新的湖泊特征，而对比一年前的照片却并未发现这些特征。在这两组观测之间的几个月中，可以看到巨大的风暴云聚集在这些地区，这表明土卫六的大气活动很活跃，不仅能对现有湖泊的液体进行补充，还能塑造新的湖泊。

目前的观测发现，土卫六上的乙烯在温度低至 −179 ℃时仍能保持液态，这也理所当然地成为一项新研究课题。此外，科学家对诸如土卫六表面的"甲烷循环"是否处于平衡态等

①里海：地球上最大的湖泊，为内陆咸水湖。——译者注

问题也并不确定。据推测，土卫六上需要有一定的地下甲烷储量，以对其表面甲烷循环中损失的部分进行补充，才能使整个星球上的甲烷循环维持正常运转。美国航天局资助的一个项目曾尝试模拟土卫六的表面环境，研究人员在低温高压舱内进行实验，研究甲烷如何凝结以及甲烷的蒸发率随温度升高的变化。

上图　卡西尼号探测器记录了土星两颗冰质卫星土卫二和土卫五的邂逅。较小的土卫二正从较大的土卫五前面经过。当一颗卫星从另一颗卫星附近或前方经过时对其进行观测，有助于科学家提高其轨道的计算精度

土卫二上的水

卡西尼号研究小组还发布了关于土卫二的新发现。土卫二是卡西尼任务的重点研究对象，因可能存在地下海洋，它也成为寻找地外生命的候选目标。

土卫二喷发的冰质物质形成了土星的 E 环，这在此类的行星环系统中很常见。有的卫星会“护卫”环中的物质粒子并使其维持在有序状态，而另一些卫星则会喷发出形成这些环带的物质。卡西尼号有一次从土卫二喷出的物质中穿过，搭载的光谱仪在喷发物中检测到了氨。这个发现提供了非常重要的信息，因为氨能显著降低水的冰点。如果有足够的氨，那么土卫二壳层下存在液态海洋的概率会进一步提高，尽管那里的温度非常低。

与此相比，还有一个发现或许更为重要。在 2009 年年中，科学家在对卡西尼号传回的 E 环的观测数据进行分析时发现，环上有钠元素。请注意，E 环上的物质来源于土卫二的喷发物。对于这些新发现的“宇宙尘埃”，科学家在研究后认为，对环中发现的盐和其他矿物的唯一解释就是土卫二上存在液态水，因为必须有水才能溶解从土卫二中喷发出来的盐和其他物质。

卡西尼号科研团队的科学家弗兰克·波斯伯格（Frank Postberg）在美国航天局的一份新闻稿中说到，在环中发现的物质“其成分与预计的土卫二海洋的成分相符”。“如果液体来源是海洋，那么这个海洋就可以为土卫二上诞生生命提供必需的物质和适宜的环境。”

卫星与环

土星、土星卫星和土星环之间的关系似乎正变得越来越复杂，而卡西尼号的最新研究发现进一步增加了这种复杂性。科学家在研究土星的 A 环后，确定了其可以捕获从土卫二上喷发出的电离粒子，而土卫二距离 A 环大约有 10 万千米。土卫二为一个可以影响土星整体磁场的大型等离子体云提供了物质来源，而 A 环就像是一块巨大的海绵，会将等离子体云中的一部分给吸收掉。

上图 卡西尼号探测器飞越土星时的艺术想象图

卡西尼号传回的其他图像也明确显示了土星环和卫星之间有相互作用。例如，土卫十六在环绕土星运行时，会在 F 环上来回穿梭。卡西尼号拍摄的图像显示，土卫十六会破坏 F 环，每次穿过该环时都会从中拖拽出一些物质。

2009 年初，卡西尼号还发现了一颗新卫星，给土星的卫星列表又增添了一个新成员。在此之前，土星已拥有 60 颗卫星。科学家认为新发现的这颗小卫星是土星 G 环的重要物质来源，卡西尼号也正是在 G 环上发现了这个小东西。这也是卡西尼号在土星环中发现的第三颗“嵌入式”卫星。

2010 年初，美国航天局的科学家决定将卡西尼号的工作期限延后至少 7 年。卡西尼号的新任务包括 155 次环绕土星轨道的探测、针对土卫六和土卫二的数十次飞掠探测以及更多的针对土星环的探测。尽管面临燃料不足的情况，但卡西尼号的工程师还是设计出一种新方案，可以利用土星及其最大卫星的引力场来维持航天器的运行，并根据需要改变航向。2017 年 9 月 15 日，卡西尼号结束了长达 13 年的土星探测任务，按计划撞向土星大气，并在解体前竭尽全力将最后一批探测数据传回了地球，上演了太阳系最伟大的谢幕。

冰巨星：天王星和海王星

寒冷的蓝色巨星天王星和海王星是在18和19世纪被发现的。对我们而言，它们还有很多未知的秘密：天王星向一侧倾斜，海王星出奇的温暖，它们的卫星也同样非常有趣。

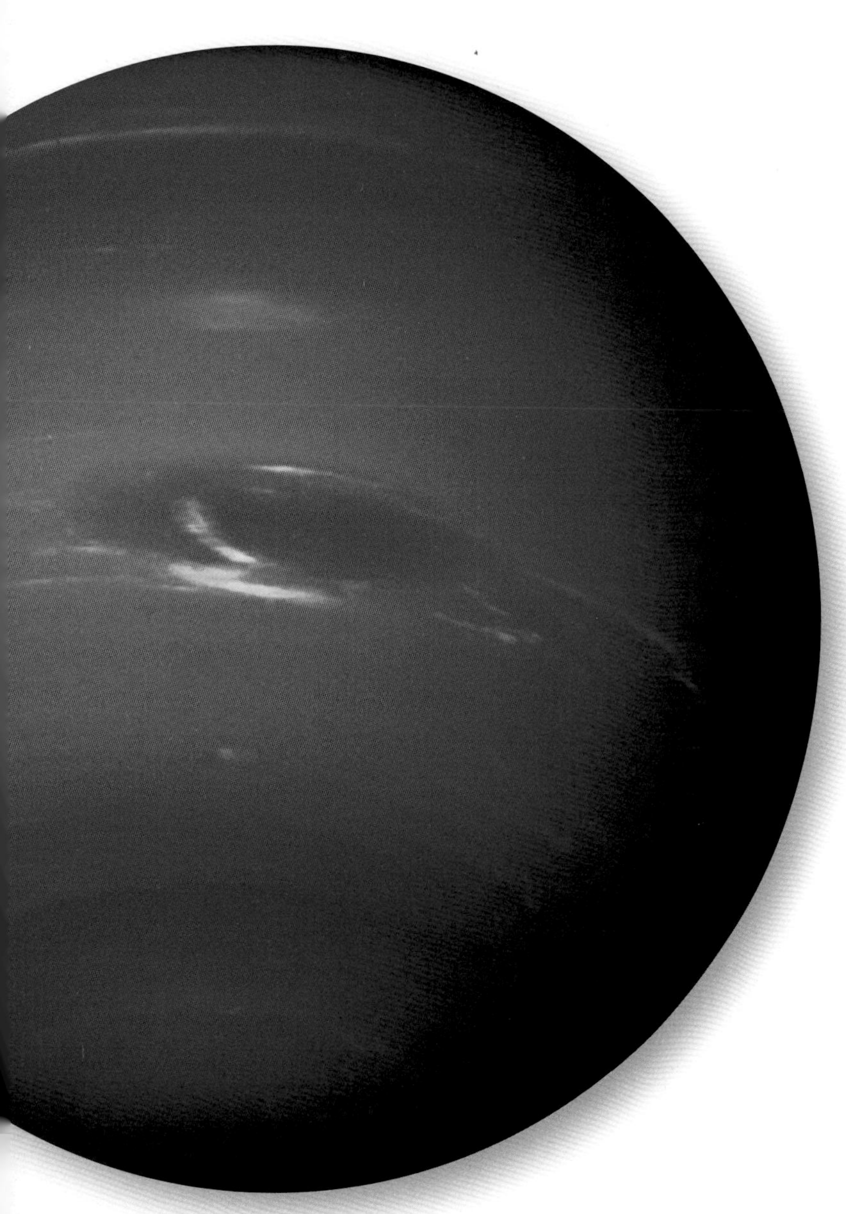

冰巨星天王星和海王星是太阳系行星家族中最遥远的成员，也是直到现代才被发现的大行星。它们经常被视为太阳系内的一对“双胞胎”，但相互之间却有着巨大的差别。

二者都被认为是巨行星，但是比它们的巨人表亲木星和土星要小得多。天王星的体积是地球的63倍，海王星的体积是地球的58倍。它们虽然看起来很大，但是与可容纳1 300个地球的木星相比，简直就是小巫见大巫。两颗冰巨星中，天王星离太阳较近，它与太阳的平均距离约为29亿千米，是日地距离的19倍，它绕行太阳1周大约需要84个地球年。海王星则要远得多，它与太阳的平均距离约为45亿千米，是日地距离的30倍，它绕行太阳1周大约需要165个地球年。如果从被发现之日开始算起，这颗行星至今才完成了一次绕日公转。这两颗行星都有很多奇特的卫星，包括海王星最大的卫星海卫一和天王星的大卫星天卫五(Miranda)。到了20世纪后期，天文学家惊奇地发现，两颗行星都各有一个光环系统，尽管与壮美的土星环相比，它们显得既纤细又暗淡。

左图　大暗斑和明亮的云纹凸显于海王星紊乱的大气层上

天王星
天文符号：♅
发现者：威廉·赫歇尔
发现时间：1781年
与太阳的平均距离：2 870 972 200千米
自转周期：17.24小时
轨道周期：84.02个地球年
质量（地球=1）：14.5
密度：1.3 g/cm^3

海王星
天文符号：Ψ
发现者：亚当斯、勒威耶、伽勒
发现时间：1846年
与太阳的平均距离：4 498 252 900千米
自转周期：16.11小时
轨道周期：164.79个地球年
质量（地球=1）：17.15
密度：1.64 g/cm^3

天文冷知识　尽管海王星和天王星的表面非常寒冷，但其致密核心的温度却和太阳表面温度相当。

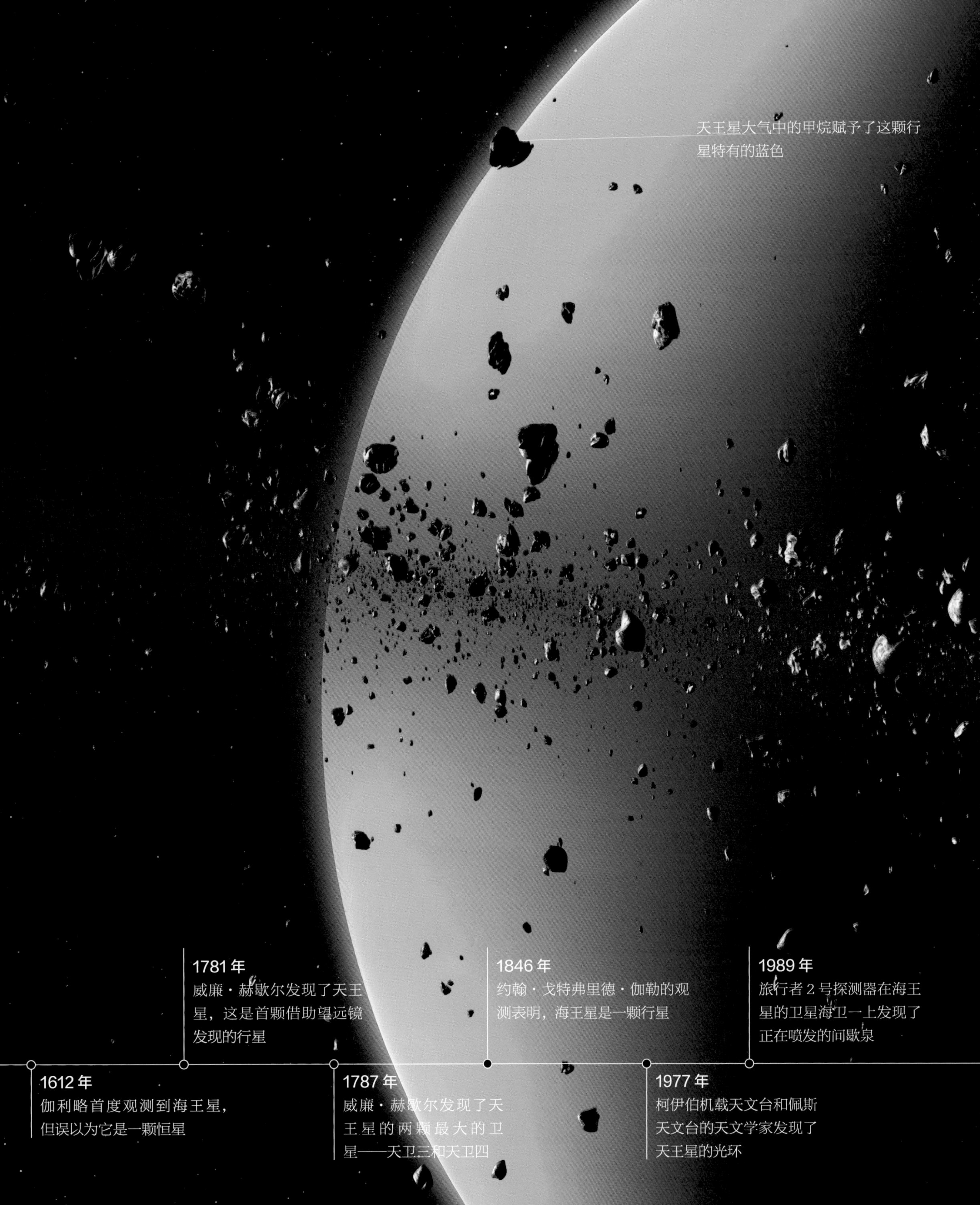
天王星大气中的甲烷赋予了这颗行星特有的蓝色
1781 年
威廉·赫歇尔发现了天王星，这是首颗借助望远镜发现的行星
1846 年
约翰·戈特弗里德·伽勒的观测表明，海王星是一颗行星
1989 年
旅行者 2 号探测器在海王星的卫星海卫一上发现了正在喷发的间歇泉
1612 年
伽利略首度观测到海王星，但误以为它是一颗恒星
1787 年
威廉·赫歇尔发现了天王星的两颗最大的卫星——天卫三和天卫四
1977 年
柯伊伯机载天文台和佩斯天文台的天文学家发现了天王星的光环

天王星

1781 年，天文学家威廉 · 赫歇尔借助他手工制作的反射望远镜发现了天王星。它也因此成为有史以来第一颗被添加到太阳系万神殿的新行星。虽然赫歇尔的发现让很多跟他同时代的人感到震惊不已，但事实证明天王星一直都在天空中。它又小又暗，许多早期的天文学家都将它标记为一颗恒星。赫歇尔仔细观察了该天体相对于背景恒星的运动，才确认了它的行星身份。

无论是透过肉眼还是望远镜，甚至从 1986 年旅行者 2 号所处的有利位置来看，天王星在很长一段时间内都只是一个毫无特色的世界。这是一个光滑、不透明的球体，外表呈现出浓浓的蓝绿色，在过去它几乎没有显露出任何有关自身大气的信息。然而，近年来，云团和风暴已经开始在天王星上活跃起来，产生该现象的原因可能是由于这颗行星正在进入它漫长而温暖的春天。

科学家有时会称天王星为冰质巨行星，而不是气态巨行星，这是因为它含有相对大量的甲烷冰和水冰，而不像木星和土星那样主要由氢构成。它的质量大约是地球的 14 倍，密度介于地球和土星之间，这一发现告诉我们，它可能有一个较小的岩质核心。它的云顶温度可低至 53 开尔文（−220 ℃），是太阳系里最寒冷的大行星。与其他大行星不同，天王星似乎没有内部热源。至于天王星为什么和它的兄弟姐妹有着如此巨大的差别，目前仍不十分清楚。

"躺着"自转的行星

虽然看起来平淡无奇，但天王星也有一些奇特的属性。也许最令人惊讶的是它那异常倾斜的自转轴。其他行星的自转轴相对于太阳系行星轨道平面（即黄道面）都是朝上的。然而天王星的自转轴几乎与黄道面平行（自转轴倾角约为 98° ）。也就是说，天王星是横躺在轨道上一边打着滚，一边绕太阳转圈。它的卫星和光环围绕着它的赤道，使得天王星系统看起来就像一个标靶。天王星大概每 17 小时自转一周。但这颗行星似乎不太可能天生就是如此，也许有一种最好的解释，那就是天王星在其历史早期曾遭受过猛烈的撞击，这可能是造成它自转轴如此倾斜的原因。

由于是完全向一侧倾斜着旋转，天王星的季节变化非常古怪。北半球的夏季长达 21 年，这时的北极几乎直接对着太阳。在这期间，如果有一个做好良好防护的观测者位于天王星北半球高纬度地区，那么他将不会看到日落，太阳只是每

威廉 · 赫歇尔

从管风琴师到天文学家

业余天文学家威廉 · 赫歇尔（1738—1822）或许从小就通过长时间的管风琴练习养成了坚持不懈和追求完美的习惯。赫歇尔是一位德国音乐家的儿子，他曾在英国当了多年的管风琴师，直到天文学研究开始占据他的生活。他和他的妹妹卡罗琳制造了许多精密的望远镜，其中的一架帮助他在 1781 年 3 月 13 日发现了一颗后来被称为天王星的新行星。1782 年，他被国王乔治三世（George III）任命为皇家天文学家。此后，赫歇尔继续研究星云的性质，并提出了恒星聚集形成"岛宇宙"（现在被称为星系）的理论。

上图 这幅哈勃空间望远镜拍摄的图像，显示了天王星上的风暴云、天王星较大的光环（包括明亮的 ε 环）和它的几颗卫星

17 小时在天王星北极上空旋转一圈；而此时的另一半球则处于完全黑暗的冬季。那是一段相当长的极昼和极夜。如果处于赤道地区，那么春天和秋天将可以看到快速的昼夜交替，而到了夏天和冬天，就只能看到太阳微微露出地平线的景象。

绿松石颜色的大气

由于大气中存在甲烷分子，天王星会呈现出浓郁的蓝绿色（甲烷会吸收太阳光线中较红的部分，而蓝色的光线则被大气层反射出去，使得天王星呈现出特有的蓝色）。然而，天王星的大气主要由氢（83%）和氦（15%）组成，甲烷只占 2% 左右。和木星、土星一样，天王星没有固体表面。它的上层大气似乎是分层的，甲烷烟雾覆盖在甲烷云上，甲烷云的下面可能是氨或氢硫化物云以及水云。在不同波段下对大气层进行仔细观测后发现，天王星的大气呈带状围绕着行星，风速可达到 900 千米 / 时。风在赤道逆行，吹向与天王星自转相反的方向。但在靠近两极的地方，风会转向顺行方向，随着天王星的自转而流动。不过，天王星两极地区得到的太阳能量比其赤道地区得到的要多，而天王星的赤道地区仍比两极地区热，这其中的原因还不为人知。

1986 年，当旅行者 2 号飞越天王星时，这颗行星几乎没有显露出任何云层变化或风暴的特征，于是便被轻率地冠上了“无聊星球先生”的名号。直到 21 世纪，情况才开始有所转变。凯克望远镜 II（Keck II Telescope）开始在大气中观测到风暴和云的出现与消失。一场名为“大暗斑”的大风暴已经持续了数年，有时还会迁移到高海拔处。在天王星的北半球，还发现一个长达 2.8 万千米的云带竟然在 1 个月内就彻底消散不见了。科学家们认为，天王星云层的活跃变化可能是由天王星上极端的季节变化引起的。

深入核心

天王星很好地将自己隐藏在云层之下。科学家们只能根据这颗行星的密度和可见气体来推测其内部结构。它的最内层可能有一个体积与地球相当的固态核心，成分是硅酸盐以及铁镍质地的岩石。向外，它的大部分体积由各种冰组成的幔占据。这里的物质其实并非通常意义下的“冰”，而是由水、氨和甲烷组成的一种热而稠密的导电流体，有时这一结构也被称为“水 - 氨海洋”。最外层是相对稀薄的大气，主要由氢和氦组成。

天王星的组成物质或形成历史赋予了它一个奇怪的磁

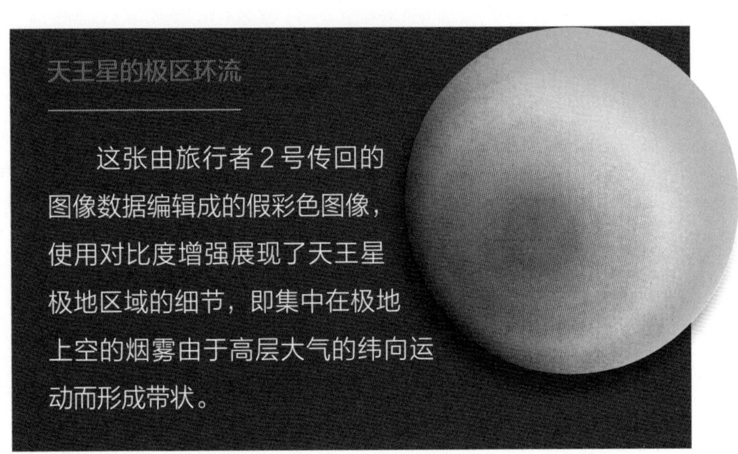

天王星的极区环流

这张由旅行者 2 号传回的图像数据编辑成的假彩色图像，使用对比度增强展现了天王星极地区域的细节，即集中在极地上空的烟雾由于高层大气的纬向运动而形成带状。

场。当旅行者 2 号飞越天王星时，它发现这颗行星的磁场是严重倾斜的——磁轴相对于自转轴倾斜了 59° （如前所述，自转轴几乎与黄道面平行）。此外，磁轴并没有像自转轴那样穿过行星的中心，而是被推到一边，与行星中心的偏移量为行星半径的 1/3。在天王星南半球的表面，磁场强度低于 0.1 高斯，而北半球的磁场强度则高达 1.1 高斯。天王星表面的平均磁场强度是 0.23 高斯，约为地球的 1/2。天王星的磁层能捕获带电粒子，当这些粒子沿磁力线运动时会发出射电波。目前看来，将天王星“撞倒”的那次撞击事件不太可能搅乱了它的磁场。天王星的内部结构，也许是导电的冰物质，导致了现在磁轴的奇异状态。但时至今日，我们还不清楚这种怪异磁场的具体成因。

行星环

1977 年 3 月 10 日，天文学家为了解更多关于天王星大气层的信息，正在对这颗行星开展研究工作，那一天恰逢天王星从位于天秤座的恒星 SAO 158687 面前经过。令他们吃惊的是，在天王星掩食这颗恒星之前的大约 40 分钟里，恒星发出的光出现了多次闪烁的现象。这种现象一定是非常狭窄又离天王星非常近的某些物质或结构造成的，天王星环就这样被发现了。自伽利略观测到土星环以来，这是太阳系内第二个被人类发现的行星环系统。地面观察者在当时一共数出了 9 个纤细的圆环。旅行者 2 号在 1986 年又发现了 2 个。哈勃空间望远镜在 2003 年和 2005 年先后发现了 2 个环，令环的数量增加到 13 个。按照从内到外的顺序，这些环的名称依次为 1986U2R/ζ、6、5、4、α、β、η、γ、δ、λ、ε、ν、μ。天王星的光环环绕着它的赤道（尽管看上去略微有些倾斜）。这意味着，它们基本是垂直于太阳系行星轨道平面的。天王星环都是由暗淡的尘埃和颗粒物质组成的，大小与土星环中的粒子相似，但没有土星环的粒子那么闪亮。大部分光环距离天王星相对较近，而且又窄又薄，宽度不到 13 千米，这些环之间可能还存在着其他微弱的尘埃带。哈勃空间望远镜发现的 2 个外环则更遥远，也更宽，就像宽阔的尘埃尾迹。

天王星的大多数光环都很狭窄，这意味着它们受到了牧羊犬卫星的引力牵引的限制（见第 207~208 页）。事实上，在 ε 环的两侧已经发现了两颗这样的卫星：天卫六（Cordelia）和天卫七（Ophelia）。最外侧的光环呈现出明显的蓝色，它似乎是由天王星的卫星天卫二十六（Mab）脱落的冰粒子组成的。它的颜色可能是这些微小的冰粒子散射蓝光形成的。

海王星

在太阳系八大行星中，海王星是最边远的一颗，距离太阳 4 498 252 900 千米（约 30 au)，大约是天王星与太阳距离的 1.5 倍。观测者若站在它的云顶之上，看到的太阳仅仅是黑暗天空中最亮的一颗星星。

在这么遥远的距离上，肉眼是看不见海王星的。1612 年，伽利略用他的望远镜看到了这颗行星，并把它记录为一颗恒星。要不是多云的天空使伽利略无法在连续几个晚上观察到它的运动，他很可能会是海王星的发现者。事实上，海王星的发现是牛顿万有引力理论的一次胜利。两位数学家，英国的约翰·亚当斯和法国的于尔班·勒威耶分别根据天王星运行轨道的变化，独立计算出了它的位置。第三位天文学家，德国人约翰·伽勒，在 1846 年用勒威耶提供给他的位置信息，第一次通过望远镜观测到了这颗行星（见第 44~45 页）。

迄今为止，只有一个航天器访问过海王星，那就是不知疲倦的旅行者 2 号，它曾在 1989 年飞掠了这颗行星。哈勃空间望远镜也获取了这颗遥远星球的珍贵图像。目前还没有

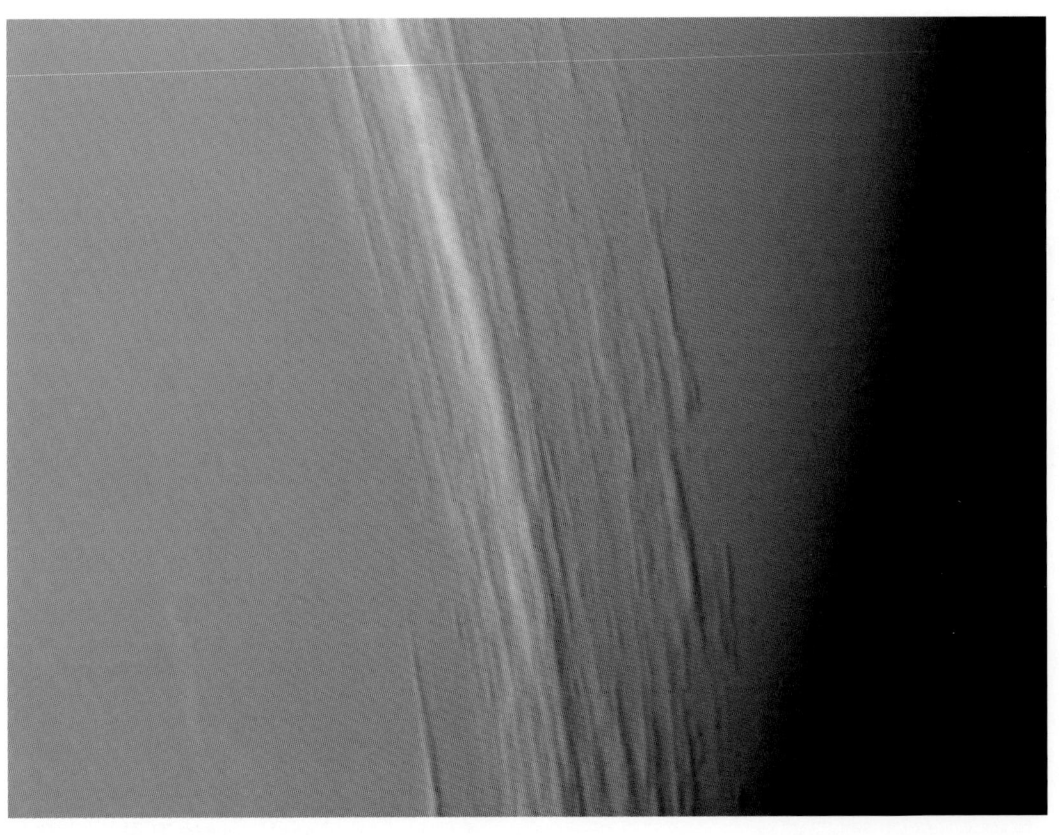

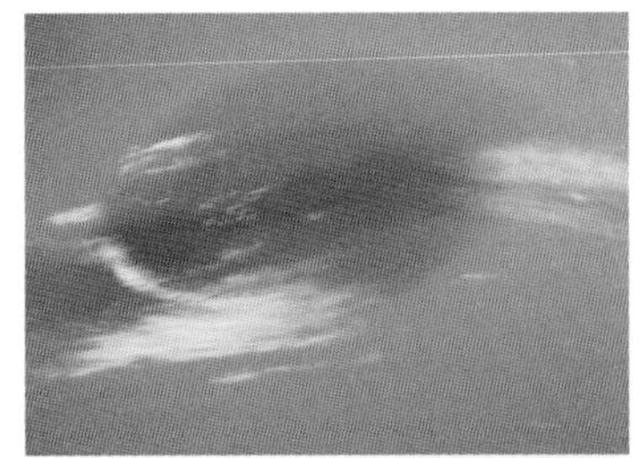

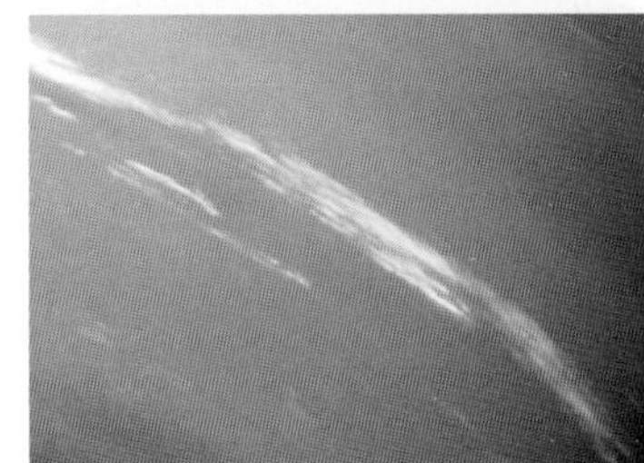

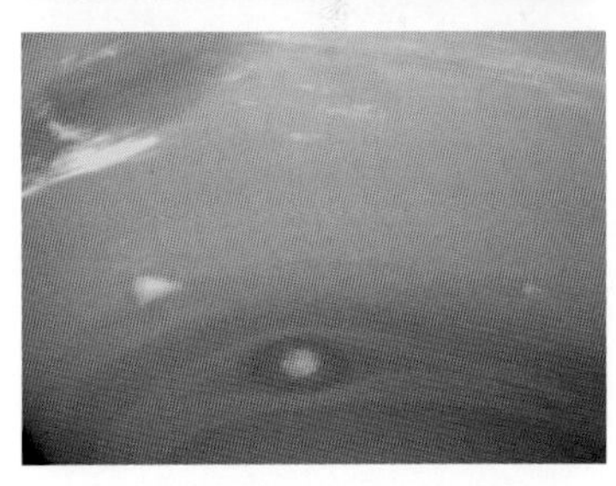

上图 位于海王星低层云顶之上 50 千米处的云层（上图 · 左）；大暗斑（上图 · 右上）；大暗斑附近的云（上图 · 右中）；分别位于滑行车风暴上方和下方的大暗斑与小暗斑（上图 · 右下）

新的探测任务计划造访海王星。

海王星与它的冰巨星兄弟天王星在很多方面都极为相似，但并非所有方面都是如此。它们大小相当。天王星的质量是地球的 14.5 倍，海王星因密度更大一些，质量大约是地球的 17 倍。像天王星和气态巨行星一样，海王星没有固体表面，被主要由氢和氦组成的厚厚的大气层所包围。它呈现出的靛蓝色来自其大气中的甲烷。海王星的自转速度很快，16 个小时就能自转一周。它的公转轨道显然要比天王星长得多：绕行太阳一周大约需要 165 年。它的自转轴倾角为 28.32° ，每个季节长达 41 年。

1989 年，旅行者 2 号在抵达海王星时发现，这颗行星辐射出的热量比它从太阳接收到的热量还要多。虽然它的云顶温度可低至 55 开尔文（−218 ℃），但如果没有内部热源，那里的温度将会低于 46 开尔文（−227 ℃），科学家不确定这些额外的热量到底来自哪里。也许它最初形成时所遗留下来的热量仍在从其核心处慢慢散发出来，并被这颗星球的甲烷大气所捕获，起到了保温的作用。

暴风天气

这种神秘的内部热量也许可以解释海王星的另一个谜题：它那动荡不定的大气层。与地球这样的行星相比，海王星只能接收到很少的太阳能，但它却有着强烈的风暴。海王星上的风速超过 2 000 千米 / 时，大约是地球上声速的 2 倍。整个大气层呈现出一种较差自转：赤道带大气的自转周期是 18 小时，但是在其下的行星每 16 小时自转一周，所以赤道区域的风实际上是逆行的（与行星自转方向相反）。而在两极区域，风是顺行旋转（与行星自转方向相同），每 12 小时绕行一圈，比行星自转的速度还要快。

巨大的风暴经常会反复出现和消失。在旅行者 2 号造访

热点

由于远离太阳，海王星本应该处于一种冷冻休眠的状态。然而，剧烈的风暴表明它的内部一定有热量存在，尽管科学家们对此还只能从理论上做一些推测。对这颗行星深层大气的红外观测揭示了不规则的、动态的天气系统，这些天气系统在海王星全球范围内快速传播和变化。右边的红外图像是由自适应光学研究中心拍摄的，显示了 1999 年海王星上层云层在一个月内的变化方式。

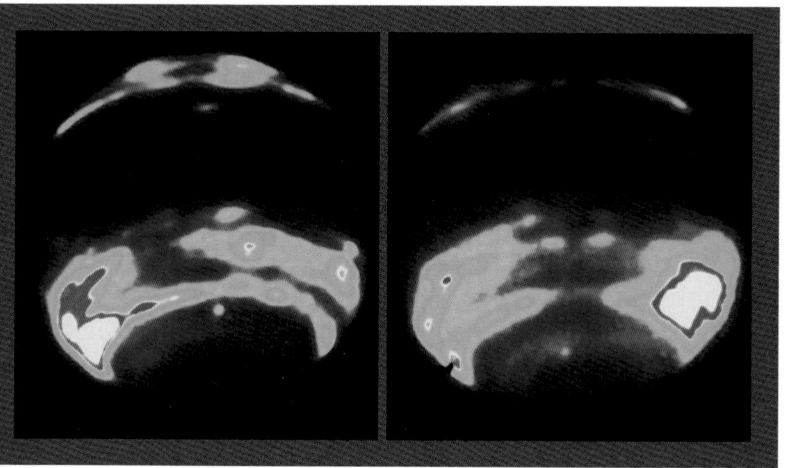

期间，3 个巨大的气旋撕裂了海王星大气层的顶部。其中一个是如地球大小的逆时针旋转的椭圆形，因与木星的大红斑相似而被称为大暗斑。观测者将大暗斑附近的第二个快速移动的白色风暴称作“滑行车”。南部还有一个像眼睛形状的气旋，被命名为小暗斑。然而，与大红斑不同的是，海王星上的风暴并没有持续很久。1994 年，当人们用哈勃空间望远镜仔细观察时却发现，原来的风暴已经消失了，但另一个和大暗斑几乎相同的斑点出现在了海王星的北半球。旋转的风暴看起来就像旋涡，打开了进入更黑暗的低层大气的通道。它们周围的上升气流则形成了由甲烷冰组成的白色高空卷云。

2007 年，一个天文学家团队在智利通过甚大望远镜（Very Large Telescope，VLT）观测海王星时发现，该行星南极的温度比其他地方高出约 10 ℃。这些增加的热量足以使南极大气层深处的甲烷冰转化为气体并释放到太空中。这些热量可能是海王星在漫长的夏季里慢慢积累起来的。

海王星内部

我们对海王星还知之甚少，一般认为它的内部结构与天王星很相似。它寒冷的氢、氦和甲烷大气会随着深度的增加而变成由水、氨和甲烷组成的热且稠密的浓汤。水云和氨云可能会使大气分层。海王星和天王星一样，有一个和地球差不多大的岩质核心，但其质量大概不会超过地球。

海王星的磁场相对较强，磁场强度约为地球的 27 倍。和天王星一样，它的磁场也是歪斜的，磁轴相对于行星的自转轴倾斜了 47° ，并且偏离了行星的中心。产生这一现象的具体原因尚不清楚，但大概与海王星内部粘滞的导电冰中产生磁场的方式有关。

考虑到这颗行星自身隐藏在各种各样的云层之下，磁场对确定海王星的自转非常有用。旅行者 2 号利用这颗行星磁场产生的射电辐射，测算出它的一天是 16 小时 7 分钟。

海王星环

1977 年，天王星环的惊人发现启发了 20 世纪 80 年代的天文学家，他们也用同样的掩星法尝试在海王星周围寻找类似的光环。但他们的观察结果并不一致。大约有 1/3 的时间，似乎有什么东西挡住了闪烁的星光，但在其他时间却什么也没有出现。科学家假设，也许海王星有部分的环或环弧。

1989 年，旅行者 2 号的造访解开了这个谜团。海王星确实有完整的环，但它们非常薄，在某些情况下，它们是波浪状或扭曲的。5 个环分别以研究海王星的天文学家的名字命名：从内向外依次是伽勒（Galle）环、勒威耶（Le Verrier）环、拉塞尔（Lassell）环、阿拉戈（Arago）环和亚当斯（Adams）环。旅行者 2 号对亚当斯环的近距离观察解释了早期观测为什么会出现时断时续的现象。与那些宽度相对均匀的典型的环不同，亚当斯环在其圆周上有 5 个明显的凸起，这些隆起的地方被称为环弧。天文学家甚至将它们命名为博爱、平等 1、平等 2、自由和勇气。通常情况下，这种不规则的结构会很快消散，并恢复成均匀的光环。但天文学家认为，它们是因为受到在亚当斯环内运行的海王星卫星海卫六（Galatea）的引力牵引，才维持至今的。

另外，在阿拉戈环和亚当斯环之间还有一个无名的微弱的尘埃环，海卫六可能是导致其产生的直接原因。其他运行在海王星环内的小卫星，可能像牧羊犬卫星一样维持着那些环的形状。

在大多数情况下，海王星环就像雾一样薄，其物质含量只有土星环的一百万分之一。伽勒环和拉塞尔环很薄，但也很宽，就像是粉末铺成的宽广大道。如果把所有构成光环的物质组合成一个卫星，其直径也就只有几千米而已。

海王星环的诞生和消亡

海王星环的起源至今尚不清楚，但这些光环看起来的确比它们所环绕的这颗行星年轻得多。一种理论认为它们曾经是卫星相撞产生的碎片或是被海王星的潮汐力撕裂的大卫星的残骸。自从旅行者 2 号第一次发现它们以来，它们已经发生了相当大的变化。所有的环弧似乎都在消散，其中自由弧消散得最为明显。观测结果表明，除非得到新物质的补充，否则自由弧可能会在 21 世纪内消失。事实上，整个环状系统最终可能会把自己撞成一团细小的尘埃，向内螺旋坠入海王星的大气层，然后彻底消失。

遥远的卫星

天王星和海王星的卫星都让天文学家们感到困惑不解，但也启发了他们去思考太阳系是如何形成的。

目前，天王星拥有 27 颗已知的卫星，可能还有一些更小的卫星隐藏在行星环中。它们大小不一，从直径几乎是月球直径一半的天卫三（Titania）到直径只有 40 千米的天卫六。大部分卫星处在潮汐锁定的轨道上，而且都在天王星垂直的赤道平面上围绕着这颗行星运行。

天王星的发现者威廉・赫歇尔在 1787 年发现了天王星的两颗最大的卫星：天卫三和天卫四。1851 年，富有的英国酿酒师和业余天文学家威廉・拉塞尔（William Lassell）发现了接下来的两颗卫星：天卫一（Ariel）和天卫二（Umbriel）。直到将近一个世纪之后的 1948 年，杰拉德・柯伊伯才发现第五颗卫星——天卫五。旅行者 2 号、哈勃空间望远镜和其他现代的地基望远镜则发现了大部分较小的卫星。尽管遭到古典主义者的反对，赫歇尔和他的儿子约翰还是决定以莎士比亚戏剧和亚历山大・蒲柏的长诗《秀发劫》中的人物为这些卫星命名。这个传统一直延续到今天，如后来被发现的天卫十八（Prospero）、天卫二十六和天卫二十七（Cupid）。

这些卫星大约一半是冰，一半是岩石，看起来出奇的昏暗和肮脏。它们可能是被某种星际烟尘给覆盖了，或者它们可能经历了高能粒子与其表面相互作用而导致的辐射变暗。天卫三和天卫四是天王星最大的卫星，它们的冰质表面遭受过严重的撞击。天卫四上有一座高达 11 千米的山峰，这很可能是在一次撞击事件中形成的。天卫一和天卫二大小相似，但外表却差异巨大。天卫一明亮光滑，有长长的裂谷。一些冰物质如氨，可能已经从内部涌出，并重新塑造了这个星球的表面。相反，天卫二有一个黑暗、古老的表面，但在一个陨击坑的底部却有一圈明亮的光环，美国航天局称之为“荧

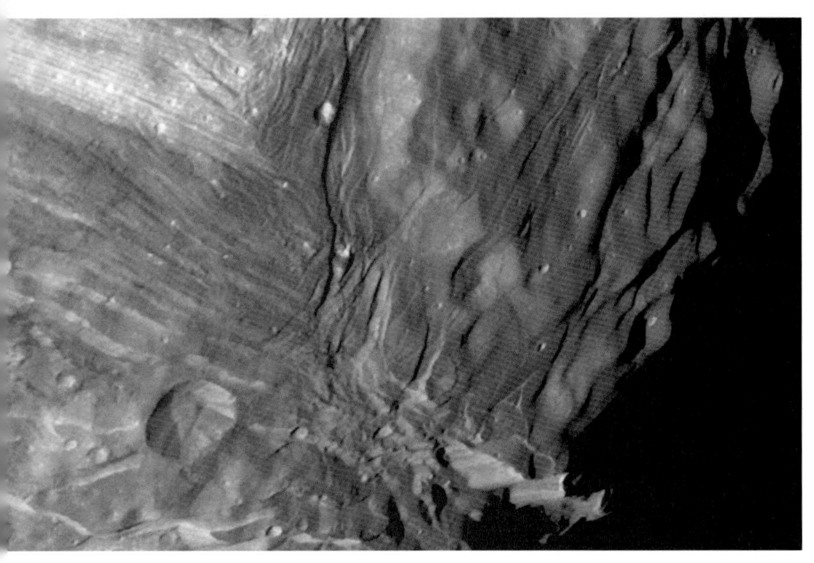

上图 旅行者 2 号近距离观察了天卫五上奇特的沟槽表面。浅灰色悬崖（右下部分）落差达 20 千米，陨击坑的直径约为 24 千米。隐没在右上角阴影区域的是更崎岖、海拔更高的地形

光麦圈”。

天卫五

在天王星众多的卫星中，天卫五可以说是个怪胎。它的表面仿佛被利器凿过，留有深深的凿痕，还有一些像巨型矿井的同心椭圆形结构。天卫五的地形异常复杂：有众多的山脉和峡谷，以及并排沟槽、破缺山崖、环形高地等地貌；有落差达 20 千米的悬崖峭壁，深达 16 千米的峡谷，高达 24 千米的山峰。其独特的地质结构可能是发育中断的结果。也许在它早期炽热的形成过程中，内部的岩浆开始分异，密度较大的物质向下沉降，但是整个星球很快冷却了下来，未能完全完成分异过程。或者它也可能是遭受了反复的撞击。

天卫六和天卫七是天王星 ε 环的牧羊犬卫星（见第 222 页），它们位于天卫五的轨道内侧。其他一些小卫星也聚集在这个区域，可能对天王星环施加了引力作用。最外侧则有 8 颗逆行的不规则卫星（卫星的公转方向与行星的自转方向相反），它们可能是被天王星的引力捕获的小行星。

海王星的卫星

海王星有 14 颗卫星，其中只有一颗比较大。若以巨行星卫星的标准来衡量，它们只是一个微不足道的卫星家族。但它们的奇异特征却弥补了数量上的不足。

1846 年，就在海王星被发现之后仅仅 17 天，威廉・拉塞尔搜寻并发现了它最大的卫星——海卫一。而在此后的 100 年间，就再也没有任何进展，直到 1949 年杰拉德・柯伊伯发现了海卫二（Nereid）。其余的卫星则是在太空时代被发现的，包括海王星的第二大卫星海卫八（Proteus）。

海王星最内侧有 7 颗比较典型的卫星，它们都是顺行卫星（卫星的公转方向与行星的自转方向相同），距离行星的云顶不远。它们的外表呈不规则的块状，质量也不够大，因此自身的引力不足以把自身塑造成球形。其中个头最大的是海卫八，它看起来就像烟煤那么黑。海卫八的反射率仅为 6%，也就是照射到它表面的太阳辐射只有 6% 会被反射回来。

海王星外侧的 7 颗卫星是一群古怪的家伙。其中 4 颗是逆行卫星，3 颗是顺行卫星。海卫二的轨道偏心率在目前已发现的卫星中是最大的，在它一年的轨道运行中，它与海王星的距离约有 800 万千米的变化，其轨道与海王星轨道平面的夹角为 4.8°。这些奇怪的卫星可能是被捕获的天体，或者是早期的卫星与经过的天体碰撞后留下的碎片。

海卫一

海王星的大卫星海卫一是太阳系中最引人注目的卫星之一。它是太阳系中唯一一颗沿逆行轨道运行的大型天然卫星，其轨道与海王星轨道平面的夹角为 129.6°。它的直径大约是月球的 3/4，在组成成分上与其他位于外侧的大卫星不太相似。它主要由水冰和岩石构成，就像冥王星一样。许多天文学家认为，在某种程度上，它是一颗“失窃的冥王星”：一个被海王星引力捕获的柯伊伯带天体。

海卫一是我们所知太阳系中最冷的天体之一，它的表面温度大约为 38 开尔文（−235 ℃），比绝对零度高不了多少。

右图 海卫一是太阳系中的第七大卫星，略大于矮行星冥王星

冰巨星的卫星

迄今为止，天文学家已经发现了 27 颗天王星卫星和 14 颗海王星卫星。除了海卫一，两颗行星各自都有几颗小型、偏远的卫星运行在逆行轨道上，这意味着它们很可能是被行星的引力所捕获的。

天王星卫星（按距离天王星由近及远排序）

天卫六（Cordelia）
天卫七（Ophelia）
天卫八（Bianca）
天卫九（Cressida）
天卫十（Desdemona）
天卫十一（Juliet）
天卫十二（Portia）
天卫十三（Rosalind）
天卫二十七（Cupid）
天卫十四（Belinda）
天卫二十五（Perdita）
天卫十五（Puck）
天卫二十六（Mab）
天卫五（Miranda）
天卫一（Ariel）
天卫二（Umbriel）
天卫三（Titania）
天卫四（Oberon）
天卫二十二（Francisco）
天卫十六（Caliban）
天卫二十（Stephano）
天卫二十一（Trinculo）
天卫十七（Sycorax）
天卫二十三（Margaret）
天卫十八（Prospero）
天卫十九（Setebos）
天卫二十四（Ferdinand）

海王星卫星（按距离海王星由近及远排序）

海卫三（Naiad）
海卫四（Thalassa）
海卫五（Despina）
海卫六（Galatea）
海卫七（Larissa）
海卫十四（Hippocamp）
海卫八（Proteus）
海卫一（Triton）
海卫二（Nereid）
海卫九（Halimede）
海卫十一（Sao）
海卫十二（Laomedeia）
海卫十（Psamathe）
海卫十三（Neso）

然而，它却在过去和现在都显示出了地质活动的迹象。海卫一有一个伤痕累累但相对来说较为年轻的表面，上面有裂缝、平原，还有看上去非常奇怪的就像是哈密瓜表皮纹理的“哈密瓜皮地形”，以及覆盖着氮雪和甲烷雪的极冠。海卫一上陨石坑状的构造可能是水构成的冰湖，冰火山上涌出来的水会瞬间冻得像钢铁一样坚硬。

海卫一甚至有稀薄的氮气大气层和大量冻结的氮。1989 年，当旅行者 2 号经过这颗卫星时，发现海卫一正从它的极冠向太空喷发几千米高的升华的氮气，这让观测者们感到惊讶不已。这些寒冷的间歇泉可能是通过海卫一壳的裂缝，在地表下某种压力的作用下喷发出来的。当这些混合着碳粒子的羽状物拂过卫星的表面，就会在表面留下黑色的条纹。

海卫一最初被捕获时可能有一个椭圆形轨道，但现在它在一个接近圆形的轨道上运行。然而，海王星和逆行的海卫一之间的潮汐相互作用正导致这颗卫星逐渐呈螺旋状接近这颗大行星。在 14 亿 ~36 亿年后，海卫一可能会进入海王星的洛希极限并被撕裂。由于海卫一占目前海王星轨道所有质量的 99% 以上，因此它碎裂后可能会形成一个比土星环更巨大的光环。

第 6 章

冰质矮行星

冰质矮行星

身披冰雪的冥王星微小、遥远并且极度寒冷，它一直是太阳系家族中的“小矮人”——但就像许多其他的小不点一样，它在地球居民的心中是非常可爱的。因此当国际天文学联合会在2006年8月24日宣布将冥王星的行星地位降级时，引起了公众的强烈抗议。在美国天文学家克莱德·汤博将冥王星加入行星行列仅仅76年后，它就被移出大行星群而进入了一个新的太阳系天体类别。刚开始，位于海王星轨道之外的这一类新的天体被称为矮行星，但为了纪念这颗前行星，现在称其为类冥天体。

1930年，当冥王星被发现时，还没有人知道这些遥远天体的存在。冥王星的轨道似乎标志着太阳系的外边界，而在这个椭圆形栅栏之外是一片空旷的星际空间。但这幅简化的太阳系版图并不能涵盖所有的太阳系天体，尤其是彗星，它已经困扰了天文学家好几个世纪。

在18世纪，埃德蒙·哈雷尽管还不知道彗星起源于何处，但他向人们证明了彗星和行星一样是绕着太阳运行的。伟大的法国数学家、太阳系形成理论的先驱皮埃尔·西蒙·拉普拉斯后来正确地指出，一些彗星可能由于木星的引力作用而从原先较长的轨道转向较短的轨道。但是这些发现并没有揭开彗星起源的奥秘，也没有望远镜在已知的太阳系疆域内发现任何彗星的聚集地。

直到20世纪，终于有几位天文学家独立地提出了关于彗星来源的解释。1932年，爱沙尼亚天文学家恩斯特·欧皮克（Ernst Öpik）认为，在新发现的冥王星的轨道之外，有一个巨大的小天体聚集地，彗星就来自于此。1950年，荷兰天文学家简·奥尔特研究了19颗彗星的轨道，并在《荷兰天文研究所公报》（*Bulletin of the Astronomical Institutes of the Netherlands*）上发表了一个类似的理论。他写道：“从大量观测到的原始轨道来看，‘新的’长周期彗星通常来自距离太阳5万~15万 au 的区域。太阳一定是被一个半径为该数量级的星云给包围了，云团中包含了大约10^{11}颗可观测到

1577年
第谷·布拉赫认为彗星是天体，而不是地球的大气现象

1705年
哈雷认为历史上的一些彗星是同一个天体，并预测它会在1758年回归

1847年
天文学家玛丽亚·米切尔（Maria Mitchell）首次用望远镜发现了彗星

1932年
恩斯特·欧皮克提出行星之外存在一个小天体聚集地

1950年
简·奥尔特断定一定存在一个遥远的冰质天体库

1976年
冥王星上发现了甲烷

的彗星……在恒星的作用下，新的彗星从这团星云中源源不断地被带到太阳附近。”这层遥远的彗星“外壳”被称为奥尔特云，有时也被称为欧皮克－奥尔特云。

与此同时，另外两位天文学家提出了一种关于短周期彗星（轨道周期小于 200 年的彗星）起源的补充理论。1943 年，

上图　麦克诺特（McNaught）彗星装点了新西兰阿什伯顿（Ashburton）的夜空。长期以来，这些造访地球的彗星引发了人们强烈的好奇心，同时也激起了巨大的恐惧。它们促使天文学家去思考彗星是在哪里诞生的，以及在可见的行星之外还存在什么

1977 年
查尔斯·科瓦尔（Charles Kowal）发现了喀戎，这是第一个被发现的半人马型小行星

2002 年
加州理工学院的团队宣布发现了第一个真正的大型柯伊伯带天体夸奥尔

2004 年 1 月
美国航天局的星尘号飞越怀尔德 2 号（Wild 2）彗星，成功捕获到彗星的物质粒子

2004 年 3 月
加州理工学院宣布发现了太阳系中距离地球最遥远的天体赛德娜（Sedna）

2006 年
国际天文学联合会提出了一个新的天体类别：矮行星

2008 年
国际天文学联合会将海王星之外的矮行星称为类冥天体

杰拉德 · 柯伊伯

现代行星天文学之父

杰拉德 · 柯伊伯（1905—1973），荷兰裔美籍天文学家，为行星科学的发展做出了巨大的贡献。他发现了海王星的卫星海卫二、天王星的卫星天卫五以及土星的卫星土卫六的大气层。他因预测了海王星之外存在一个冰质小天体环带而闻名。勤奋的柯伊伯还担任过叶凯士天文台和麦克唐纳天文台的台长以及亚利桑那州月球与行星实验室的主任。

一位名不见经传的爱尔兰天文学家肯尼思·埃奇沃思（Kenneth Edgeworth）提出，在海王星轨道之外的一个环带中存在一个彗星库。荷兰裔美籍天文学家杰拉德 · 柯伊伯也在 1951 年提出了一个类似的理论（当时他并不知道埃奇沃思的观点），并认为这个环带可能会延伸到奥尔特云。就像奥尔特云里的小天体一样，环带中的这些遥远、不活跃的小天体太小太暗，用当时的望远镜是看不见的。奥尔特云和柯伊伯带（又称柯伊伯－埃奇沃思带，Kuiper-Edgeworth belt）的说法尽管在当时已被广泛接受，但仍然只是存在于理论之中。

直到 1992 年，柯伊伯带存在的第一个证据才被找到。这一年，夏威夷大学的天文学家戴维 · 杰维特和麻省理工学院的博士研究生刘丽杏，在距离太阳约 44 au 处发现了一个在冥王星轨道附近运行的遥远天体。这个天体有个平淡无奇的名字，叫 1992 QB1。它的个头很小，直径介于 108~167 千米之间，而它的运行轨道，正好位于柯伊伯带天体理论上所处的空间区域。戴维 · 杰维特、刘丽杏和其他天文学家随即开始搜寻其他的海外天体。起初，这类天体只是被想当然地称为经典柯伊伯带天体（cubewano），但很快它们就获得了国际天文学联合会的官方编号或永久名称。2002 年，加州理工学院的天文学家迈克 · 布朗（Mike Brown）和查德 · 特鲁希略（Chad Trujillo）在距离太阳 43 au 处发现了一个真正的大型天体，直径大约是冥王星的一半，后来被命名为夸奥尔（Quaoar），中文则译为创神星。迄今为止发现的大多数大型海外天体都符合柯伊伯带的预测范围，但在 2004 年，迈克 · 布朗的团队宣布发现了一颗现在称之为赛德娜的遥远天体。赛德娜被发现时距离太阳 90 au，不过它最远会运行到距离太阳 937 au 的地方。尽管它的运行轨道还没有抵达奥尔特云的范围，但它比任何其他已经观测到的太阳系天体都要远得多。这个遥远的天体可能是在很久以前，被一颗经过的恒星的引力踢进了这个非常极端的偏心轨道。

这些小天体的发现突然透露出一个尴尬的事实：天文学家还从来没有给行星一个明确的定义。行星过去被认为是围绕太阳运行的大而圆的天体，但是如何把较小的行星与较大的小行星区分开来呢？行星必须是球形的吗？它必须得绕恒星运行吗？像土卫六或木卫三这样巨大的卫星有资格称为行星吗？冥王星应该属于哪类呢？

尽管一些天文学家早已将冥王星踢出了行星名单，但这一观念还没法得到公众的认可。譬如，当美国纽约的罗斯地球和空间中心（Rose Center for Earth and Space）于 2000 年开馆时，馆内巨幅的太阳系展示图中就没有冥王星，这遭到了公众的强烈反对。

2005 年，迈克 · 布朗和他的同事们宣布了一个新发现的天体的尺寸，该事件将冥王星的归类问题推到了风口浪尖。这个与冥王星体积相仿的冰冷天体，当时与太阳的距离是冥王星与太阳距离的 2 倍多，被临时称为 2003 UB313，后来被正式命名为阋神星。它能够成为太阳系的第十颗行星吗？

肯尼思 · 埃奇沃思

经济学家、天文学家

肯尼思 · 埃奇沃思（1880—1972），出生于爱尔兰，曾从事过多种职业，包括军人、经济学家和天文学家。第一次世界大战期间，他是一名出色的英国皇家工程师，之后他持续发表有关国际经济和天文学的著作。1943 年，他在一篇文章中提出在太阳系的大行星之外有一个彗星库，这一观点早于柯伊伯的理论预测好多年。

那柯伊伯带中其他大小相似的天体呢？它们也是行星吗？难道我们要让太阳系中的行星数量一直增加下去吗？

因此，国际天文学联合会在 2006 年决定重新定义“行星”的概念，并将冥王星逐出太阳系行星之列。这项决定引起了相当大的争议。一些天文学家认为，新定义的措辞是专门用来剔除冥王星的。当时正在参与新视野号任务的科学家们对此很是失望，因为这项任务的目标天体就是冥王星。很显然，这样一来，他们的探索目标就被降级为众多矮行星中的普通一员了。更加义愤填膺的是一些美国民众，纯粹是因为他们喜欢这颗唯一由美国人发现的行星。还有一些人把这颗行星（冥王星的英文名是 Pluto）和大家熟悉的迪士尼经典动画角色（一只名叫 Pluto 的土黄色的狗）联系在一起，尽管这两个名字之间没有任何联系。2006 年，克莱德 · 汤博的儿子和儿媳加入了一群举着写有“大小不是问题”标语的示威者，进行了抗议示威活动。汤博生前长期居住的新墨西哥州的立法委员提出了一项决议，宣布冥王星将永远被视为一颗行星。

到目前为止，虽然国际天文学联合会在新的分类上还没有让步，但是他们在 2008 年将类冥天体加入了矮行星之中，以进一步完善它的定义。但是，对冥王星的一系列抗议可能掩盖了一个更大的问题。随着 1992 QB1 的发现，一个全新的太阳系领域开始呈现在我们的眼前。如果类地行星代表内太阳系，而巨行星代表外太阳系，那么冥王星和它的冰质兄弟们代表的就是第三区域——一个广阔而古老的边界。对这些遥远天体的望远镜观测确实使天文学家们感到惊讶，他们没有料到这些天体会有各种各样的成分，也没有料到它们会有非同寻常的运行轨道。一个全新的领域需要我们去探索，这个领域可能含有揭开太阳系起源奥秘的钥匙。

冰冻世界：冥王星

冥王星是太阳系家族中最奇特的成员之一，拥有 5 颗奇特的卫星。它的表面温度极低，冬天的时候，它的大气就会冻结起来，凝成霜落到表面，仿佛皑皑的白雪。

冥王星曾经是一颗行星，现在正式成为一颗类冥天体。类冥天体这个名字就来源于冥王星，它属于矮行星的子类。柯伊伯带中聚集了大量岩石碎屑和小天体，而冥王星是其中轨道距离太阳最近的大型成员。冥王星的个头比八大行星小得多，它的直径只有 2 376 千米，约为地球的 1/5。它和海王星的卫星海卫一在许多方面都很相似，就像是一对孪生兄弟，海卫一本身就可能是被捕获的柯伊伯带成员之一。冥王星拥有 5 颗卫星，其中最大的卫星冥卫一（Charon，又称卡戎）更像是一颗伴星，它和冥王星围绕着一个共同的质量中心（质心）旋转。

2015 年，当新视野号到达这颗矮行星时，我们第一次可以如此近距离地观察它。即使是哈勃空间望远镜也一直无法分辨冥王星表面的诸多细节，因为冥王星与太阳的平均距离约为 39 au。它的轨道偏心率很大，近日点距离太阳 29.66 au，远日点距离太阳 49.3 au。在 248 年的轨道周期中，冥王星大约有 20 年的时间会在海王星轨道内运行，上一次发生这种情况是在 1979 年至 1999 年间。在 2231 年 4 月 5 日之前，冥王星都将一直在海王星的轨道之外运行。

左图　从这张新视野号拍摄的冥王星真彩色图像中可以看到，这颗矮行星的表面有一个巨大的心形浅色区域

天文符号：♇
发现者与发现时间：克莱德·汤博，1930 年
与太阳的平均距离：5 906 380 000 千米
自转周期：6.39 个地球日（逆行）
轨道周期：247.92 个地球年

赤道直径：2 376 千米
质量（地球 =1）：0.002 2
密度：2 g/cm^3（地球密度为 5.5 g/cm^3）
表面温度：−240~−218 ℃
天然卫星数量：5

观天提示

※ 我们无法用肉眼看到冥王星。要想找到它，请查阅星图并使用口径超过 30 厘米的望远镜。

天文冷知识　140 万年后，一颗名为格利泽 710（Gliese 710）的恒星将会进入到奥尔特云内部。

在这幅冥卫五表面的艺术想象图中，我们可以看到天空中的冥王星、冥卫一以及遥远的散发着微弱光芒的太阳

1915 年
珀西瓦尔·洛厄尔预测在海王星之外还存在一颗行星

1930 年
克莱德·汤博延续了洛厄尔的工作，并发现了冥王星

1976 年
冥王星上发现了甲烷

1978 年
詹姆斯·克里斯蒂发现了冥王星的卫星冥卫一

2005 年
在哈勃空间望远镜拍摄的图像中，发现了冥王星另外两颗较小的卫星

2006 年
国际天文学联合会将冥王星降级为矮行星

2011 年
哈勃空间望远镜发现了冥王星的第四颗卫星冥卫四

2012 年
在哈勃空间望远镜为新视野号飞掠冥王星做准备而拍摄的影像内，科学家意外地发现了冥卫五

2015 年
新视野号成功飞掠冥王星和冥卫一

双星系统

尽管天文学家发现冥王星的时日尚短，但这颗微小寒冷的星球已经有了许多身份。在被发现之前，它是珀西瓦尔·洛厄尔心中假想的那颗“X 行星”。洛厄尔是一位富有的波士顿人，也是一位才华横溢的业余天文学家。1894 年，他在美国亚利桑那州的弗拉格斯塔夫（Flagstaff）建立了洛厄尔天文台。通过对海王星轨道的研究，他确信在更远的太空中，另一颗行星正在扰乱这颗冰巨星的轨道。多年来，他始终没有找到 X 行星存在的直接证据。在他去世的前一年，他写道：“没有找到 X 行星，这是我一生中最遗憾的事情。”

另一位有天赋的业余天文学家克莱德 · 汤博于 1929 年受聘于这座天文台，他继承了洛厄尔的事业，开始了这项搜寻工作。汤博使用了更好的设备，耐心地比较连续拍摄的夜空照片，终于在 1930 年 1 月拍摄的照片中发现了一个移动的小光点。1930 年 3 月 13 日，就在珀西瓦尔 · 洛厄尔生日那天，官方宣布发现了第九颗行星。

洛厄尔若在天有灵，应该感到十分欣慰，但可能也会失望地发现自己（包括其他天文学家）的计算或许是错误的。因为有天文学家指出，海王星和天王星的轨道并未显示出如

左图　一位太阳系制图员正在洛厄尔天文台内工作，冥王星就是在这里被发现的

下图　在这张由智利北部的帕瑞纳天文台拍摄的图像中，除了冥王星及其卫星，我们还可以看到一个三合星系统

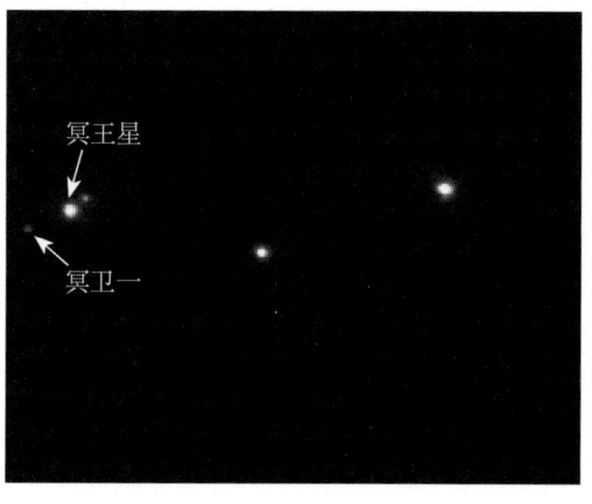

克莱德 · 汤博

追求理想的农场孩子

克莱德 · 汤博（1906—1997）是一位出类拔萃的业余天文学家。汤博年轻时（见左图，身旁是他自制的反射望远镜）生活在堪萨斯农场，他在那里自制了一架天文望远镜，22 岁时，他受雇于亚利桑那州洛厄尔天文台，分配的工作是拍摄星空并寻找珀西瓦尔·洛厄尔假想的 X 行星。1930 年，这位年轻的天文学家苦心研究了几个月来连续拍摄的夜空图像，最终发现了第九大行星。汤博后来继续搜寻了星团、星系、彗星和许多小行星，还在新墨西哥州立大学创建了天文系并担任天文学教授长达 20 余年。

他计算的那种不规则性，现在众所周知，冥王星的质量实在是太小了，根本无法影响到它们。他们认为这颗行星的发现纯属偶然。

冰冷又古怪

尽管像哈勃空间望远镜这样的天文观测平台已经拍到了冥王星的图像，但这颗行星是如此遥远，使得这些图像通常都缺乏很多的细节。天文学家们结合以前的观测结果、光谱数据，基于其与大卫星冥卫一相互作用的计算，以及偶尔发生的掩星事件来拼凑他们所掌握的信息。到目前为止，我们所获得的知识已经为我们提供了一些关于太阳系起源和结构的有趣线索。

例如，冥王星的轨道就很奇怪。它的公转周期长达 248 年，绕日运行的狭长轨道相对黄道面倾斜了 17°，因此冥王星由上而下地穿过了其他所有行星的轨道平面。它的轨道还与海王星形成 2 ∶ 3 的共振；即海王星每环绕太阳 3 周，冥王星便会环绕太阳 2 周。这意味着它们的轨道尽管相交，但两颗行星永远不会发生相撞。它们之间最近的距离是 17 au。

冥王星的密度表明它是由岩石（大约占 70%）和水冰组成的，类似于木卫二和海卫一。我们尚不清楚冥王星是否已经像类地行星那样经历了行星分异而形成核、幔、壳的分层结构，但冥王星可能由一个巨大的、寒冷的岩质核心和一层水冰构成的幔组成，表面则覆盖着固态的甲烷、氮和一氧化碳，并发出淡淡的橙棕色的光芒。冥王星的反照率很高，表面明暗不一，颜色与亮度变化较大。有些地区较为明亮，其中包含了可能存在的极地冰帽；其他地区则相对较为暗淡，但造成这些较暗特征的原因目前仍然不得而知。

毋庸置疑，冥王星极度寒冷（虽然和太阳系中最冷的星球海卫一相比还稍逊一筹），其表面平均温度只有 −229 ℃。1988 年，在冥王星掩食一颗恒星时，科学家们发现这颗星球有一个非常稀薄并向外延伸的大气层，其表面大气压仅有地球的百万分之一。由于冥王星的表面重力仅为地球的 6%，它顶部的大气会随着快速运动的分子脱离冥王星微弱的引力束缚而持续地逃逸到外太空中。冥王星大气层中的 3 种主要气体——氮气、甲烷和一氧化碳——会随着温度的升高与降低在气态和固态之间发生相变。当冥王星接近太阳时，其表面的固态冰因温度上升而升华，并成为气态的大气层；当它在狭长的轨道上远离太阳时，它的大气层会逐渐冻结，并像雪一样降落在星球表面。

冥王星的卫星

1978 年，位于亚利桑那州弗拉格斯塔夫的美国海军天文台的天文学家詹姆斯 · 克里斯蒂（James Christy）和罗伯特 · 哈林顿（Robert Harrington）意识到，在冥王星的早期

国际天文学联合会通过的 5A 和 6A 号决议

5A 号决议

国际天文学联合会决定，太阳系内的行星和其他天体按下列方式分为 3 类：

（1）行星是这样一种天体：（a）围绕太阳运转，（b）有足够的质量通过自身引力成为球形，（c）已经清空其轨道附近区域的天体。

（2）矮行星是这样一种天体：（a）围绕太阳运转，（b）有足够的质量通过自身引力成为球形，（c）没有能力清除其轨道附近区域的天体，（d）不是一颗卫星。

（3）所有其他围绕太阳运行的天体，除卫星之外，统称为“太阳系小天体”。

6A 号决议

国际天文学联合会进一步决定：

按照上面的定义，冥王星是一颗矮行星，并作为海（王星）外天体中一个新类别的原型。

上图是哈勃空间望远镜携带的暗天体照相机（FOC）拍摄的冥王星图像

图像中，这颗行星的旁边会延伸出一个隆起，实际上应该是冥王星的一颗卫星。后来这颗卫星以希腊神话中运送亡灵的摆渡人卡戎命名，其直径是冥王星的一半，这使得这两颗天体成为当时太阳系中直径比最大的卫星 - 行星系统（第二名是我们的月球 - 地球系统，月球直径大约是地球的 1/4）。冥卫一距离冥王星只有 19 600 千米并且被锁定在一个相互同步的轨道上，这在行星的卫星中是独一无二的。冥王星和冥卫一的自转周期完全相同，均为 6.39 天，它们彼此永远以同一面朝向对方。任何一颗星球上的观察者都会看到另一颗星球永远处在天空中的同一个位置。冥卫一并不是在环绕冥王星运行，而是围绕着它们共同的质量中心（质心）在运动。很多天文学家认为这两颗天体应该被视为双矮行星，而不是行星与卫星。冥王星和冥卫一在亮度和颜色上则存在明显区别。冥王星颜色偏红，较为明亮；冥卫一为灰白色，表面较暗淡。

在冥卫一被发现的 27 年后，天文学家们又迎来一个惊喜。他们利用哈勃空间望远镜在 2005 年 6 月发现了冥王星的另外两颗卫星——冥卫二（Nix）和冥卫三（Hydra），它们分别以希腊神话中的黑夜女神尼克斯和九头蛇海德拉命名。这两颗卫星围绕着冥王星 - 冥卫一系统的质心运动，但是比冥卫一要远很多。冥卫二距离质心约 48 700 千米，冥卫三距离质心约 65 000 千米。这两颗卫星都很小，直径为 30~50 千米。迄今为止，人们对这两颗卫星还知之甚少。2011 年，天文学家借助哈勃空间望远镜又发现了冥王星的第四颗卫星冥卫四（Kerberos），它的名字来自希腊神话中看守冥界大门的三头犬科伯罗司。2012 年，在哈勃空间望远镜为 2015 年新视野号飞掠冥王星做准备而拍摄的影像内，科学家们又意外地发现了冥王星的第五颗卫星冥卫五（Styx），它的名字来自希腊神话中的冥河斯堤克斯。

起源

冥王星奇特的轨道、组成成分，以及与其最大卫星之间的紧密关系引发了科学家们对其起源的各种猜测。由于冥王星与海王星的卫星海卫一非常相似，早期的理论便与此相关。1936 年，天文学家利特尔顿（R.A. Lyttleton）提出了一个理论，认为冥王星是从海王星那里逃逸出来的一颗卫星。然而冥王星现在的轨道以及冥卫一这颗巨大卫星的存在都使得这个猜测看起来不太合理。另外一个看似更可信的近代假说认为，冥王星只是太阳系早期形成期间位于距离太阳 30 au 范围内的数百个冰质矮行星中的一员。冥卫一可能是冥王星与另外一颗冰质矮行星相撞后形成的。当太阳系大行星形成并向外迁移时，该范围内的大部分星子受到海王星和天王星的引力影响而被抛射到柯伊伯带，但冥王星和冥卫一这一对儿却被困在了如今所看到的与海王星共振的轨道当中。

为了进一步探索冥王星。2006 年 1 月 19 日，美国航天局发射了新视野号探测器，在历经了 9.5 年约 50 亿千米的长途跋涉之后，新视野号于 2015 年 7 月 14 日成功完成了飞掠冥王星的任务，成为首个拜访这颗遥远矮行星的人类探测器。新视野号传回的图像和科学数据表明，冥王星表面具有由广袤的冰冻平原组成的心形区域（2015 年 7 月 15 日，该区域被新视野号任务团队命名为“汤博区”，以纪念冥王星的发现者、美国天文学家克莱德·汤博），赤道附近有一座年轻的高达 3 500 米的冰冻山脉。冥王星表面分布着大量的甲烷冰，不同区域差异十分明显。新视野号还首次获取了冥王星数颗卫星复杂多样的地貌和表面特征。

探测任务

2006 年，冥王星正式从行星降级为矮行星，这样一来，所有柯伊伯带中的天体都受了牵连，它们似乎都一并降级了。柯伊伯带位于海王星之外，是数十万个天体的家园。冥王星地位之争的第一轮论战可能是那些诋毁这颗前行星和柯伊伯带其他天体的人挑起的，他们认为这类由岩石和冰构成的荒芜贫瘠的天体，不应具有与地球或木星、土星这类气态巨行星同等高贵的地位。然而，对冥王星的深入研究及柯伊伯带的最新发现表明，这些天体远比之前所认为的更活跃且多样

下图 下图·左为哈勃空间望远镜在 2002—2003 年间拍摄的冥王星图像，下图·中和下图·右分别为新视野号在 2015 年 7 月飞掠冥王星期间拍摄的冥王星及冥卫一的真彩色图像

艾伦 · 斯特恩
新视野号首席研究员

艾伦·斯特恩（Alan Stern）认为，2006 年国际天文学联合会将冥王星开除“行星籍”的决定是错误的。他认为把冥王星和其他柯伊伯带天体看作“非行星”是一种偏见。“与它们相比，真正的异类应该是像木星这样的气态巨行星。”他觉得一场为众多“行星”正名的革命正在酝酿之中，并激动地说道，“当我读研究生的时候，比起太阳系中可能有 10 颗行星这种说法，大家都相信在太阳系中有几百颗行星，更不用说 9 颗行星了，大胆想象太阳系中有 900 颗行星吧。真正的异类绝不是冥王星。”

化，这也使得研究人员对其重新产生了兴趣。

也有一些科学家认为，需要归到新类别中的应该是木星和土星这类气态巨行星才对，冥王星以及数百个其他天体——如小行星带中的矮行星谷神星，都应该划入行星之列。持这种观点的科学家认为，冥王星及其他类似天体与地球及其他岩质行星之间的共同点，显然比它们与气态巨行星之间的共同点要多得多。

关于冥王星的新发现也支持这种观点。冥王星上存在大气层及地质活动，甚至还可能存在地下海洋，这也让人开始重新思考太阳系边缘的这些由岩石和水冰构成的冰质天体在太阳系中到底应该处在何种位置。

新视野号探测器

新视野号探测器于 2006 年 1 月发射升空，并于 2015 年 7 月飞掠冥王星系统。之后，它继续深入柯伊伯带，对可能保存着太阳系形成过程中留下的最原始痕迹的区域展开研究。这也使得这个在此之前并没有什么存在感的区域在科学家眼中变得新鲜有趣起来：柯伊伯带中的几十万个绕太阳运行的天体可能是未能获得行星构造入场券的残余碎片，通过新视野号的近距离观测，科学家希望可以看到构成地球和其他行星“砖块”的原始形态。

这次任务将冥王星及冥卫一作为双行星系统进行了研究，这是探测器首次直接进入这种轨道系统来进行探测，这种由两个天体组成的轨道系统在恒星系统和其他天体系统中比比皆是。而冥王星的大气目前正在不断地逃逸到太空，这在太阳系中却并不常见。科学家认为，地球在形成之初，其原始大气也经历了类似冥王星大气的逃逸过程。研究冥王星大气的逃逸现象有助于揭示地球大气层的演变过程。在柯伊伯带中还发现了含碳同位素的分子和冰，新视野号还将对其进行进一步研究，希望在其中能发现生命起源的有关线索。

冥王星的地位

虽然国际天文学联合会将冥王星和类似天体降级为矮行星（或称“类冥天体”），但近年来天文学界内部却普遍达成共识，认为此前低估了冥王星的研究价值，这一点恐怕也是国际天文学联合会始料未及的。例如，2010 年初哈勃空间望远镜拍摄的图像显示，冥王星表面可能存在着复杂的大气活动和季节变化。冥王星表面显示出的深橙色和黑色可能是因为大气中的甲烷被太阳辐射分解造成的。其他图像还表明冥王星上可能存在着季节变化，随着冥王星进入春季，表面的冰层变暖并开始升华，大气也变得更加稠密。研究冥王星的某位科学家曾说，现在几乎可以肯定，新视野号飞掠冥王星时，一定会发现其在地质上是活跃的——也许冥王星表面有火山，表面和内部深处的冰层之间还会有海洋存在。

上图 这幅艺术想象图描绘了一个位于太阳系外围的柯伊伯带天体

“冥王星的大气层确实在变化，在上面发现地质活动的证据也成了我们的常态和期望。”当新视野号抵达冥王星时，团队的首席研究员艾伦·斯特恩说，“之前在类似的冰质天体中也发现了很多让人吃惊的活动现象。如果说现在在哪个冰质天体上没有发现这些活动现象的话，这反倒会让我们感到惊讶。”

太阳系的形状

如果说人们对冥王星的看法可能会有所改变的话，那么美国航天局的星际边界探测者（IBEX）和其他空间项目的研究成果则告诉我们，我们对于宇宙的基本认识也可能在很短的时间内就被改变甚至是颠覆。几十年来，人们一直认为当太阳系在银河系中穿行时，其外部形状为泪滴形。这里太阳系的“形状”指的是日球层边缘的形状。日球层是太阳风充斥和支配的区域，主要由质子、电子和 α 粒子组成，从太阳延伸到星际空间，保护地球免受有害星际辐射的侵袭。日球层边缘即太阳风遭遇到星际介质而停滞的边界，在日球层内部太阳起主导作用。因此，按理说日球层在与星际介质作用的前端呈圆弧状，向后应该逐渐缩小，形成类似彗尾的形状。

然而，美国航天局的卡西尼号探测器测得的太阳风粒子分布显示，日球层的形状更像一个气泡，这是太阳风和太阳磁场共同向外施加的均匀作用力导致的。

星际边界探测者于 2008 年发射，主要是对日球层边界进行迄今为止最直接的观测，这可以让科学家更好地了解日球层对太阳系的重要性。目前，星际边界探测者已经开始对日球层与星际介质接触的区域展开观测。在这个区域，探测器发现了“能量中性原子团”，或称“能量中性原子带”，它垂直地贯穿于日球层边界。

这个中性原子带是否与日球层保护太阳系免受来自银河系辐射的特性有关？科学家对此莫衷一是，但都认为这是太阳系与银河系相互作用的基本特性，只是其中的原理目前尚无定论。为了解释这个中性原子带，科学家提出了相当多的理论模型，从简单的诸如压力（日球层向外施加的压力）效应、能量中性原子聚集模型（类似汽车高速行驶时虫子聚集在挡风玻璃上的情形），再到相对复杂的奇思妙想，如磁场或激波动力学模型等。

海王星之外的昏暗疆域

来到海王星之外，太阳系冰封的外围世界才正式进入我们的视野。这片遥远的区域包含了一群冰质天体，它们极大地扩充了太阳系家族的疆域。

海王星轨道之外是一片广袤而昏暗的世界，这里可能飘浮着上百万颗冰质天体。我们可以在宽阔而平坦的柯伊伯带发现大多数的海外天体，柯伊伯带从距离太阳约 30 au 的海王星处开始，一直延伸到冥王星轨道之外的 55 au 处。经典柯伊伯带天体拥有相当稳定的轨道，距离太阳 40~50 au。离散的柯伊伯带天体拥有更宽阔的轨道，距离太阳 30~100 au 甚至更远，这些天体通常都具有较高的轨道偏心率和轨道倾角。它们占据的区域被称为离散盘（Scattered Disk）。

天文学家估计，柯伊伯带中直径超过 100 千米的天体至少有 10 万个，而无法观测到的小天体更是数不胜数。尽管数量众多，但它们的总质量却仅有地球的 1/10。到目前为止，在柯伊伯带已经发现了 10 多个看起来像行星的冰质天体。其中的 3 个天体，阋神星、鸟神星和妊神星在继冥王星之后，也成为官方指定的类冥天体。毫无疑问，在不久的未来，更多的天体将被列入这一分类。

左图 在这幅艺术想象图中，鸟神星的表面呈现出美丽的红棕色调

较大的海外天体

阋神星：直径约 2 326 千米

冥王星：直径 2 376 千米

亡神星：直径约 960 千米

赛德娜：直径约 995 千米

冥卫一：直径约 1 212 千米

鸟神星：直径约 1 430 千米

妊神星：直径 1 518~1 960 千米

夸奥尔：直径约 1 110 千米

伊克西翁（Ixion）：直径约 710 千米

观天提示

※ 仅凭肉眼无法看到柯伊伯带天体，但我们可以访问新视野号任务的官方网站（http://pluto.jhuapl.edu），跟随新视野号去探索冥王星。

天文冷知识 赛德娜的公转周期，即它的一年至少相当于 11 400 个地球年。

从海外天体赛德娜的表面遥望，远处的太阳和内太阳系看起来就像一个昏暗的圆盘

1943 年

肯尼思·埃奇沃思认为在海王星之外应该有一个彗星聚集地

1951 年

杰拉德·柯伊伯提出存在一个遥远的冰质小天体带

1992 年

戴维·杰维特和刘丽杏观测到了第一个柯伊伯带天体

2004 年

迈克·布朗领导的加州理工学院团队发现了妊神星，它的形状就像一个拉长的鸡蛋

2005 年 1 月

阋神星被发现，它是一颗体积略小于冥王星的离散盘天体

2005 年 3 月

迈克·布朗领导的加州理工学院团队发现了鸟神星

2008 年

妊神星被归类为矮行星，是第五颗被归于此类的天体

类冥天体、半人马天体和冰质小天体

正如杰拉德·柯伊伯和肯尼思·埃奇沃思最初所提出的，柯伊伯带天体似乎是太阳系形成过程中遗留下来的原始天体。天文学家们仍在争论它们是如何形成的，以及它们是否还处在原来的轨道上。一种理论认为柯伊伯带天体形成于我们现在观测到它们的地方，位于海王星当前的轨道之外。根据这种假说，即使类地行星和气态巨行星在离太阳更近的地方形成，冰和岩石仍会在太阳系的偏远地带聚集形成更大的星子。在这些偏远的地区，星子会慢慢地长大。有些最终会长成我们今天所看到的那些较大的天体，如阋神星或夸奥尔。但在某种程度上，它们的形成会受到生长速度更快的海王星的引力影响而遭到破坏。大多数柯伊伯带天体之后会在相互碰撞中碎裂成小碎块和尘埃。太阳风可能已经将大部分尘埃颗粒吹向了更远的太空，只有一小部分太阳系外缘的原始物质留存在了当前的柯伊伯带。

另一种理论认为，柯伊伯带天体是在巨行星附近生长起来的，但当这些行星，尤其是海王星，向外迁移到它们当前的轨道时，这些柯伊伯带天体就被抛到了太阳系的外缘。或者这两种理论的结合造就了今天的柯伊伯带：一部分柯伊伯带天体形成于它们现在所在的位置，而另一部分则是后来通过乘坐海王星的“引力列车”抵达的。

小天体群

到目前为止，天文学家们只在一小部分天区进行了搜寻，但他们已经发现了足够多的柯伊伯带天体，并跟踪了这些天体的轨道，从而大致了解了它们的种群及其运动轨迹。

大多数柯伊伯带天体围绕太阳运行在所谓的经典柯伊伯带中，它们不与大行星产生轨道共振。这些经典柯伊伯带天体与太阳的平均距离在 40~50 au 之间。经典柯伊伯带天体可以分为两类：一类为“冷天体”，其轨道偏心率和轨道倾角都相对较小；另一类为“热天体”，其轨道偏心率和轨道倾角

下图 美国航天局的新视野号探测器配备了在可见光、紫外光和红外光下对柯伊伯带天体成像的仪器，用于绘制它们的表面，研究它们的大气和太阳风。新视野号的碟形天线可以让它与数十亿千米外的地球进行通信

其他潜在的类冥天体

柯伊伯带及其外围区域有许多相当大的天体，它们可能很快就会加入到矮行星的行列当中。其中夸奥尔是最早被发现的大型柯伊伯带天体之一（左图是发现它的图像）。夸奥尔以美洲原住民通格瓦族（Tongva）的创世之神的名字命名，大约和冥王星的卫星冥卫一一样大，距离太阳 43 au。

最引人注目的潜在矮行星之一是 2003 年发现的赛德娜。它极其细长的轨道使其在近日点时距离太阳 76 au，在远日点时与太阳的距离达到了惊人的 937 au。整个轨道远在柯伊伯带之外，但还远未触及彗星的聚集地——奥尔特云。

都相对较大。这两类天体之间的差异与海王星有关。冷天体从未接近过海王星，它们不受这颗行星引力的影响，其轨道在数十亿年以来都很稳定。相比之下，热天体过去曾与海王星发生过相互作用（也就是说曾被这颗巨行星的引力影响过），这些相互作用把能量带到热天体的轨道，并把热天体的轨道拉成椭圆形，同时使它们倾斜出行星轨道平面。

位于柯伊伯带内缘的另一群柯伊伯带天体因被困在与海王星 2 ∶ 3 的共振轨道中而引人注目。它们每绕太阳公转 2 周，海王星就会绕太阳公转 3 周。冥王星是这类共振天体中最突出的例子，为了纪念它，这些柯伊伯带天体也被称为冥族小天体或类冥小天体（plutino）。而在更远的地方，一些柯伊伯带天体处在与海王星 1 ∶ 2 的共振轨道中，即它们每绕太阳运行 1 周，海王星就会绕太阳运行 2 周。这些天体被非正式地称为 1 ∶ 2 共振天体（twotino）。当海王星从内太阳系向外迁移时，会把它们卷入其引力涟漪之中，该天体群于是被困在与海王星锁定的轨道上，成了共振小天体。

离散盘中的柯伊伯带天体则有着怪异且不稳定的运行轨道。在它们的偏心轨道上，大多数天体的近日点位于柯伊伯带内，但远日点距离太阳可达到甚至超过 100 au。它们的轨道通常都是高度倾斜的。与海王星的近距离接触似乎加快了它们的运行速度并改变了它们的轨迹，使它们的轨道变得捉摸不定、难以预测。

半人马天体

1977 年，美国天文学家查尔斯 • 科瓦尔在土星和天王星的轨道之间发现了一个相当大的天体，其直径约为 233 千米。这颗被命名为喀戎的天体最初被归类为一颗小行星，后来发现它有一个云雾状的彗发，因此被重新归类为彗星。1992 年，天文学家又发现了第二颗类似的天体，并将它命名为福鲁斯（Pholus）。从那以后，人们已经发现了几十个这样的天体。现在它们被统称为半人马型小行星，因为它们看起来既像小行星又像彗星，就像希腊神话中长得半人半马的人马怪一样。半人马型小行星的成分和不稳定的轨道使得天文学家认为它们是最近才逃出柯伊伯带的。随着时间的推移，它们很可能要么坠入太阳，要么完全被驱逐出整个太阳系。

相比于遥远而且难以观测到的柯伊伯带天体，半人马型小行星离地球相对较近，我们通过望远镜就可以观测到它们。天文学家对它们的组成物质和表面还不甚了解。但这些天体斑驳的颜色令人费解，从中性灰色、亮灰色到深红色不等。表面较红的部分可能更古老一些，并且会因为与宇宙射线相互作用而变暗。明亮的部分可能是碰撞留下的疤痕，或者是覆盖在表面的一层由一氧化碳和甲烷形成的新鲜冰层。

类冥天体与其他可能存在的矮行星

在柯伊伯带中有一些相当大的天体，大到足以被认为是矮行星。除冥王星外，尽管只有阋神星、鸟神星和妊神星这3颗天体被国际天文学联合会正式归类为类冥天体，但是到目前为止，直径超过400千米的天体至少已经发现了50个。

2005年1月，天文学家迈克·布朗、查德·特鲁希略和大卫·拉比诺维茨（David Rabinowitz）发现了阋神星。其体积略小于冥王星但质量却超过了冥王星。阋神星的出现直接导致冥王星被踢出了大行星的名单。布朗曾经临时将它命名为齐娜（Xena）。当到了正式命名的时候，鉴于它引发了如此多的麻烦，于是就以希腊神话中的冲突女神厄里斯为之命名。阋神星的卫星阋卫（Dysnomia）则以厄里斯之女迪丝诺美亚命名，意为“无法无天”。阋神星有一个最远可延伸至距离太阳97 au处的高偏心率轨道，它洁白明亮的外表表明它的表面可能覆盖着薄冰或者冻结的大气。

2005年3月，迈克·布朗和他的团队又发现了鸟神星，并以波利尼西亚神话中的生育之神拉帕努伊为之命名。这颗红棕色星球的表面可能覆盖着冰冻的甲烷。它的直径大约是冥王星的3/5，运行轨道没有阋神星那样遥远，与太阳的平均距离约为46 au。

妊神星（以夏威夷神话中的生育女神哈乌美亚命名）比鸟神星大，但形状像一个拉长的鸡蛋，其最长轴的长度大约与冥王星直径相当。这颗奇异的类冥天体大约每4小时就能快速地自转一周。由于它没有球形的外观，因此似乎应该被排除在矮行星的定义之外，但其规则的卵形表明它仍处于流体静力平衡状态。妊神星似乎由覆盖着薄冰的岩石构成，它的高速自转被认为缘于一次碰撞，这次碰撞同时也创造了它的两颗卫星——妊卫一（Hi'iaka）和妊卫二（Namaka）。

右图　柯伊伯带中挤满了可能会成为彗星的冰核，它们大小不一、形状各异

长发星星：彗星

在人类的历史长河中，彗星一直是我们天空的常客，被认为是神迹或灾难的预兆。现代科学认为它们是来自柯伊伯带和奥尔特云的冰雪信使。

彗星是最美丽的天文景象之一。古希腊人称它们为“长毛星”或“长发星”,中国人称之为“扫帚星”或“扫把星君”。大约每隔 10 年，一颗明亮的彗星就会拖着长长的彗尾出现在我们的天空中，异常壮观的景象，让地面上的观察者感到敬畏，有时甚至是恐惧。太阳系中还有许多这样的天体，而人们只看到了其中很小一部分。多亏了一系列大胆的航天器任务来调查和研究这些访客，让我们对彗星的起源和演化有了更多的了解。

彗星是外太阳系形成时遗留下来的由岩石和冰物质构成的小天体。只有当它们脱离自己原有的轨道，沿着长椭圆形的轨道朝向太阳飞行时，它们才会被识别为彗星。当彗星接近太阳时，嵌在它们体内的挥发性冰就会变成发光的云以及气体和尘埃构成的彗尾。

有些彗星的轨道半径相对较小，能在外太阳系以小于 200 年的周期围绕太阳运行。这些短周期彗星通常起源于海王星轨道外的柯伊伯带。但大多数彗星都来自距离太阳 5 万 au 或更远的奥尔特云，那里是彗星的聚集地。这些长周期彗星围绕太阳运行的轨道周期可能有数百万年，对生命短暂的人类来说，这样的访客在露过一次面后，就永远“拜拜”了。

左图　从艺术家的视角展现了坦普尔 1 号彗星的黑暗彗核

部分短周期彗星及其轨道周期：

1P 哈雷彗星：76.1 年
2P 恩克彗星：3.3 年
6P 德亚瑞司特彗星：6.51 年
9P 坦普尔 1 号彗星：5.51 年
19P 博雷利彗星：6.86 年
21P 贾科比尼－津纳彗星：6.61 年
26P 格里格－斯基勒鲁普彗星：5.11 年
81P 怀尔德 2 号彗星：6.39 年
46P 维尔塔宁彗星：5.46 年

观天提示

※ 一些观星的网站和杂志可以告诉我们，有哪些明亮的彗星正在向我们靠近。在晴朗的夜晚，利用双筒望远镜和小型天文望远镜就可以看到它们的细节。

天文冷知识　在我们的空气、食物、水和头发中都可以找到彗星的尘埃颗粒。

海尔－波普彗星（Comet Hale-Bopp）有一条明亮、宽阔的尘埃彗尾和一条蓝色的离子彗尾

1456 年
梵蒂冈教皇加里斯都三世将哈雷彗星作为罪恶工具开除出教

1680 年
艾萨克·牛顿提出彗星沿着可预测的轨道运行

1758 年
约翰·格奥尔格·帕里奇观察到哈雷彗星如期回归

1786 年
天文学家梅尚发现了迄今轨道周期最短（3.3 年）的彗星——恩克彗星

1995 年
发现海尔－波普彗星，其异常巨大的彗核使它很容易被观测到

2005 年
深度撞击探测器释放的撞击器撞击了坦普尔 1 号彗星，撞击结果表明彗星内部存在有机混合物和粘土颗粒

2009 年
科学家在星尘号探测器捕获的怀尔德 2 号彗星尘埃样品中发现了多种氨基酸和含氮的有机化合物

2014 年
罗塞塔号探测器释放的菲莱号着陆器成功登陆 67P/ 丘留莫夫－格拉西缅科彗星

彗星的轨迹

纵观人类的历史长河，彗星一直拖着长长的彗尾在我们的天空中穿行，但是直到第谷、开普勒和哈雷的时代，人类才真正开始观测并研究它们。在大多数古代文明中，彗星的出现通常被视为灾难和重大事件的征兆。在凯撒大帝遇刺的那一年，一颗彗星就出现在了天空中。为纪念这一事件，莎士比亚如此写道："乞丐毙命时，天上不会有彗星出现；只有君王们的凋殒才会上感天象。"1066 年，在诺曼人入侵英格兰前夕，一颗后来被称为哈雷的彗星划破了天空。到后来，即使人们已经知道了彗星只是穿行在太阳系里的天体，却依然对彗星感到敬畏和恐惧。20 世纪初，当哈雷彗星回归时，有人声称彗星的彗尾含有少量氰化物（一种剧毒物质），此传言令许多市民惊慌失措，纷纷躲避在家中。（有趣的是，那些留在外面观看这颗大彗星的人并没有受到什么不良影响，反而一饱眼福，看到了蔚为壮观的景象。）

天文学家就彗星的性质争论了几个世纪。亚里士多德认为它们是一种炽热的大气现象。伟大的天文学家第谷·布拉赫在 1577 年观察到一颗明亮的彗星，并认为这颗彗星太过遥远，不可能存在于大气层中——伽利略却对此嗤之以鼻，他在自己的著作《试金者》中指出，彗星只不过是大气折射现象。但是，当约翰内斯·开普勒和后来的艾萨克·牛顿发

下图　2007 年 1 月，拖着超长且弯曲的尘埃尾的麦克诺特大彗星飞临智利上空。即使在白天，南半球的观测者也能看到它。它是几十年来最亮的彗星，甚至比夜空中最亮的恒星天狼星还要亮

埃德蒙 · 哈雷

天文学家和地理学家

埃德蒙·哈雷（1656—1742）出生于英国伦敦，他的父亲是一位富有的肥皂商人。哈雷在十几岁时就已经是一名天才的数学家和天文学家了。1678 年，他被选为伦敦皇家学会的会员，不久便成为英国顶尖的科学家之一。哈雷和罗伯特 · 胡克一起，推导出了许多行星轨道的数学计算公式。后来，他帮助艾萨克 · 牛顿出版了《原理》一书，使有关行星轨道的理论得到了进一步的完善。他在 1705 年出版的《彗星天文学纲要》(*Synopsis of the Astronomy of Comets*）一书中指出，历史上出现的 4 颗彗星实际上是同一颗彗星的多次造访。后人为了纪念他，就以他的名字命名了这颗彗星。哈雷还在航海和气象学领域做出了重大贡献。

现了万有引力定律之后，人们就清楚地认识到，彗星也同样遵循这些定律，而且像行星一样，具有自己特定的运行轨道。

英国天文学家埃德蒙 • 哈雷对这些观测结果进行了后续研究，并提出了一个合乎逻辑的观点：如果彗星也遵循周期轨道运行，那么在仔细分析过往出现的彗星现象之后，应该可以计算出它们的运行周期和轨道。他很快就发现了这样一种模式：1456 年、1531 年、1607 年和 1682 年出现的明亮彗星都有类似的逆行轨道。哈雷得出结论，这些造访者其实是同一颗彗星，并且每隔 76 年出现一次。他进一步预测，彗星将在 1758 年底或 1759 年初再次回归，可惜他没能活着看到它再次出现。1758 年圣诞节那天，他的预言成真了。确切地说，哈雷并非该彗星的最早发现者，但这颗彗星最终还是以他的名字命名，而且仍然是最著名的周期性彗星。

起源和轨道

哈雷彗星每 76 年回归一次，这在彗星中并不多见。大多数彗星是从遥远的冰质天体的储存库——奥尔特云飞来的。奥尔特云由冰冷的天体残骸组成，在距离太阳 5 万 ~10 万 au 处像一个球形外壳包裹着整个太阳系。奥尔特云可能由数万亿个原始的岩石块、冰团和看不见的彗星组成。由于距离太过遥远，太阳对奥尔特云的引力束缚较小，寒冷、黑暗的彗星体很容易受到经过的大质量天体（如附近的恒星或分子云）的干扰。这些引力扰动使一些彗星偏离了原先的轨道，开启了前往内太阳系的冒险之旅——长周期彗星就这么诞生了。长周期彗星会从各个方向接近太阳，它们有两百至数千甚至数百万年的轨道周期。

相对而言，大多数短周期彗星的起点都位于更靠近太阳的柯伊伯带（见第 244~247 页）。在巨行星的引力作用下，一些柯伊伯带天体会从它们原先的轨道温床上跃起，进入新的轨道，并向着太阳进发，成为定期出现的彗星。短周期彗星中的恩克彗星围绕太阳一周仅需 3.3 年。拥有 76 年轨道周期的哈雷彗星代表了彗星中的一个特殊子类，这个子类现在被称为“哈雷型彗星”，这些彗星似乎是受到了巨行星的引力作用而被困在了中等长度的轨道上。木星族彗星的周期小于 20 年。舒梅克 – 列维 9 号彗星就是其中之一，它在 1992 年被木星强大的引力撕成碎片后于 1994 年撞向了木星。

有些彗星经常将自己置于危险的境地，它们会玩掠过太阳的冒险游戏，一些甚至直接坠入太阳而毁灭，这种彗星被称为掠日彗星（sungrazer）。天文学家以及太阳和日球层探测器上搭载的仪器已经观测到数以百计的“自毁旅行者”。说来也奇怪，几近所有的掠日彗星似乎都是几千年前在太阳附近分裂的一颗大彗星的碎片。由于这个共同起源的理论是由德国天文学家克罗伊策首次提出的，后来人们便将这些彗星命名为克罗伊策掠日彗星（Kreutz sungrazer）。

大彗星

在彗星的命名被标准化之前，那些在天空中出现的最明亮、最壮观的“幽灵”通常被称为大彗星，如1618年的大彗星或1811年的大彗星。天文学家现在已经列出了大彗星应该具备的一些标准，如它应该有一个大的彗核和彗发以及较大面积的活跃表面，近日点要接近太阳，要从地球附近经过，并为地球上的观测者提供足够长的观测时间。哈雷彗星是一颗大彗星，只是在1986年回归地球时没有表现出应有的水准，由于它是在地球的另一侧到达近日点的，相对暗淡的外观让它的观众们感到了些许失望。另外的两颗大彗星，1996年发现的百武彗星（Comet Hyakutake，非周期彗星）和1995年发现的海尔－波普彗星（长周期彗星）则弥补了哈雷彗星表现欠佳造成的遗憾。百武彗星最接近地球时距离地球大约只有1 500万千米，细长的蓝色彗尾横跨北斗七星至半个天空，肉眼很容易就能看到它。海尔－波普彗星是20世纪最明亮的彗星之一，肉眼可见的时间共持续了18个月。遗憾的是，我们不可能再看到这两颗彗星了。海尔－波普彗星下一次回来做客估计还要等2 400年；对百武彗星而言，由于受行星引力影响致其轨道发生了改变，72 000年之后它能否再次回归也是充满了变数。

其他被认为是大彗星的那帮“家伙”最后都变成了大哑弹。近期最臭名昭著的例子是科胡特克彗星（Kohoutek comet）。这颗彗星首次被发现时显得异常明亮。按照预期，当它在1973—1974年靠近地球时应是极为壮观的。可当时的天文学家高估了它，它实际却表现得平淡无奇，最终暗淡收场，从此科胡特克彗星就成了过度炒作的代名词。天文学家后来研究得知，这颗彗星最初的亮度实际上来自其表面的一层霜发出的荧光，当它接近太阳时这层霜就蒸发掉了。从那以后，天文学家们对大彗星的成因便有了更多的了解，他们在预测时也变得更为谨慎和小心。

新的彗星一直在持续不断地进入人们的视野。然而，彗星只有在离太阳足够近时才会形成明亮的彗发和彗尾，这一般发生在它们最接近地球的前几周。除此之外，大多数时候是看不到它们的。

命名彗星

当一颗彗星被发现和确认后，国际天文学联合会下属的小行星中心将宣布它的出现，然后以“前缀/发现年份+字母+数字”的格式给予它一个复杂的系统名称。其中前缀表示彗星的类型，如P（短周期彗星）、C（长周期彗星或非周期彗星）、X（无法计算出有意义轨道的彗星）、D（不再回归或被认为已经消失的彗星）等等；字母代表发现月份的上半月或下半月，A表示1月的上半月，B表示1月的下半月，以此类推（但不使用I和Z）；数字则代表了该半个月的发现的顺序号。如果观测到了彗星的回归，那么会在前缀之前添加一个总编号，代表周期彗星的发现次序。例如，C/1997 B3（SOHO）彗星是太阳和日球层探测器团队发现的一颗长周期彗星，而且是在1997年1月下旬发现的第3颗彗星。

除了系统名称，彗星可能还有一个以发现者的姓氏（最多3个，彼此用连字符分隔）、发现组织或发现仪器等来命名的名字。譬如，“1P/Halley”“1P/1982 U1”等都是指哈雷彗星。

彗星的内部结构

在开启飞往太阳的旅程之前，彗星只是黑暗、不活跃的小天体，并且大多数都无法用望远镜观测到。它们的平均直径只有几千米，看起来像是一团由冰、岩石颗粒和尘埃构成的混合物。

1950 年，天文学先驱弗雷德 · 惠普尔（Fred Whipple）提出了著名的“脏雪球”模型（dirty-snowball model）。该模型认为，彗星主要由水冰和矿物尘埃构成。当然，彗星的质量和密度都很小。对彗星中的气体分析后发现，其中不仅含有水冰，而且还有甲烷、二氧化碳、氨和其他一些在外太阳系中常见的化学冰。另外，说彗星“脏”确实也不为过：它们像煤炭一样呈乌黑色，因为随着时间的推移，它们的组成物质会因辐射积累引发化学反应。倘若近距离观察，彗星看起来更像是粗糙的巨石，而不是我们在雪地里滚出的雪球。

下图　这幅太阳星云图描绘的是黑暗多尘的太阳系边缘，这里是大多数彗星形成的地方。由于远离太阳，这些大块的冰冻天体自太阳系诞生以来几乎没有发生任何变化，保留了太阳系最原始的信息

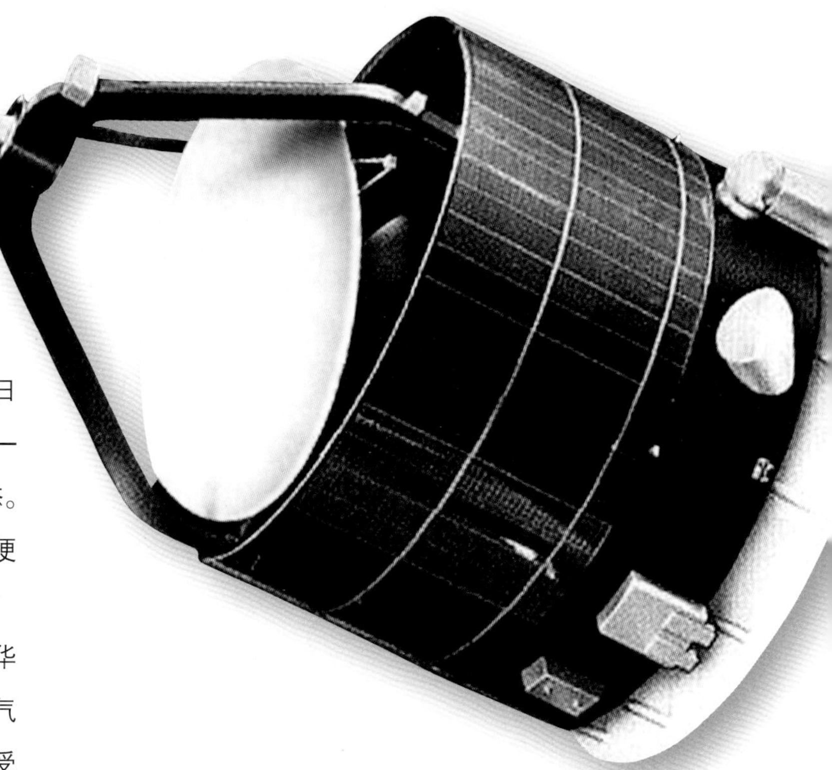

上图　在 1986 年哈雷彗星掠过太阳期间，欧洲空间局的乔托号探测器对其进行了近距离的研究

剖析彗星

当一颗彗星离开遥远的彗星摇篮，朝着太阳的方向旅行时，它将长时间处于一种稳定的、不活跃的状态当中，直到彗星进入到太阳系的“雪线”之内时（大约为 5 倍的日地距离），太阳辐射强到足以使其表面的冰物质发生升华——也就是冰不经液态直接变成气态，彗星才开始进入活跃状态。随着彗星逐渐变暖，不同的冰在不同的温度下升华，彗星便开始发光了。

在彗星的中心，固态的、冻结的彗核依然存在，但升华和挥发出来的物质在彗核周围形成了彗发——一个巨大的由气体和尘埃组成的雾状云团。随着彗星一天天靠近太阳，它受到的太阳辐射愈发强烈，反射的太阳光强度和升华、挥发的物质含量都迅速增加，这使得彗发变得越发明亮并向外扩展到数千千米，有些慧发的直径甚至可以达到数百万千米。一些彗星的彗发外面还有更大的氢气包层——氢云，它是一个环绕在彗发周围的气体球体，直径可达 100 万 ~1 000 万千米。

不接近太阳的彗星可能仍然保持着一个毛绒球体的外观，不会形成标志性的尾巴。但那些冒险挺进到距离太阳 1.5 au 以内的彗星，通常会形成一条长长的尾巴——事实上，它们通常会形成两条彗尾，最远可以延伸上亿千米。尘埃彗尾通常很宽，呈淡黄色，由彗核中逸出的薄薄的雾状硅酸盐和碳颗粒组成。当尘埃颗粒被释放时，它们会沿着自己的轨道运动，因此尘埃彗尾通常会呈扇形散开并弯曲。离子彗尾则比较平直细长，呈蓝色，由太阳辐射电离出的荧光气体构成。这种彗尾不受太阳引力的牵引，而是受太阳风和太阳磁场的作用被直接吹离太阳。当彗星绕过太阳身侧之后再度向外飞离时，它们的彗尾总是指向远离太阳的方向（尘埃彗尾是弯曲的，离子彗尾是笔直的）。这就意味着，当彗星开始离开内太阳系准备返程时，彗尾并不会跟在它的后面，而是在前面带路，引导前进。

被其他恒星抛弃的彗星

科学家们认为，太阳系最初拥有的彗星比现在多得多。来自巨行星的干扰会将其中一些彗星抛向遥远的太空，使之远离太阳的引力控制。据推测，这些被抛弃的冰球将会航行数千年，直到被另一个天体的引力场捕获。

但是其他恒星系统的彗星也会造访我们的太阳系吗？通过对一些恒星的观测，例如绘架座 β (Beta Pictoris)，我们发现它有一团尘埃云，这表明它可能是具有形成彗星能力的年轻恒星系统。另外，我们在周期彗星麦克霍尔茨 1 号（Machholz 1）彗星上发现了一种奇怪的贫碳化学成分。一种可能的解释是：这颗彗星是在另一颗恒星周围形成的，被抛射出来后又为太阳所捕获。

彗星的死亡

正如地球上的观测者所看到的，最明亮的彗星当然是那些离我们星球最近的彗星，以及那些拥有最大和最活跃彗核的彗星。当彗星接近太阳时，彗星表面的冰只有一小部分会升华；相比于较老的彗星，较年轻的彗星拥有更多裸露的冰并能喷发出更多的气体物质，异常活跃的海尔 - 波普彗星就是一个典型的例子。但是，在一圈又一圈的绕轨运动中，这些年轻的彗星也在逐渐消散，它们每靠近太阳一次，就会损失掉大约 1/1 000 的质量。哈雷彗星可能会在绕日 1 000 圈后所剩无几。一些彗星在接近太阳时也会突然爆发并解体，或者被行星引力撕裂，如舒梅克 - 列维 9 号彗星。

我们一年四季都可以在天空中看到由彗星碎片形成的流星。这些碎片散布在彗星的轨道上，并留在那里，其中一些与地球的轨道相交。当地球穿过这些碎片群时，一些碎片便进入大气层，与大气层摩擦燃烧，形成流星或流星雨。我们每年都会在同一时间遇到一些彗星尘埃云。最密集的尘埃云便是每年壮观的流星雨的来源，这些流星雨通常以它们出现的起点或辐射点所在的天空中的星座命名。例如，每年 8 月达到顶峰的英仙座流星雨就是由斯威夫特 - 塔特尔彗星（Swift-Tuttle Comet）的碎片产生的。

彗星探测任务

自哈雷彗星 1986 年造访地球开始，各航天机构发射了一批航天器，目的是探测这颗彗星及其他彗星，这其中包括欧洲空间局的乔托号探测器，它在飞越哈雷彗星时距离彗核最近仅 605 千米。尽管乔托号在接近彗星时遭受了尘埃颗粒的“轰击”，但它还是向地球发回了第一张哈雷彗星彗核的近距离照片。我们发现这颗著名的彗星是一个不规则的黑色天

下图 这幅艺术想象图描绘了深度撞击空间探测器（Deep Impact space probe）飞抵坦普尔 1 号彗星的场景

体，整个彗核长约 15 千米，宽 7~10 千米，周围环绕着一团尘埃，发光的气体和尘埃从它被阳光照射的一侧喷射出来。乔托号还测出哈雷彗星彗核的自转周期为 53 小时。

2004 年 1 月 2 日，美国航天局的星尘号探测器在距离怀尔德 2 号彗星 236 千米的范围内飞过，并用一种神奇的材料——气凝胶捕获了彗星的尘埃样本。经过仔细的观察，科学家们发现该彗星竟然有如岩石一般致密的结构。让人更为惊讶的是，这些尘埃样本还被带回了地球，经过分析后证实该彗星含有机化合物，这支持了彗星可能把这些化合物带到早期地球的观点。

更加引人注目的是美国航天局的深度撞击任务。2005 年 7 月 3 日，深度撞击空间探测器在飞抵坦普尔 1 号彗星后释放了一个撞击器，该撞击器于次日以 37 000 千米 / 时的相对速度撞击了这颗彗星，成为首个撞击彗星的航天器。撞击激起了粉状的尘埃，分析表明彗星的彗核表面覆盖着 10 多米深的细粉状物质，这些细粉中含有水、二氧化碳和简单有机物，而在彗核内部则存在着大量含碳和氮的有机分子。

2004 年 3 月 2 日，欧洲空间局发射了罗塞塔号探测器（Rosetta spacecraft），它由轨道器和菲莱号着陆器（Philae lander）两部分组成。轨道器装备了 12 台科学仪器，着陆器携带了 9 台科学仪器，旨在对 67P/ 丘留莫夫 - 格拉西缅科彗星（Churyumov-Gerasimenko Comet）进行迄今为止最详细的研究，希望探索 46 亿年前太阳系的起源之谜，以及彗星是否为地球提供了生命诞生时所必需的水分和有机物质。2014 年 8 月 6 日，罗塞塔号在经过 10 年 60 亿千米的航行后终于与目标彗星会合，并在同年 9 月 10 日进入预定轨道，成为人类史上首个进入彗星轨道的航天器。它自带的照相机拍摄了彗星表面的照片，呈现了大若房屋的巨石。2014 年 11 月 12 日，菲莱号着陆器脱离轨道器并成功登陆彗星表面，还发回了第一张从彗星表面拍摄的图像，成为首个在彗星上软着陆的探测器。菲莱号携带的仪器也成功对彗星表面成分进行了在地分析。

罗塞塔号的科学探测表明，67P/ 丘留莫夫 - 格拉西缅科彗星是由非常松散的水冰、尘埃和岩石构成的组合体，释放出来的气体的主要成分是氨、甲烷、硫化氢、氰化氢和甲醛，因此其气味闻起来像是臭鸡蛋、马尿、酒精和苦杏仁的混合味道。另外，该彗星周围稀薄的气体中还存在甘氨酸和磷元素。甘氨酸是一种氨基酸，在生命体中发挥着重要作用，被认为是“生命的基石”。

罗塞塔号的研究成果帮助科学家重新审视了彗星的本质及其所扮演的角色。有科学家认为，彗星给地球带来生命起源所需的基础物质是完全有可能的，并且它们可能有助于帮助生命的种子在宇宙中进行播撒。

生命的尘埃

2004 年 1 月 2 日，美国航天局的星尘号探测器在飞越

下图　2014 年 9 月 10 日，罗塞塔号探测器在 29 千米高度的全彗星测图轨道上拍下了 67P/ 丘留莫夫 - 格拉西缅科彗星的特写照

怀尔德 2 号彗星时从慧发收集到了彗星的尘埃样本。另外，该探测器在飞行途中也收集了星际尘埃。2006 年 1 月 15 日，装有尘埃样本的星尘号返回舱与探测器分离并自主飞向地球，最终在美国犹他州大盐湖沙漠成功软着陆。这是人类太空探测史上第一次获取彗星物质和星际尘埃样本。

2009 年，科学家在怀尔德 2 号彗星的样本中发现了甘氨酸（一种氨基酸），这次发现可谓意义重大。这是首次在彗星样本物质中发现氨基酸。这一发现使得关于彗星的价值、成分以及彗星对宇宙中生命分布的作用的研究，有了全新的突破口。

氨基酸是复杂的分子，对维持生命活动十分重要。氨基酸可以合成蛋白质和酶，是新陈代谢的关键驱动力。这个发现提出了一系列问题：甘氨酸和其他氨基酸是地球本来就有的，还是坠入原始地球的彗星带来的？氨基酸在彗星上普遍存在吗？如果是的话，经历了数十亿年后，它们在宇宙中的分布有多广？

对相关领域的科学家来说，甘氨酸的发现深深地触动了他们的心弦。一些研究人员认为，地球在原始纯净的状态下，缺乏某些形成氨基酸所需的基本元素。他们据此推测，地球上缺失的元素来自彗星，在名为后期重轰炸期的这段时期，彗星频繁撞击地球并将这些元素带到地球上。

美国航天局天体生物学研究所负责怀尔德 2 号彗星样本的分析工作，所长卡尔 • 皮尔彻（Carl Pilcher）说："彗星中甘氨酸的发现，支持了太空中普遍存在生命基本要素的观点，同时也让生命在宇宙中可能是普遍存在的论点得到了有力的支持。"

奥尔特云

随着对奥尔特云的进一步研究，有关彗星的理论也发生了改变。天文学家猜测，奥尔特云可能是 46 亿年前太阳系形成早期的原行星盘的残余物。组成奥尔特云的物质最早是在气态巨行星和小行星演化的同一过程中形成的，后来因受木星和土星的强大引力作用而被散射到现今甚远的位置上。

先前的模型认为，几乎所有的彗星都来自奥尔特云中最外缘的区域，在那里，受太阳系其他天体引力的影响最小，因此极易受到近邻恒星以及整个银河系的引力潮汐效应的影响。这些扰动不时地导致该区域的天体离开原有轨道，进入内太阳系，并成为彗星。

按照之前的理论，在太阳系演化的过程中，彗星的轨道在动力学上并不稳定，它们最终或者向内撞入太阳或行星，或者向外被行星的摄动甩出太阳系。因此，经历了几十亿年的历程，奥尔特云中的彗星物质应该早就耗尽了，但它现今仍然有充足的彗星供应。这似乎是一个悖论。

1981 年，美国的天文学家杰克 • 希尔斯（Jack G. Hills）又提出了一个"内云"的模型假设。他认为，太阳系的外围应该有两个云区，一个是"外云"（那里是长周期彗星的"仓库"），而"外云"之内应该还有一个"内云"。内云中小天体的密度应该比外云大得多，由于太阳系引力的起潮力作用，内云中的物质最终会被喷射至外云区域，不断地给外云补充彗星物质，维持着外云区域的稳定性。希尔斯的这个假设现今也广泛地被天文学家们所接受。人们从而把外云称为"外奥尔特云"，而把内云称为"内奥尔特云"或"希尔斯云"。

现在一般认为，内奥尔特云大致是一个与黄道面平行的圆盘状云团，距离太阳 2 000~20 000 au；外奥尔特云则是一个各向同性的圆球状云团，内边缘距离太阳约 20 000 au，外边缘距离太阳则有 100 000~200 000 au，那里几乎已是离太阳最近的恒星——比邻星距离的一半了。

寻找"乏彗星"

美国航天局的广域红外巡天探测者（WISE）一直在进行系统的巡天探测。这台空间望远镜于 2009 年 12 月发射升空，旨在尽可能全面地搜索彗星、小行星和其他天体，并对其进行定位和编目。

WISE 的观测结果可以帮助科学家识别可能对地球构成

危险的近地天体。科学家希望 WISE 在天文学的基础研究中也有用武之地：他们期望 WISE 的红外探测器能发现“乏彗星”，即彗核的冰层在绕日轨道的长期运行中蒸发殆尽，最终成了阴冷的岩质小天体。

乏彗星是极具威胁的行星杀手，彗星专家尤金·舒梅克形容它们是“太阳系里的隐形轰炸机”。乏彗星很难被发现，具有潜在的危险性，而且相关的研究非常少，我们甚至不知道它们的大体数量。WISE 还会寻找一颗名为“涅墨西斯”（Nemesis）的褐矮星，部分科学家假设它与太阳构成了一个双星系统，是太阳的暗弱伴星，会对奥尔特云中的天体产生扰动。不过，WISE 在早期只有一些常规的发现，如 P/2010 B2（WISE）彗星。2010 年初发现这颗彗星时，它正在距地球约 1.75 亿千米的位置高速运行。

彗星撞击

彗星既可以是带来生命诞生必需元素的天使，也可以是造成生物大灭绝的恶魔。目前普遍认为，是某种天体撞击地球导致了在地球上称霸一时的恐龙的灭绝。

早期的人类是否也经历过类似灾难性的天体碰撞事件呢？

2009 年在美国加利福尼亚州发现了微小的“纳米钻石”，这些钻石可能是在天体碰撞产生的巨大压力和高温中形成的。这也让一些学者猜测，在大约 12 900 年前最近一次的冰期，可能正是由于天体碰撞事件导致剑齿虎等生物灭绝，并摧毁了北美早期的克洛维斯（Clovis）文化。然而，关于彗星和生物灭绝的理论还存在很大的争议。改变了人们对于奥尔特云中彗星起源位置想法的研究同样还发现，除导致恐龙灭绝的天体撞击以外，大约 3 500 万年前，地球上可能还发生过一次类似的致命碰撞事件。

右图 一些科学家推测，在大约 6 500 万年前的白垩纪末期，一颗直径约 10 千米的小行星或彗星撞击了地球。这幅艺术想象图描绘了小行星进入地球大气层时的末日场景

第 7 章

人类是宇宙中唯一的智慧生命吗

人类是宇宙中唯一的智慧生命吗

天文学界的许多问题最终都归结到一个问题上，那就是：人类是宇宙中唯一的智慧生命吗？或者换一个方式来表达，地球生命的诞生是独一无二的偶然事件，还是自然规律的必然结果？为了解答这个问题，科学家启动了许多太空探索计划，发射了大量的空间探测器、空间望远镜等设备，尝试寻找可能存在生命的太阳系卫星或系外行星。

许多科学家都援引哥白尼原理（Copernican Principle）来支撑他们的信念，相信一定会在别的行星上发现生命。哥白尼原理以哥白尼的名字命名，因他证明了地球并非宇宙的中心而且在宇宙中也并不特殊。哥白尼原理有时也被称为平庸原理：地球和人类在宇宙中并无任何特殊地位，我们的星球只是一颗由普通元素构成并绕着一颗普通恒星旋转的普通行星，没有理由认为地球在宇宙中是独一无二的——宇宙中应该还存在很多与地球相似的行星。

一个与平庸原理持相反观点的是所谓的费米悖论（Fermi paradox）。据说，伟大的物理学家费米在一个关于外星智慧生命的非正式讨论中，只简单地反问了一句："外星人到底在哪儿？"费米的困惑是，宇宙惊人的年龄和庞大的星体数量意味着，除非地球是一个特殊的例子，否则地外生命甚至地外智慧生命应该广泛存在。如果银河系存在大量先进的地外文明，那么为什么连它们的飞船或者探测器之类的影子都看不到。

到目前为止，在地球以外我们并没有发现也没有接触到任何其他的生命形式。一些人认为，地球生命很可能是独一无二的，是在适宜的化学和外部环境下由一系列巧合产生的。

虽然缺乏外部证据，但在这种情况下大多数科学家依然愿意相信地外生命的存在。对地外生命的探索可以解答一系列的问题和假说。首要的问题是：生命到底是什么？这个问题有很多答案，但没有一个是大家普遍接受的。大多数答案包含以下基本要素：繁衍、新陈代谢和进化。在地球上，生命需要3个要素：液态水、能量和养分。液态水是生化反应所需的通用溶剂，新陈代谢的化学过程需要能量（如阳光或

1584年
乔尔丹诺·布鲁诺出版了《论无限、宇宙和诸世界》，书中阐述了无限宇宙的思想

1953年
米勒（Miller）和尤里（Urey）在实验室模拟了原始地球环境中产生有机分子的过程

1960年
第一个地外文明探索项目奥兹玛计划正式启动，这是人类首次尝试使用射电望远镜接收地外文明世界发出的无线电信号

1961年
德雷克提出了著名的德雷克方程，用于估算银河系内拥有星际通信能力的文明的数量

1974年
阿雷西博天文台向太空发出一组射电信号，里面包含了人类文明的相关信息

上图 为了找到另一颗真正能让生命在其表面繁衍生息的绿色星球（如图中所示），我们将不得不离开太阳系。因为迄今我们还没有在太阳系内的卫星和其他行星上发现生命的迹象，如果太阳系内真的存在其他生命的话，它们最有可能栖息在有地下水的隐蔽处

热量），养分是生物提取能量的原材料。

地球上几乎所有的生命都含有同样的几种基础元素，其中最重要的是碳。由于碳原子能与其他元素的原子形成共价键，因此它很容易与其他元素形成化合物。碳元素是构成氨基酸、脱氧核糖核酸、核糖核酸以及营养物质如蛋白质、碳水化合物、油脂等的基石。从构成来看，有机化合物都是含碳化合物。因此，我们也将地球上的生命称为碳基生命。

当然，其他世界的生命有可能使用不同的生物构造模式。例如，硅是一种与碳相似的常见元素，也许硅基生命会诞生在其他的星球上。氨是另一种常见的化合物，可以代替水作为生物溶剂。但是，这两种物质都没有碳和水那样广泛的用途和适应性。因此，除非我们对生命形成模式有更新的认识，否则碳和水依然是我们寻找地外生命的首要条件。

1977 年
科学家在海底热液喷口（如深海热泉、海底火山等）附近发现了新的生命形式

1977 年 8 月
地外文明探索（SETI）计划接收到一个窄频无线电信号“Wow！”（哇！），后来被认为是干扰信号

1982 年
著名电影导演史蒂文·斯皮尔伯格资助了一项著名的 SETI 项目——兆通道外星测定计划（META）

1992 年
美国航天局启动了一项为期 10 年的 SETI 项目——高分辨率微波巡天（HRMS），但一年后国会砍掉了该项目的所有预算

1995—2015 年
SETI 研究所实施了凤凰计划（Project Phoenix），这是一个雄心勃勃且高灵敏度的 SETI 项目

斯坦利 · 米勒

尝试在实验室创造生命

斯坦利 · 米勒（Stanley Miller，1930—2007）是美国化学家，曾尝试在玻璃瓶里创造生命——如果说尝试创造生命有些言过其实的话，至少也可以说他尝试在玻璃瓶里创造有机分子。1953 年，米勒（见左图）在芝加哥大学读研究生，师从物理学家哈罗德 · C. 尤里（Harold C. Urey）。当尤里在一次演讲中号召大家应该尝试在原始地球条件下合成有机化合物时，米勒主动请缨。实验最终获得成功，并成为迄今最著名的生命起源实验，米勒也因此名声大噪。尤里曾因发现氢的同位素氘而荣获 1934 年诺贝尔化学奖。米勒在加州大学圣地亚哥分校度过了他的大部分职业生涯。

探索生命的另一个基本问题是：生命是如何在地球上产生的？如果我们假设生命是从简单的有机化学物质进化而来，那么这些化学物质是从哪里来的呢？有两种理论假说分别从不同的角度探讨了这个问题。

一种是“化学进化论”（Chemical Evolution Theory，又称“化学起源说”）。该理论认为，原始地球的环境引发了一系列化学反应，从简单的无机化合物中产生了有机化合物。1953 年，在著名的米勒－尤里（Miller-Urey）实验中，芝加哥大学的研究人员用电荷放电产生的电火花来模拟原始地球上的闪电，用水蒸气、甲烷、氢和氨的混合气体来模拟原始地球上的大气，他们在“大气”中连续释放“闪电”。几天之后，这锅“原始汤”（primordial soup）中竟然产生了很多种氨基酸，而氨基酸正是蛋白质的组成成分。虽然米勒－尤里实验引发了许多科学家的质疑，并且对地球早期大气成分的一些假设也被证明有误，但是后来科学家们又根据新的假设，用新的化学成分重复这个实验，结果他们仍然成功制造出了氨基酸。尽管从氨基酸到最终诞生有机生命，那还差得十万八千里，但实验至少证明了有机分子是可以在早期地球上形成的。

另一种最近被广泛接受的理论认为，生命所需的化学物质是从宇宙中的其他地方通过彗星等天体“迁徙”到地球上的。该理论也被称为“泛种论”（Panspermia）或“宇宙胚种论”。因为科学家在太空中发现了数量惊人的复杂有机分子，通过对星际分子云的光谱分析，他们发现了糖和其他有机化学物质；另外，科学家也在彗星和陨石中发现了有机化合物。难道是那些早期撞击地球的彗星和其他类似的冰质太空碎片，将现成的有机物运送到地球表面？这并非不可能，甚至可以说可能性是非常大的。

不管生命最初在哪里诞生，它们最终都会在地球的海洋和陆地上传播开来，而且最初几乎所有的生命都是以微生物的形式存在的。我们现在知道，生命能够在非常多样的环境中繁衍生息。我们已经在地球上发现了能在极端高低温、无光照、酸性、高盐和放射性环境中生存的微生物。这些发现极大地鼓舞了天体生物学家，因为他们现在可以把搜寻地外生命的条件放得更宽了。

生物学家称这些生命形式为嗜极微生物（extremophile），或极端微生物，其中最受关注的是那些生活在深海热液喷口附近的生物，它们的发现为地外生命探索带来了更多的希望。1977 年，生物学家首次发现了这种在深海繁衍生息的生物群落，其生存环境在我们看来极为恶劣，海底的地壳运动使得很多富含矿物质的过热液体不断喷出。这些微生物却能在数百摄氏度的水中快乐地泡着“温泉”，并通过化学过程或化合

弗兰克 · 德雷克
地外文明猎手

弗兰克 · 德雷克（Frank Drake，1930—）是美国射电天文学家，也是地外文明探索的先驱。德雷克出生于芝加哥，研究生阶段进入哈佛大学学习，在此期间对射电天文学产生了浓厚的兴趣。1960 年，他发起并实施了奥兹玛计划（Ozma project），这是人类历史上第一次系统地尝试搜寻来自地外文明的信号。他也同天文学家卡尔 · 萨根合作，试图用阿雷西博射电望远镜探测这种信号。1984 年，德雷克成为加州大学圣克鲁兹分校自然科学系主任，并当选为 SETI 研究所首届董事会主席。

作用产生能量。它们代表了第三种生命域，现在被称为古菌（archaea），它们可能比另外两个生命域（细菌域和动植物所在的真核生物域）更加古老。

与此同时，在地球极端寒冷的环境中也发现了生物的踪迹。科学家在南极最大的冰下湖沃斯托克（Vostok）湖上方的冰层深处以及南极永久冻土中发现了细菌。除耐受极端温度外，微生物还可以在沙漠中以休眠状态存活几十年，一旦接触到水就能立即复活。在美国黄石国家公园还发现了生活在酸性热泉中的微生物，泉水的酸度堪比酸性电解质；在非洲的苏打湖中，不同的生物能在碱性极强的环境中顽强地生存。南非一个金矿的地下 3 千米处也发现了微生物，它们可以代谢放射性污水中产生的化学物质。

生命可以在这些极端条件下生存的事实，使得木卫二的冰下海洋或火星上可能存在的地下水域都成为寻找地外生命的首选目标。这些发现还扩大了我们搜索宜居系外行星的范围。

在另一个星球上找到任何形式的生命都将是一个伟大的发现，而找到外星智慧生命更会深刻地改变我们的未来。原则上来说，我们的银河系中存在其他文明的概率几乎是无法计算的，因为存在太多的未知因素，但在 1961 年，天文学家弗兰克 • 德雷克提出了一个后来被称为“德雷克方程”的公式，试图估算出银河系中拥有星际通信能力的文明的数量。完整的公式如下所示：

$$N = R^{*} \times f_p \times n_e \times f_l \times f_i \times f_c \times L$$

这个公式可以用文字表述为：银河系中拥有星际通信能力的文明的数量（N）= 银河系每年诞生的恒星的数量（R^{*}）× 恒星中拥有行星系统的比例（f_p）× 一个行星系统中具有生命宜居条件的行星的平均数量（n_e）× 宜居行星中能发展出生命的比例（f_l）× 有生命的星球中可以演化出智慧生命的比例（f_i）× 智慧生命发展至拥有星际通信能力的比例（f_c）× 此类科技文明的平均寿命（L）。一般来说，文明的平均寿命越长，银河系中共存的文明数量就越多，那么它们彼此之间用于传递信息的时间也就越多。

为了探测这些信息，SETI 研究所等组织会使用艾伦望远镜阵（Allen Telescope Array，ATA）等射电望远镜来监测天空中的射电信号。SETI 计划的公共科学项目 SETI@home 更进一步将家庭计算机用户链接到一个网络中，允许所有项目参与者通过一个屏幕保护程序在自己的个人电脑上分析信号以搜索重要信息。有朝一日，一个在家监听信号的业余天文爱好者可能会率先发现外星智慧生命发来的信号，并由此开启一场激动人心的星际对话。

寻找生命之水

火星曾被认为很可能存在着高级文明，后来发现其表面只是一片没有生命的荒芜之漠。但是种种迹象表明，火星表面曾经存在液态水，甚至有过相当大面积的海洋，这使得火星再次成为科学家寻找地外生命的目标。土卫二、土卫六和木卫二等卫星也是科学家寻找地外生命的候选天体。

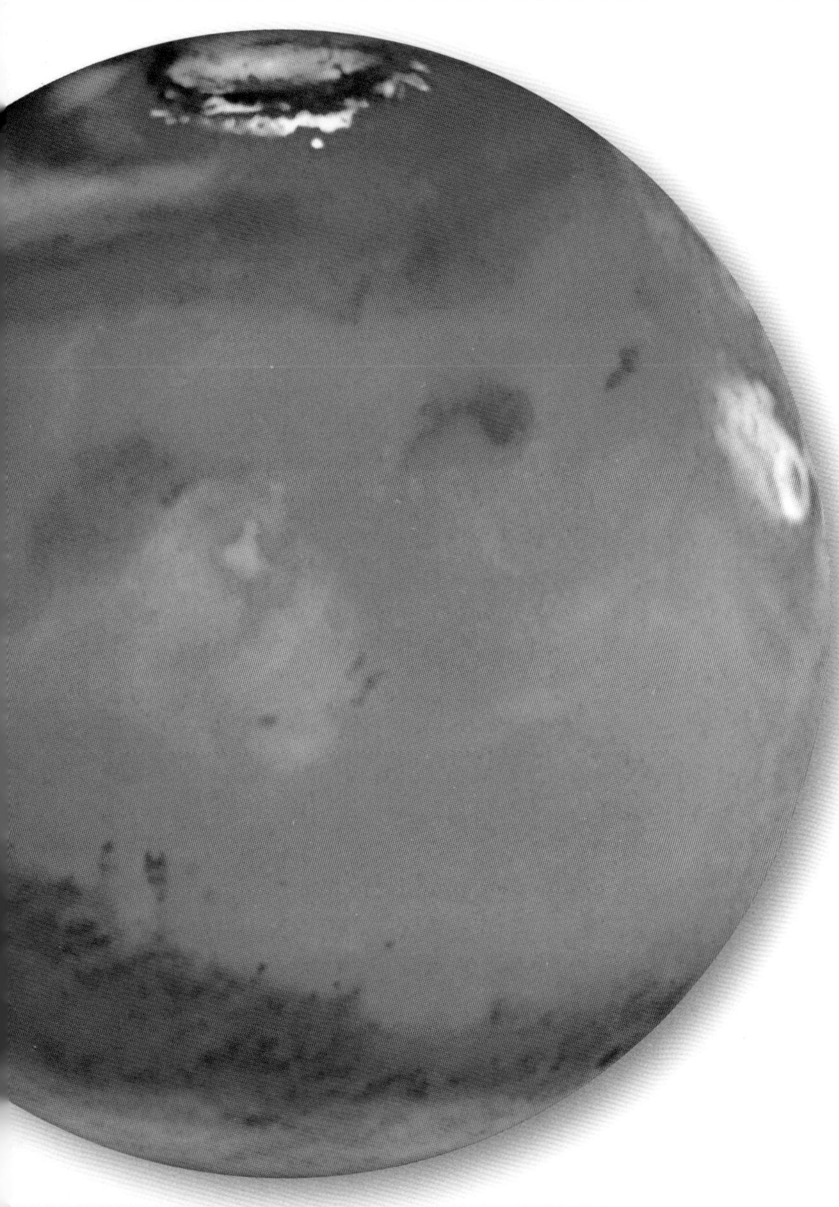

一直以来，在其他行星上寻找生命几乎可以说就是寻找液态水，特别是行星表面的液态水。在任何一个行星系统中，寻找液态水的最佳地点通常是在宜居带内。宜居带即行星围绕恒星运行的轨道距离适中，从而允许水体以液态形式在行星表面稳定存在的距离范围。因行星会接收恒星发出的辐射，当行星距离恒星太近会使表面温度过高导致水体蒸发，距离太远又会使表面温度过低导致水体结冰，所以宜居带是一个非常小的轨道范围。对于太阳系来说，宜居带大致在金星轨道外侧到火星轨道内侧之间，一般认为火星也在宜居带之内，地球则刚好完美地位于宜居带的中间。尽管在其他类地行星上也可能存在生命，但火星仍然是我们在地球近邻区域寻找曾经或现在存在生命证据的首选。

但如果你只想寻找水，土星和木星的卫星可能会让你惊讶，因为其中有些卫星的储水量比地球还多。木卫二和土卫二很可能存在巨大的冰下海洋，而且引力作用产生的热量足以让其保持液态。同时，土卫六的橙色大气富含有机化学物质，其表面还有液态甲烷形成的湖泊。尽管不在宜居范围内，外太阳系仍然可能存在适合生命栖息的环境。

左图　火星两极覆盖着由水冰和干冰组成的白色极冠

大肠杆菌细胞中的主要元素（按质量百分比排序）：

碳：50%	氢：8%	钾：1%
氧：20%	磷：3%	镁：0.5%
氮：14%	硫：1%	钙：0.5%

观天提示

※ 土卫六是太阳系内唯一一颗有大气层的卫星，环绕土星运行的周期约为 16 天。借助性能稍好的双筒望远镜或小型天文望远镜就可以直接观测到它。

天文冷知识　一种名为耐辐射异常球菌的细菌能够在超过人类致死剂量 1 000 倍的辐射环境中生存。

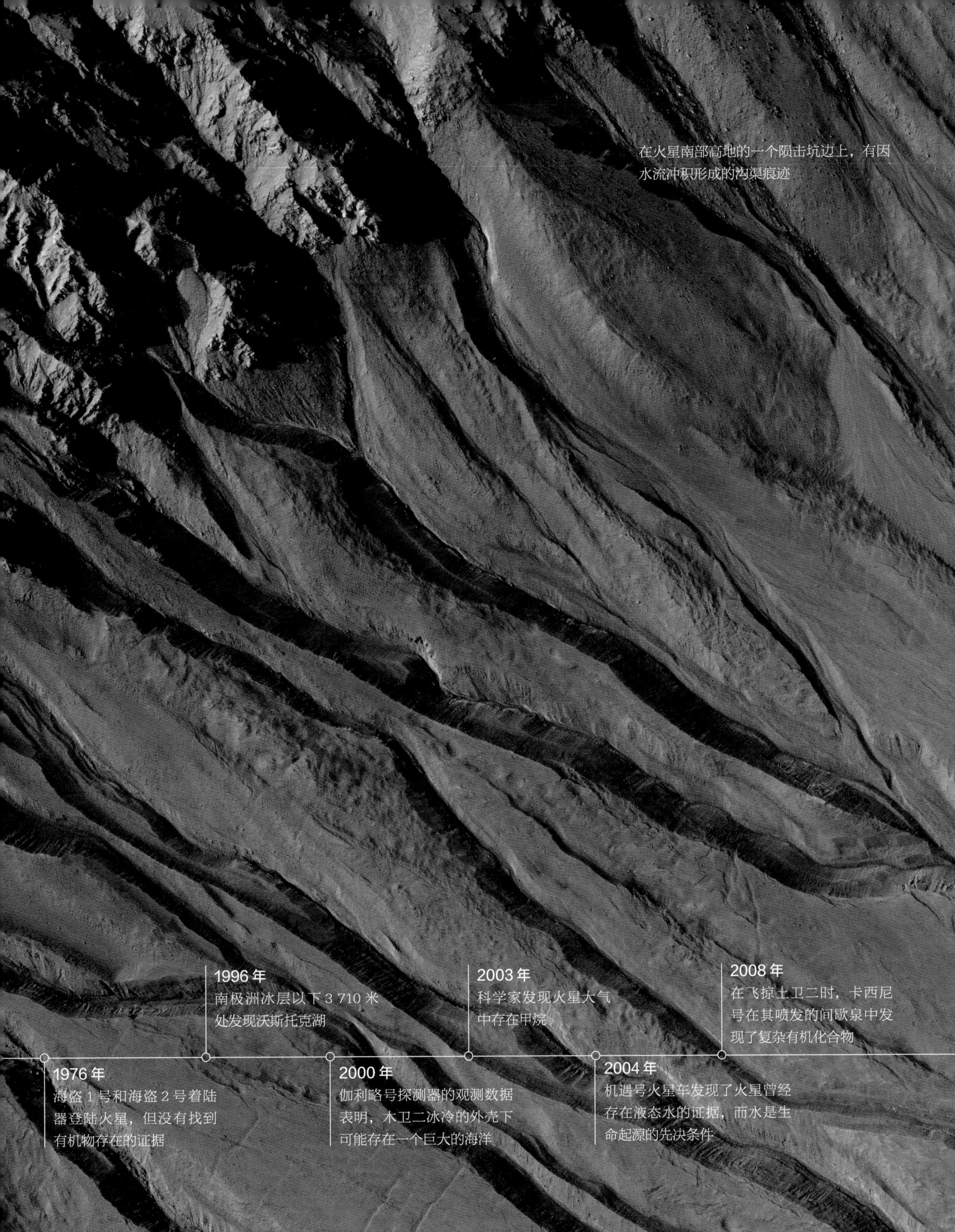

在火星南部高地的一个陨击坑边上，有因水流冲积形成的沟渠痕迹

近邻区域

在太阳系的类地行星（和卫星）上寻找生命通常就意味着寻找类地环境，特别是液态水。在这里，“类地”指的是任何生命可以生存的环境，包括极端环境在内。类地环境应该具有能让水保持液态的适宜温度，可以为生物的生长和新陈代谢提供能量。除此之外，类地环境还应该具备适当的条件为各种各样的生命形式提供养料，并且没有致命的辐射和毒素。

月球、水星和金星

我们几乎可以直接排除水星和月球上存在生命的可能性。因为它们没有大气层，也没有显示出现在或过去存在液态水的迹象；尽管它们两极的阴暗区域可能有冰，但因为没有大气层的保温作用，它们表面的温度起伏非常大，使得液态水无法在星球表面稳定存在。另外，缺乏大气层的防护也让它们的表面完全暴露在紫外线、宇宙射线和太阳风等致命辐射之下。

金星厚厚的大气层确实可以使其表面的温度维持稳定。但别高兴得太早，这颗星球灼热、干燥并且被有毒烟云笼罩着，俨然就是一个地狱。金星表面的温度超过 450 ℃，表面的大气压是地球的 90 多倍，相当于地球海洋 900 米深处的水压。金星上还有非常浓厚的硫酸云层，云层中的酸性物质具有非常强的腐蚀性。毫无疑问，任何直接暴露在这种环境中的人都会在顷刻间毙命。然而，天文学家根据目前金星上的种种迹象推测，40 亿年前的金星可能存在由液态水构成的海洋，当时的温室效应还没有强到产生极端高温以至于把地表水蒸干的程度。可以想象，那时的金星海洋中或许已经有微生物在繁衍生息了。

那如今呢？按照某种假设，即使是现在，金星的云层中可能还生活着一些微生物。因为在 2000 年，奥地利的研究人员宣布，他们在阿尔卑斯山上空的云层中发现了细菌，尽管那里气温很低、营养物质匮乏并且还有紫外线辐射，但这些小东西却能在云层的水滴中生存和繁殖。而距离金星表面 50~70 千米的高层大气，不论是气压还是温度，都恰巧和地球低层大气非常接近。这里悬浮着浓密的厚云，其主要成分是硫酸液滴。如果有微生物飘浮在金星的云层中，它们很可能就像地球上的嗜极微生物一样，通过代谢碳和硫化物来生存。

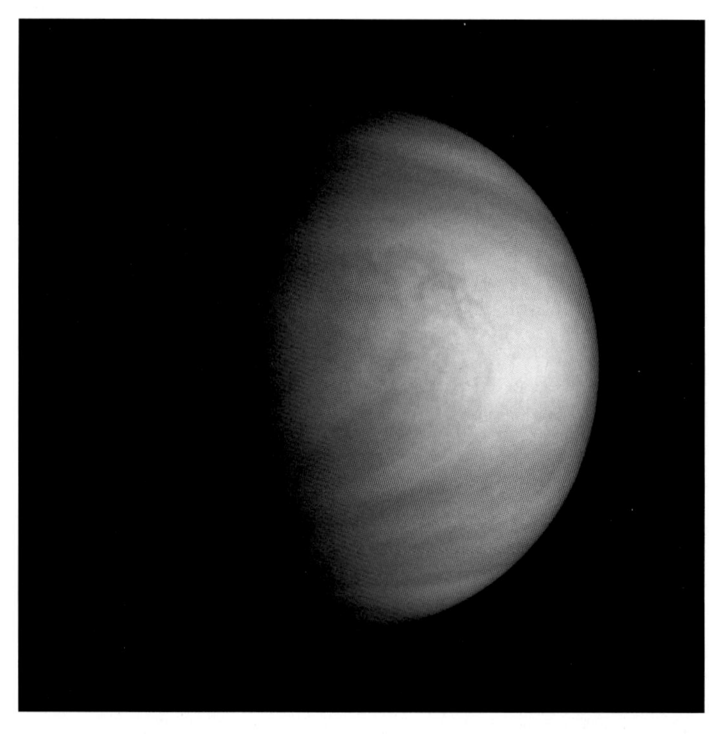

上图 透过紫色滤光片，金星高层大气中的云带显得格外突出。虽然这些云的主要成分是硫酸，但有些云团中也含有水蒸气，也许能为细菌提供繁衍生息的环境

不过，这种情况纯属推测。目前还没有证据表明金星的云层中存在生命，在金星上发现生命的概率还是非常低的。

火星

说到红色星球，这里则是另外一番景象。在太阳系的行星（除了地球）中，火星是最有可能曾经存在过生命或现在

右图 火星北极冰盖主要由水冰组成，在水冰上面覆盖着一层干冰。一般认为火星两极周围的区域也蕴藏着大量的地下水冰层

仍然存在生命的行星。火星位于太阳系宜居区域的边缘地带，乍一看，这里的环境似乎并不理想。它的大气非常稀薄，以二氧化碳为主。宇宙线、太阳风等高能辐射几乎可以毫无阻拦地轰击火星的表面。火星表面的平均温度远远低于地球，大约为 −65 ℃。

但是火星上隐藏着大量的水，而水又是生命存在的首要条件，在这一项上火星得分很高。火星轨道探测器的观测和火星车的土壤挖掘实验都已证实，至少在火星两极和地表的某些区域下存在大量的水冰。科学家还在火星大气的云层中观察到下雪现象。此外，几乎可以肯定的是，火星上曾经存在液态的河流和海洋，那时的火星气候温暖湿润，大气层也更稠密。在火星的不同区域还发现了干涸的溪谷、冲积平原和河床等地貌。巨大的洪流曾经在火星埃律西昂平原的溪谷中奔涌而过，水流量可能是密西西比河的 100 倍。泪滴状的侵蚀地貌很可能是由流水冲积而成的岛屿。部分地貌的形成时间甚至可以追溯到火星早期的诺亚纪时期（大约 41 亿年前至 37 亿年前），火星在这一时期曾暴发过大型洪水，气候也更加温暖。

火星上发现的某些矿物也向我们暗示了远古火星的表面曾经存在过液态水。2004 年，机遇号火星探测车在火星子午高原巡视探测时发回了一些照片，上面能看到弹珠大小的球体嵌在岩石露头中。这些被科学家称为“蓝莓”的小球含有一种叫作赤铁矿的含铁矿物，赤铁矿一般是在潮湿的环境中形成的。火星快车探测器也在火星的其他区域探测到黏土矿物，这种矿物同样是在有水的环境下形成的。从环绕火星运行的奥德赛轨道飞行器传回的图像显示，火星南半球的低洼地区有氯盐沉积。这些盐渍地可能是咸水湖的遗迹。

这些发现使得我们至少可以认为早期火星上极有可能存在有利于生命生存的环境。当然这和说那里曾经有过或现在仍有真正的生命完全是两回事。如果有生命在年轻的火星上

星际生物交叉污染

1969 年，阿波罗 12 号的机组人员从先前着陆在月球上的勘测者 3 号（Surveyor 3）探测器上拆下了一台摄像机，并把它带回了地球。在检查这台摄像机时，科学家竟然在其内部发现了链球菌。经过分析确定，这些细菌最初还是来自地球。它们被勘测者 3 号从地球带到月球后，在寒冷、没有空气、充满辐射的严酷环境中安然无恙地生活了 900 多天，最后又搭乘阿波罗飞船返回了地球。生命力超强的细菌是星际生物交叉污染的一个活生生的例子。把地球上的微生物等生命体带到外星球引发污染（正向污染）的可能性或者把外星球上的微生物等生命体带回地球引发污染（逆向污染）的可能性都是真实存在的，而且一旦污染扩散，完全有可能造成全球性公共卫生危机。为了避免这种情况的发生，航天机构设有专门针对航天器和样品的消毒、隔离等防控程序。事实上，1967 年的《外层空间条约》就规定了这样的程序：条约第 9 条要求各缔约国“在研究和探索外层空间（包括月球和其他天体）时，应避免使其遭受有害的污染，同时也要避免引入地球以外的物质，使地球环境发生不利的变化”。

诞生，如果它们遵循我们在地球上所知道的进化过程，它们很可能会在火星气候变冷、大气变稀薄、地表水干涸之前进化成类似微生物的形式。

那火星现在存在生命的可能性大吗？就我们已知的生命形式来说，让它们在火星表面生存确实是非常困难的——当然也并非完全不可能。然而，一些生命体却很可能隐藏在火星表面之下。微生物能以休眠的状态存活于冰冻的火星土壤中。在地球上，科学家已经在极地永久冻土中发现了数百万年前的细菌。南极沃斯托克湖的冰样本中也提取出了大量各异的微生物，以及某些多细胞生物。火星表面下的部分区域甚至还发现了液态水湖。受地下火山活动的加热，水中可能会生活着一些嗜极微生物，就像那些在地球海底热液喷口附近顽强生存的小生命一样。

古代火星生命的证据可能会以化石的形式出现。迄今为止，唯一一次火星化石的发现仍然极具争议。1984 年，科学家在南极洲发现了一块重约 2 千克的陨石，并将其编号为 ALH 84001，后来证明它形成于大约 40.9 亿年前火星的诺亚纪时期。一些科学家认为，ALH 84001 陨石中的微小管状结构是古代火星细菌的化石。其他人则认为这些小结构是无机物。这场争论仍在继续，不过 ALH 84001 陨石的真正意义在于它重振了天体生物学领域，重新点燃了人类对火星的兴趣，并改变了一些科学家对生命本身的看法。

如果火星上目前存在生命，但潜藏在表面之下而不可见，我们也许仍然能够探测到生命新陈代谢的化学特征。这就是美国航天局的海盗号着陆器在 1976 年开展的著名微生物学实验的科学目标。3 项实验分别测试了火星土壤样品中是否存在二氧化碳的吸收（如光合作用）、消化过程释放的气体或有机化合物的消耗。最初的实验结果令人振奋，但科学家们最终失望地发现，非生物过程也可以产生同样的实验结果。现在一般认为海盗号的这些微生物学实验均未获得火星存在生命的确凿证据。

但寻找火星生命的希望不会轻易湮灭。2009 年，研究人员证实，早在 2003 年他们就在火星大气中发现了甲烷；2019 年，好奇号火星车也在火星大气中发现了浓度惊人的甲烷。包括火山喷发在内的地质活动可以产生这种气体，甲烷可能被困在地表下的局部区域，并以爆发的形式释放出来。但甲烷也可能是动物新陈代谢的副产品：地球上饲养的奶牛就是这种强大的温室气体的主要来源之一。可以想象，生活在火星土壤深处温暖、潮湿环境中的微生物可能会通过代谢二氧化碳来产生这种气体。当然，火星上甲烷的确切来源需要一系列火星任务的进一步探索和确认。

冰下海洋

神秘的土卫六的大气中充满了薄雾状的橙色碳氢化合物。长期以来，土卫六一直被认为是除火星之外，最有可能存在外星生命的星球。直到最近，外太阳系还被认为其严酷的低温环境无法支持地球型生命的生存。但随着 21 世纪的到来，新的发现颠覆了人类原先的认知。2000 年，伽利略号探测器在测量木卫二的磁场时，发现在木卫二表面的冰层之下有一个巨大的液态海洋。2005 年，卡西尼号探测器首次观测到土卫二南极附近的虎纹裂缝有水冰颗粒喷射到太空中。再加上地球上的冰下湖泊和深海热液喷口处极端微生物的发现，使得像木卫二、土卫二这样的冰冻卫星也成为未来寻找地外生命的首选。

外太阳系虽然非常寒冷，但实际上，那里并不像我们看上去那么不适宜生命生存。带外行星所在的太阳系偏远区域比带内行星所在区域的碳含量要丰富得多，而碳是形成有机分子的基本元素。科学家们甚至在一些彗星上发现了足够形成生物蛋白质的有机化合物。尽管太阳辐射出的能量只有很少一部分能到达太阳系的偏远世界，但其他的过程也能为那里的星球补充热量，如引力压缩、巨行星对其卫星的巨大引力引起的潮汐形变等。液态水是另一个必要的成分，随着一些卫星冰壳之下的液态水海洋被陆续发现，这一要求似乎也得到了满足。

那能否在这些卫星的母行星上发现生命呢？目前看来，可能性还不如它们的卫星高。因为这些气态巨行星缺乏固态的表面，无法为生命提供可以安全生长的固定场所，使其免受恶劣环境的危害。它们的云层中确实含有一些水蒸气，但一般来说，这些水蒸气都处在高压、强风、缺乏光照的恶劣环境中，这些条件都会对生命的形成产生不利的影响。1976 年，天文学家卡尔·萨根和埃德温·萨尔皮特（Edwin Salpeter）发表了一篇论文，推测了可能生存于木星大气中的生命形式。他们认为，和地球上的海洋一样，木星的大气中也可能存在大量的“多细胞浮游生物”。他们设想了木星大气生态系统中角色各异的 3 种气球状生物：下沉者、漂浮者和猎人。迄今为止，我们的探测器还没有深入观察过木星的大气，这种迷人而富有想象力的场景还得不到任何证据的支持，而且看起来似乎也不太可能。相比木星，其他更冷的气态巨行星就更不适合生命生存繁衍了。

下图 有科学家推测，木星大气中可能存在着一些飘浮的生命。这张特写照片由卡西尼号探测器上的窄角相机拍摄，画面展现了木星大气上的一条彩色云带，其中包含了大红斑、椭圆形风暴和旋涡

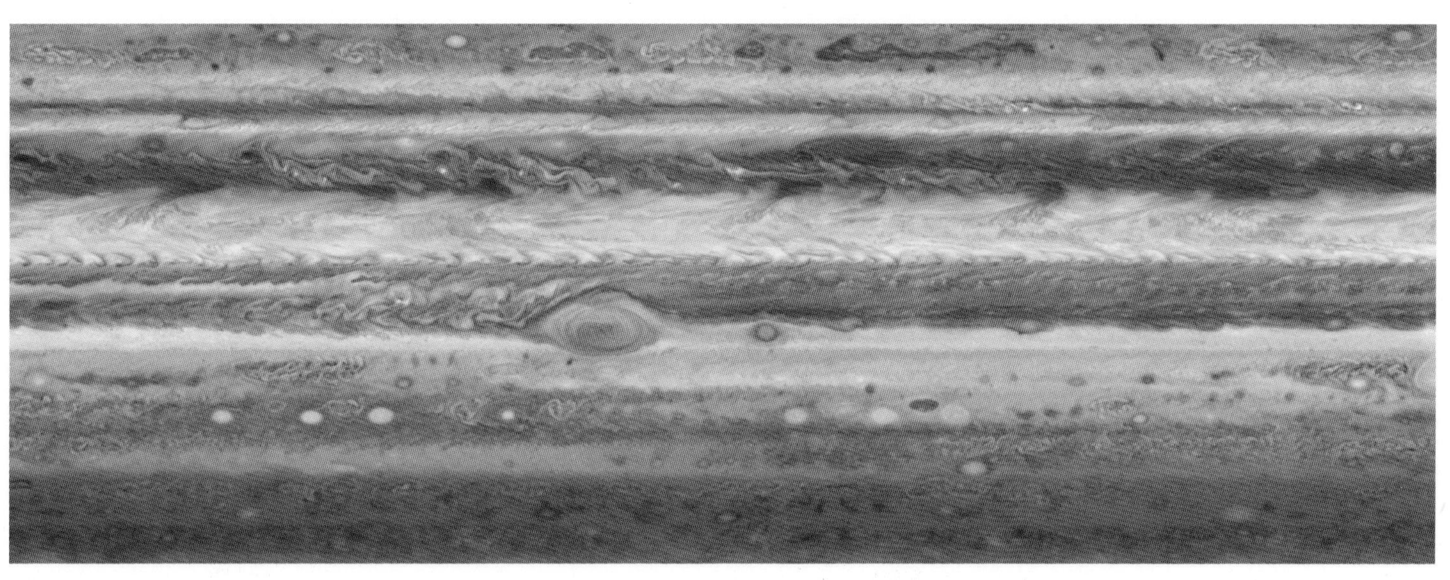

土卫六

更加引人注目的是土星的大卫星土卫六。一个多世纪之前，天文学家就知道土卫六有大气层。环绕这颗卫星的是一层浓密的、橙色薄雾状的大气，其成分类似于地球早期的原始大气，是氮、甲烷和其他碳氢化合物的混合物。太阳的紫外线和土星发出的高能粒子使甲烷分子分解重组为更重的烃类。其中一些烃分子会悬浮在大气中，使薄雾状的大气层变得愈加浓厚；而另一些则以液态烃雨的形式落到土卫六的表面，形成充满乙烷和甲烷的季节性湖泊。

土卫六的表面温度大约为 −178 ℃，在这么低的温度下，水是无法以液体形式存在的。如果那里存在生命的话，它们或许是在液态甲烷中发展起来的，并以碳氢化合物为生。土卫六表面的部分区域被硬度堪比岩石的冰所覆盖，所以可以想象，偶尔来自太空的猛烈撞击可能会将冰融化，形成孕育

太空潜艇

为了探索木卫二的冰下海洋，我们可能需要在其冰壳（见底图）之下发射一个机器人潜艇探测器。为此，地球上的几个研究小组已经在合作开发原型潜艇了。伍兹霍尔海洋研究所（Woods Hole Oceanographic Institution）正在测试哨兵号（Sentry）无人驾驶潜艇，这艘潜艇只有一个成人大小，其上搭载的化学传感器可以探测水下的甲烷。美国航天局的潜水探测器“南极冰下环保机器人探险者”（ENDURANCE）已经成功探测了南极冰下湖的地形。但这两种潜水探测器对目前的航天器来说都过于庞大笨重，航天器可能无法搭载它们飞到木卫二上去，而且它们也没有可以钻透厚厚的冰层的工具。瑞典一家技术研究所正在研制一种微型潜水器，想借此解决潜水器体积和重量的问题，这种微型潜水器只有可乐瓶那么大，并配备了微型传感器。接下来的工作是：如何穿透木卫二的冰层，并让潜水器可以在木卫二冰下海洋的压力、温度和可能的酸性环境下正常工作。

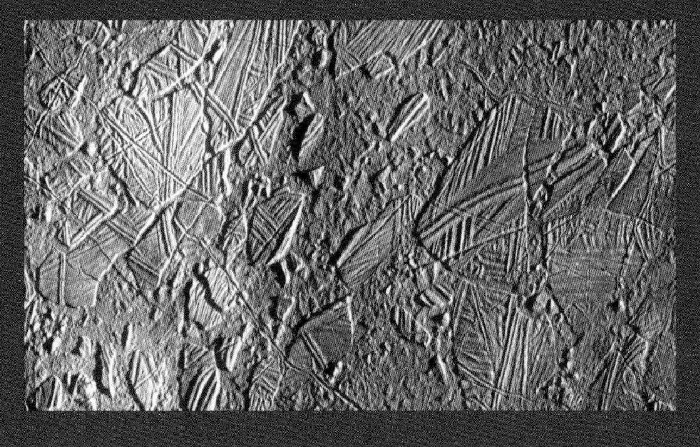

生命的生命池。一些证据还指出土卫六的表面之下可能潜藏着由水和氨构成的海洋。夹在两个冰层之间的海洋将会非常阴暗寒冷，生命在其中应该很难生存，但也并非完全不可能。

木卫二

乍一看，在木卫二上发现生命的可能性远不如被大气层包裹着的土卫六。木卫二比地球的卫星月球稍小，因其缺乏大气层的保护，表面温度可低至 −223 ℃，整个星球完全被水冰包裹着，冰壳上有纵横交错的深色裂缝。木卫二表面的地质年龄看起来相当年轻，几乎没有陨击坑。科学家们认为，木卫二表面的冰层可能有 15~25 千米厚并覆盖在广阔的海洋之上，而看起来较暗的地貌可能是地下水涌出的区域。

如果木卫二上真有液态水的话，那么其深度可能在 60~150 千米之间，这使得木卫二的储水量比地球上所有海洋的总和还要多。木卫二上的水是一个将整个星体完全包裹起来的液态壳，位于岩石固体幔层和表面的冰壳层之间，像三明治中间的夹心层。木卫二的磁场表明星球内部的液体具有导电性，即液体中可能含有盐分。使木卫二上的冰下海洋保持液态的能量来源可能包括但不限于如下几种解释：第一，木卫二在其轨道上运行时会受到木星的巨大引力的作用，在靠近和离开木星时会受到引力拖拽并发生形变，幔层和表面冰壳层之间的液态壳层因此获得能量而维持液态；第二，如果木卫二的自转轴相对其围绕木星运动的轨道平面并非完全垂直（这一点目前还不能完全确定），那么木星的潮汐力将会使冰下海洋产生波浪运动，同样也会产生一定的能量帮助其保持液态；第三，如果表面冰层并不是很厚的话，其上的裂缝也使得太阳能和辐射可以直接加热冰下的海水。依赖光合作用的生命形式很有可能会存在于木卫二海洋中这些受到微弱阳光照射的裂缝区域。此外，就像地球海底的热液喷口附近存在着许多奇异的生物一样，木卫二海底如果存在热液喷口的话，可能也有以氢和甲烷为生的水下生物的栖息地。

上图 在这幅艺术想象图中，土卫二南极附近的间歇泉正不断向太空喷射水蒸气和冰颗粒

土卫二

像木卫二一样，土星的卫星土卫二也是一个受母星巨大引力挤压的冰球。这颗小卫星的表面非常洁白光滑，对阳光的反射率几乎能达到 100%，是一个极度寒冷的超级反光球。它的南极地区有 4 条长长的形似老虎斑纹的平行裂缝。引人注目的是，土卫二的表面还被水蒸气和冰粒子包围着。2005 年，当卡西尼号轨道飞行器飞掠土卫二时，终于发现了水蒸气和冰粒子的来源：间歇泉。由冰颗粒、水蒸气、二氧化碳以及简单有机物组成的间歇泉会周期性地从土卫二南极附近的虎纹裂缝中喷出，喷射高度可达数百千米。科学家们猜测，和木卫二一样，潮汐力作用产生的热量也足以使土卫二维持一个深度在 10 千米左右的全球性液态水海洋。2008 年，卡西尼号在第二次飞越间歇泉时发现了更丰富的复杂有机化学物质。此外，它还探测到间歇泉喷入太空的羽状物的温度为 −93 ℃，这个温度显然不太适合游泳，但对于如此遥远的天体来说，这样的温度已经相当温暖了。考虑到土卫二上有充足的液态水资源、足够的能量来源以及丰富的有机化合物，这样的环境极有可能孕育出化能合成（chemosynthesis）形式的生命，比如在地球上的海洋中就发现了类似的生命形式。

寻找其他恒星周围的世界：系外行星

直到最近，我们才发现了证明太阳系并非独一无二的确凿证据。天文学家已经在银河系中发现了数千颗围绕其他恒星运行的系外行星，而对可能存在生命迹象的系外行星的搜寻工作也在持续进行中。

寻找其他恒星周围的行星一直是天文学的主要目标之一。早在 19 世纪，天文学家就声称蛇夫座 70 双星系统的轨道摆动是因为有行星在拖拽恒星。20 世纪 60 年代，对巴纳德星也有过类似的说法。非常遗憾的是，这两种说法都没有得到更进一步的细致研究。

当首批真正的系外行星被发现时，它们的处境与任何之前的猜想都相去甚远。1991 年，射电天文学家亚历山大・沃尔兹刚（Alexander Wolszczan）和他的同事发现了脉冲星 PSR B1257+12 射电信号的时差现象，通过计算发现这个时差是由围绕其运行的行星对其的引力拖拽造成的。经过进一步的研究，在这个脉冲星系统中一共发现了 3 颗行星。这一发现最让人意外的就是，PSR B1257+12 并非传统意义上的恒星，而是一颗脉冲星——一个半径只有约 10 千米、密度极大、快速旋转的天体，即恒星演化末期发生超新星爆发后留下的残骸。尽管该系统中有 2 颗质量与地球大致相当的行星，但脉冲星上不断发出的高能辐射会杀死上面的任何生物，也就是说，这些行星上基本不可能存在生命。

这个奇异的系统为之后的系外行星探索奠定了基础。每一颗新发现的行星似乎都比上一颗更奇特，同时也颠覆了我们对系外行星系统的所有预想。

五花八门的系外行星

脉冲星周围的行星：PSR B1257+12 b
气态巨行星：豺狼座 GQb
热木星：飞马座 51b
热海王星：HD 219828 b
类地行星：格利泽 581g
拥有多颗行星的双星系统：巨蟹座 55
离地球最近的系外行星：比邻星 b（距地球 4.2 光年）
母星为巨星的行星：HD 47536 c
母星为双星系统的行星：少卫增八 b

观天提示

※ 拥有行星系统的天苑四（Ran）用肉眼就可以观测到，它是波江座（Eridanus）中的一颗橙矮星，位于猎户座的亮星参宿七（Rigel）的西边。

天文冷知识 “熔岩星球”科罗 7b（CoRoT-7b）绕其恒星公转一周只需要 21 小时。

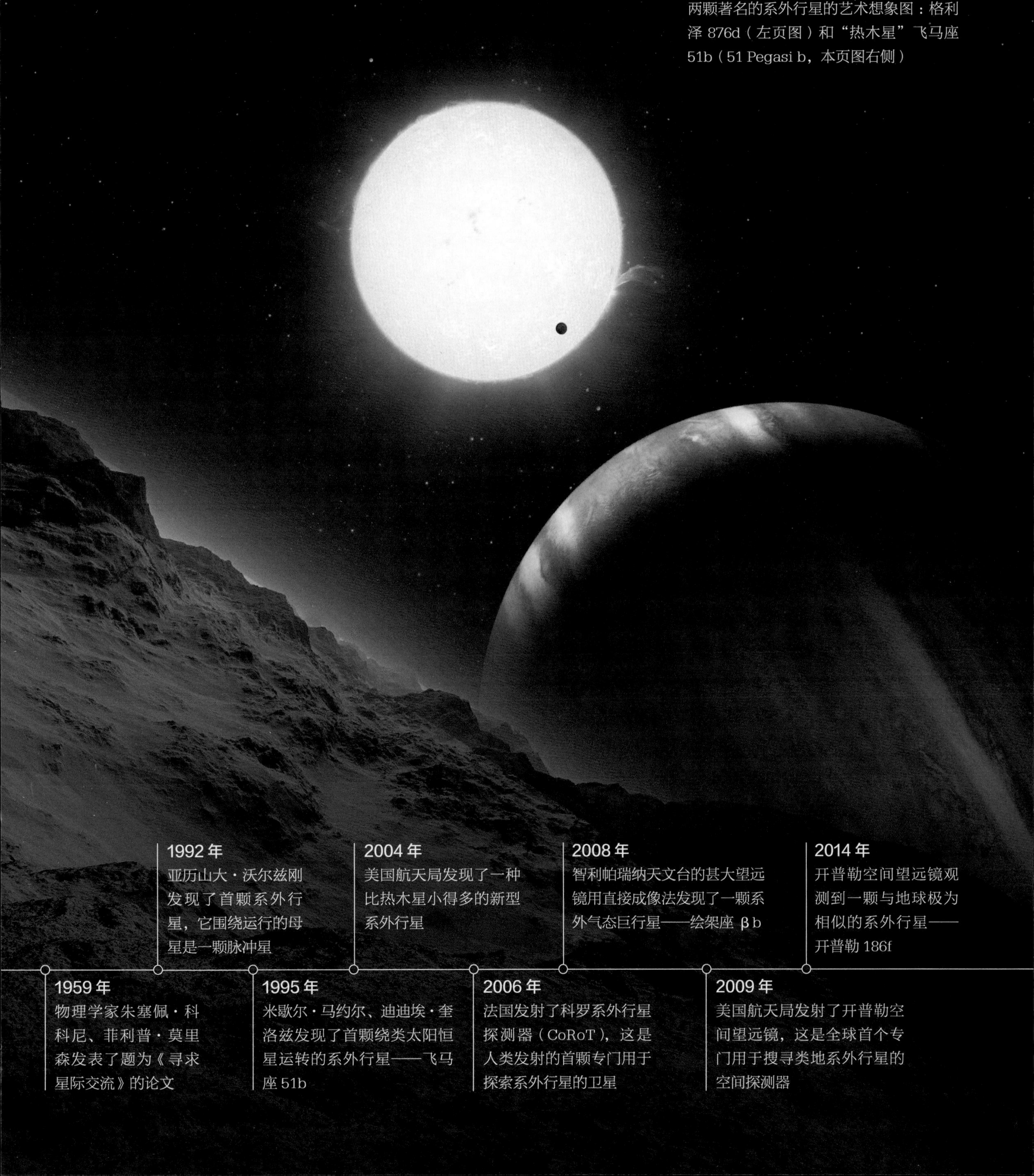

两颗著名的系外行星的艺术想象图：格利泽 876d（左页图）和“热木星”飞马座 51b（51 Pegasi b，本页图右侧）

1959 年
物理学家朱塞佩·科科尼、菲利普·莫里森发表了题为《寻求星际交流》的论文

1992 年
亚历山大·沃尔兹刚发现了首颗系外行星，它围绕运行的母星是一颗脉冲星

1995 年
米歇尔·马约尔、迪迪埃·奎洛兹发现了首颗绕类太阳恒星运转的系外行星——飞马座 51b

2004 年
美国航天局发现了一种比热木星小得多的新型系外行星

2006 年
法国发射了科罗系外行星探测器（CoRoT），这是人类发射的首颗专门用于探索系外行星的卫星

2008 年
智利帕瑞纳天文台的甚大望远镜用直接成像法发现了一颗系外气态巨行星——绘架座 β b

2009 年
美国航天局发射了开普勒空间望远镜，这是全球首个专门用于搜寻类地系外行星的空间探测器

2014 年
开普勒空间望远镜观测到一颗与地球极为相似的系外行星——开普勒 186f

探测方法

脉冲星行星系统的发现打开了系外行星探测的大门，科学家们陆续发现和确认了数千颗新的系外行星。尽管在相当长的一段时间内，没有一颗系外行星能出现在直接成像的照片中，即我们没有办法直接观测到一颗系外行星。要知道，一颗恒星往往要比它周围的行星明亮数百万到数十亿倍，所以寻找太阳系外的行星就如同在太阳里寻找萤火虫。恒星发出的强光完全掩盖了行星反射的光线，使得我们几乎无法直接观测到这些行星。

系外行星的探测方法

为了绕过这个障碍，天文学家想出了许多巧妙的方法。

下图 地球是我们寻找宜居行星的最佳模板

1995 年，瑞士科学家米歇尔·马约尔（Michel Mayor）和迪迪埃·奎洛兹（Didier Queloz）利用迄今为止最成功的技术发现了一颗围绕正常（非脉冲）恒星飞马座 51 运行的行星——飞马座 51b①。他们采用的方法叫作视向速度法（Radial Velocity，又称径向速度法或多普勒光谱法）。即通过测量恒星在我们视线方向速度的变化来寻找系外行星。当行星围绕恒星运行时，它的引力会对恒星造成轻微的扰动。这种扰动就会导致恒星发出的光发生多普勒效应，即星光交替出现蓝移和红移。当恒星靠近我们时，它发出的光线波长会变短，恒星光谱就会产生蓝移；当恒星远离我们时，它发出的光线波长会变长，恒星光谱就会产生红移。当行星的质量足够大时，其施加在恒星上的引力会让恒星围绕整个系统的质心摆动——木星对太阳的引力就能使太阳发生这种运动。行星越大，距离恒星越近，这种效应就越明显。当这种效应足够明显并达到天文望远镜的观测精度时，我们就能发现系外行星了。在众多以这种方式探测到的系外行星中，飞马座 51b 只是一个典型案例。它的质量约是木星的 1/2，它的轨道离母星非常近，只有 0.05 au，因此它必须承受 1 000 ℃以上的高温。飞马座 51b 是人类发现的第一颗热木星。在太阳系之外，科学家已经找到了很多的热木星，它们彻底颠覆了科学家对太阳系和行星形成理论的认知。（类地行星的发现数量相对较少也是一种观测上的选择效应，因为质量大、轨道半径小的行星对母星视向速度的影响更大，从而更容易被发现。）

① 飞马座 51b 是人类发现的第一颗围绕类似太阳的恒星运转的系外行星，其母星是飞马座内的一颗类太阳恒星飞马座 51。米歇尔·马约尔和迪迪埃·奎洛兹因发现这颗系外行星获得了 2019 年度诺贝尔物理学奖。飞马座 51b 的发现是天文学上的一座里程碑，它使科学家认识到在短周期轨道上亦可能存在巨行星。而当天文学家们认识到现有技术也能用来寻找系外行星之后，更多的天文望远镜被用于他们的搜寻工作，从而在太阳系周边区域发现了大量的系外行星。——译者注

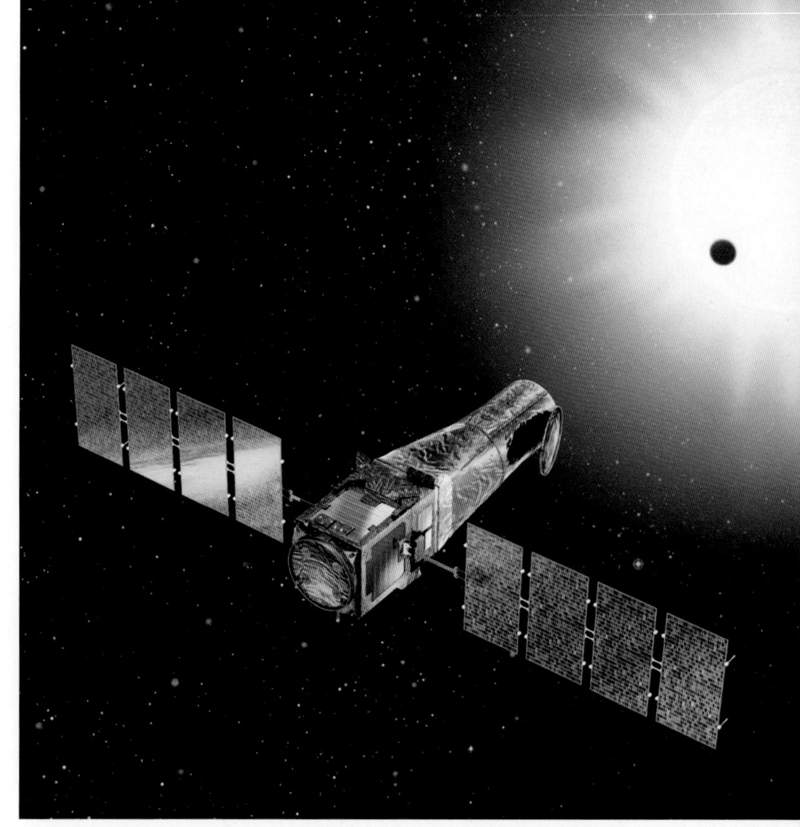

右图 由法国航天局（CNES）牵头，欧洲空间局及其他合作国家共同开发的科罗系外行星探测器于 2006 年发射升空。它通过测量凌星行星引起的恒星亮度变化（即凌星法）来寻找气态巨行星和类地系外行星

一种类似于视向速度法的技术也被用于系外行星的探测。天体测量法（Astrometry）主要是通过监测系外行星引力作用造成母星位置的变化来发现它们的存在。大致上来说，天体测量法和视向速度法都是观测系外行星的引力对母星造成的拖曳效果。不同的是，视向速度法观测的是恒星摆动时的光谱变化，而天体测量法则是单纯地看恒星的运行轨迹。天体测量法对测量精度的要求也非常高，因此最好是使用像哈勃这样的空间望远镜，或者是其他可以从多个位置进行协同观测以减小观测误差的望远镜网络。

凌星法（Transit）使用了开普勒和伽利略所熟悉的技术。当一颗行星运行到其母星和观测者之间时，它的身躯就会对恒星的部分光线产生遮挡，导致恒星的亮度出现微弱的变暗现象。在我们的太阳系中，当金星和水星从太阳表面“穿过”时，我们可以看到它们小圆盘一样的剪影在太阳表面移动。但在非常遥远的恒星系统中，我们无法直接看到行星的剪影，只能通过测量恒星十分微弱的亮度变化来确认行星正从恒星的表面掠过。特别大的行星甚至能挡住恒星发出的大部分光线，所以这种方法有利于发现更多的热木星。例如，这颗在穿过恒星 OGLE-TR-56 时被发现的行星 OGLE-TR-56 b，其质量是木星的 1.39 倍，每 1.2 天围绕母星公转一周，它与母星的距离仅为 0.02 au，可以说几乎是冒着被烧焦的危险在和母星跳贴面舞。

当天文学家使用微引力透镜法（Microlensing）探测系外行星时，则会看到与使用凌星法相反的现象，即恒星变亮。根据爱因斯坦的广义相对论，一个大质量天体会使经过其引力场的光线发生弯曲。这就使得远处恒星（背景恒星）的光需要经过中间一个恒星（前景恒星）附近而到达我们时，前景恒星会像透镜一样，将背景恒星的光聚焦，使得背景恒星看起来更亮，这种效应也被称为“微引力透镜”。之所以这么称呼，是因为更大尺度的天体如星系或星系团等则可以充当引力透镜甚至强引力透镜，与之相比恒星系统只能算是个微引力透镜。如果前景恒星周围有行星，那么就会对微引力透镜形成干扰，使得背景恒星亮度的增量发生细微的变化。科学家只要观测到微引力透镜出现短暂扰动，就暗示了前景恒星周围存在行星。利用这种方法，科学家甚至还能探测到一些没有固定轨道的“流浪行星”。2004 年，两个天文学家团队首次利用微引力透镜效应发现了一颗系外行星，其质量和木星大致相当，围绕着一颗距离地球约 16 000 光年的红矮星运行。

虽然上面的这些方法都能间接探测到系外行星，但是没有什么能比用我们自己的眼睛（或者至少是在一幅由更为灵敏的望远镜捕捉到的图像中）直接看到一颗行星更让人满足了。可遗憾的是，在如此遥远的距离上，行星反射的光线和母星发出的耀眼光芒相比根本就微不足道，因此几乎不可能对系外行星进行直接的观测。1984 年，科学家拍摄了第一张绘架座 β 的星周盘光学影像，尽管绘架座 β 是一颗恒星，但它是首颗被发现拥有明亮的由略微散开的尘埃和碎片组成的岩屑盘的星体。当中央恒星被遮住时，就可以看到两个高温的岩屑盘围绕在这颗恒星周围，盘面上的岩石团块还会不时地落向中心恒星，产生类似彗星的现象，这些岩屑盘可能是这颗年轻恒星周围的原行星盘，即行星系统的诞生地。截至 2019 年，科学家已经在这个正在形成的行星系统中发现了 2 颗系外行星。现在，世界顶级的天文望远镜已经能直接观测到真正的系外行星了。2004 年，甚大望远镜就成功拍摄到一颗围绕褐矮星 2M1207 运行的行星 2M1207b，它位于半人马座，是第一颗通过直接成像法（Direct Imaging）探测到的系外行星。截至 2022 年 3 月，以直接成像法发现的系外行星共有 61 颗，其中大部分是数十倍木星质量的巨型行星。美国航天局的哈勃空间望远镜、夏威夷的凯克天文台（W. M. Keck Observatory）以及欧洲南方天文台位于智利等几个地区的望远镜阵列均有参与直接成像法对系外行星的搜寻。

水世界

对太阳系的研究表明，在太阳系形成早期，行星轨道会发生迁移。如果这种轨道迁移同样发生在系外行星系统中，那么我们在搜索系外行星的过程中可能会发现“水世界”。类似天王星和海王星这样的冰巨星通常形成于原始恒星星云的外围区域，由于早期恒星的辐射并不强烈，加上那里的低温环境，这些星球上的水会稳定地保持固态。如果冰质行星的轨道随后向内迁移至靠近恒星的位置，恒星的热量会将其表面的冰融化，行星也将变为一个海洋世界。这样的星球将是我们寻找地外生命的绝佳候选者。

行星动物园

通过综合应用这些探测方法，天文学家们已经发现了 5 000 多颗太阳系外的行星，而且这个数量还在持续地增加。这些行星大部分都很奇特，与我们太阳系中的行星有着巨大的差异。但从某种程度上说，这是我们所使用的探测技术导致的，即前面提到的观测上的选择效应——我们使用的探测方法更倾向于发现那些距离恒星较近的大质量行星。

虽然寻找类地行星的难度要高得多，但迄今发现的大部分系外行星，无论是自身的环境还是轨道等方面都与地球存在巨大的差异，这也让我们开始怀疑类地系外行星在宇宙中到底是稀有品种还是普遍存在的。

迄今发现的大多数系外行星都是巨行星，其大小与土星、木星等行星相当甚至更大。太阳系中的气态巨行星距离太阳相对较远，而这些系外巨行星的运行轨道通常都很靠近母星，因此它们也被称为“热木星”。望远镜的观测结果也显示，至少有一颗行星的表面温度高达 4 000 ℃。天文学家还发现了“热海王星”——与海王星大小相当的高温行星，如格利泽 436b，其偏心轨道几乎直接从恒星表面掠过。被发现的成员中还有一些质量更大的行星，例如科罗 3b（CoRoT-3b），其质量是木星的 21 倍，有可能是一颗“失败的恒星”。

尘埃云和小行星带也相继浮出水面。甚至在第一颗系外行星被发现之前，天文学家就已经在绘架座 β 周围发现了一条尘埃带；距离地球 10.5 光年的天苑四不仅拥有两条小行星带，而且还有一个充满冰质碎片的外环。此外，天文学家还发现了多行星系统，以及围绕巨星运行的行星和围绕白矮星运行的行星。

新大陆

这些新发现令科学家兴奋不已，并对系外行星的搜索充满了期待，但只有真正找到系外行星的圣杯——另一个地球，科学家才会心满意足。近年来，随着探测方法的改进和探测精度的提高，科学家也发现了越来越小、越来越像地球的行星，但是没有一颗行星具备地球的所有特征。宜居的类地系外行星必须位于恒星的宜居带内，那里的温度允许液态水的存在；还要拥有坚硬的岩石表面；最好还能有一个包含水蒸气、二氧化碳和臭氧（氧气的一种同素异形体）的大气。

哈勃空间望远镜已经发现了一颗距离地球约 63 光年的系外行星 HD 189733 b，它的大气中既有甲烷也有二氧化碳，可惜的是这颗木星大小的行星对生命来说实在是太热了。

科罗系外行星探测器则发现了一颗类似地球的系外行星——科罗 7b，其质量大约是地球的 4 倍。不幸的是，它与母星的距离是如此之近，以至于表面即便被岩石覆盖，也只能处于熔融状态。2008 年，位于智利的欧洲南方天文台的天文学家在一颗名为 HD 40307 的恒星周围发现了 3 颗有趣的行星，它们距离地球大约 42 光年，质量介于地球的 4~10 倍之间。然而，这 3 颗“超级地球”全都在不到水星轨道半径一半的距离上围绕母星旋转，它们的温度都高得吓人。

在如此多的行星系统中，找到类地行星的可能性还是很大的，目前可能只是因为我们缺乏精度足够高的望远镜而已。不过，这种状况正在得以改变。法国于 2006 年发射的科罗系外行星探测器可以探测到比地面观测极限还要小得多的系外行星凌星事件。美国航天局在 2009 年发射的开普勒空间望远镜（Keplerian telescope, 又称开普勒任务），是人类首个专门用于搜寻类地系外行星的空间探测器，号称“行星捕手”。它的任务是测量和监测 15 万颗类太阳恒星的亮度，通过凌星法搜寻围绕这些遥远恒星运转的系外行星。

如果我们真的在某个外星世界发现了生命的迹象，虽然一开始可能无法确定这些生命到底是来自外星藻类、虫眼外星人，还是与我们有着天壤之别的其他物种，但至少能说明我们在宇宙中并不孤单。

探测任务

对那些希望能在太阳系外发现生命迹象的人而言，他们几乎都可以提前预测系外行星的研究结果了——基本每次都会带来一个好坏参半的消息。好消息是，随着新探测器和新探测方法的应用，系外行星的发现数量正在与日俱增，这也证实了在地球的近邻区域，至少从结构上说，行星围绕恒星运行的这种天体系统是广泛存在的，太阳系绝非独一无二。截至 2022 年 3 月 21 日，科学家已经在 3 759 个行星系统中发现并确认了 5 005 颗系外行星。

那坏消息是什么呢？目前发现的所有系外行星上还没有找到确切的生命存在的证据。大多数系外行星属于热木星类的巨行星，其表面温度极高而且还受到母星的强烈辐射的影响，基本不具备孕育生命的必要条件。

不过，狩猎系外行星的空间和地基观测仍在继续。夏威

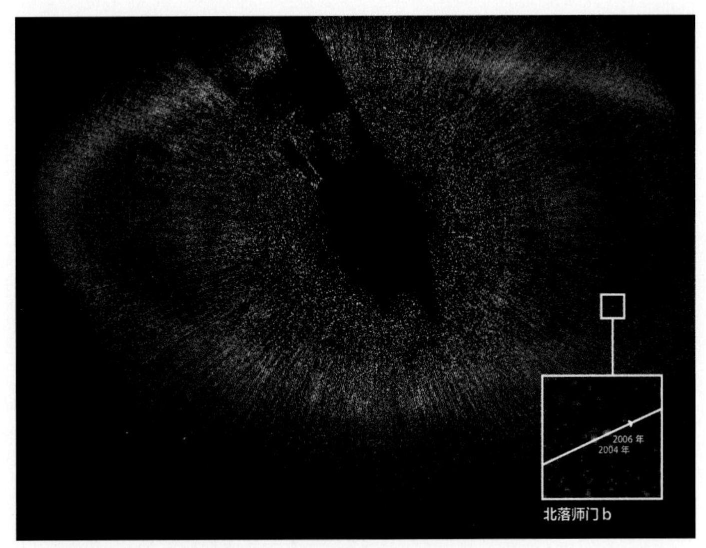

上图　哈勃空间望远镜曾经拍到的位于南鱼座的系外行星北落师门 b，目前被认为不存在。天文学家分析后认为，它可能从来就不是一颗行星，只是一团不断扩张的碎片云，由两个较大的天体碰撞产生

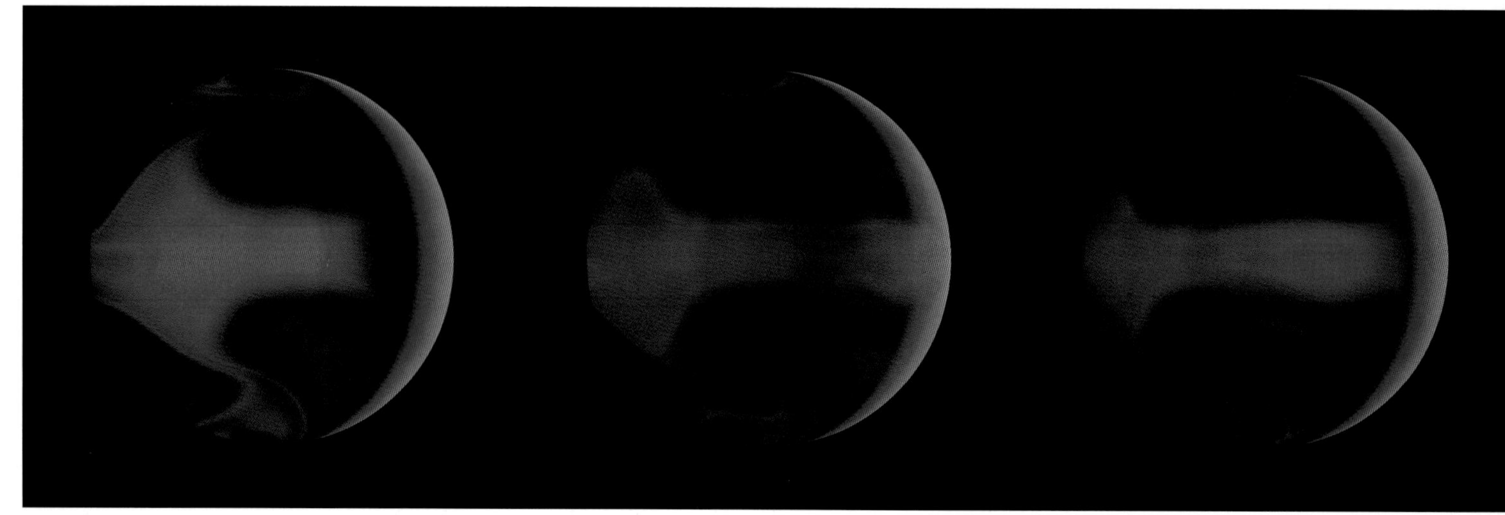

上图　这些计算机合成图像显示了系外行星 HD 80606 b 上发生的一场剧烈风暴，图像数据来自美国航天局的斯皮策空间望远镜在 2007 年 11 月的观测。当时 HD 80606 b 正处于最接近母星的位置。新月形的蓝色光芒是被行星散射和反射的星光。

夷凯克天文台的先进地基望远镜搜索系外行星的工作正在稳步推进，而空间望远镜也在紧锣密鼓地进行观测，希望能像哈勃空间望远镜那样做出重大发现。

行星捕手

美国航天局的开普勒空间望远镜于 2009 年 3 月发射升空，开普勒空间望远镜的目标是寻找位于宜居带中与地球大小相当的系外行星，位于宜居带也就意味着可能存在液态水。开普勒空间望远镜的研究目标还包括：确定拥有行星的恒星类型，以便未来更有针对性地选择研究目标。科学家相信，其他行星系统的发现和研究可以帮助我们更加深入地了解太阳系及其在银河系中的位置，即与银河系中的其他恒星系统相比，太阳系到底是稀有罕见的，还是普遍存在的呢?

开普勒望远镜的工作进展很顺利。2010 年 1 月，美国航天局宣布开普勒望远镜发现了首批 5 颗系外行星，它们分别被命名为开普勒 4b、5b、6b、7b 和 8b，这些行星的命名方式似乎已经表明系外行星在宇宙中非常普遍。这 5 颗系外行星都是热木星，表面温度介于 1 200~1 600 ℃之间。

斯皮策空间望远镜

利用美国航天局的斯皮策空间望远镜（Spitzer Space Telescope，SST）的观测数据，科学家认为他们很可能发现了一个正处在形成过程中的“襁褓太阳系”。他们注意到，在 HR 8799 恒星周围，4 颗大质量行星似乎在不稳定的轨道上运行，并伴有尘埃拖尾现象。不稳定的轨道表明，这是一个年轻的行星系统，行星轨道还没有演化至稳定的状态。而尘埃拖尾可能暗示行星与彗星或小行星等较小的天体发生了碰撞。我们的太阳系在形成的早期阶段也经历了这种碰撞过程。

2009 年 10 月，斯皮策空间望远镜研究团队的科学家宣布他们发现了第二颗含有有机分子的行星 HD 209458 b，他们观测到这颗行星的大气中有水、甲烷和二氧化碳。尽管这颗环绕恒星 HD 209458 的巨行星并不宜居，但它的发现证实了与生命相关的化学物质并非地球所独有。这一发现使那些相信存在地外生命的人倍受鼓舞，他们认为这些元素和化合物可能会在宇宙中的某些天体上发生组合，并最终诞生出与地球同样丰富多彩的生命形式。

行星的相互作用

除寻找地外生命以外，科学家研究系外行星还有其他一些原因，其中之一就是因为行星系统是现成的研究行星间相互

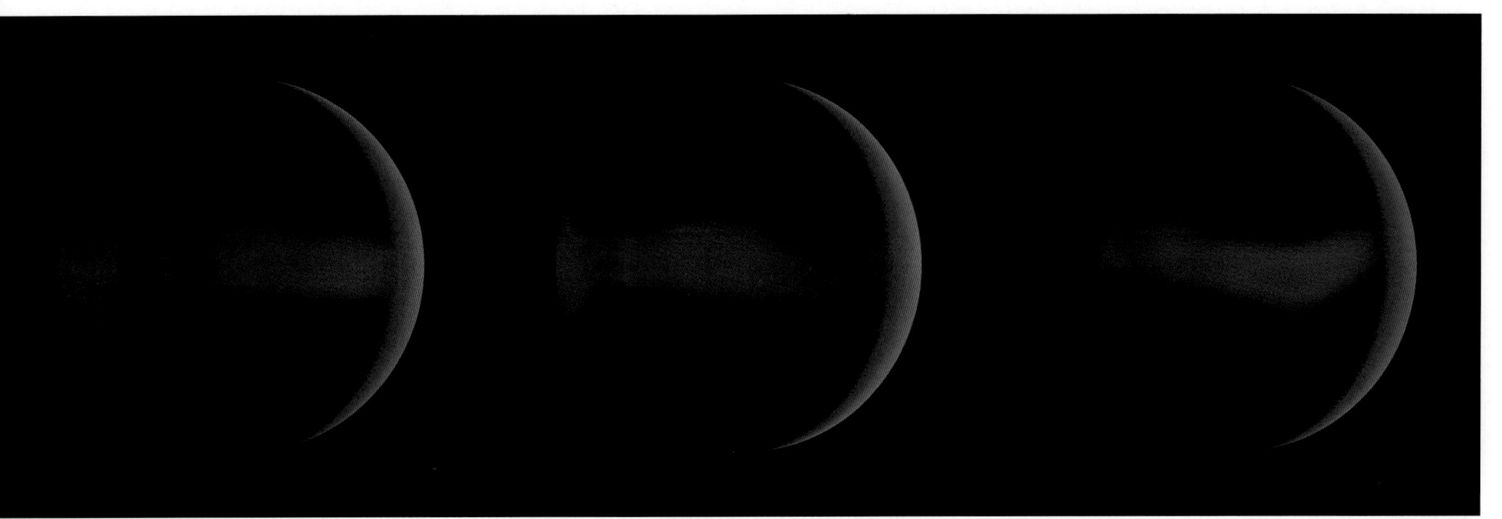

作用的实验室。2009 年，科学家发现了一颗热木星 WASP-18b，即所谓的“神风”行星，其轨道周期还不足 1 个地球日，距离宿主恒星 WASP-18 仅 300 万千米，看起来随时都有灰飞烟灭的危险。它的名字“神风”就源自“二战”时期臭名昭著的日本神风特攻队，取“自杀式行为”之意。

WASP-18b 最后会被宿主恒星撕裂解体吗？科学家对此持不同看法。有些科学家认为，这颗行星离恒星太近，大约再过 50 万年就会被宿主恒星撕成碎片。而其他科学家则认为，当两个巨大的气态天体不断靠近时，它们之间可能会相互干扰，这种相互作用的动态过程可能会将它们发生碰撞的时间推迟 5 亿年。

搜索系外行星的新方法

在搜索系外行星的过程中，科学家也在利用更新、更灵敏的观测方法来提高系外行星的搜索效率。一个观测小组通过大气的荧光现象确认发现了一颗系外行星，尽管没有在上面找到生命存在的证据，但这种探测系外行星的新方法值得进一步研究和发展。

随着开普勒空间望远镜进入轨道，以搜索系外行星为目标的下一代空间计划也已经开始筹备，这些计划包括空间干涉测量探测（Space Interferometer Mission，SIM）和类地行星搜索者。空间干涉测量探测通过比较两个或两个以上望远镜的观测结果来检测恒星视运动中的微小变化或“摆动”，以此推断出恒星周围是否存在行星。该计划原定于 2009 年实施，并携带先进的观测设备和仪器进入太空来搜索类地行星，但在数次推迟后于 2010 年被正式取消。

类地行星搜索者曾计划建立一个空间望远镜系统以搜寻系外行星中的类地行星，并通过探测新发现行星的大气层与表面特征来寻找源自生命体的化学物质。可惜的是，该计划最终也没能逃脱厄运，于 2011 年被正式取消。

寻找另一个地球

距离发现第一颗系外行星已经过去了 30 年，在刚发现系外行星时，人们都以为其他类地行星就在我们触手可及的地方，我们马上就可以更好地了解人类在宇宙中所处的位置，或许还能在其他星球发现外星生命的线索。

但事情并没有如大家预期的那样发展下去。对系外行星的研究非但没有为上述问题提供清晰的答案或线索，反而颠覆了许多现有的太阳系形成理论，使得科学家在一堆令人震惊的观测数据面前无所适从，他们甚至无法确定在宇宙中像地球这样的星球究竟是一个特例还是普遍存在的。正如美国航天局冗长的系外行星研究指南中所说，自 20 世纪 90 年代中期以来，系外行星领域的发现的确“出人意料”。

下图　先进的智能显示系统，能实时地将空间望远镜传回的海量数据以图形化的方式呈现在研究人员面前

与其他系外行星系统的对比

目前，全球已有数十个机构正在参与开展系外行星的搜寻工作，而众多已经探明的系外行星以及相关的大量研究数据，或许正如美国航天局所形容的：这是一笔宝贵的关于其他行星和太阳系的“经验财富”。

然而，与其根据我们之前的经验模型来研究太阳系形成理论，倒不如换个思路，从已发现的包含类木行星的系外行星系统入手。之前的经验模型认为，岩质行星是在原始恒星云内部形成的，而那些温度相对较低的气态巨行星则诞生于“雪线”之外。

根据目前的观测结果，在那些含有气态巨行星的系外行星系统中，巨行星的分布几乎和太阳系完全相反——它们距离自己的母星都非常近。这一发现让科学家提出了关于行星在恒星周围位置分布的新理论。有些天文学家认为，这些巨

行星最初形成于某个“恰当”的距离，然后才逐渐迁移到系统内部。那么新的问题来了，是什么导致了迁移，又是什么机制最后阻止了这种迁移过程。美国航天局在陈述其系外行星研究的导航计划时提到，根据现有的观测数据推测，平均而言，几乎每颗恒星都拥有至少一颗围绕它运转的行星。

然而，在迄今所发现的系外行星中，类地行星候选者却相对稀少。

那么，我们又该如何看待地球呢?

寻找类地行星

开普勒空间望远镜项目组的研究人员认为，发现如此多的气态巨行星其实也是意料之中的事情，部分原因是观测上的选择效应，也就是说，与那些离恒星较远的小型天体相比，处在近距离的短周期轨道上运行的大型天体更容易被发现。

由于这些巨行星运行速度快、轨道周期短，科学家就可以在较短的时间内对其进行多次观测。相比之下，如果要观测“类地球行星”的话，那就需要一点运气和耐心了。例如，开普勒空间望远镜能利用行星在恒星前面经过时因遮挡恒星光线而使恒星亮度减弱的原理，通过观测恒星亮度的变化来寻找行星。

每当天体从恒星前面经过时（即凌星事件），凌星时长以及恒星的亮度变化必须要经过多次观测，才能确认所看到的是什么样的天体。开普勒项目的科学家说，考虑到宜居带内的行星通常离恒星更远，绕恒星公转 1 周至少需要 1 个地球年的时间，他们可能需要 3 年时间才能累积足够的观测数据，以确认是否存在类地行星。

在 9 年多的服役期间，开普勒空间望远镜一共观测了 53 万多颗恒星，确认发现了 2 662 颗系外行星。2013 年 5 月，开普勒空间望远镜由于反应轮发生故障，导致望远镜指向精度下降，在经过 3 个多月的努力后，美国航天局宣布修复失败，但开普勒空间望远镜依然可以借助太阳光压来调整望远镜姿态进行后续的观测。后续的观测任务被命名为 K2（意为“开普勒的第二生命周期”），开普勒空间望远镜在这个任务阶段又开展了 19 期观测活动。

2018 年 10 月 30 日，美国航天局宣布，预计工作寿命为 3.5 年的开普勒空间望远镜因燃料耗尽，在超期服役直至工作了 9 年 7 个月零 23 天后，彻底退役，正式停止所有在轨科学探索活动。值得庆幸的是，开普勒空间望远镜的继任者——凌星系外行星巡天卫星（TESS）已于 2018 年 4 月发射升空，它的主要任务是观测那些距离太阳系不远的主序星，并寻找它们的行星尤其是那些位于宜居带的岩质行星。

开普勒空间望远镜在其非凡的工作中收集了海量的科学数据，这些令人震惊的数据已经告诉我们，银河系中的行星比恒星还多。科学家们计划利用这些数据构建一个庞大的行星数据库，从中统计和推断出各类行星系统的性质，也许还能根据行星系统性质的变化建立行星系统序列，并将我们太阳系的行星也列入其中。

孤独的地球

或许还有一种可能，在宇宙中，我们的地球或太阳系实际上是非常稀有的，甚至是独一无二的。要知道，迄今为止，科学家仅在两颗系外行星上发现了有机分子的踪迹。虽然这意味着“生命元素”并非地球独有，但也可能意味着它在银河系周围的分布非常稀疏。太阳系的其他行星和卫星上也存在有机化合物，但到目前为止还没有任何证据表明它们上面存在生命。

因此，诸如“很快就能证明类地行星在宇宙中是普遍存在的”这样的说法，已经受到了一些科学家的质疑，加州理工学院的迈克·布朗就是其中之一。

布朗在 2010 年 4 月接受美国国家公共广播电台采访时说：“我们所能看到的每一个行星系统的细节似乎都与预期的不一样。鉴于系外行星的观测马上就要进入第三个 10 年了，我们应该已经积累了足够的观测数据以确认这些细节。现在我好奇的是，是否已经到了确认地球和太阳系是宇宙中罕见特例的时候。在这一点上，我目前还不是太担心，但如果未来一年左右还没有更新的发现的话，恐怕就需要仔细考虑上述可能了。”

不过，就算真的有一天地球被证明是独一无二的，这又能怎样呢？这会妨碍我们继续寻找地外生命吗？“碳基沙文主义”或“人本主义”的观点会阻碍我们探寻与我们截然不同的、非碳基的生命形式吗？那些所谓的平行宇宙或平行时空连续体真的存在吗？如果真的存在，有没有可能是因为我们不知道该如何探测所以至今都没有被发现呢？

这些问题处于科学和形而上学的交叉领域，哲学家与宇宙学家对这个领域都抱有极大的兴趣，而弦理论家则在琢磨物质是否只是振动的能量而已。目前，我们正处于一个对系外行星早已司空见惯，但地球生命仍是独此一份的时代，也许上述学科的科学家可以给我们一个满意的答案。

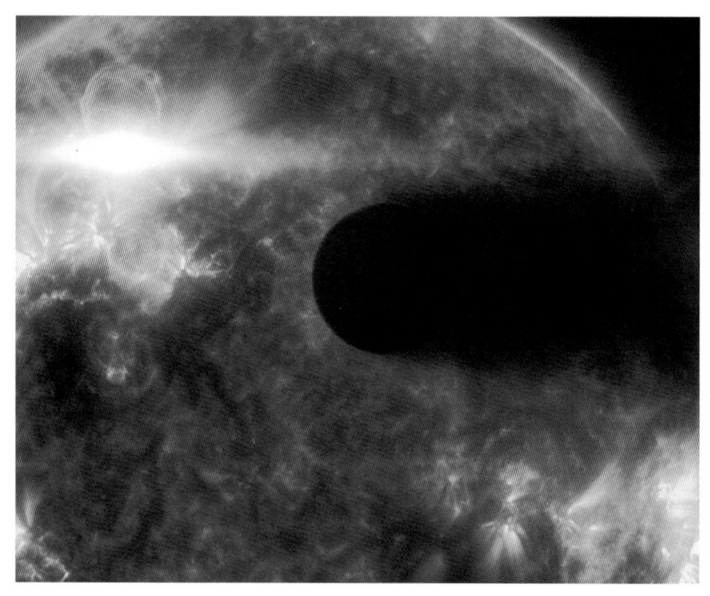

上图　在这幅艺术想象图中，位于狐狸座（Vulpecula）中的一颗距地球约 63 光年的系外行星 HD 189733 b 正从其母星前面经过，即处在凌星过程中

寻找地外智慧生命

寻找地外智慧生命看起来似乎是科学研究中比较另类的方向。其实早在 1974 年，就有科学家尝试了这样一个项目，他们向一个星团发射了一串由二进制数字组成的信号，完美地将数字时代的魔法和科幻小说中的想象结合在了一起。而最近关于地球生物多样性的最新研究结果又给这类项目注入了新动力，同时也给这类研究的合法性提供了最佳支持。

特殊的生命形式

例如，2010 年 3 月，荷兰的一个微生物学家团队宣布，他们发现了一种可以在无光照的情况下用自己制造的氧气来分解甲烷气体的细菌。这种细菌能够将亚硝酸盐分解为一氧化氮和氧气，然后用生成的氧气分解甲烷来获取能量。

这一发现为地球生命演化的研究提供了新的线索。这些生物能够在奇特的环境中以意想不到的方式生存，其生命过程完全不是我们认为的那样需要氧气或光合作用的参与。在这种情况下，该发现也为探寻地外生命增加了一种可能性：以我们对太阳系行星和卫星的了解，甲烷在许多行星和卫星上都很常见，那么，如果地球上的细菌可以靠它生存，类似的生物体为什么不能在木卫二或土卫二上生存呢？

进化微生物学家马丁·克洛茨（Martin Klotz）提议，在寻找地外生命的过程中，“寻找甲烷”也许是个不错的思路。

当然，在一颗似乎是为碳基生命量身定制的星球上发现在极端条件下生存的生命形式，与在极端恶劣的环境下孕育出生命之间，其实有着天壤之别。这是一个“从 0 到 1”的艰难过程：要么发展出大量的生命形式，要么维持一无所有的沉寂。

塞思 · 肖斯塔克
SETI 研究所

塞思 · 肖斯塔克（Seth Shostak，1943—）认为，有越来越多的证据表明地外智慧生命是存在的。对他来说，这个结论来自于我们对地球以及太阳系其他部分的了解。现在看来，地球诞生于大约 46 亿年前，而原始生命大约在地球诞生之后的 10 亿年左右就出现了。这意味着，如果形成生命的基本条件准备就绪，生命奇迹也许很快就能出现。这对外星人猎手来说是个好消息，因为这意味着只要其他星球上具备形成生命的基本条件，那里就很有可能存在生命，甚至有可能存在智慧生命。肖斯塔克说："合理的推测是，系外恒星系统中拥有类地行星的概率是 1%~5%。假设这个概率是 1%，那么一个包含了几千亿个太阳系的星系，就拥有几十亿个类似地球的世界。如果你是房地产开发商的话，这显然是个巨大无比的商机。"

狩猎外星人

毫无疑问，狩猎外星人这一太空探索的特殊领域正在发展壮大。主要由微软联合创始人保罗 · 艾伦（Paul Allen）出资兴建的艾伦望远镜阵于 2007 年完成第一阶段建设后正式投入运行。艾伦望远镜阵目前由 42 架天线组成，全部建成后预计会有 350 架天线，这些小口径射电天线主要是用于侦听任何可能来自外星智慧文明的无线电信号。此外，它们还为射电天文领域的很多研究提供支持。艾伦望远镜阵一度于 2011 年因经费不足而濒于停机，所幸后来美国空军租用其部分机时用于提升空间态势感知（Space Situational Awareness，SSA）能力——跟踪和监测在轨运行空间物体（卫星、空间碎片等）及其运动、能力和意图，以保护美国和盟国的空间资产免受潜在威胁，望远镜这才得以继续维持运行。

一直以来，SETI 研究所都是依靠自己的标准射电天文设

下图 艾伦望远镜阵中的碟形天线主要用于寻找地外智慧生命和其他射电天文学研究

备来接收空间环境信号。最近，SETI 研究所也在这些天文设备上应用了一些新的先进光学技术。例如，加州大学的利克天文台（Lick Observatory）就配备了一个脉冲探测器，可以接收先进文明向地球发出的闪烁的激光信号。

随着美国航天局的开普勒空间望远镜开启搜寻系外行星的工作，欧洲空间局也启动了雄心勃勃的多飞行器项目的研究，该项目若能顺利实施将大大加快类地行星的搜寻进度。按照设想，欧洲空间局的达尔文计划将发射 4 到 5 台空间望远镜，在红外波段同步进行巡天观测，这种观测方式被认为是从恒星的强光中识别出行星的最佳途径。然而，达尔文计划的命运提醒我们，即便是最有价值的研究计划也会受制于紧张的预算和面对艰难的抉择：根据欧洲空间局官网发布的信息显示，该计划已被正式取消。

和时间赛跑

对天文学家而言，达尔文等计划的取消所带来的遗憾，却在另一个快速发展的领域中得到了一定程度的弥补。这就是计算机的处理速度。根据摩尔定律——大约每 2 年计算机的运算能力就会提高 1 倍，如今艾伦望远镜阵等观测设备的数据处理速度正在持续地得到提升。

SETI 研究所的设备也会产生海量的观测数据，数据处理的任务也异常艰巨。考虑到最近又新添了光学脉冲探测器，负责数据处理工作的研究人员可能又要多掉几根头发了。SETI 研究所早期的光学设备经常会把星光、宇宙射线和其他类型的宇宙“噪声”误判为疑似外星文明的信号而做出错误的预警。目前亟待解决的问题就是提高观测精度：为此，研究所的科学家对 3 个光学探测器进行了特殊设置，只有当 3 个光学探测器“同时”收集到光子时才会记录数据，从而减轻后续数据处理的压力。此处“同时”的定义是：3 个光学探测器收集到信号的时差在 1 纳秒以内。

从某种意义上说，狩猎外星人就像是一场赌博。目前看来，银河系中平均每颗恒星都至少拥有一颗行星，由于星系中的恒星数量巨大，通常数以十亿计，即便拥有生命的行星只是其中的极少数，也意味着我们目前已知的数千亿个星系中会有很多生命存在。这就像二选一的选择题：要么地球是独一无二的，要么不是——如果地球不是特例，那么将会有很多很多存在生命的行星。根据 SETI 研究所的塞思 · 肖斯塔克等资深外星人猎手的说法，目前搜寻地外文明的效率遵循着摩尔定律正以几何级数成倍增长，如果按照这种效率在未来的十几年里持续搜索，那么研究人员将能观测到“数百万个恒星系统”，然后判断其中是否存在类地行星，并进一步确认在这些类地行星上是否有可能存在生命。

肖斯塔克说：“当搜索的系外行星数量达到百万量级时，我们会有很大的机会找到地外文明，如今这种可能性已经变得越来越大了。”

下图　这是美国新墨西哥州罗斯韦尔某处的霓虹灯，真正的外星人长得会像这样吗

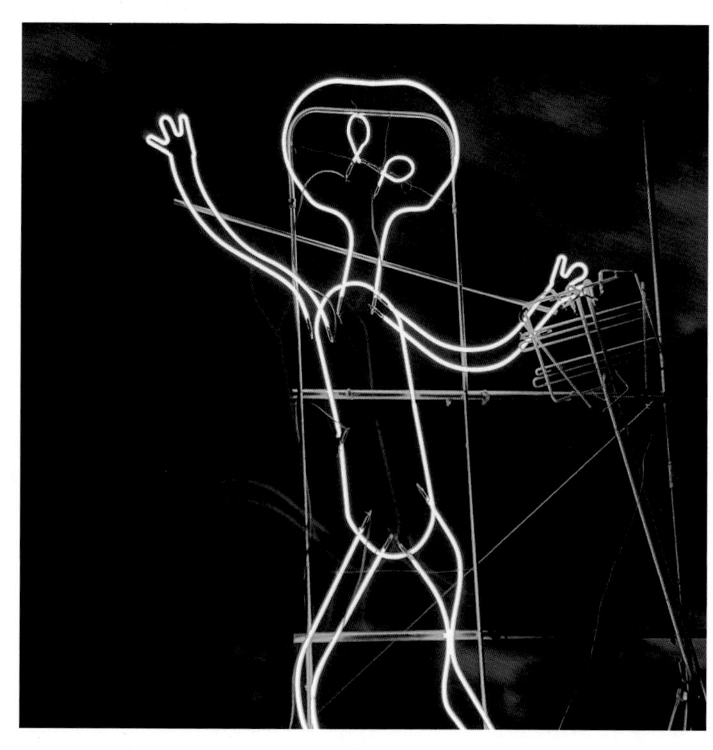

附录

太阳系探测任务

过去，太阳系及其边缘还是人类只能从远处窥视的神秘之地，但自 20 世纪 50 年代以来，我们已经发射了许多空间探测器，希望揭示太阳和绕其运行的各大行星的秘密。

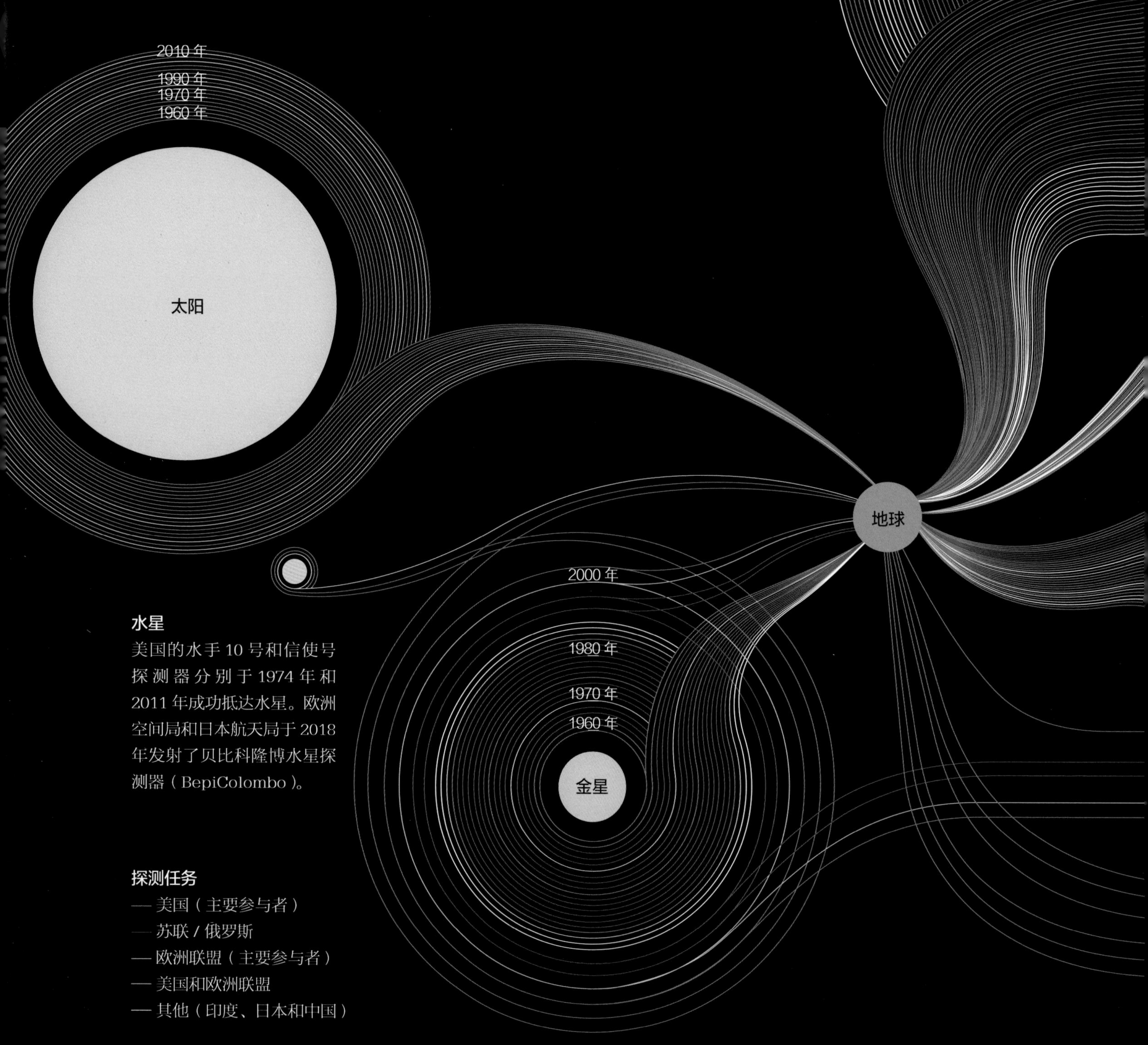

水星

美国的水手 10 号和信使号探测器分别于 1974 年和 2011 年成功抵达水星。欧洲空间局和日本航天局于 2018 年发射了贝比科隆博水星探测器（BepiColombo）。

探测任务

— 美国（主要参与者）
— 苏联 / 俄罗斯
— 欧洲联盟（主要参与者）
— 美国和欧洲联盟
— 其他（印度、日本和中国）

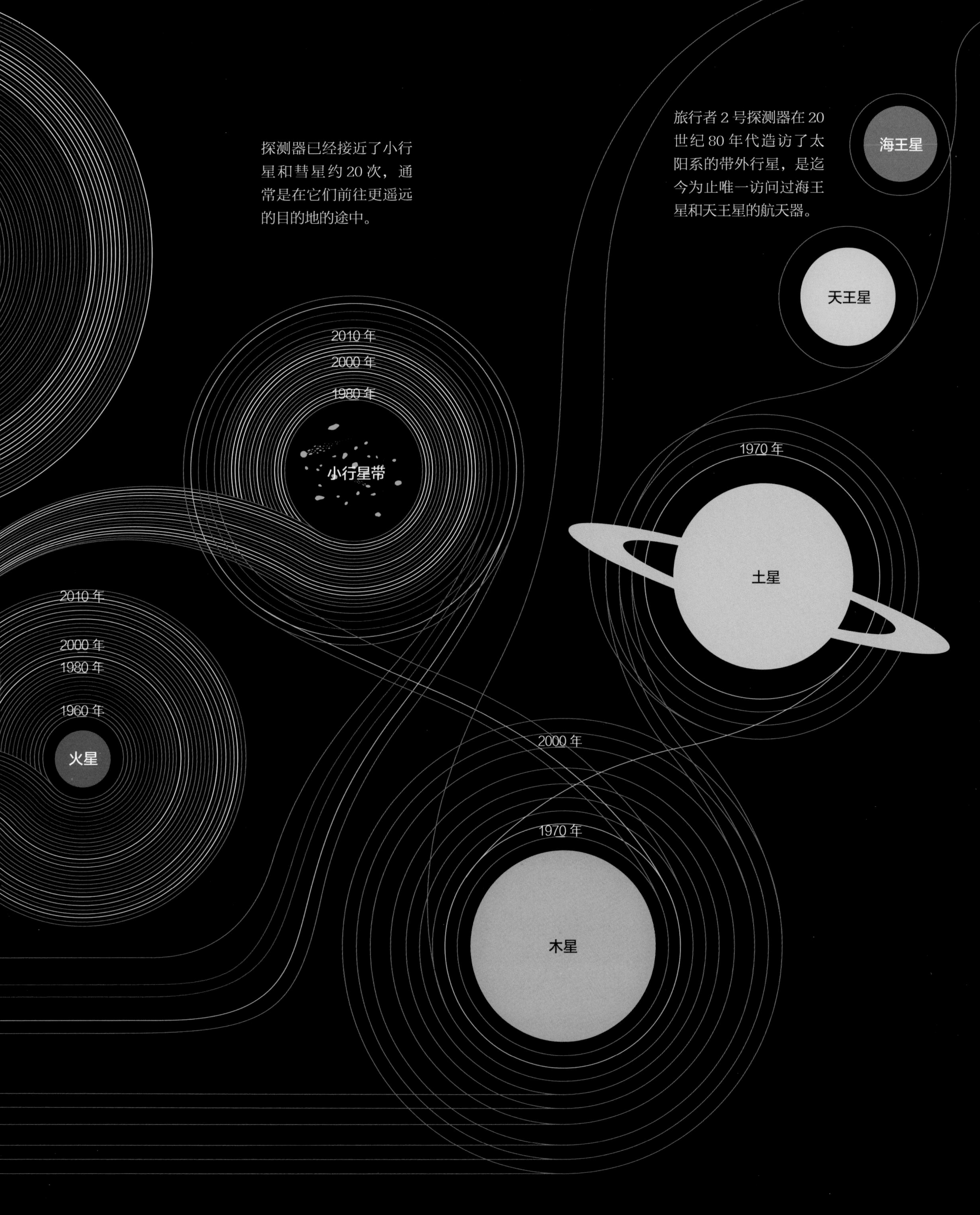

探测器已经接近了小行星和彗星约20次，通常是在它们前往更遥远的目的地的途中。
旅行者2号探测器在20世纪80年代造访了太阳系的带外行星，是迄今为止唯一访问过海王星和天王星的航天器。
海王星
天王星
2010年
2000年
1980年
小行星带
1970年
土星
2010年
2000年
1980年
1960年
火星
2000年
1970年
木星

术语表

上图　日全食

A

阿波罗型小行星：以小行星阿波罗为首命名的一群近地小行星。其中有些小行星的轨道与地球轨道相交。

阿雷西博射电望远镜：曾经是世界上最大的单口径射电望远镜，拥有一个直径达 305 米的反射镜。该望远镜由位于波多黎各的美国国家天文和电离层中心管理，用于研究行星科学、射电天文学、空间和大气科学。2020 年 12 月，阿雷西博射电望远镜因遭遇坍塌事故而彻底损毁。

矮星：恒星光谱分类中光度级按照由强到弱的顺序分在第 5 级的恒星，等同于主序星，包括蓝矮星、黄矮星、红矮星等。

矮行星：也被称为“侏儒行星”，其体积介于行星和小行星之间，围绕恒星运转，质量足以克服固体引力以达到流体静力平衡（近于圆球）形状，但没有能力清除其轨道附近区域的天体，同时不是一颗卫星。

艾伦望远镜阵（ATA）：位于美国旧金山北部的哈特克里射电天文台的一种由多元天线系统组成的射电望远镜，专门用于天文研究和搜寻外星文明。

奥尔特云：一个巨大的主要由冰质天体组成的球状云团。它包围着太阳系，距离太阳 2 000~200 000 au，被认为是长周期彗星的发源地。

B

白矮星：演化到末期的已经燃烧完所有核燃料的恒星。它已坍缩到原来的一小部分，但仍然保持着相当大的质量。

板块构造：解释岩石圈（地壳和上地幔顶部）构造和运动的全球构造模型。

半人马型小行星：一类绕日轨道在木星和海王星之间的小型天体，兼具小行星和彗星的特征。

半影：不透明的物体所投下阴影的较亮的外部区域。位于半影区的观测者可以看见部分的发光天体。

本轮：指一个小圆，它的圆心绕着一固定大圆的圆周而滚转。在以地球为中心的宇宙模型中，行星被假定在一个小圆（本轮）上运行，而本轮的中心沿着一个更大的圆圈（均轮）运行。

本影：不透明的物体所投下的黑暗的中央影锥。在本影内的任何地点，光源物体都完全不可见。

波长：波在一个振动周期内传播的距离，等于相邻的两个波峰（或波谷）之间的距离。

下图　位于美国亚利桑那州的巴林杰陨星坑

C

差旋层：恒星的辐射区和对流区之间的过渡区域，被认为是恒星磁场产生的地方。

超巨星：光度、体积比巨星大而密度较小的恒星。它们是光度最强的恒星之一。

超新星：发生在大质量恒星生命末期并导致其全部或部分毁灭的一种极高能现象。

潮汐力：将物体压缩或拉伸的一种假想力。潮汐力产生的原因是一个物体的不同部分受到来自另一个物体的引力场强度不相同，在靠近引力场源那侧受到的引力大于远离的那侧，引力不均造成了物体被拉伸。

潮汐隆起：一个天体由于受到另一个天体的潮汐力作用而引起的变形。

长周期彗星：绕日公转周期超过 200 年的彗星，一般被认为起源于奥尔特云。

冲日：指太阳系内的某一天体（如外行星、小行星、彗星等）运行到与太阳、地球成一条直线，并且天体与太阳各在地球两侧的天文现象。

磁层：天体周围带电粒子受天体磁场支配的空间区域。

磁场：指传递实物间磁力作用的场。

D

大爆炸：目前被广泛接受的关于宇宙起源和演化的理论，该理论认为宇宙诞生于一个无限致密的状态，现在正在加速膨胀。

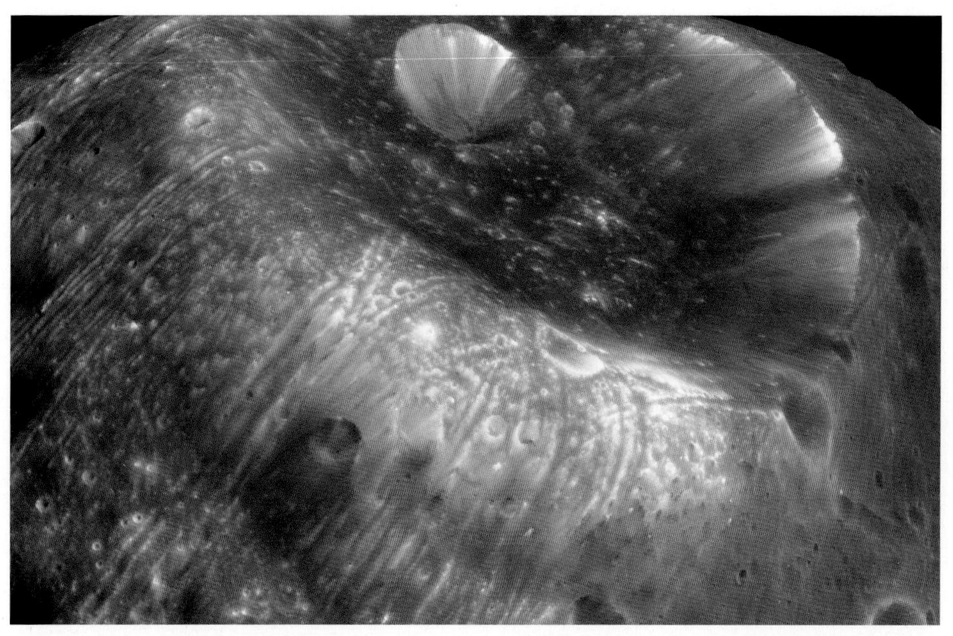

上图　火卫一上的斯蒂克尼陨击坑

大红斑：木星大气中的一个至少有 350 年历史的巨型反气旋风暴，呈现为一个巨大的红色旋涡。

大气层：因重力关系而围绕着天体的一层混合气体。

带电粒子：指带有电荷的粒子。它可以是亚原子粒子（如电子、质子），也可以是带正电荷或负电荷的离子。

带状云：在巨行星的上层大气中，由于不同纬度的云流动形成的条带，其中浅色的条带被称为区，深色的条带被称为带。

氘：又称重氢，是氢的一种同位素，其原子核包含一个质子和一个中子。

德雷克方程：天体物理学家弗兰克·德雷克于 1961 年提出的用来推测银河系中拥有星际通信能力的地外文明数量的方程。

等离子体：一种由原子及原子团被电离后产生的正负离子所组成的离子化气体状物质，被认为是物质的第 4 种状态。

等离子体环：在恒星、行星或卫星周围由等离子体构成的环状区域。

电荷耦合器件（CCD）：一种由微型光敏单元阵列所构成的半导体成像器件。它通过读取曝光期间各个单元上所积累的电荷来重建物体图像。

杜林危险指数：衡量具有潜在威胁的小行星或彗星撞击地球的危险级数指标，使用 0~10 的整数值来代表撞击威胁的严重性。

短周期彗星：绕日公转周期小于 200 年的彗星，进一步可以细分为周期小于 20 年的木星族彗星和周期为 20~200 年的哈雷型彗星。

对流：流体（气体或液体）内部由于

各部分温度不同而造成的相对流动。

对流区：太阳辐射区和光球层之间的区域，太阳内部的能量以对流的形式在对流区向太阳表面传输。

地外文明探索（SETI）研究所：一个由美国政府以及私人给予部分资助的科研机构，总部设在加利福尼亚州，其使命是探索、理解和解释宇宙中的生命。

E

二至点：太阳在正午所达到的天空的最高点或最低点，对应于一年中白天最长（夏至）或最短（冬至）的一天。

F

发射线：由炽热气体发射的特定波长的波所形成的明亮谱线。

反射望远镜：一类利用曲面和平面的面镜组合来收集遥远物体的光线并聚焦成像的望远镜。

范艾伦带：也被称为范艾伦辐射带，指在地球附近的近层宇宙空间中包围着地球的高能粒子辐射带，主要由质子和电子组成。

放射性衰变：指某元素的放射性同位素从不稳定的原子核自发地放出射线而衰变形成稳定的元素的过程。放射测年法就是一种通过测量放射性同位素的衰变速率来测定地质样品年代的方法。

飞掠 / 飞越：在深空探测任务中，探测器从预定目标附近经过，但不着陆或进入它的轨道。

风化层：也被称为浮土，指覆盖于行星或卫星表面的松散的岩石、岩屑和尘土。

辐射：以波或粒子的形式散发的能量。

辐射区：恒星内的核与对流区之间的区域。

G

伽马射线：波长最短、频率和能量最高的电磁辐射。

干涉仪：在两个或两个以上不同的有利位置利用波的叠加或干涉进行精确测量的仪器。

公转：一天体以另一天体为中心，沿一定轨道所作的循环运动。

共振：指一物理系统在特定频率下，比其他频率以更大的振幅做振动的情形。

古菌：也被称为古细菌或古核生物，是一种单细胞微生物。古菌可能是地球上最古老的生命体之一，常被发现生活于各种极端的自然环境下。

光年：光在真空中一年的传播距离，大约是 9.46 万亿千米。它是天文学中常用的距离单位。

光谱：复色光经过色散系统（如棱镜、光栅）分光后，被色散开的单色光按波长（或频率）大小依次排列形成的图案。

光谱学：通过光谱来研究电磁波与物质之间相互作用的学科。

光谱仪：一种将成分复杂的光分解为光谱线的科学仪器。光谱仪可以连接到望远镜上，以分析恒星和行星大气的组成。

下图　螺旋星云

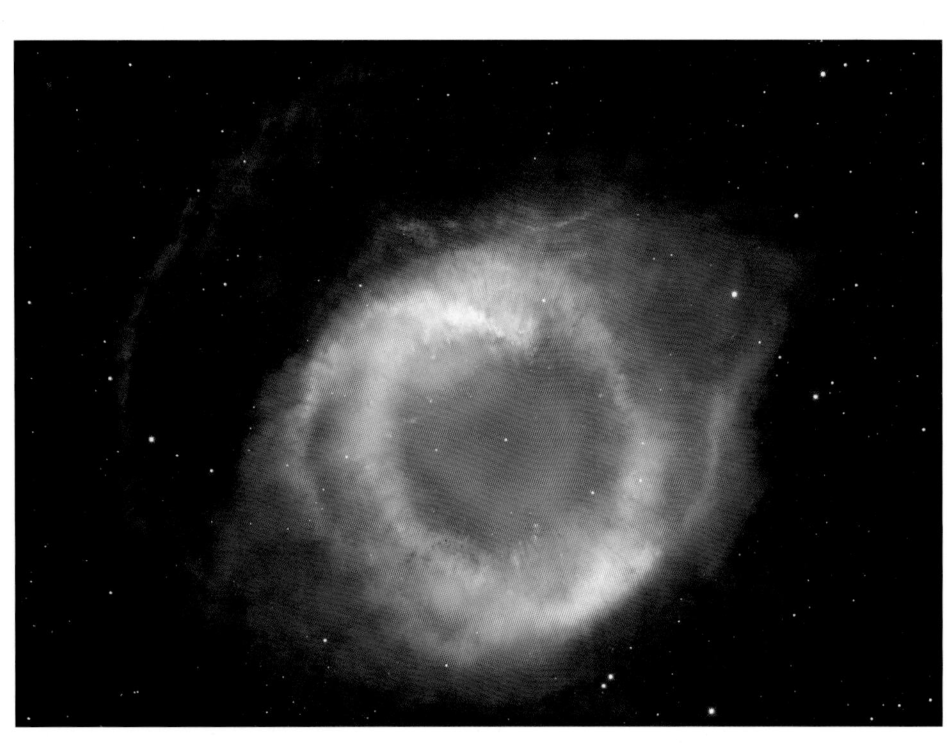

光球：太阳（或其他恒星）大气的最低层，一般被当作是太阳的表面，几乎所有的太阳可见光都是从这一层发射出来的。

光子：传递电磁相互作用的基本粒子。光子是从伽马射线到无线电波等各种形式电磁辐射的载体。

硅酸盐矿物：一种含氧和硅的成岩矿物。在自然界分布极广，是构成地壳、上地幔的主要矿物。

轨道：一个天体在另一个天体引力场中的运动路径。如围绕恒星运动的行星轨道，或者围绕行星运动的卫星轨道。

轨道飞行器：环绕恒星、行星、卫星等天体运行的航天器。

轨道共振：天体力学中的一种效应与现象，指在轨道上的天体因相互施加规则的周期性引力，使得它们的公转周期成简单整数比关系。

轨道周期：指一颗行星（或其他天体）环绕轨道一周需要的时间。

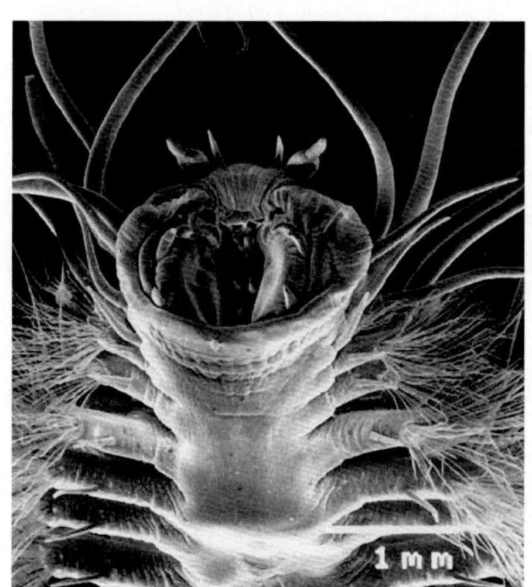

上图　生活在甲烷冰上的冰虫

过渡区：太阳大气层内介于色球和日冕之间的区域。

H

海外天体（TNO）：也被称为海王星外天体，指太阳系中所在位置或运行轨道超出海王星轨道范围的天体。

上图　位于猎犬座的旋涡星系 M51

核：指已分层天体中心的高密度部分。

核聚变：又称核融合、融合反应或聚变反应，是几个较轻的原子核结合成一个较重的原子核并释放出巨大能量的过程。它是太阳等恒星的能量来源。

褐矮星：质量介于最重的气态巨行星和最轻的恒星之间的一种亚恒星天体。由于没有足够的质量在核心引发核聚变反应，因此它也被称为"失败的恒星"。

赫罗图：即赫茨普龙－罗素图，是恒星的光度（或绝对星等）与光谱型（或表面温度）的关系图。它是研究恒星分类和演化的重要工具。

恒星摇篮：从中孕育出恒星的巨大而稠密的气体云。

红巨星：处于恒星演化最后阶段的体积巨大的恒星。相对较低的表面温度使红巨星看起来呈红色，但它也极为明亮。

红外线：波长比红色可见光长，比微波短的电磁波。

化能合成：指一些细菌等自养生物通过将无机物分子（如氢气、硫化氢）或者甲烷氧化，再利用氧化获得的化学能将一碳无机物（如二氧化碳）和水合成有机物的营养方式。

黄道：太阳在天球上的视运动轨迹，它是黄道坐标系的基准。另外，黄道也指太阳视运动轨迹所在的平面，它和地球绕太阳的轨道共面。

黄道带：天球上以黄道为中心线的一条宽约 18° 的环带状区域，太阳、月球、八大行星以及大多数小行星的视运动轨迹都位于这条带内。

彗发：围绕在彗核周围的气体和尘埃云。当彗星接近太阳时，太阳的热辐射会使彗核物质挥发或升华，形成彗星发光的"头部"。

彗核：彗星的固体部分，由岩石、尘埃、水冰和冰冻的气体组成。

彗尾：当彗星接近或开始远离太阳时从头部拖曳而出的电离气体和尘埃流。

彗星：一类基本上由冰（主要是水）和

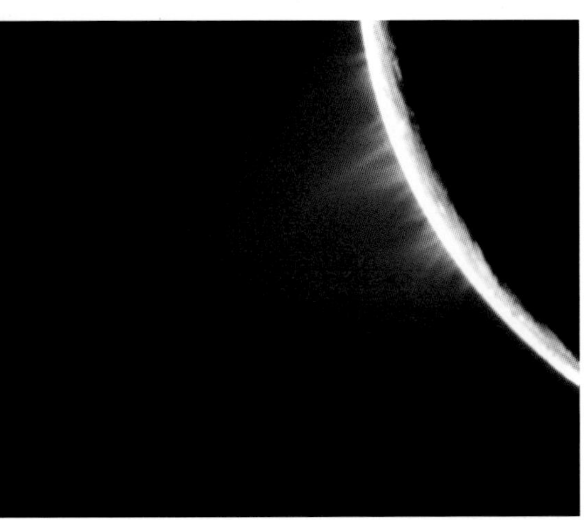

上图 间歇泉正从土卫二表面喷涌而出

尘埃颗粒构成的小天体。它们通常沿着大偏心率的椭圆轨道围绕太阳运行。每当它们接近太阳的时候，气体和尘埃便从彗核挥发出来，形成包括彗发和一条甚至多条彗尾在内的大范围云气。短周期彗星主要起源于柯伊伯带，而长周期彗星则起源于奥尔特云。

J

极光：一种绚丽多彩的等离子体现象，主要发生在具有磁场的行星的高纬度区域。地球的极光是由来自地球磁层或太阳的高能带电粒子流（太阳风）使地球高层大气分子或原子激发（或电离）而产生的。

伽利略卫星：木星最大的 4 颗卫星，即木卫一、木卫二、木卫三和木卫四。这 4 颗卫星是意大利天文学家伽利略发现的，因此以他的名字命名。

溅射物：喷出的物质。

较差自转：指旋转天体的不同部位以不同的角速度运动的一种现象。较差自转在大多数非固体的天体中普遍存在。

金牛 T 型星：指一类处于恒星演化早期阶段的非常年轻的恒星，命名依据被发现的原型“金牛座 T 星”而来，其特征是亮度的不规则变化。

近地天体（NEO）：对轨道与地球轨道相交或轨道距离地球轨道太近并因此有可能产生撞击危险的小行星、彗星以及大型流星体的总称。

近日点：天体绕太阳公转的轨道上离太阳最近的点。

进动：指一个自转的物体受外力作用导致其自转轴绕某一中心旋转的现象。

假彩色图像：利用假彩色合成的图像。图像上的颜色并不是实际物体的颜色，而是人为上色的，用于增强、对比或区分图像中的特征或细节。

K

卡西尼环缝：土星 A 环和 B 环之间的空隙，由意大利裔法籍天文学家乔瓦尼·卡西尼发现。

柯克伍德空隙：分布在小行星带中的空隙。它们处在与木星产生轨道共振的位置上，原本在这些位置上的小行星由于反复受到木星的摄动，几乎已经完全被排挤掉了。

柯伊伯带：位于海王星轨道外黄道面附近，距离太阳 30~55 au 的天体密集的中空圆盘状区域。

柯伊伯带天体（KBO）：柯伊伯带内的天体。

可见光：肉眼可见的电磁波，一般认为其波长范围在 350~770 纳米之间。

L

拉格朗日点：指两个大型天体间的轨道构成中的一些位置，在这样的位置

下图 被誉为“中国天眼”的 500 米口径球面射电望远镜（FAST）

上，第三个较小的物体可以仅通过引力维持其相对两个大天体的位置不变。

类冥矮行星：也被称为类冥天体，指在海王星轨道外围绕太阳运行的矮行星。

类冥小天体：也被称为冥族小天体，是与海王星有 2 ∶ 3 的平均运动共振的海王星外天体。已知的柯伊伯带天体中有近 1/4 是类冥小天体。

离散盘：指太阳系外围的一个盘状区域，其中零星地散布着具有较高轨道偏心率和轨道倾角的天体，它们是范围更广阔的海外天体的一部分。离散盘的内边缘与柯伊伯带重合，外边缘却能延伸到距太阳 100 au 之外。

离子：指原子或分子失去或得到一个或几个电子而形成的带电荷的粒子，可分为阳离子和阴离子。得失电子的过程叫作电离。

离子化：也被称为电离，指在（物理性的）能量作用下，中性分子或原子形成离子的过程。

凌：一个较小的天体在另一个较大的天体前方经过的现象。如金星在太阳前面经过被称为金星凌日。

流体静力平衡：指当流体处于相对静止，或匀速运动时的平衡状态。比如，在恒星内部给定的任何一层，都处在热压力（向外）和在其外物质的质量产生的压力（向内）相平衡的状态。

流星：流星体坠入地球大气后，由于摩擦而被加热到白炽状态时所产生的短时光迹。

上图　生活在海底热液喷口附近的管状蠕虫

流星体：在行星际空间中围绕太阳运行的小块岩石、金属或者冰块。

洛希极限：小天体能最靠近某个大天体，却不被大天体潮汐力撕碎的距离。当两个天体的距离小于洛希极限，小天体就会倾向于解体，继而成为大天体的环。

M

脉冲星：一种高速自转的中子星，它能在自转过程中以精确的时间间隔发出有规律的电磁脉冲信号。

幔：岩质行星或其他岩质天体内位于壳与核之间的层。

蒙德极小期：指 1645—1715 年太阳活动非常衰微的时期，持续时间长达不可思议的 70 年，这个时期也恰好是地球的小冰期。

密度：指某种物质单位体积下的质量，通常用克每立方厘米（g/cm^3）或千克每立方米（kg/m^3）来计量。

默冬章：即默冬周期或太阴周期，是古希腊人默冬在公元前 432 年提出的置闰周期：在 19 个太阴年中加入 7 个闰月，即可与 19 个太阳年的长度几乎相等。

牧羊犬卫星：轨道位于行星环边缘附近的卫星。它们可以通过引力作用将围绕行星转动的颗粒限制在一个有限的环中。

N

逆行：指某一天体的运动方向与系统中其他天体的运动方向相反。从黄道以北看，太阳系天体的逆行轨道或逆向自转看起来是顺时针方向的。

上图　海尔－波普彗星飞临美国亚利桑那州的纪念碑谷上空

P

偏食：一个天体被另一个天体或其影子部分遮掩的天文现象。

平方反比定律：一个物理学定律。在该定律中，某个物理量在空间某点处的数值或强度，与该点和该物理量源点的距离的平方成反比。例如光场的强度与光源的距离的平方成反比。

P 波：也被称为地震纵波，是地震时从震源传出的一种弹性波，传播它的介质质点的振动方向和波的传播方向一致。P 波的传播速度非常快，可以通过固体、液体和气体传播。

Q

气态巨行星：像木星和土星那样主要由氢和氦构成的低密度的大型行星。

球面像差：又称球差，指因透镜的球形曲面所产生的像差。它会导致影像的整体清晰度下降，或者出现四周边缘清晰而中心模糊的现象。球面像差是由于球面透镜上各点的聚光能力不同而引起的。

全食：一个天体被另一个天体或其影子全部遮掩的天文现象。

壳：行星或卫星最外层的固态结构。

R

热木星：指公转轨道极为接近其宿主恒星的类木行星。

日环食：月亮的视直径略小于太阳而不能完全遮挡住整个太阳的日食现象。日环食发生时会在月亮的暗盘周围形成一个光圈。

日冕：太阳大气的最外层部分，由高温、低密度的等离子体组成，只有在日全食期间或通过日冕仪才能看到。

日冕物质抛射：等离子体物质泡急剧膨胀，并从日冕中喷射而出的现象，通常伴随着太阳耀斑出现。

日球层鞘：日球层顶和终端激波之间的区域，分布在太阳风创造出的气泡边缘，这里也是太阳风减弱到亚声速之后的过渡区域。

日球层：受太阳磁场和太阳风所控制的以气泡形式存在的空间区域。

日球层顶：也被称为太阳风层顶，指出自太阳的太阳风遭遇到星际介质而停滞的边界。

日震学：通过分析太阳内部的波来研究太阳内部结构的科学。

软流圈：位于上地幔上部、岩石圈之下的呈全球性分布的地内圈层。它是地球板块运动的主要动力来源。

S

塞曼效应：指原子的光谱线在外加磁场中发生分裂的现象。

色球：太阳（或其他恒星）大气中位于光球（可见表面）和日冕之间的薄层。在日全食期间，月球挡住了刺眼的光球层，在日面边缘呈现出狭窄的玫瑰红色的发光圈层，这就是色球。

食：一个天体被另一个天体或其影子全部或部分遮掩的天文现象。

视向速度：又称径向速度，指物体或天体在观察者视线方向的运动速度。

嗜极微生物：能在极端的物理或化学条件下生存的生物体（通常为单细胞生物），而其生活环境对地球上的大多数生命形式都具有伤害性。

双星：两颗恒星围绕一个共同的质心运行的系统，通常由一颗大质量的主星和一颗较小的伴星组成。

T

太阳常数：表征太阳辐射能量的一个

物理量，指在地球大气外离太阳 1 au 处，和太阳光线垂直的单位面积上每秒钟所接收到的太阳辐射能量。

太阳风：指从太阳上层大气（日冕）抛射出的超声速等离子体带电粒子流。

太阳黑子：太阳光球中的暗黑斑点，由于其温度比周围环境低，因此看上去较暗。当太阳磁场在光球表面不断聚集并增强，以至阻碍了太阳内部的能量外流时黑子就会出现。

太阳活动周：太阳活动强弱变化的周期，平均约为 11 年。第 25 个太阳活动周始于 2019 年 12 月。

太阳系：以太阳为中心并受其引力约束在一起的天体系统，包括太阳、行星及其卫星与环系、矮行星、小行星、彗星、流星体和行星际物质。

太阳星云：形成太阳系内各天体的气体尘埃云。

太阳耀斑：发生在太阳大气局部区域的一种最剧烈的爆发现象，通常出现在太阳黑子群上空。它会在短时间内释放出大量能量，并向外发出各种电磁辐射。

太阳质量：天文学上用于表示恒星、星团或星系等大型天体质量的单位。它的大小等于太阳的总质量，约为 1.989×10^{30} 千克。

探测器：人类研制的用于对远方天体和空间进行探测的无人航天器。在现阶段，它是人类空间探测的主要工具。

碳氢化合物：仅由碳和氢两种元素组成的有机化合物。

上图　位于美国黄石国家公园的大棱镜温泉

特洛伊型小行星：原指与木星共用轨道，一起绕着太阳运行的一大群小行星。它们位于木星轨道前后 60° 的拉格朗日点附近一片拉长的扁平区域内。现在也泛指与行星共享轨道，且位于行星轨道前后 60° 位置上的小行星。

天球：一个围绕地球的假想球面。为了便于定义恒星和其他天体的位置，可以认为它们都位于天球的表面。

天体生物学：指研究天体上存在生物的条件以及探测天体上是否有生物存在的学科。

天文单位：天文学中计量天体之间距离的一种单位，用英文缩写 au 或 AU 表示，其数值取地球和太阳之间的平均距离。1 天文单位等于 149 597 870 千米。

天文台：专门从事天象观测和天文学研究的机构。每个天文台都拥有一些观测天象的仪器设备，主要是天文望远镜。

天文学：研究宇宙空间天体、宇宙的结构和发展的学科。

同步自转：又称受俘自转或潮汐锁定，指一个天体围绕另一天体公转的同时也在自转，其自转周期与公转周期相同的现象。同步自转中的天体始终会以同一面朝向它的中心天体。

托勒密模型：古希腊天文学家托勒密提出的一种宇宙理论，即地心说。该理论认为地球处于宇宙的中心静止不动，日月星辰都围绕着地球旋转。

W

微引力透镜：指发生在恒星级天体中的引力透镜现象。与发生在星系尺度上的引力透镜现象相比，微引力透镜的源天体质量很小，光的偏转要小得多，通常情况下难以直接观测到微引力透镜所成的像，而只能观察到背景天体的光度在瞬间增强的现象。

卫星：指环绕大行星、矮行星或小行星并按闭合轨道做周期性运行的天然天体。人造卫星一般亦可称为卫星，是由人类建造并像天然卫星那样环绕地球或其他行星运行的装置。

温室效应：行星大气中的气体因为吸收太阳辐射的能量，使行星表面升温的效应。

无机化合物：通常指不含碳元素的化合物。但一些含碳的简单化合物也属于无机化合物，如碳的氧化物、碳酸盐等。

无线电波：波长比红外线长的电磁波。

X

系外行星：也被称为太阳系外行星，泛指位于太阳系之外的行星，但更关注于位于太阳系以外围绕其它恒星公转的行星。

相变：指物质从一种相（态）转变为另一种相的过程，如冰变成水和水变成蒸气。

小行星：一类沿独立轨道绕太阳运行的小天体。大多数小行星都集中在火星与木星轨道之间的小行星带。

小行星带：太阳系内介于火星和木星轨道之间的小行星密集区域。

星等：对天体亮度的一种量度。它分为两种类型：视星等和绝对星等。视星等是从地球上观测到的天体亮度。绝对星等是假定把天体放在距地球 10 秒差距（32.6 光年）的地方测得的视星等，它反映了天体的固有亮度。星等数值和亮度成反比，星等越低，天体越亮。

星际空间：星体与星体之间的空间。星际空间并不是绝对的真空，其中还存在着各种物质，如星际介质和暗物质。

星系：由恒星、恒星遗骸、行星、星云、黑洞和暗物质等组成，并通过引力作用维系在一起的天体系统。

星云：星际空间中由气体和尘埃组成的云雾状天体。

星子：也被称为微行星，指存在于原行星盘和岩屑盘内的固态物体。在行星形成理论中，星子相互碰撞、黏合，通过引力与其他天体合并，形成了早期太阳系中的行星。

星座：指一群在天球上投影位置相近的恒星的组合。1930 年，国际天文学联合会把全天精确划分为 88 个星座，每个星座都包括一组由想象中的线串联起来的恒星，代表某个特定的形象。

上图　木卫二

行星：指自身不发光，围绕恒星运转的天体。行星需具有一定的质量且近似于圆球状，并且已经清空其轨道附近区域的天体。

行星环：围绕行星旋转的物质（岩石、冰、尘埃等）构成的环状带，一般是因质量巨大的行星的引力而形成的。

行星状星云：类太阳恒星演化到晚期所抛出的尘埃和气体壳。

玄武岩：一种细粒致密、外观呈黑色的火成岩，是地球洋壳和月球月海的最主要组成物质。

Y

岩石圈：指地球上部相对于软流圈而言的坚硬的岩石圈层，由地壳和上地幔的顶部组成。

岩质行星：也被称为类地行星，是以硅酸盐岩石为主要成分的行星。太阳系中有 4 颗岩质行星，分别是水星、金星、地球和火星。

液态金属氢：氢被高度压缩之后经过相变而形成的具有良好导电性质的液体。根据理论推测，土星和木星等类木行星的内部，就有液态金属氢。

宜居带：指行星围绕恒星运行的轨道距离适中，从而允许水体以液态形式存在的距离范围。通常也指恒星周围适合生命存在的最佳区域。

月海：月球表面深色平坦、地势较低的区域，基本都是被熔岩填平的盆地。

银河系：太阳系所在的棒旋星系，呈椭圆盘形，具有巨大的盘面结构。银河系拥有 1 000 亿 ~4 000 亿颗恒星。

引力：作用于物质实体、粒子以及光子之间的相互吸引力。引力是自然界中的一种基本力。

引力牵引器：一种在小行星附近逡巡的重型航天器，其引力可以拖拽小行星，使其偏离原定轨道。

宇宙学：研究宇宙的结构、性质、起源和演化的天文学分支学科。

原太阳：形成太阳的弥漫、等温和密度均匀的星际云。

原行星：在原行星盘内形成的大小如同月球尺度的胚胎行星。原行星是由星子组合而成的，是行星的前身。

远日点：天体绕太阳公转的轨道上离太阳最远的点。

陨击坑：也被称为陨石坑或陨石撞击坑，指行星、卫星、小行星或其他类地天体表面通过陨石撞击而形成的环形的凹坑。较大的陨击坑又称环形山。

陨石：流星体、彗星或小行星在坠落到地球或其他天体表面后幸存的部分。

Z

折射：指光从一种介质进入另一种介质时，光的传播方向发生改变的现象。天文观测需要考虑地球大气折射的影响，因为天体发出的光线在穿过大气层时会发生偏折，引起天体在天球上视位置的改变。

折射望远镜：一类使用透镜将光线折射至焦点，从而使遥远物体成像的望远镜。

正电子：电子的反粒子。它与电子具有相同的质量，但是带一个正电荷。

质量瘤：指一颗行星或卫星上的质量密集区，该区域比周边地区有着更强的引力。质量瘤的出现，与行星或卫星的构成部分的密度有关。

质心：即质量中心，指物质系统上被认为质量集中于此的一个假想点。它可以用来表示两个或多个天体彼此围绕对方运行的位置关系，是天体绕对方旋转的点。

质子 – 质子链：氢核（质子）聚变形成氦核的反应序列，这个聚变过程最终会将 4 个质子转换为包含 2 个质子和 2 个中子的氦核。质子 – 质子链反应是与太阳大小类似的恒星的主要能量产生方式。

中微子：一种质量极小且不带电的基本粒子。中微子以接近光速运动，与其他物质的相互作用十分微弱，能几乎不受影响地穿过地球，号称宇宙间的“隐身人”。

紫外辐射：波长比可见光短，但比 X 射线长的电磁辐射。

自转：物体沿着一条穿越它本身的轴（自转轴）自行旋转的运动。

自转轴倾角：行星的自转轴与穿过行星的中心点并垂直于轨道平面的直线之间所夹的角度，等价于行星的轨道平面和垂直于自转轴的平面所夹的角度。

下图 猎户座 B 分子云

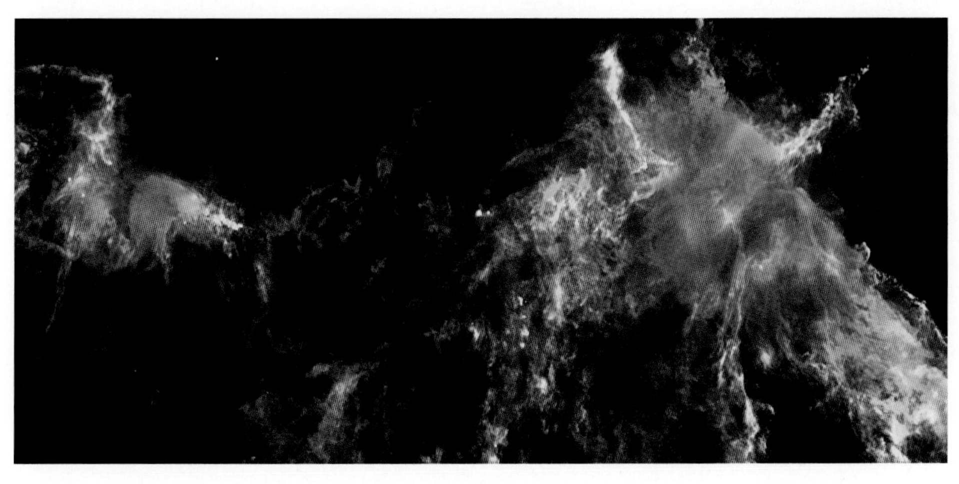

太阳系主要天体参数

太阳	水星	金星	地球
与太阳的平均距离	与太阳的平均距离	与太阳的平均距离	与太阳的平均距离
—	57 909 175 km	108 208 930 km	149 597 870 km
近日点与太阳的距离	近日点与太阳的距离	近日点与太阳的距离	近日点与太阳的距离
—	46 000 000 km	107 476 000 km	147 100 000 km
远日点与太阳的距离	远日点与太阳的距离	远日点与太阳的距离	远日点与太阳的距离
—	69 817 900 km	108 942 000 km	152 100 000 km
质量（地球=1）	质量（地球=1）	质量（地球=1）	质量
332 900	0.055	0.815	$5.972\ 37\times10^{24}$ kg
密度	密度	密度	密度
1.409 g/cm^3	5.427 g/cm^3	5.243 g/cm^3	5.515 g/cm^3
赤道半径	赤道半径	赤道半径	赤道半径
695 500 km	2 439.7 km	6 051.8 km	6 378.14 km
赤道周长	赤道周长	赤道周长	赤道周长
4 379 000 km	15 330 km	38 025 km	40 075 km
轨道周期	轨道周期	轨道周期	轨道周期
—	87.969 地球日	224.7 地球日	365.24 地球日
自转周期	自转周期	自转周期	自转周期
25.05 地球日（赤道）	58.646 地球日	243 地球日 （逆行）	23.934 小时
自转轴倾角	自转轴倾角	自转轴倾角	自转轴倾角
7.25°	0°	177.3°	23.45°
表面温度	表面温度	表面温度	表面温度
5 500 ℃	−173~427 ℃	462 ℃	−88~58 ℃
体积（地球=1）	体积（地球=1）	体积（地球=1）	体积
1 300 000	0.055	0.88	$1.083\ 2\times10^{12}$ km^3
赤道表面重力（地球=1）	赤道表面重力（地球=1）	赤道表面重力（地球=1）	赤道表面重力
28	0.38	0.91	9.780 m/s^2
光谱型	轨道偏心率	轨道偏心率	轨道偏心率
G2 V	0.205 630 59	0.006 8	0.016 7
光度	轨道倾角	轨道倾角	轨道倾角
3.845×10^{33} erg/s	7.01°	3.39°	0.00°
大气	大气	大气	大气
氢、氦	微量	二氧化碳、氮气	氮气、氧气
天然卫星	天然卫星	天然卫星	天然卫星
无	无	无	1

太阳系主要天体参数

	火星	木星	土星	天王星
与太阳的平均距离	227 936 640 km	778 412 020 km	1 426 725 400 km	2 870 972 200 km
近日点与太阳的距离	206 600 000 km	740 742 600 km	1 349 467 000 km	2 735 560 000 km
远日点与太阳的距离	249 200 000 km	816 081 400 km	1 503 983 000 km	3 006 390 000 km
质量（地球=1）	0.107 44	317.82	95.16	14.536
密度	3.94 g/cm³	1.33 g/cm³	0.69 g/cm³	1.30 g/cm³
赤道半径	3 397 km	71 492 km	60 268 km	25 559 km
赤道周长	21 344 km	449 197 km	378 675 km	160 592 km
轨道周期	686.98 地球日	11.86 地球年	29.46 地球年	84.02 地球年
自转周期	24.62 小时	9.925 小时	10.656 小时	17.24 小时
自转轴倾角	25.19°	3.12°	26.73°	97.86°
表面温度	−143~35 ℃	−108 ℃	−139 ℃	−220 ℃
体积（地球=1）	0.151	1 321	763.6	63.1
赤道表面重力（地球=1）	0.38	2.53	1.07	0.89
轨道偏心率	0.093 4	0.048 3	0.054 150 6	0.047 168
轨道倾角	1.848°	1.305°	2.485°	0.773°
大气	二氧化碳、氮气、氩气	氢气、氦气	氢气、氦气	氢气、氦气、甲烷
天然卫星	2	80	82	27

太阳系主要天体参数

	海王星	谷神星	冥王星	妊神星
与太阳的平均距离	4 498 252 900 km	2.767 au	5 906 380 000 km	43.13 au
近日点与太阳的距离	4 459 630 000 km	381 419 582 km	4 436 820 000 km	34.721 au
远日点与太阳的距离	4 536 870 000 km	447 838 164 km	7 357 930 000 km	51.544 au
质量（地球=1）	17.147	0.000 16	0.002 2	0.000 66
密度	1.64 g/cm³	2.1 g/cm³	2 g/cm³	1.885 g/cm³
赤道半径	24 764 km	476 km	1 188 km	759~980 km
赤道周长	155 597 km	~2900 km	7 464 km	~5 653 km
轨道周期	164.79 地球年	4.60 地球年	247.92 地球年	283.28 地球年
自转周期	16.11 小时	9.075 小时	6.387 地球日（逆行）	3.9 小时
自转轴倾角	28.32°	3°	119.61°	未知
表面温度	−218 ℃	~−106 ℃	−240~−218 ℃	~−241 ℃
体积（地球=1）	57.7	0.000 389	0.005 9	未知
赤道表面重力（地球=1）	1.14	0.03	0.063	0.045
轨道偏心率	0.008 59	0.078 9	0.249	0.195
轨道倾角	1.769°	10.58°	17.14°	28.22°
大气	氢气、氦气、甲烷	可能微量	微量氮气、一氧化碳、甲烷	无
天然卫星	14	无	5	2

太阳系主要天体参数

鸟神星	阋神星
与太阳的平均距离	与太阳的平均距离
45.8 au	67.67 au
近日点与太阳的距离	近日点与太阳的距离
38.509 au	37.77 au
远日点与太阳的距离	远日点与太阳的距离
53.074 au	97.56 au
质量（地球=1）	质量（地球=1）
0.000 67	0.002 8
密度	密度
2 g/cm^3	2 g/cm^3
赤道半径	赤道半径
~715 km	1 163 km
赤道周长	赤道周长
~4 500 km	~7 300 km
轨道周期	轨道周期
309.88 地球年	557 地球年
自转周期	自转周期
22.5 小时	25.9小时
自转轴倾角	自转轴倾角
未知	未知
表面温度	表面温度
−240 ℃	−230 ℃
体积（地球=1）	体积（地球=1）
0.001 66	0.005 5
赤道表面重力（地球=1）	赤道表面重力（地球=1）
0.048	0.08
轨道偏心率	轨道偏心率
0.159	0.44
轨道倾角	轨道倾角
29.01°	44.19°
大气	大气
无	可能微量
天然卫星	天然卫星
1	1

太阳系各行星卫星列表

名称	发现年份	平均轨道半径（km）	半径（km）
地球 (Earth)			
月球（Moon）	—	384 400	1 737
火星 (Mars)			
火卫一（Phobos）	1877	9 376	11.1±0.15
火卫二（Deimos）	1877	23 458	6.2±0.18
木星 (Jupiter)			
木卫一（Io）	1610	421 800	1 821.6±0.5
木卫二（Europa）	1610	671 100	1 560.8±0.5
木卫三（Ganymede）	1610	1 070 400	2 631.2±1.7
木卫四（Callisto）	1610	1 882 700	2 410.3±1.5
木卫五（Amalthea）	1892	181 400	83.45±2.4
木卫六（Himalia）	1904	11 461 000	85
木卫七（Elara）	1905	11 741 000	43
木卫八（Pasiphae）	1908	23 624 000	30
木卫九（Sinope）	1914	23 939 000	19
木卫十（Lysithea）	1938	11 717 000	18
木卫十一（Carme）	1938	23 404 000	23
木卫十二（Ananke）	1951	21 276 000	14
木卫十三（Leda）	1974	11 165 000	10
木卫十四（Thebe）	1980	221 900	49.3±2.0
木卫十五（Adrastea）	1979	129 000	8.2±2.0
木卫十六（Metis）	1980	128 000	21.5±2.0
木卫十七（Callirrhoe）	1999	24 103 000	4.3
木卫十八（Themisto）	1975/2000	7 284 000	4.0
木卫十九（Megaclite）	2000	23 493 000	2.7
木卫二十（Taygete）	2000	23 280 000	2.5
木卫二十一（Chaldene）	2000	23 100 000	1.9
木卫二十二（Harpalyke）	2000	20 858 000	2.2
木卫二十三（Kalyke）	2000	23 483 000	2.6
木卫二十四（Iocaste）	2000	21 060 000	2.6
木卫二十五（Erinome）	2000	23 196 000	1.6
木卫二十六（Isonoe）	2000	23 155 000	1.9
木卫二十七（Praxidike）	2000	20 908 000	3.4
木卫二十八（Autonoe）	2001	24 046 000	2.0
木卫二十九（Thyone）	2001	20 939 000	2.0
木卫三十（Hermippe）	2001	21 131 000	2.0
木卫三十一（Aitne）	2001	23 229 000	1.5
木卫三十二（Eurydome）	2001	22 865 000	1.5
木卫三十三（Euanthe）	2001	20 797 000	1.5
木卫三十四（Euporie）	2001	19 304 000	1.0
木卫三十五（Orthosie）	2001	20 720 000	1.0
木卫三十六（Sponde）	2001	23 487 000	1.0
木卫三十七（Kale）	2001	23 217 000	1.0
木卫三十八（Pasithee）	2001	23 004 000	1.0
木卫三十九（Hegemone）	2003	23 577 000	1.5
木卫四十（Mneme）	2003	21 035 000	1.0
木卫四十一（Aoede）	2003	23 980 000	2.0
木卫四十二（Thelxinoe）	2003	21 164 000	1.0
木卫四十三（Arche）	2003	23 335 000	1.0
木卫四十四（Kallichore）	2003	23 288 000	2.0
木卫四十五（Helike）	2003	21 069 000	2.0
木卫四十六（Carpo）	2003	17 058 000	1.5
木卫四十七（Eukelade）	2003	23 328 000	2.0
木卫四十八（Cyllene）	2003	23 809 000	1.0
木卫四十九（Kore）	2003	23 239 000	2.0
木卫五十（Herse）	2003	22 992 000	1.0
木卫五十一（Jupiter LI）	2010	23 314 335	1.0
木卫五十二（Jupiter LII）	2010	20 307 150	0.5
木卫五十三（Dia）	2000	12 118 000	2.0
木卫五十四（Jupiter LIV）	2016	20 650 845	0.5
木卫五十五（Jupiter LV）	2003	20 274 000	1.0
木卫五十六（Jupiter LVI）	2011	23 463 885	0.5
木卫五十七（Eirene）	2003	23 731 770	2.0
木卫五十八（Philophrosyne）	2003	22 819 950	1.0
木卫五十九（Jupiter LIX）	2017	23 547 105	1.0
木卫六十（Eupheme）	2003	21 199 710	1.0
木卫六十一（Jupiter LXI）	2003	22 757 000	1.0
木卫六十二（Valetudo）	2016	18 928 090	0.5
木卫六十三（Jupiter LXIII）	2017	23 303 000	1.0
木卫六十四（Jupiter LXIV）	2017	20 694 000	1.0

名称	发现年份	平均轨道半径（km）	半径（km）
木卫六十五（Pandia）	2017	11 525 000	1.5
木卫六十六（Jupiter LXVI）	2017	23 232 000	1.0
木卫六十七（Jupiter LXVII）	2017	22 455 000	1.0
木卫六十八（Jupiter LXVIII）	2017	20 627 000	1.0
木卫六十九（Jupiter LXIX）	2017	23 232 700	0.5
木卫七十（Jupiter LXX）	2017	21 487 000	1.5
木卫七十一（Ersa）	2018	11 483 000	1.5
木卫七十二（Jupiter LXXII）	2011	22 462 000	1.0
S/2003 J2	2003	28 455 000	1.0
S/2003 J4	2003	23 933 000	1.0
S/2003 J9	2003	23 388 000	0.5
S/2003 J10	2003	23 044 000	1.0
S/2003 J12	2003	17 833 000	0.5
S/2003 J16	2003	20 956 000	1.0
S/2003 J23	2003	23 566 000	1.0
S/2003 J24	2021	23 088 000	1.5
土星 (Saturn)			
土卫一（Mimas）	1789	185 540	198.20 ± 0.20
土卫二（Enceladus）	1789	238 040	252.10 ± 0.10
土卫三（Tethys）	1684	294 670	533.00 ± 0.70
土卫四（Dione）	1684	377 420	561.70 ± 0.45
土卫五（Rhea）	1672	527 070	764.30 ± 1.10
土卫六（Titan）	1655	1 221 870	2 575.50 ± 2.00
土卫七（Hyperion）	1848	1 500 880	135.00 ± 4.00
土卫八（Iapetus）	1671	3 560 840	735.60 ± 1.50
土卫九（Phoebe）	1898	12 947 780	106.60 ± 1.00
土卫十（Janus）	1966	151 460	89.4 ± 3.0
土卫十一（Epimetheus）	1980	151 410	56.7 ± 3.1
土卫十二（Helene）	1980	377 420	16.0 ± 4.0
土卫十三（Telesto）	1980	294 710	11.8 ± 1.0
土卫十四（Calypso）	1980	294 710	10.7 ± 1.0
土卫十五（Atlas）	1980	137 670	15.3 ± 1.2
土卫十六（Prometheus）	1980	139 380	43.1 ± 2.0
土卫十七（Pandora）	1980	141 720	40.3 ± 2.2
土卫十八（Pan）	1990	133 580	14.8 ± 2.0

名称	发现年份	平均轨道半径（km）	半径（km）
土卫十九（Ymir）	2000	23 040 000	9.0
土卫二十（Paaliaq）	2000	15 200 000	11.0
土卫二十一（Tarvos）	2000	17 983 000	7.5
土卫二十二（Ijiraq）	2000	11 124 000	6.0
土卫二十三（Suttungr）	2000	19 459 000	3.5
土卫二十四（Kiviuq）	2000	11 110 000	8.0
土卫二十五（Mundilfari）	2000	18 628 000	3.5
土卫二十六（Albiorix）	2000	16 182 000	16.0
土卫二十七（Skathi）	2000	15 540 000	4.0
土卫二十八（Erriapus）	2000	17 343 000	5.0
土卫二十九（Siarnaq）	2000	17 531 000	20
土卫三十（Thrymr）	2000	20 314 000	3.5
土卫三十一（Narvi）	2003	19 007 000	3.5
土卫三十二（Methone）	2004	194 440	1.5
土卫三十三（Pallene）	2004	212 280	2.0
土卫三十四（Polydeuces）	2004	377 200	2.0
土卫三十五（Daphnis）	2005	136 500	3.5
土卫三十六（Aegir）	2005	20 751 000	3.0
土卫三十七（Bebhionn）	2005	17 119 000	3.0
土卫三十八（Bergelmir）	2005	19 336 000	3.0
土卫三十九（Bestla）	2005	20 192 000	3.5
土卫四十（Farbauti）	2005	20 377 000	2.5
土卫四十一（Fenrir）	2005	22 454 000	2.0
土卫四十二（Fornjot）	2005	25 146 000	3.0
土卫四十三（Hati）	2005	19 846 000	3.0
土卫四十四（Hyrrokkin）	2006	18 437 000	4.0
土卫四十五（Kari）	2006	22 089 000	3.5
土卫四十六（Loge）	2006	23 058 000	3.0
土卫四十七（Skoll）	2006	17 665 000	3.0
土卫四十八（Surtur）	2006	22 704 000	3.0
土卫四十九（Anthe）	2007	197 700	0.5
土卫五十（Jarnsaxa）	2006	18 811 000	3.0
土卫五十一（Greip）	2006	18 206 000	3.0
土卫五十二（Tarqeq）	2007	18 009 000	3.5
土卫五十三（Aegaeon）	2008	167 500	0.3
S/2004 S7	2005	20 999 000	3.0

名称	发现年份	平均轨道半径（km）	半径（km）
S/2004 S12	2005	19 878 000	2.5
S/2004 S13	2005	18 404 000	3.0
S/2004 S17	2005	19 447 000	2.0
S/2004 S20	2004	19 211 000	4.0
S/2004 S21	2004	23 810 000	3.0
S/2004 S22	2004	20 380 000	3.0
S/2004 S23	2004	21 427 000	4.0
S/2004 S24	2004	23 231 000	3.0
S/2004 S25	2004	20 545 000	3.0
S/2004 S26	2004	26 738 000	4.0
S/2004 S27	2004	19 777 000	4.0
S/2004 S28	2004	21 791 000	4.0
S/2004 S29	2004	17 471 000	4.0
S/2004 S30	2004	20 424 000	3.0
S/2004 S31	2004	17 403 000	4.0
S/2004 S32	2004	21 564 000	4.0
S/2004 S33	2004	23 765 000	4.0
S/2004 S34	2004	24 359 000	3.0
S/2004 S35	2004	21 953 000	4.0
S/2004 S36	2004	23 699 000	3.0
S/2004 S37	2004	16 003 000	4.0
S/2004 S38	2004	23 006 000	4.0
S/2004 S39	2004	22 790 000	2.0
S/2006 S1	2006	18 009 000	3.0
S/2006 S3	2006	22 100 000	3.0
S/2007 S2	2007	16 725 000	3.0
S/2007 S3	2007	18 975 000	2.5
S/2009 S1	2009	117 000	0.3
天王星（Uranus）			
天卫一（Ariel）	1851	190 900	578.9±0.6
天卫二（Umbriel）	1851	266 000	584.7±2.8
天卫三（Titania）	1787	436 300	788.9±1.8
天卫四（Oberon）	1787	583 500	761.4±2.6
天卫五（Miranda）	1948	129 900	235.8±0.7
天卫六（Cordelia）	1986	49 800	20.1±3.0

名称	发现年份	平均轨道半径（km）	半径（km）
天卫七（Ophelia）	1986	53 800	21.4±4.0
天卫八（Bianca）	1986	59 200	25.7±2.0
天卫九（Cressida）	1986	61 800	39.8±2.0
天卫十（Desdemona）	1986	62 700	32.0±4.0
天卫十一（Juliet）	1986	64 400	46.8±4.0
天卫十二（Portia）	1986	66 100	67.6±4.0
天卫十三（Rosalind）	1986	69 900	36.0±6.0
天卫十四（Belinda）	1986	75 300	40.3±8.0
天卫十五（Puck）	1985	86 000	81.0±2.0
天卫十六（Caliban）	1997	7 231 000	36.0
天卫十七（Sycorax）	1997	12 179 000	75.0
天卫十八（Prospero）	1999	16 256 000	25.0
天卫十九（Setebos）	1999	17 418 000	240
天卫二十（Stephano）	1999	8 004 000	160
天卫二十一（Trinculo）	2001	8 504 000	9.0
天卫二十二（Francisco）	2001	4 276 000	11.0
天卫二十三（Margaret）	2003	14 345 000	10
天卫二十四（Ferdinand）	2001	20 901 000	10.0
天卫二十五（Perdita）	1999	76 417	13.0
天卫二十六（Mab）	2003	97 736	6.0
天卫二十七（Cupid）	2003	74 392	6.0
海王星（Neptune）			
海卫一（Triton）	1846	354 759	1 352.6±2.4
海卫二（Nereid）	1949	5 513 787	170.0±25.0
海卫三（Naiad）	1989	48 227	33.0±3.0
海卫四（Thalassa）	1989	50 074	41.0±3.0
海卫五（Despina）	1989	52 526	75.0±3.0
海卫六（Galatea）	1989	61 953	88.0±4.0
海卫七（Larissa）	1989	73 548	97.0±3.0
海卫八（Proteus）	1989	117 647	210.0±7.0
海卫九（Halimede）	2002	16 611 000	31.0
海卫十（Psamathe）	2003	48 096 000	20.0
海卫十一（Sao）	2002	22 228 000	22.0
海卫十二（Laomedeia）	2002	23 567 000	21.0
海卫十三（Neso）	2002	49 285 000	30.0

名称	发现年份	平均轨道半径（km）	半径（km）
海卫十四（Hippocamp）	2013	105 284	17.4
冥王星（Pluto）			
冥卫一（Charon）	1978	19 600	606
冥卫二（Nix）	2005	48 680	15.0~24.0
冥卫三（Hydra）	2005	64 780	16.0~25.0
冥卫四（Kerberos）	2011	57 780	4.5~9.5
冥卫五（Styx）	2012	42 650	4.0~8.0

名称	发现年份	平均轨道半径（km）	半径（km）
阋神星（Eris）			
阋卫一（Dysnomia)	2005	37 270	350.0±57.5
妊神星（Haumea)			
妊卫一（Hi'iaka）	2005	49 880	~155
妊卫二（Namaka）	2005	25 657	~85